黄河水利委员会治黄著作出版资金资助出版图书

黄河河口的演变与治理

王恺忱 著

U0253338

黄河水利出版社

·郑州·

内 容 提 要

本书以黄河水利委员会系统研究成果为基础,较全面地反映了黄河河口研究的历史资料和最新科研成果。全书系统地总结了黄河河口的水沙特性,海域及海洋动力状况;完善发展了河口大、小循环演变规律,淤沙特性,沙嘴发展及淤积延伸造陆,下游河道与河口段冲淤规律的研究,较深入地探讨了符合客观实际的黄河河口各项治理措施、河口入海流路规划和河口发展趋势预估计算方法等问题;特别着重分析了黄河河口相对基准面的变化和淤积延伸对黄河下游河道反馈作用的机制及其直接或间接的影响范围等。本书对正确认识下游冲淤规律,准确预测黄河河口和下淤河道冲淤发展趋势及确定符合实际行之有效的治理方针措施具有重要参考价值,可供河口治理相关工作者阅读参考。

图书在版编目(CIP)数据

黄河河口的演变与治理/王恺忱著 . —郑州:黄河水利
出版社,2010.11
 ISBN 978 - 7 - 80734 - 915 - 0

Ⅰ.①黄… Ⅱ.①王… Ⅲ.①黄河 - 河口 - 河道演变 -
研究 ②黄河 - 河口 - 河道整治 - 研究 Ⅳ.①TV882.1

中国版本图书馆 CIP 数据核字(2010)第 189718 号

出 版 社:黄河水利出版社
　　　　地址:河南省郑州市顺河路黄委会综合楼 14 层　 邮政编码:450003
发行单位:黄河水利出版社
　　　　发行部电话:0371 - 66026940、66020550、66028024、66022620(传真)
　　　　E-mail:hhslcbs@ 126. com
承印单位:河南省瑞光印务股份有限公司
开本:787 mm×1 092 mm　1/16
印张:23.75
字数:550 千字　　　　　　　　　　印数:1—1 500
版次:2010 年 11 月第 1 版　　　　印次:2010 年 11 月第 1 次印刷

定价:69.00 元

序

黄河以水少沙多、洪枯悬殊、陡涨陡落著称于世。洪水进入下游后强烈的淤积使黄河流路趋向不定和经常决口泛滥,波及海河、淮河和长江流域,每次改道或决口即意味着黄河入海口部位的变更。只有当社会政治安定、经济发展、国家有能力大规模系统治理黄河时,黄河入海口才能保持相对稳定。但随着堤防自上而下的巩固和完善,强烈的淤积逐步向下转移,使河口尾闾在三角洲范围内始终处于淤积、延伸、摆动、改道的循环演变之中。因此,黄河河口特性鲜明,难以治理。

作者1956年在中国科学院水工研究室开始泥沙研究工作,1959年从事塘沽新港回淤研究和解决黄河河口三角洲农场供水问题时接触黄河河口问题。20世纪60年代黄河河口地区和三角洲内大规模勘采石油后,河口自然演变与石油开发的矛盾日益突出,作者从此稳定于黄河河口的科研工作;曾当选中国海洋工程学会和中国河口海岸学会第一、二届理事。工作中作者十分注重深入实际,曾多次出海参与滨海区测验,每年参加三角洲尾闾汛期与汛前汛后的查勘,对黄河河口的现状和演变过程有较深刻的了解,并十分关注各家有关黄河河口的研究成果。1973年作者对废黄河徐州附近及其以下的尾闾河段进行了深入的查勘,并参阅了废黄河沿岸有关的州、县志和《南河成案》等部分河史书籍,摘录了《行水金鉴》和《续行水金鉴》、故宫档案奏折以及废黄河等有关资料。这使作者对黄河尾闾河段演变规律以及各项治理措施有了清晰和全面的了解,从而对黄河和黄河河口的认识有了一个飞跃的发展,克服了单纯依靠短期资料就河口论河口的局限性,并于20世纪70年代后期明确提出了黄河河口淤积对下游河道的反馈影响问题。在现阶段,由于堤防的约束,黄河绝大部分来沙输排入海,河口沙嘴和岸线发生显著的淤积延伸,三角洲尾闾河段处于不停的淤积、延伸、摆动、改道的循环演变过程中,三角洲以上河道特别是艾山以下河段相应于河口尾闾的延伸而淤积升高,同时也相应于尾闾的改道而冲刷下降。由于黄河来沙源源不断,河口三角洲岸线不断淤长,黄河下游河道亦在淤淤冲冲过程中相应淤积升高。来水来沙条件决定着黄河下游纵剖面的形态,而河口侵蚀基准面则制约着下游河道冲淤的幅度。从宏观层面上看,黄河下游比降变缓应属于溯源淤积的性质,若没有大量的泥沙下排至河口,造成河口的淤积延伸,当然也就不存在河口侵蚀基准面相对升高的问题,显然来沙量大始终是黄河下游淤积的根本原因。认识黄河下游演变过程两个阶段性质上的差别、来水来沙与侵蚀基准面对下游河道反馈的影响以及当前制约下游河道淤积的主导因素等问题,对预报黄河下游发展趋势及确定河口和下游河道治理方针显然是十分重要的。

作者的论点改变了以往排沙至利津以下即平安无事的观点,也改变了河道和河口分别研究互不联系的状况。此外,作者还进一步阐述了黄河河口大、小循环演变的规律,并在三角洲改道流路安排规划、河口发展预估方法、潮汐河口分类、河口侵蚀基面的影响、摆动和改道的区分、河口治理措施、滨海区的潮流潮汐特性、入海泥沙的输移以及对滨海建港的影响等诸多方面从学术上作出了独创的论述。

本书较全面地总结了黄河河口研究的历史资料和已有的科研成果,详细地探讨了黄河河口的各项治理措施和河口发展的趋势,特别着重分析了黄河河口相对基准面的变化和淤积延伸对黄河下游河道反馈作用的机制及其影响,为深入了解黄河河口的演变规律及研究黄河下游河道和河口的治理提供了理论依据。本书是治黄工作者一本良好的参考书。本书的出版,对于黄河河口的规划设计工作将大有裨益。

张仁

2010 年 1 月

前　言

黄河以水少沙多、洪枯悬殊、陡涨陡落著称于世。洪水进入下游后强烈的淤积使黄河流路趋向不定和经常决口泛滥,波及海河、淮河和长江流域,每次的改道或决口即意味着黄河入海口部位的变更。只有当社会政治安定、经济发展、国家有能力大规模系统治理黄河时,黄河入海口方相对稳定。但随着堤防自上而下的巩固和完善,强烈的淤积又逐步向下转移至河口,使河口尾闾在三角洲范围内始终处于淤积、延伸、摆动、改道的循环演变之中。实践表明,在黄河来水来沙条件无本质改变的条件下,黄河河口不稳定是绝对的,稳定是暂时的、相对的。这正是黄河河口不能像长江、珠江、海河河口等有交通航运之利等条件,从而发展形成上海、广州和天津等特大中心城市的症结所在。

黄河是中华民族和文化的摇篮,她孕育了广袤的淮海大平原,但同时其决口泛滥也给人民和社会带来深重的灾难,黄河的水沙特性决定了黄河下游与黄河河口的演变特性,以及黄河河口治理与河口地区经济发展的特殊性。明清时期由于黄河要穿越京杭大运河入海,严重影响维系京畿命脉的漕运以及淮扬地区和明祖陵的安全,伴随着黄河河床的不断淤高,围绕废黄河河口的治理一直未曾间断,积累了极其宝贵的经验教训。人民治黄以来,党和政府对黄河河口的问题高度重视,1952 年设立前左水位站开始对黄河河口进行调查和初步观测,1957 年改为河口实验站,1964 年建队增加滨海区观测,与此同时黄河水利委员会与有关院校进行了卓有成效的合作。加之河口地区石油工业逐步开发对河口治理提出新的要求,以及河口自然演变规律的进一步暴露,使得黄河河口演变规律的研究由浅到深,由局部到全面。20 世纪 70 年代后期围绕改道清水沟流路的时机、方式和效果,以及河口对下游河道的影响等问题的研究均取得了显著的进展。80 年代在胜利油田拟建设为第二个大庆油田、筹建河口大港和设立东营市以及国家“八五”攻关河口专题开展的带动下,黄河河口研究的广度达到了一个新阶段,但至今未进行过系统全面的总结。1996 年以前黄河河口无专著,“八五”攻关后出版了《黄河口演变规律及整治》和《延长清水沟流路行水年限的研究》两本由各单位研究成果汇编的书,这两本书主要探讨了黄河河口近期清水沟流路的演变及治理问题,涉及面较窄,缺乏对黄河河口前期大量成果的融汇和借鉴,未能反映出黄河河口已有研究成果的广度和深度。2003 年 3 月“黄河河口问题及治理对策研讨会”的召开,明确了河口主要问题认识的异同点,为全面了解黄河河口的研究成果和进一步深入研究提高,对黄河河口 50 余年已有成果进行较系统的总结是十分必要和具有重要意义的。本书本着广泛收集有关河口的资料,以实践是检验真理的唯一标准的原则进行分析总结,力求在客观反映黄河河口演变发展和治理开发过程的同时,结合本人研究的成果探讨和提炼其共性的规律,为河口和下游河道规划治理提供科学依据。

本书由 8 章 46 节组成,其内容以系统总结反映黄河水利委员会和黄河水利科学研究院等有关单位关于黄河河口的研究成果为主导,尽量吸收近期各家有益成果,力求客观反映黄河河口的演变发展规律和切实可行的治理措施。

本书力求较全面地反映黄河河口研究的历史资料和最新的科研成果,系统地总结了黄河河口的水沙特性、海域及海洋动力状况、河口尾闾演变规律、淤沙特性、沙嘴发展及淤积延伸造陆情况,较详细地探讨了黄河河口的各项治理措施和河口发展趋势预估计算方法等各方面的河口问题。特别着重阐述分析了黄河河口相对基准面的变化和淤积延伸对黄河下游河道反馈作用的机制及其直接或间接的影响范围,此对黄河河口和下游河道的发展趋势预测及确定治理方针原则具有重要意义。

本书可为黄河水利委员会系统有关单位,东营市及胜利油田有关单位和人员,以及各海洋、水利大专院校师生和相关科研院所,黄河三角洲地质地貌、水资源、环境保护等科研工作者了解黄河河口情况和进一步开展深入研究提供较全面的客观的参考资料。

由于每个人的认识均具有一定的局限性,加之资料的收集总结可能不够全面,因而书中难免存在不妥之处,诚恳欢迎广大读者指正讨论。

作　者
2010 年 1 月

目　录

第一章 黄河河口的基本情况

第一节 黄河河口简况与河口类型

一、黄河河口的简况

现黄河河口位于渤海湾与莱州湾的湾口,系弱潮多沙摆动频繁的堆积性河口。黄河河口区包括河流段、三角洲和滨海区三大部分。北镇以下南起小清河口北至徒骇河口的河口地区面积约 9 000 km²。三角洲一般指以宁海为顶点的北起徒骇河口南至支脉沟口的扇形区域,面积约 5 450 km²,介于东经 118°30′~119°15′,北纬 37°10′~38°05′。三角洲地势东北低、西南高,黄河故道高,故道之间低。三角洲地面高程在大沽基面 2~10 m,平均坡度 1.0‰~1.5‰。人民治黄后三角洲顶点下移到渔洼、小口子附近。目前南大堤以北、车子沟以东的小三角洲面积约 2 220 km²。如果考虑到利埕公路、孤岛油田和防洪堤的影响,则小三角洲的面积将缩小到 1 000 km² 以下。目前除现行清水沟流路正在行水外,三角洲上较完整的流路仅有刁口河故道一条,如图 1-1 所示。滨海区一般指三角洲海岸外侧水深 20 m 或距岸滩 20 km 以内的海域。支脉沟口到套尔河口原三角洲海岸线长约 186 km。甜水沟口至车子沟口的小三角洲海岸线长 107 km,神仙沟口部位靠近三角洲岸线中间。

人民治黄以来,党和政府对黄河河口的观测研究工作十分重视,早在 1952 年即设立了前左水位站,开始对河口进行调查和观测。1964 年成立河口水文测验队,开始进行滨海区测验。目前河口地区有利津水文站一处,先后设有道旭、麻湾、一号坝、罗家屋子、刁口和十八公里等常年水位站多处。1964 年以来,每年汛前、汛中、汛后均进行大断面测量(罗家屋子以上 13 个断面,以下约 10 个断面,清水沟西河口以下先后布设了清 1—清 10 断面)。此外,每年尚进行河势调查。滨海区主要开展了淤积地形测量,并多次进行过潮流、潮位、余流、底质、淤泥幺重、含盐度等测验工作。在河口三角洲地区石油大规模的勘采、东营市的建立和拟建河口大港的带动下,大大地促进了河口的治理和科研工作的进展。

河口地区曾是革命的根据地,广大人民为抗日战争和人民治黄做出了贡献。人民治黄以后,在毛主席"要把黄河的事情办好"的伟大号召鼓舞下,河口地区兴修了不少治黄工程,并取得了连续 60 多年伏秋大汛不决口的巨大胜利。河口地区工农业生产亦取得了很大发展,引黄淤灌,开挖排涝沟河,改变了原来低产盐碱的面貌,小三角洲上还兴办了若干大型军垦农、牧场,水产事业也有很大发展。特别是石油工业,自 1963 年以来先后开发了以东营为中心的胜利油田、北镇附近的滨南油田以及位于小三角洲现行河道两侧的孤岛油田和河口油田等。1968 年、1970 年、1972 年、1984 年和 1989 年曾先后进行了河口规

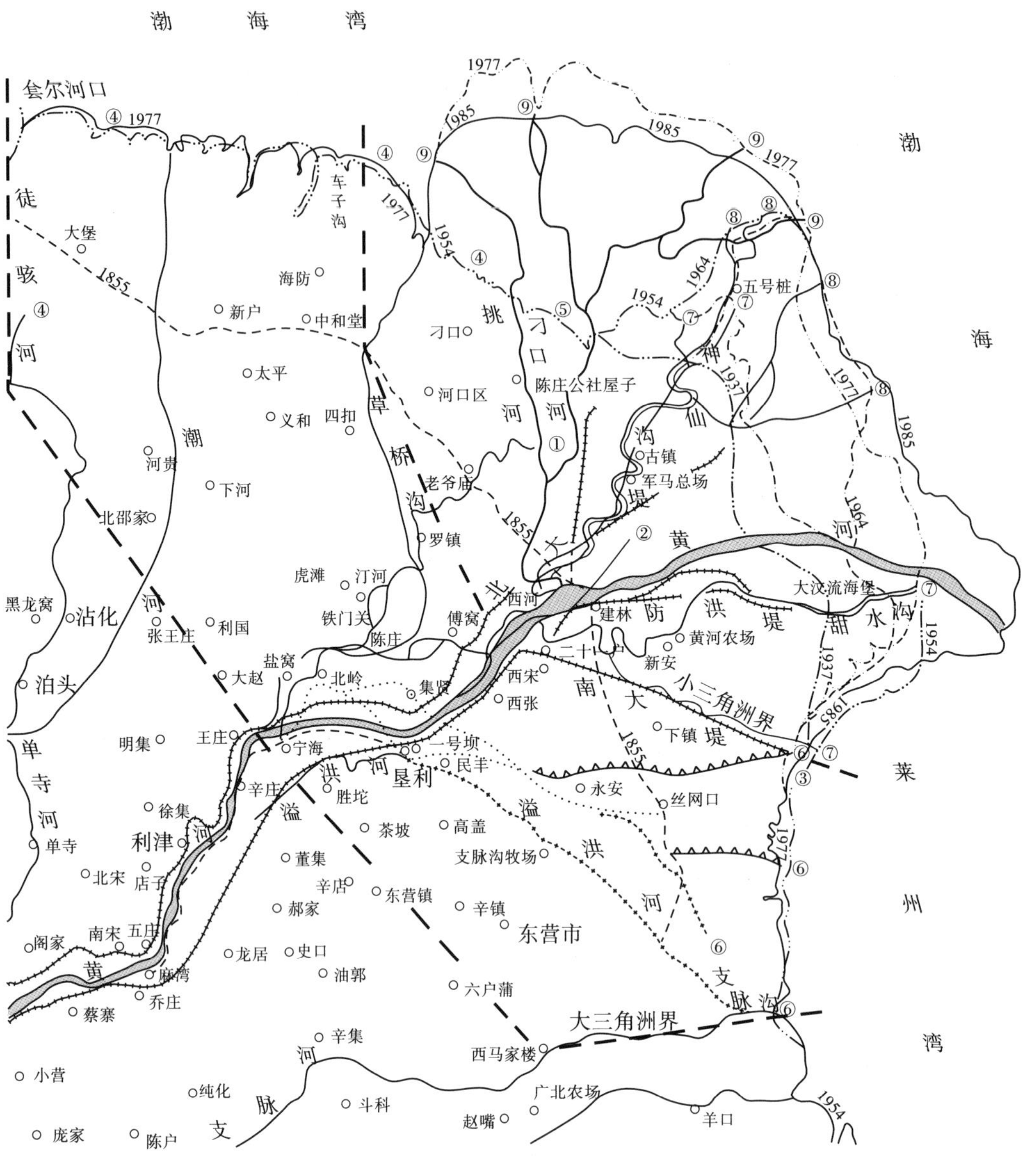

图 1-1　黄河河口平面图

划工作。已建成的工程有东大堤、北大堤、十八户放淤闸和王庄引水闸、南展宽工程,以及完善了清水沟流路堤防和防护工程等。石油部门也兴建了一批平原水库、公路和各种网线以及海港等工程。由于现行清水沟流路已走河 30 多年,是现黄河入渤海以来走河时间最长,尾闾长度已超过刁口河的最长流路。加之石油开发范围的不断扩大,三角洲面积的缩小,因此河口的矛盾和问题将随着小浪底水库拦沙作用的减弱而日益突出,对此应予以充分重视。

二、河口的类型

(一)河口的概念

河口广义的概念是指河流与受水体相连接的区域。由于受水体的不同,如海洋、湖泊、水库或河流等,所以可将河口区分为入海潮汐河口、支流河口和入库河口或入湖河口等,甚至内陆河流的干旱三角洲亦属于河口的范畴。河口狭义的概念一般多指入海河口而言,这是因为支流河口和入库河口习惯上均被纳入河床演变或水库问题中研究。

(二)潮汐河口的类型

我国地大物博,大江大河众多,大陆海岸线长达 18 000 多 km,北起鸭绿江、辽河、滦河、海河、黄河到中部的淮河、长江、钱塘江、闽江再至南部的韩江、珠江等大中型入海河流数十条。各河口均存在着不同程度的问题,特别是随着我国经济建设事业的发展,对河口的治理提出了新的课题和要求。如河口河段航运条件的维持和改善,河口地区海涂的围垦,河口港的规划设计,三角洲及其附近平原的灌溉与排水,工业及民用供水的保证,河口泄洪能力的保持以及开发渔业等。为了更好地开展研究和正确地对比借鉴,认识各河口复杂演变的特性及其共性是十分必要的,科学地区分河口的类型有助于对各河口规律的认识和上述新课题的解决。因此,进行河口分类的研究探讨具有重要的现实意义。有关河口类型问题的研究以往黄胜等曾做过工作。

(三)河口的范围及分段问题

河口的范围一般情况下应包括受水体(指海洋、水库、河流等)影响河流的河段和河流影响受水体的区域,对于入海河口单纯河流和海洋特性之间的过渡地带均属于河口的范围。

为了更好地认识和研究河口的演变规律及作出切实可行的河口治理规划,恰当地区分河口不同特性的河段是必要的。我们可以依据水流流态的状况将河口区分为感潮段、潮流段和单纯海洋特性的口外滨海三部分,但有的感潮段很长,如长江的感潮段有时达600 余 km,上溯影响到安徽省的大通附近,有的又很短,如黄河一般情况下感潮段仅10 km左右,几乎不存在潮流段,因此标准难以统一。有的用咸水界来区分河段,将咸水界的上下极限间的河段,即河水和潮水两种动力相互消长的河段称为河口的过渡段,其上为河流近口段,其下为口外滨海。很显然,黄河河口按此标准则难以分段,因为其过渡段太短,故此区分方式亦不尽全面。尽管各河口的特性不同、形态不一、演变各异,但口外滨海以海洋动力为主,河口的上段以河流形态和演变特性为主,中间部分为二者的过渡段是一致的。为此,综合考虑河口的水文特性、冲淤演变规律、河口的平面形态及作用动力要素的不同对入海河口影响的差异,将河口划分为河流近口段、三角洲和口外滨海三大部分是可取的。河流近口段与三角洲的分界点,可以将喇叭口的起点、尾闾河段改道扇面的轴点或网河主要分汊点作为标志。三角洲亦可称为喇叭口段、汊河区或河流河口段。口外滨海则为河口沙滩到参与造床活动的陆相或海相泥沙所涉及的浅海部分。具体分段的示意图如图 1-2、图 1-3 所示。

(四)河口的分类问题

除上述依据河流受水体不同进行河口分类外,尚可依据地貌特征、河口平面形态、三

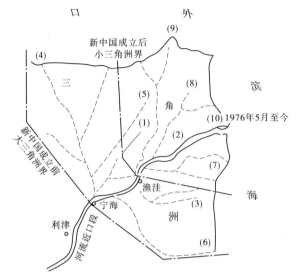

图 1-2 黄河河口分段示意图

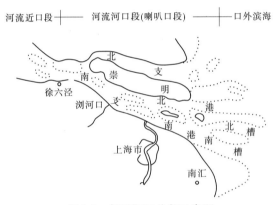

图 1-3 长江河口分段示意图

角洲的动力成因,以及河口水文特性来加以分类。从地貌特征和河口平面形态上可以将河口区分为单股、双股、多股和网状等类型。从三角洲的动力成因的角度可将河口分类为径流为主型、潮流为主型和波浪为主型等。但在解决河口的具体生产问题和开展有关河口演变的研究时,则多依据河口的水文特性来进行分类。

由于入海河口一方面是河道径流泥沙不断地通过河口下泄入海,另一方面受海洋潮汐的影响,海水又不停地往复运动于河口,显然影响河口冲淤演变规律和特性的主导因素主要是径流和潮流。对于发育较充分的冲积性大型河口来说,因其边界条件亦是河流与海洋动力相互作用的产物,并考虑到风浪和风吹流对于较大的河口河床冲淤演变不起主要作用的情况,则决定入海河口不同类型的内在根据主要是河流径流泥沙与海洋潮流潮汐动力二者间力量的对比状况。基于此,我们建立了如图 1-4 所示的入海潮汐河口分类的模式。图中纵坐标为海洋动力指标,以 H 表示;横坐标为河流动力指标,以 R 表示。依据二者力量的对比状况即演变主导因素的不同,我们可以将入海河口区分为四种类型,即强潮海相型河口、陆海双相型河口、弱潮陆相型河口、弱潮海相型河口。四种类型河口的简要特点如下。

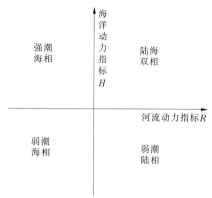

图 1-4 潮汐河口分类示意图

1. 强潮海相型河口

其特点是潮流作用强,泥沙主要来自口外滨海海区,具体的表现是潮差大、河口发育充分、海滨由细泥沙组成、河槽的容积和径流的变幅大等。钱塘江是典型的强潮海相型河口。钱塘江口平均潮差达 5.35 m,河口呈大喇叭口形,外口宽达 90 余 km。滨海和河口段均由中径为 0.02～0.04 mm 的粉沙组成,一次寻常潮量海宁站尚达 3 亿 m³,潮流量为 7 万 m³/s,涨潮流速(1～3 m/s)一般大于落潮流速,涌潮高最大可达 3.7 m。涌潮过后悬移质含沙量亦达 50 kg/m³ 左右,泥沙大量上溯,是构成河口河床演变的泥沙主要来源,纵比降上表现为河口段有长距离的大沙坎,口门没有拦门沙。

2. 陆海双相型河口

长江和闽江为其典型代表。其特点是陆相和海相泥沙的来源都很充沛,同时径流和潮流相互消长的作用相近,即二者对河口河床演变均起显著的作用,只是随着径流的大小变化不同时段主导因素表现不一而已。位于冲积平原上的此类河口多发育充分,河床容积较大,虽口外滨海潮差相对不大,但潮流量较大,潮流段和感潮段均较长,如长江口绿华山平均潮差为 2.68 m,进潮总量可达 30 亿～40 亿 m³,潮流段含盐浓度高,咸水沿底层上溯形成明显的盐水楔。但径流量也很大,如长江多年平均水量达 9 480 亿 m³,多年平均流量为 30 600 m³/s,特别是洪水期由于径流大,潮流影响大为衰减,潮差和潮流流速显著减小,此时河床冲淤演变多表现为滩冲槽淤,枯水期则以潮流的作用为主,冲淤规律与洪水期相反。在纵比降上一般存在着两个较高河段,一为口门外的拦门沙,一为位于过渡段的小沙坎。前者为径流输沙至口门外,由于断面扩大流速降低而落淤,或沿岸流漂沙沉积而形成,而后者为非汛期的陆相泥沙受潮流倒灌相顶托或随潮流上溯的泥沙沉积所形成。此类河口的平面外形介于强潮海相型和弱潮海相型河口之间,河线比较顺直,过渡段相对宽浅。

3. 弱潮陆相型河口

其特点是潮汐潮流相对较弱,河口泥沙主要来自陆地流域。潮流弱主要表现在平均潮差小,涨落潮的平均流速不大,海洋动力输移泥沙的能力弱,加上流域来沙十分充沛,从而形成河口的显著堆积,河口沙嘴和三角洲不断向外海延伸,河道淤高,至一定程度则出现摆动改道,尾闾河段演变十分剧烈。黄河河口和滦河河口为此类典型河口。黄河平均每年约有10亿t泥沙入海,口门附近一般潮差不及1 m,最大潮流流速多不足1 m/s,其中约2/3的较粗的泥沙淤积在三角洲洲面上和滨海前沿,使之沙嘴多年平均每年延伸3 km左右,每年造陆约50 km²。由于入海河口段比降较陡,加上潮差小,因此感潮段和潮流段均很短,有河口拦门沙,但由于入海口门极不稳定和迅速延伸,故其演变异常激烈和范围较大而难以掌握。

4. 弱潮海相型河口

此类型河口亦可称为潮源海相型河口。其特点是河口上游河道径流多经过河网或湖沼的调节,径流量小且变幅小,流域产沙很少,河口近海处多建有挡潮闸,使海洋动力影响受到很大限制,因而河口闸下淤积泥沙几乎全部来自口外滨海海相泥沙。苏北沿海射阳河等及海河流域一些河口为其典型。此类河口一般进潮量不大,同时过水断面进潮量沿程变化不大,由于涨潮历时短,涨潮流速多大于落潮流速,河床淤积主要是滨海泥质海岸的物质为风浪和潮流掀扬挟带,随涨潮流进入河口,直至闸下,于换流时落淤。此类河口河床纵比降较为平缓,断面窄狭,有拦门沙,但影响不大。

(五)河口分类指标及验证

为了在实际的研究和应用中区分及判别各河口的类型,有必要使上述的模式具体化,并对各典型河口的分类情况加以验证。

反映河道径流泥沙特性的因素不外乎径流量的大小,此可用多年平均流量 $Q_y (\text{m}^3/\text{s})$ 或多年平均径流量 W_y 表示;沙量的多寡可用多年平均含沙量 $S_y (\text{kg/m}^3)$ 表示。另外,洪枯悬殊的情况一方面反映径流的特性,另一方面也影响着进潮量的状况,因而也是反映径流的指标之一,此可用多年最大径流量 $W_{y\max}$ 与多年最小径流量 $W_{y\min}$ 的比例表示。因此,河流径流泥沙动力系数 R 与诸因素的关系可暂用如下的表达式表达:

$$R = Q_y \cdot S_y \cdot \frac{W_{y\max}}{W_{y\min}}$$

影响潮流强弱的主要因素可以归纳为三个方面,一是潮差的大小,河口的潮流为海洋潮波的侵入所形成,作为潮波振幅的潮差直接影响着进潮量的大小,此可以 $\Delta h(\text{m})$ 表示。二是径流量的多寡,由于在涨落潮的往复水流中,径流量一方面削弱涨潮量,另一方面有增加落潮量的作用,因此在河口某一断面上随着径流量的增减,涨落潮历时的比值和涨落潮流速的比值相应地变化。这样此指标可用涨落潮的历时比值 T_f/T_d 来表示。三是河口河床容积的大小,此决定于水文与地质地貌两个方面,对于平原冲积性河口,其边界状况与河流径流泥沙状况相适应,二者有较好的关系;对于受山区地质条件限制的河口,由于其纵比降较陡,潮流的影响相应受到限制。此外,河口容积大进潮量并不一定增加,这是因为径流量相对也大。影响河床容积的因素较为复杂,但潮流段和感潮段的长度一般可以综合地反映这一因素指标,我们可用感潮段与潮流段的平均长度 $L_a(\text{km})$ 表示。

综上所述,潮流强弱指标即海洋动力指标 H 与诸因素的关系可用下式表达:

$$H = \Delta h \cdot L_a \cdot \frac{T_f}{T_d}$$

我们将一些与河口有关的数据代入上述表达式后,依图1-4的模式点绘于对数坐标纸上,便得到图1-5,目前暂以$H=50$,$R=1\ 000$为各类型河口的分界线。由图1-5知各类型的典型河口均很好地位于该类型的区域内,此表明上述分类模式具有合理性和实用价值。

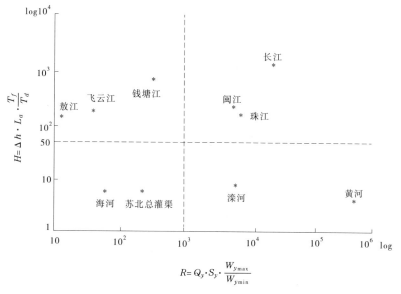

图1-5　我国潮汐河口分类图

上述分析表明,黄河河口属于典型的弱潮陆相型河口。与其他河口不同,黄河河口的演变特征基本受制于黄河入海的水沙特性。即黄河河口海域浅缓,海洋动力弱,水少沙多,水沙集中于汛期,淤积延伸造陆快速,从而形成黄河河口显见的淤积、延伸、摆动、改道的基本规律以及河口尾闾流路大、小循环的演变模式。

第二节　黄河河口的历史概况

一、黄河下游及河口的历史演变

黄河下游河道的变迁受地质、地貌、地理和流域水沙条件等多种条件的影响,河口的变迁又取决于下游流路入海的部位。黄河水少沙多,来沙量巨大,进入下游平原后,比降骤然变缓,来沙淤积严重,形成游荡摆动,在无堤防约束的条件下,其入海流路经常迁徙不定,黄河水沙量较大,必然侵夺其下游两侧相对较小的其他河流;以山东丘陵区为分界,向东北其冲积扇将覆盖漳卫河、滹沱河和永定河等冲积扇,向东南则与淮河、长江冲积扇相连。在有一定规模堤防的约束时,其又不断决口泛滥,或形成入海流路的改道。据历史资料统计,有记载的较大决口自两汉至新中国成立前,以年计即有413年,有记载的显著改道有26次之多。

汉代黄河下游亦曾多次决溢改道,有名的如汉武帝元光三年(公元前132年)河决濮阳瓠子堤,武帝亲率百官堵口未成,主流东南注巨野,通淮、泗20余年;又如始建国三年

(公元 11 年)河决魏郡,"泛清河以东数郡",王莽以祖坟可免受黄河之害,不予堵塞,致黄河下游又一次发生较大改道。此时段治河思想比较活跃,探索治河方法的人和有关记载愈来愈多,如贾让三策和王景治河等,均有相当水平和成就。

魏晋南北朝期间虽有局部治理,但因政局动荡不稳,对治河相对难以重视和取得相应成绩,流路基本顺其自然。

隋唐五代黄河下游流路大致与魏晋南北朝一样,经荥泽、汲县、濮阳、阳谷、长清、惠民等地东注渤海。隋代无黄河决溢的记载,但有关大水的资料和记载屡见不鲜,如开皇十八年(公元 598 年)"河南八州大水",大业三年(公元 607 年)"河南大水漂及三十余郡"等。唐代有关大水的记载更多,据旧、新唐书记载,除河决、河溢外,自贞观七年(公元 633 年)以后的 241 年中,有关临河各州发生大水记载的即有 29 年。

北宋初期黄河下游流路大致与隋唐五代相同,由于该流路行河时间较久,下游河道淤积升高十分严重,因此决溢更加频繁,灾害大大超过前代。京都开封汴梁因处于黄河下游泛滥区屡受其害,加之为防御北方新兴崛起的辽、金的侵犯,因此宋代对黄河下游流路的治理十分重视,流路以防止南决入淮和向东向北,经德、沧入渤海为主,几次南决。如天禧三年(1019 年)黄河南决,经濮阳、郓城、梁山泊,合清水、古汴渠东入于淮,罹患三十二州邑,发兵夫九万人治之。天圣五年(1027 年)七月,发丁夫三万八千,卒两万一千,缗钱五十万,方成功堵塞决口,使黄河重归故道。流路自皇祐三年(1051 年)至元丰五年(1082 年)期间曾有三次东流北流之争,结果均因故道淤积严重、河道高昂难以复故而告终,河道南决的趋势进一步加重。河道治理方面,由于通过长期治河的实践,积累了大量的经验教训,对黄河的自然规律有了进一步的认识,从而使各项治理措施,如埽工的兴修和推广、堤防维修、堵口技术,放淤改土,尝试机械疏浚河道、建立治河责任制度,标定来水名称,河势工情的认识以及开发中上游水利工程等各个方面均得到了普遍的提高和进展,是我国治河重要的发展阶段。由于入海流路的变迁,河口随之更迭,流路不稳,河口情况和演变规律难以显现,故有关记载几乎没有。宋时入海流路相对稳定,使得河口影响问题有所显现;值得提到的是,欧阳修在其奏章中曾指出河口淤积对下游河道的影响问题,"河本泥沙,无不淤之理,淤常先下流,下游淤高,水行渐壅,乃决于上流之低处,此势之常也……。横陇即决,水流就下,所以十余年间河水无患,至庆历三四年,横陇之水又自海口先淤,凡一百四十余里,其后游、金、赤三河相次又淤,下流既梗,乃决于上流之商胡",这是作者所知有关河口状况和影响的最早记述。

宋金对峙期间,河渐南移,宋高宗南渡后,1128 年杜充导河入汴、泗,金世宗大定八年(1168 年)黄河南溃曹州(今菏泽)城,二十年(1180 年)漫归德府(今商丘市),"数十年间或决或塞迁徙无定"。至金章宗明昌五年(1194 年),河大决阳武故堤,灌封丘南,东北注梁山泺(今东平湖),北派沿北清河经济南入海,南派由南清河夺泗水达淮入海。久不塞,汲(今卫辉)、胙(胙城位于新乡市东)流绝,籍载多谓此次南徙为黄河第四次大徙之始。然当时"河行泗河故道,崖岸高广不为患",此后黄河以多支南流入淮为主。

元代黄河下游流路以南流为主,经封丘南、开封东后,其下分为三股:一股经徐州会泗南下入淮,一股会涡入淮,一股经陈州会颍水入淮,其上由中牟分出一支经尉氏亦会颍水入淮;至正初年河决金堤和曹州白茅,10 余州县受灾,"水势北侵安山,沿入通化河,延袤济南、河间"。元代河患十分频繁,自至元九年(1272年)至至正二十六年(1366年)的94年中,黄河决口有记载的年份多达43年,平均约2年一次。至正十一年(1351年)贾鲁治河,疏、塞、浚并举,成功地使黄河主流挽回归德、徐州故道。金、元两代通过治河过程在加强河防责任制度、堤埽工程、治河著述和考察河源等方面均有进一步提高和建树。

明代初期河防凋敝,决溢频繁,当时决溢主要发生在河南的上段。朱棣即位定都北京以后开始治河,当时的治理措施主要是筑堤,如永乐二年(1404年)五月修筑河南孟津河堤,九月修筑河南武陟马曲堤岸等。治理规模逐渐加大,永乐九年(1411年)诏发河南民丁十万浚鱼王口,使河复归故道,会汶水,经徐吕二洪南入于淮。正德年间(1436~1449年)黄河决溢仍以河南境内最多,治河措施多为筑堤、浚淤并举。景泰五年(1454年)徐有贞治河堵塞沙湾导河南下,设闸引水,疏通运河,使"河水北出济漕",山东水患少息,漕运得到暂时恢复。其后白昂(1489年)、刘大夏(1493年)先后治河,二人均以筑北堤防止河道北决危及会通河漕运为首要,黄河流路向南入淮的趋势愈加稳定。明代前期治河的特点有如下几点:①初期河患主要发生在河南境内的开封上下河段,随着堤防的完善,决溢河患有下移的趋势;②流路散乱,变迁不断,极不稳定;③在治河的策略上,重北轻南,筑堤疏导并举,导河南下,保漕为主。

明代后期下游河道虽小有变迁,但基本趋向于单一稳定,正德三年(1508年)河又北徙三百里,至徐州小浮桥,进一步形成相对稳定的废黄河流路。但尔后的决溢仍然不断,嘉靖十四年(1535年)刘天河自上而下筑长堤、缕水堤一万二千四百丈,疏河三万四千九十丈,修闸十五座,取得了"运道复通,万艘毕达"的效果。万历年间河患集中于徐州上下,危及泗州明王朝的祖陵。其后万恭、潘季驯、杨一魁等治河的重点仍集中于筑堤至河口范围,束水攻沙,引清刷黄,保漕通漕。泥沙进一步输至河口,河口延伸尾闾河床抬高日趋严重,它是蓄清刷黄日益难以奏效和漕运受阻不畅的主要原因,最后不得不使京杭大运河在淮阴中断隔绝。明代后期治河的特点是:①河患下移至曹县、沛县、徐州上下,堤防、分水设施完善后,河患又下移至黄河、淮河和运河交汇的清口上下,河口地区决溢不断;②北岸筑堤后,南岸仍维持多支入淮,万恭、潘季驯治河后堤防向下修至河口地区安东(今涟水)一带,自然分流情况结束,受堤防约束经开封、商丘、徐州至清口会淮入海的废黄河形成;③明代后期治河的力度和深度较前期明显提高,涌现出刘天河、潘季驯等众多治河名家,治河措施日臻完善全面;④治河措施仍以保漕、防灾、护陵为重点。由于受当时技术经济社会条件的限制和不分流入海沙量增加与巨大河口延伸河床抬高问题无法解决,因此治理措施难以长期奏效。总的来看,明代虽决溢灾害不断,但对黄河下游的治理和取得的成就是前朝所未有的,在治河的实践中对黄河的规律有了进一步的认识,治河技术也取得了新的发展和提高,为相对稳定的黄河下游治理奠定了基础。

清代继承了明代相对稳定的废黄河流路和治河方略措施,因为清代亦定都北京,同样重视维持漕运及其进一步的改善。建朝初期忙于征战,无暇治河,故决溢依然较为频繁。康熙十六年(1677年)靳辅总理道道,借鉴明代治河方略,进一步修筑了河、运堤防,堵塞了大小决口,加培了洪泽湖高家堰堤防,使下游河道再一次稳定于废黄河故道,并赢得了十余年的小康局面。同时他明确提出了自潘季驯以来河口约日涨一寸的淤积延伸问题,并在疏奏中指出:"关外之底即垫,则关内之底必淤,不过数年,当复见今日之患矣,臣闻治水者,必先从下流治起,下流即通则上流自不饱涨,故臣切切以云梯关外为重。"此见解对下游河道治理具有重要意义。雍正、乾隆时期,特别是乾隆中叶前对黄河下游治理也是十分重视的。治理的重点仍在于防决和保漕,此时已初步认识到河口淤积延伸的影响,并以黄河运河交汇口和河口的治理为重点,蓄清刷黄、拖淤、分洪、河口改道等各项措施反复施用,无奈黄河来沙量巨大,淤积严重,各项措施只能奏效于一时一地,难以改变河口延伸下游淤积的趋势,解决淤积的根本问题。河道决口水沙旁泄,对河口淤积有利,但害在决口下游人民田宅遭受淤淀;堵口后河复故道,百姓可安居乐业,但河口淤积反馈影响又使下游河道淤积加重,进一步加重对漕运的影响和增大下游河道决溢的概率。综合全面考虑维持单一河道最为有利,致使下游河道不断抬高,最终不得已于道光七年(1827年)河湖完全隔绝,引发了咸丰五年(1855年)不复归废黄河的铜瓦厢决口,使黄河下游流路改由山东入渤海的巨变。综观之,整个清代黄河下游流路基本没有变化,解决影响漕运问题始终是治河的关键,而黄河、洪泽湖、淮河和大运河交汇口及河口河段的治理又是下游治理的重中之重。清代继承了明代的治河方略,发展了明代的治河技术,在各个方面均取得了提高和新的进展,为治理现黄河流路提供了宝贵经验。

综上所述,黄河下游河道流路在无堤防约束的条件下,是无定路的,其塑造着淮海平原大冲积扇,无稳定河口三角洲可言;在堤防逐渐完善、流路相应固定后,黄河的大量泥沙输排到河口并产生严重淤积延伸前,河口深阔稳定,三角洲呈网状地下河,无决溢之害。但当大量泥沙输排到河口后,随着河口及三角洲岸线的淤积延伸,河口演变发生了质的变化。由此带来了两个问题:一是三角洲尾闾淤积升高开始不稳定,发生显见的摆动改道,堤防决溢加剧;二是尾闾河段的淤积逐渐向上游影响,使整个下游河道淤积升高,决口部位相应不断向上游发展,开始成为黄河下游灾害的主体。

二、现黄河河口尾闾历史演变概况

1855年黄河于河南铜瓦厢决口夺大清河入渤海至今,随着进入河口地区的水沙条件的不同,山东河段和河口三角洲塑造演变过程与废黄河一样,同样经历了两个不同性质的阶段。决口初期清廷忙于镇压农民起义,无暇堵口和修治泛区堤防,黄河的来沙绝大部分都淤积在铜瓦厢至陶城铺之间的泛区内,进入大清河故道的水相对又大又清,原大清河故道河身窄小,致使整个故道发生冲深展宽,河口亦然。当时大清河故道为地下河,故不为患。同治十一年(1872年)开始修治张秋以上堤防,其下民埝亦基本完备,此后下排的泥沙增多,河道和河口三角洲的淤积日趋严重。但尚未发生开口夺溜情况,同治十二年李鸿章奏称:"臣查大清河原宽不过十余丈,今自东阿鱼山下到利津,河道已冲宽半余里,冬春水涸尚深二三丈……目下北岸自齐河到利津,南岸齐东、蒲台,民间皆接筑护埝,迤逦不断,虽高仅丈许,询之土人,每有涨溢,出槽不过数尺,并无开口夺溜之事。"当时河口三角洲尾闾经由原大清河口门铁门关入海,河口尾闾宽深稳定,海艘停泊可直达距海二十余里的肖神庙。当大量泥沙下排到河口后,产生的淤积使河口和三角洲岸线向外显著延伸,三角洲尾闾开始产生显见的摆动和改道,同时尾闾和下游河床相应淤积抬高。据《利津县志》记载:"按大清河由二河盖东行二十余里归海。至同治十二年(1873年)旧河门淤,旋于二河盖冲开一口门,长三十余里,名新口门为入海之道。迄光绪七年(1881年)闰七月

· 10 ·

淤塞,仍归旧河门入海。"光绪九年巡抚陈士杰奏称:"东省黄河现在两岸离水不过四尺,低者仅二三尺,经前任皋司于光绪元年到东河之时,河身去水尚两丈至一丈四五尺不等,今不及十年而情况变迁,至此稍遇盛涨便行出槽,以故伏秋两汛此防彼决,被灾弥甚,盖河身难容纳也,以前例后不出四五年河水必将平岸,再经数年,河岸恐变为河身,一交伏秋危险更不可问。"光绪十五年(1889年),"是年二月韩家垣漫口。张曜以其地距海较近,请勿堵,于两岸筑堤各三十里,束水中行,为入海之路。从此河流东移,由毛丝坨入海……为黄河尾闾二大变迁"。显然,自此以后黄河河口开始出现位于三角洲扇面轴点附近的尾闾改道,此现象表明黄河下游河道的相对平衡纵剖面已基本形成,黄河河口的演变发生了性质上的变化,河口侵蚀基准面开始对下游河道起制约作用。当河口尾闾在三角洲范围完成一次大循环以后,河口河段河床和水位在升升降降中将发生不复下降的升高,并势将波及整个下游冲积性河段。

　　1855年到2000年的145年中,除改道初期和决口年份外,河口地区实际走水110年。人民治黄以来每年约有10亿t泥沙进入河口地区,其中约2/3的泥沙堆积在三角洲上和滨海区内,因而河口三角洲不断淤长扩大,尾闾河段始终处于冲淤交替以淤为主的状态。淤积使沙嘴不断延伸,流路逐渐淤高,水位相应升高,在一定的来水来沙、河道边界条件及海洋动力要素的综合作用下,则主流改走低洼地区,摆动出汊点位置因淤积发展而逐渐上提,当接近于三角洲的扇面顶点时则形成改道。因此,黄河河口的尾闾河段一直处于淤积、延伸、摆动、改道的循环演变之中。河口河段水位相应上升、下降、上升,但总的趋势是不断升高,加上旧社会腐败、工程质量低等社会因素,河口地区决口、摆动十分频繁。据不完全统计,河口地区曾决口45次84处,按照发生在三角洲轴点附近的尾闾变迁定义为改道,至今尾闾改道包括1855年的改道总计10次(如表1-1和图1-6所示)。其中人民治黄前7次,平均9年多一次。此演变规律使得河口三角洲岸线均匀淤长和中部突向深海,从而形成三角洲北部的渤海湾和东侧的莱州湾。走河时间较长的2次(第1、4次),入海口门均位于东南方位的中部两湾的湾口和偏北部位的渤海湾,这与海域条件好密切相关。入海流路由最初的中部,摆向右侧的南部(第2次)第3次摆向更南,然后又改向左侧的北部(第4次),从而完成一次大三角洲的走河循环。当时三角洲轴点位于垦利县宁海附近,河口摆动改道于套尔河口和支脉沟口之间海域。

表1-1　1855年以来黄河河口尾闾变迁情况

改道次序	改道时间	改道地点	入海位置	流路历时(年)	流路实际行水历时(年)	累计实际行水历时(年)	说　明
1	咸丰五年(1855年6月)	铜瓦厢	由利津铁门关以下肖神庙牡蛎嘴向东北入海	34	19	19	黄河自徐淮故道北徙,经张秋夺大清河故道由利津入海。改道初期张秋以上河无定型,经常南泄,初期进入河口的沙量不多。1887年8月河决郑州,河竭1年余

改道次序	改道时间	改道地点	入海位置	流路历时（年）	流路实际行水历时（年）	累计实际行水历时（年）	说　　明
2	光绪十五年（1889 年 3 月）	韩家垣	经四段于毛丝坨向东入海	8	6	25	决口以后老河淤堵，新河两岸筑堤三十里。1895 年吕家洼决口，河由沾化境入海近 2 年
3	光绪二十三年（1897 年 5 月）		经羊拦子、坨子由丝网坨向东偏南入海	7	5.5	30.5	决口初期，新、老河并流，不久毛丝坨一股断流
4	光绪三十年（1904 年 6 月）	寇家庄盐窝	先后由坨子、车子沟挑河等河汊向北入海	22	17.5	48	1917 年自太平岭经大英铺由车子沟入海，走河近 7 年，因其分汊改道偏下，属出汊摆动范畴，未计为改道。1921 年宫家决口，1923 年 10 月堵合，1925 年经徒骇河入海 1 年
5	1926 年 6 月	八里庄	大溜经汀河由刁口河向东北入海	3	3	51	决口初期，新河过流约占 70%，因人为盗决，流路历时较短
6	1929 年 8 月	纪家庄	先向东南由南旺河，后改向东由宋春荣沟青坨子入海	5	4	55	系人为扒口引起，先走南旺河约 1 年，后由永安镇西出汊，经夏镇由宋春荣沟入海 2 年，由青坨子入海 1 年
7	1934 年 8 月	一号坝上	扒口前后河均向东以甜水沟为主入海	19	8	63	决口后大溜向东北漫流，后归并为以甜水沟为主的三股。1938 年花园口扒口，河竭 9 年
8	1953 年 7 月	小口子	由神仙沟向北偏东入海后向东出汊入海	10.5	10.5	73.5	甜、神二沟河湾即将自然塌通，人为开挖引河，由神仙沟独流入海。1960 年 8 月自 4 号桩出汊向东，出汊走河 3.5 年
9	1964 年 1 月	罗家屋子	破堤后向北经挑河与神仙沟口间入海	12.5	12.5	86	1963 年冬凌汛卡冰严重，1 月 1 日于罗家屋子处破堤改道，1972 年后发生 4 次出汊摆动
10	1976 年 5 月	西河口	经引河向东于甜水沟原大嘴北入海	29.5	29.5	115.5	5 月 20 日在断流情况下于罗家屋子截堵老河，5 月 27 日黄河尾闾改由清水沟入海

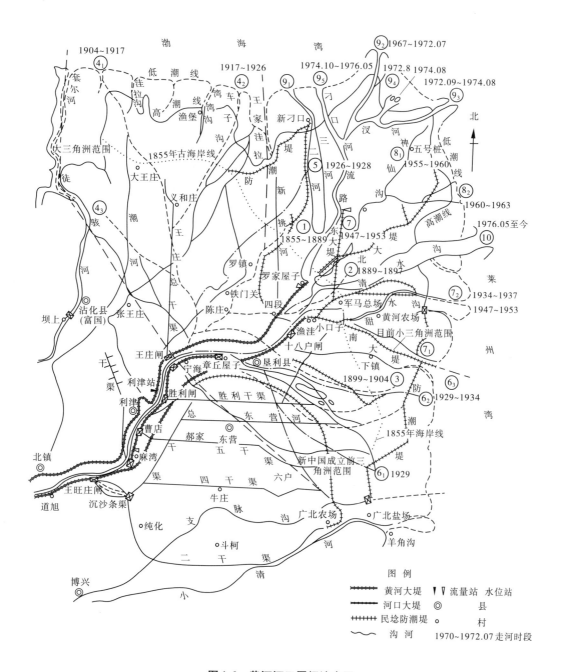

图1-6 黄河河口尾闾演变图

由于黄河大量泥沙下排入海,河口入海尾闾经常摆动改道,加之地处滨海土地盐碱,海潮侵袭,黄河三角洲历来新河故道交织,芦苇杂树丛生,交通不便,人烟稀少,无条件稳定垦殖开发。因此,对河口的摆动改道基本上采取顺其自然的方针,一般改道后仅修筑简易土堤约拦水势。

第三节 黄河河口近期概况

人民治黄以后,三角洲摆动顶点下移到四段、渔洼以下,直接影响海域在湾湾沟口与南大堤以北小岛河之间,面积仅2 200余km²。因而,河口河段水位升高的速度加快,改道间的时限缩短。到2000年50余年来共改道3次,即1953年由甜水沟流路改道神仙沟流路,1964年由神仙沟流路改道刁口河流路和1976年人工截流刁口河流路改由清水沟流路入海至今。此期间较大的典型摆动有5次,即1960年神仙沟的出汊摆动,1967年的刁口河流路取直摆动,1972年和1974年刁口河的先后出汊摆动,以及1980年清水沟流路取直摆动。小三角洲尾闾河段入海部位的演变亦遵循循环改道方式:先在南部由甜水沟入海,而后趋向中部经神仙沟独流入海,1960年8月向南出汊,至1964年1月1日罗家屋子破堤后乃转向北部走刁口河流路,1972年出汊至神仙沟口又回到中部,1974年第2次出汊后摆到1972年出汊前大嘴以西。1976年改道清水沟流路至今,河床已高于刁口河除南大堤至清水沟南防洪堤之间小岛河区域。河口三角洲岸线的淤积延伸,使整个冲积性河段相应抬升,洪凌威胁日趋严重,除利垦公路外侧尚相对低洼外,小三角洲内流路已无较大走河潜力。

1963年黄河河口油田大规模勘采以前,对黄河河口的情况和治理仍处在了解和探索阶段,黄河河口的状况除20世纪50年代加高河口河段堤防完善险工的规模和影响较大外,1953年改道神仙沟虽有人为开挖引河,但基本是顺其自然。随着油田大规模的开发和社会经济的发展,对河口治理提出了新的课题和要求,80年代前黄河河口主要的问题和对治理的要求有四点:①河口三角洲岸线的淤积延伸,使整个冲积性河段相应抬升,洪凌威胁日趋严重。为此,一方面适时地进行尾闾改道入海,以减轻河口河段凌洪决溢的威胁,人民治黄以来已改道3次,另一方面沿黄大堤已普遍加高了3次,平均每10年一次,从而使这一矛盾得以暂时缓和。②滨州北镇以下河口河段的麻湾到王庄一段堤距过窄,一般不足1 km,且堤防薄弱,滩少弯多,极易卡冰,造成灾害,威胁以东营为中心的石油基地。为此,兴修了窄河段的南岸展宽工程,它由麻湾和曹店两座分凌放淤闸、章丘屋子退水闸及胜利干渠、路庄干渠等7座灌排闸以及南展堤和村台等组成,初步解决了这一问题。③河口尾闾河段自然演变规律是不停地摆动改道,而石油工业开发要求尾闾河段相对稳定。在目前水沙条件下改道在所难免,1976年成功地进行了有计划的人工截流改道,为解决这一矛盾提供了宝贵的经验。④河口地区土地盐碱低产,农业生产发展缓慢。为解决此问题,新中国成立初期就兴修了打渔张大型灌溉设施,以后,又陆续新修了十八户放淤工程,王庄、宫家、胜利等灌区及平原水库等配套工程,挑河、马新河、沽利河等排水工程,以及部分防潮堤,使本地区的农业面貌得以不断改善,灌溉季节水源不足问题有所缓和。

20世纪80年代初提出在黄河河口建设大型港口的意见后,曾引起各方面的关注和争议,开展了大规模的工作和努力,实践表明,建设符合黄河河口特点和适当规模港口的建议是恰当的。

为了保护河口地区的工农业生产并减轻黄河下游防洪负担和与油田开发相结合,

1996 年又实施了清 8 人工改汉;1976 年黄河改道清水沟流路以来,黄河河务部门、胜利油田、东营市共同对清水沟流路进行了大量的治理工作;1988～1992 年在河口进行了塞支强干和疏浚等试验;1996 年以来,按照《黄河入海流路治理一期工程项目建议书》,实施了河口治理一期工程。随着胜利油田的大规模开发以及地方工农业生产的迅速发展,黄河三角洲沿海地区陆续兴建了防潮工程,已建防潮堤 395. 4 km,对减少风暴潮灾害起到重要的作用。为了满足胜利油田和东营市工农业发展的用水要求,最近 20 多年来,在黄河河口地区又陆续兴建了一大批水利工程,已初步形成了以开发利用黄河水资源为主体的地表水和地下水工程体系。截至目前,总计已建引黄工程 17 处,引黄灌溉面积 13. 15 万亩(1 亩 = 1/15 hm^2)。目前,在沿海地区已形成海产养殖、石油开发、港口及渔港、盐业生产、种植等多种开发利用方式,使三角洲地区丰富的滩涂资源得到初步开发。

但是,河口河段持续淤积对下游河道的溯源影响和凌洪的威胁依然存在,继续加高堤防问题多、难度大,实施有计划的改道在所难免。此外,还出现了一些新的矛盾和问题,如:①水资源供需矛盾日益尖锐。入海水沙量持续减少,1972～1999 年期间有 22 年断流,累计多达 1 091 d。近几年由于实施水量调配,避免了断流现象,但入海水量仍然偏少,2000 年利津年水量不足 50 亿 m^3,难以满足河口地区生活、生产和生态用水需要。用水浪费更加剧了这一矛盾。②生态环境呈恶化趋势。水质污染严重,地下水盐碱度高,采补失调。入海水量的减少使滨海区生态环境恶化,湿地和生物多样性与经济开发矛盾加剧。③管理制度不健全,管理设备相对落后。

第四节　现黄河河口研究概况

1855 年河决铜瓦厢,经陶城铺以上泛区的调节,夺大清河故道入渤海后,在《续行水金鉴》《再续行水金鉴》和有关水利的众多志书中,对现黄河新河道的演变、堤防兴建、大清河故道在决口改道初期冲深展宽,以及大量泥沙下排入海后,在 10 年左右的时间内由地下河淤升为地上河,相对稳定的河口在淤积延伸过程开始摆动改道的演变过程和仿效废黄河采用过的治理措施进行试验的情况等有不少记载,但仅就河口问题的研究论述不多。除筑堤束水减小了两岸受灾的概率和范围,新中国成立前在河口大三角洲范围有意无意地允许尾闾自然摆动改道,延缓了河床和水位的抬升速率外,其他措施如购置挖泥船疏浚海口等未见获得成效的实例。

清末和"民国"建国后,社会动荡,军阀混战,而后加之日本帝国主义的侵占,无暇治理黄河,对黄河河口的研究几乎没有开展。仅李仪祉、张含英、美国人安立森以及日本侵占时期第二调查委员会等谈及河口的情况和有关河口治理设想,但概念议论多,资料数据少,目前对此尚未进行系统总结。

中华人民共和国成立后,党和政府对黄河河口的观测研究工作十分重视,早在 1952 年即设立了前左水位站,开始对河口进行调查和观测,1957 年改为河口实验站,1964 年成立河口水文测验队,增加了三角洲滨海区的观测工作,几十年来收集了大量的资料,为黄河河口的分析研究工作提供了必要的依据。随着河口地区石油大规模的勘采对河口治理提出新的要求,河口自然演变客观规律的逐渐暴露,河口分析研究工作相应日益深入,取得了一定的成果。据已收集到的关于河口研究的不完全的成果资料统计知,河口研究工作的发展过程具有明显的阶段性,表现出由浅到深、由局部到全面以及社会生产经济发展推动科学研究发展的历程。初期主要是收集和整理已有资料,进行现场调查总结,开展观测资料的初步分析;随着黄河流域补充规划的开展和石油在河口地区的开发,推动了黄河河口规划和科研工作的发展,对河口的认识有了明显的提高。然后围绕改道清水沟流路的时机和方式及改道后的效果,河口的演变规律和河口对下游河道影响进行的研究工作均取得了较大的进展。80 年代初胜利油田勘采量提高,在建设第二个大庆和兴建河口大型港口等方案的带动下,以及随着国家"八五"攻关河口专题的开展,河口的研究工作的广度进入了一个新的阶段。具体研究情况分述如下。

一、50 年代的研究概况

该阶段主要是黄河水利委员会(简称黄委)系统的有关单位开展研究,所见成果中占80% ~90% ,其中以黄委本身和前左站的成果居多。初期多为尾闾历史调查和查勘报告,辅以河口情况的介绍,是开始了解河口情况的阶段。如前左站的"山东黄河尾闾及现在情况",黄委的"黄河尾闾情况"等;随着资料的积累和认识的提高,1956 年后开始对河口资料进行整理和分析工作,如前左站的"黄河河口观测报告(1953 ~ 1955)",黄委水科所提出的"黄河河口资料整理报告",对黄河河口历史治理资料做了初步收集,并对河口延伸和改道后溯源冲刷有所记述。黄委提出的"黄河河口潮汐问题初步分析"是最早系统分析黄河河口潮汐、潮流特性的报告,它为最初认识滨海海洋特性提供了依据。黄委水文处的"黄河河口演变初步分析",对河道的平面演变和冲淤变化做了较深入的分析。其他单位有关黄河河口的研究仅有为了解塘沽新港回淤进行的渤海南部海岸线调查工作。随着三门峡水库修建前后黄河下游研究工作的开展,有关河口的研究也相应做了一些工作。20 世纪50 年代的工作为 60 年代初期的深入分析研究奠定了基础。

二、20 世纪 60 年代的研究概况

20 世纪 60 年代有关河口的研究工作有两个特点,一是科研与黄河规划和生产要求紧密结合,二是在开展科研时以黄委为主,科研单位与观测单位结合,并组织大专院校、北京水科院等单位联合进行。此大大地促进了黄河河口研究的深入和提高。

60 年代初期前左站提出了"三门峡水库泄水后河口段河床演变分析报告"等。具有代表性的是1964 年黄委水科所、水科院河渠所和前左站共同进行分析研究后,提出的"黄河河口淤积延伸改道对下游河道的影响"报告,以及 1965 年由武汉水院、黄委水科所和前左站等单位参加的河口规律组,在总结前段河口研究工作的基础上进一步补充后提出的"黄河河口基本情况和基本规律"报告。前者对影响河道冲淤的因素、河口近期的变化和溯源冲淤的判别条件等做了初步分析总结。后者较详细地总结了滨海区及河口河段的情况,分析了三角洲的演变过程、形态和河口泥沙淤积分布,提出了有关尾闾改道流路在三角洲洲面上一般呈大循环演变规律和由改道引起的溯源冲淤、河道水位复归性的小周期循环变化,即所谓的小循环的概念,并对河口发展及改道对下游河道的影响做了分析。限于1964 年刚刚改走刁口河流路,一些自然演变规律尚未充分暴露,尾闾河段平面河型演

变的小循环规律、摆动改道的区分和判别以及河口治理问题未能认识提出。为做好黄河规划,1965年南京大学地理系和中国科学院地理所等对黄河三角洲海岸地貌和1855年后的古河道和淤积物进行了调查,并提出相应报告。

60年代后期黄河河口地区已成为我国重要的石油工业基地,其他产业也在飞速发展,黄河河口需实施有计划的人工改道,为此1968年4月由山东省和黄委负责组织了30多个单位共250人参加的河口规划队,进行了黄河河口较系统的治理规划,分别提出了"黄河河口计划改道安排意见"、"黄河河口防凌防洪规划意见"和"黄河河口地区水利规划意见"等报告,并对罗家屋子以下现行尾闾河段进行了调查分析,实践表明对该河段尚有一定的走河潜力的认识是正确的。此次规划在总结河口演变规律上没能提出新的论点,但明确了河口地区存在的主要问题和肯定了有计划的人工改道是近期河口治理的方针。此次规划对黄河河口以后的规划治理有重要意义,故稍做介绍。具体的规划包括如下主要内容。

(一)改道选线的要求

改道选线的要求如下:①确保石油工业安全生产,密切配合石油开发计划;②尽量发挥现行河道的潜力,充分利用现行河道;③尽量利用黄河在河口地区的演变特点及有利的自然条件(海洋及陆地条件);④充分合理利用小三角洲地区已有河沟、堤坝,少修工程;⑤尽量减少对两岸灌排系统和邻近水系(如徒骇河及小清河)的影响;⑥尽量避开人口稠密地区,少占好地。

(二)线路简况

根据上述选线要求,尽量选比较合理的线路,选线超出了小三角洲的范围,查勘路线除现行河道外还有6条,即干草窝子、挑河、神仙沟、清水沟、小岛河及十八户。

神仙沟沟口地处渤海湾及莱州湾之间,海域条件最好,海深、坡陡,此处是潮波节点,潮差小,潮流流速大,入海泥沙在海洋水文动力因素作用下,易于向两侧及深海搬运。其他5条线路多为河间洼地,陆上堆沙容积大,河线短,土壤有不同程度的碱化,易于走河,但海域条件没有神仙沟好。

鉴于神仙沟四号桩以上河槽已经淤高,且正在兴建孤岛油田基地,难以利用,四号桩以下河槽较深,可作为现行河道将来出汊使用,故神仙沟可不再作为一独立流路。挑河和干草窝子,两条线路的中段走同一洼地,入海口也是一个,所以基本上是一条流路,仅仅是起点不同。干草窝子流路起点水位比挑河流路起点高约2 m,河段长度可以大为缩短,线路也比挑河顺直,故在安排方案时只用了干草窝子而未用挑河。十八户流路地区从陆地条件看是一条较好的线路,但海域条件不好,走河后期对支脉沟和小清河口有影响,且南大堤邻近胜利油田,不甚安全,所以未列入组合方案。

因此,参加规划方案组合比较的流路为4条,即现行河道、清水沟、小岛河和干草窝子。

(三)方案组合与比较

考虑到每次改道一般可走河7~8年,因而需组合2~3条线路才能满足要求,为配合孤岛油田开发,组合出以下3个走河顺序方案:

第1方案:①现行改道;②清水沟;③小岛河;④干草窝子。

第 2 方案:①清水沟;②现行改道;③干草窝子。

第 3 方案:①现行河道;②干草窝子。

以上 3 个方案各有利弊,选用哪一个,关键在于石油开采的安排。

鉴于 1968 年汛期中央在黄河防汛中做出要充分利用现行河道的决定,在利津流量 9 000 m³/s 和清水沟改道口大沽水位 10 m 以下时,不走清水沟而继续走现行河道;加之当时清水沟已开挖好了预备河道,修了南防洪堤,已初步形成现行河道的太平门,更可以使我们大胆地使用现行河道。因此,规划建议采用第 1 方案比较理想。实践表明,此次规划的指导思想是正确的,为我们解决河口防洪防凌安全与石油相对稳定开发问题提供了范例。

三、20 世纪 70 年代的研究概况

1970 年春钱正英部长亲赴河口协调因油田要求改道清水沟又决定不改后与地方和水利部门出现的矛盾,落实了窄河段的南展宽工程和继续使用刁口河流路时保护孤岛油田安全的东大堤工程,使河口存在的问题得到初步解决。1976 年改道清水沟流路前主要是进行刁口河流路冲淤的机理、河型演变的规律和发展趋势的研究,并对改道清水沟的时机、改道的方式等问题进行分析,提出了非汛期人工截流改道的最佳方式,为合理有效地改道清水沟流路提供了科学依据。改道清水沟后,又围绕改道清水沟的效果、演变发展规律、淤积造陆的状况等进行跟踪研究。废黄河海口演变规律和治理经验教训调查总结的成果,第一次较系统地总结了废黄河的资料,认识到堤防修建和巩固后,黄河大量来沙下排入海是黄河河口和黄河下游河道演变与治理不同阶段的分界点,而后河口侵蚀基准面对下游河道起控制作用,以及各项治理措施均具有局限性。此对了解现黄河河口淤积延伸对下游河道的影响以及河口演变与治理措施等问题提供了背景资料和实践依据。由于受"文化大革命"和国际形势的影响,70 年代水利科研机构处于先期下放后期调整状态,故其他单位对黄河河口研究的成果和进展相对不大,所见成果主要为黄委系统单位提出。

1969 年黄委水科所组建河口专题研究组,开始系统地进行河口研究工作,1970 年黄委水科所与前左站合作提出"黄河河口基本情况与治理问题"报告,开始对河口治理问题进行初步的总结。1972 年黄委水科所与山东黄河河务局等单位合作提出的"黄河河口现行河道基本资料分析与发展趋势预估"报告,总结提出了与大循环演变相对应的新的小循环概念。即每条流路三角洲尾闾河段平面河型自然演变一般均经历游荡散乱—归股—单一顺直—弯曲—出汊摆动—出汊点上移—改道散乱循环演变,进一步完善了黄河河口的演变规律,并对出汊摆动的条件和判别指标做了初步的探讨。1975 年黄委水科所在研究如何改道清水沟流路的"黄河河口近期治理有关问题的初步认识"报告中,比较了流路安排方案,在分析了汛期大水破堤改道与非汛期人工截流改道两种方式的优缺利弊后,提出唯有采用非汛期人工截流改道方式利多弊少、经济可靠;在改道时机上分析了刁口河现状和改道与不改道清水沟的利弊后,认为从黄河防洪安全和油田开发近远期利益上看,改道清水沟流路的时机已经成熟,应适时改道和保留刁口河流路作为长远流路,为 1976 年决策改道清水沟流路提供了依据。改道清水沟后 1976 年底黄委水科所与济南水文总站合作,及时地对改道工程、河口演变和改道的效果等进行了全面的分析。为配合河口拖淤

试验,黄委水科所进行了"黄河浚淤历史经验总结"和"水槽拖淤试验研究"。黄委水科所为全国治黄会议提出的"黄河河口演变规律及其对下游河道的影响"报告,在河口概况和演变方面较系统地总结了前人的工作,重点研究分析了河口延伸对下游河道影响的问题,通过历史演变发展、影响因素和淤积形态对比等分析,明确地指出从长时期宏观的间接影响上看,现阶段河口淤积延伸对下游河道淤积的制约作用和在河口适时实施有计划的非汛期人工截流改道的必要性。同时,将摆动改道区分开,并提出摆动贯穿于河口整个演变过程,其可分为游荡摆动、取直摆动和出汊摆动三类,分别发生于河型小循环演变的初、中、后期。改道是发生在三角洲轴点附近的流路变迁。

此期间黄委提出了"关于黄河河口治理现存问题的报告",黄委设计院提出了"关于黄河河口治理问题的初步探讨",济南水文总站单独提出了"黄河河口近期演变情况的分析"以及庞家珍、司书亨提出了"黄河河口演变",山东黄河河务局提出了"黄河河口基本情况及附图"和"关于黄河河口治理的初步意见",黄委水文处提出了"1976 年黄河水沙冲淤及河口改道情况"等成果,这些成果对认识黄河河口演变规律和当时改道清水沟流路问题均有重要的参考价值。

四、20 世纪 80 年代以后的研究概况

在十一届三中全会精神和改革开放形势以及中共中央、国务院转发国家科委党组《关于我国科学技术发展方针的汇报提纲》的推动下,全国各学术组织纷纷恢复和建立,海洋工程学会和河口海岸工程学会先后成立,海洋工程学会先后召开了 10 次全国学术讨论会,河口海岸工程学会也召开了 6 次全国学术讨论会,会上各单位交流论文成果数百篇,大大地推动了全国河口海岸研究的交流和发展。有关黄河河口的研究论文和成果显著增多,具体文献和资料有待进一步收集整理。

卫星遥感技术开始应用于研究黄河河口问题,黄委设计院于 1988 年提出"运用遥感技术研究近年黄河口演变",报告收集了 1976~1986 年卫片,较详细地分析了河口演变和岸线变化;中国科学院地理所先后提出"黄河下游平原及河口三角洲地貌环境的卫星遥感图像计算机处理分析及应用"和"黄河三角洲卫星影像图地貌解释";石油勘探开发科学研究院遥感地质所、山东师范大学地理系亦曾提出"渤海西南岸滨海油区环境演变卫星监测及预测研究"等报告,从而增加了黄河河口研究的手段。

80 年代初,位于河口地区的胜利油田由年产量不足 2 000 万 t 增加到 3 000 万 t 左右,提出了把胜利油田建设成我国第二个大庆油田的宏伟目标,并筹建东营市。为适应此形势,侯国本教授先后提出"关于黄河三角洲海港建设和水运的设想"、"黄河口三角洲过去、现在、未来的展望"和"开发黄河口三角洲——建深水大港、降千里黄河"等报告。建议每年在河口地区挖 5 亿 t 泥沙,改地降河,使郑州以下千吨级船只通航;于黄河河口无潮区建 10 万 t 级泊位的大港。1983 年 5 月胜利油田上报建设海港码头。围绕建港,胜利油田委托山东海洋学院、国家海洋局北海分局、国家海洋局一所、海军北海舰队后勤部等单位,开展了有关规划设计和资料准备,大大推动了黄河河口滨海区海域的分析研究和观测工作。1985 年 3 月提出"胜利油田五号桩油码头海区自然环境资料汇编",对该海域的气象、波浪、潮汐、海流泥沙运动、海岸与海底地貌和工程地质等方面进行了全面的总结

分析。

随后,为建港和黄河三角洲经济开发,由东营市、胜利油田、中国国土经济学研究会和中国水利经济研究会等多次发起组织全国有关单位和专家现场考察及召开研讨会,为会议提供了众多论述,从而引起了各界对黄河口治理和三角洲开发的关注,科研工作的深入及向经济、水资源和环保等领域的广泛发展。成果很多,目前正在积极地收集整理中。

1987 年试挖河口拦门沙,作业数日即因条件恶劣停挖,无果而终。1988~1992 年,为稳定流路,在"工程导流,疏浚破门,巧用潮汐,定向入海"的综合措施治理河口的思想指导下,连续在清 7 断面以下河段进行了新中国成立以来规模最大的河口疏浚试验。试验的主要措施有塞支强干——先后堵汊沟潮沟 32 条,疏通河道河门——试挖拦门沙、挖沟、清障、爆破、改装射流船和实施拖淤,拖淤共进行了 4 年,每年拖淤 100 d 以上,平均动用船只 10 艘,拖淤范围 10~24 km,新修和加固南北导流堤累计 44 km,合计完成土方 498 万 m³,石方 3 100 m³,投资 2 041 万元。上述治理试验因试验过程中尾闾河段水位和河床年年升高 10 cm 多,治理效果不明,对河口整治措施的可行性认识不一,1993 年后除维护导流堤外,其他试验工程停办。

自 80 年代后期国家开始通过重大科研或攻关项目支持开展有关黄河河口问题的研究。国家自然科学基金重大项目"黄河流域环境演变与水沙运行规律"第三课题"黄河下游水沙变化与河床演变"中,中国科学院青岛海洋所提出了"近代黄河三角洲演变"研究报告,从黄河河口自然地理环境、海洋环境与沉积动力特征、尾闾变迁与岸线变化、悬浮体含量分布与运移和近代三角洲的发展趋势等方面进行了研究总结。

80 年代黄委系统各单位在全国大好形势的带动下,在有关黄河河口的研究方面,同样取得了飞跃的发展。黄委 1984 年组织完成了"黄河下游第四次堤防加固河道整治可行性研究报告",鉴于河口自 1976 年 5 月改道清水沟后,当时已经 7 年多,尾闾河段经过散乱、游荡、归并的初期阶段,1981 年河口取直摆动后已进入单一顺直向弯曲发展的中期阶段,正向出汊的后期发展,为避免被动,做到有备无患,由黄委水科所配合"黄河下游第四次堤防加固河道整治研究",对清水沟流路进行分析总结,在参考以往有关流路规划的基础上,进一步了解和收集了有关单位对流路安排的意见及主要流路近期的社会经济情况后,提出了"黄河口流路近期安排意见"。在 1968 年流路规划和 1976 年改道清水沟流路取得成功宝贵经验的基础上,依据当时情况条件对改道流路做了进一步的分析安排。黄委工务处丁六逸提出"黄河河口治理与泥沙处理"报告。报告指出,黄河大量泥沙和海洋动力相对较弱造成黄河河口不断淤积延伸和摆动改道,河口淤积延伸改道是河口溯源淤积和溯源冲刷交替进行并最终表现为淤积的直接原因。

1989 年黄委设计院提出了"1989 年黄河入海流路规划"报告,遵照国家计委批准的黄河入海流路规划任务书,这次规划的重点是解决近期现实问题,着重研究安排好 2000 年前的入海流路。要分析预测现行流路(清水沟)的发展趋势及其对下游防洪和油田开发建设的利弊影响,分析论证延长现行河道行河年限的可能性,并拟订相应的措施方案。通过综合分析,继续使用清水沟流路具有明显优点。因此,规划选定近期继续使用清水沟流路的方案,即继续维持现行河道行河,待西河口水位达 12 m 时,再根据当时河道状况及油田开发需要决定改走北汊 1,或抬高西河口控制水位继续走现行河道。同时黄委设计院提出了"黄河河口地区海岸线变迁情况分析"报告,较详细地分析了1855年以来黄河三角洲的演变情况。

黄委水科所80年代有关黄河河口的研究,在全国科学春天大好形势的带动下亦取得了显著的进展。据不完全统计,公开发表研究黄河河口的论文约有30篇,未公开发表已打印存档的成果报告有20余项。其中有基础理论研究,如"黄河河口发展影响预估计算方法"、"黄河河口与下游河道的关系及整治问题"、"河流平衡纵剖面问题的试验分析"、"黄河河口演变规律及其对下游河道的影响"、"黄河河口治理"和"黄河口沿岸潮汐、潮流特性"等。也有与河口规划和生产任务相结合的项目,如"小浪底水库修建后50年对河口影响预估计算"、"黄河口清水沟流路规划方案计算报告"、"黄河口改道对五号桩煤码头影响分析"、"黄河入海泥沙对大口河海区影响分析"等。这不仅满足了生产的要求,同时使黄河河口的演变、治理和发展趋势的研究有了进一步的提高。90年代黄河水利科学研究院主持了"八五"攻关子专题"河口近期演变规律与发展趋势预测研究"工作,提出了相应报告。此外,在对现行清水沟流路的演变、治理、海域特性、拦门沙问题和改走北汉对黄河海港影响等方面均进行了较深入的分析总结,提出了"黄河口拦门沙演变分析"、"论黄河河口段河道特征"、"清水沟流路演变特点及发展趋势分析"、"清水沟流路改走北汉对黄河海港影响分析"和"黄河口拦门沙的特性与治理问题"等报告。

"八五"国家重点科技攻关项目子专题"黄河口演变规律及整治研究"由北京水科院泥沙所、黄河水利科学研究院和山东黄河河务局等单位承担,在河口清水沟流路近期演变规律与发展趋势预测研究、河口整治方向及整治措施研究和黄河口拦门沙疏浚现场试验总结分析三大方面提出了19篇报告,对现行清水沟流路的黄河口近期演变规律、黄河口拦门沙的演变与治理探讨、河口整治方向及整治措施的研究、1988～1992年黄河河口疏浚试验工程经验、清水沟流路发展趋势及预测等方面进行了研究总结。

1994年"八五"国家重点科技攻关项目增列了"延长黄河口清水沟流路行水年限的研究"专题,主要由东营市黄河口泥沙研究所和黄河口治理研究所负责,进行了4个子专题的研究,即:①渤海及黄河口附近海域海洋动力状况及输沙能力的研究;②利用海洋动力输送黄河口泥沙入海的研究;③黄河西河口高水位分洪的必要性和可行性;④在工程治理和新的水沙条件下现行流路行水年限预测。2002年3月提出专题报告,报告第一篇"延长黄河口清水沟流路行水年限的研究总报告"6章,第二篇"延长黄河口清水沟流路行水年限的研究子专题"18章。综合以上各子专题科研成果,得出如下主要结论:

(1)正确认识和充分利用海动力输沙是治理河口、长期稳定黄河现行流路的关键,这一命题是科学的。潮流、强潮流带、风暴激流是起动和带走黄河河口泥沙的最有效的与永恒的强大动力。黄河河口可以通过工程治理,"巧用潮汐(海动力)",实现长期稳定。

(2)黄河河口最大浑浊带和泥沙异重流的发现及其形成机制、运动规律的定性与定量研究,为通过工程措施,"巧用潮汐(海动力)"治理河口,提供了科学依据。

(3)建设西河口高水位分洪工程不仅可以减轻河口地区的洪水威胁,而且为黄河河口安上"安全阀",是保护未来预备流路的极好措施。这一工程将为黄河尾闾段通过"一主一副"双流定河,实现黄河河口现行流路长期稳定提供保障。因此,建设黄河西河口高水位分洪工程是十分必要的,应积极创造条件,尽快建设。

（4）在工程治理和新的水沙条件下，采取综合措施，黄河河口现行清水沟流路以西河口水位 12 m、流量 10 000 m³/s 为控制标准，从 1993 年算起，可行水 100 年以上。

上述研究成果多是理论分析和设想，缺乏实践验证资料和可行性论证的科学依据，有待结合实际情况进一步论证落实。

黄河河口治理是黄河治理开发的重要组成部分。由于河口还存在一些问题，如防洪、防潮工程不完善，洪水及风暴潮灾害的威胁依然存在，水资源供需矛盾突出，断流和水污染越来越严重等。为此，有必要在 1992 年 10 月国家计委批复的《黄河入海流路规划报告》和 1996 年批复的《黄河入海流路治理一期工程项目建议书》的基础上，根据河口地区出现的新情况和小浪底水库建成后黄河下游的水沙变化情况，对黄河河口地区的治理开发进行全面规划。按照水利部和黄委 1997 年前期工作计划要求，黄委设计院于 1997 年开展了黄河河口治理规划工作。在中国水利水电科学研究院、黄委规划计划局、山东黄河河务局、黄河河口管理局、黄委山东水文水资源局、黄委水资源保护局、胜利石油管理局等单位的支持和协助下，对河口地区进行了多次查勘，召开了多次座谈会和专家咨询会，在充分征求各方面意见的基础上，结合黄河河口地区出现的新情况、新问题，对河口地区的防洪、防潮、水资源利用、滩涂资源开发进行了全面的规划，提出了近期（2010 年）和远期（2020 年）的规划成果，并对规划方案进行了环境影响评价和社会经济综合评价，最后编制完成《黄河河口治理规划报告》。报告分 9 个部分，即：①自然概况及社会经济概况；②黄河河口治理规划任务；③河口河段防洪规划；④水土资源开发利用规划；⑤黄河三角洲防洪减灾规划；⑥河口地区滩涂资源开发利用规划；⑦环境影响评价；⑧河口治理规划工程国民经济与社会评价；⑨结论和今后工作建议。

规划的主要结论是：

（1）近期黄河入海流路为清 8 汊河，当西河口 10 000 m³/s 水位达到 12 m 时，改走北汊按照西河口 10 000 m³/s 水位不超过 12 m 作为控制条件，入海流路按照清 8—北汊—原河道次序行河，清水沟流路预测可继续行河 50 年左右。刁口河作为黄河远期的备用入海流路，要进一步加强管护。近期（2010 年前）要进一步完善河口河段的防洪工程体系，稳定清 7 以下河道，使其能防御 10 000 m³/s 的洪水，为此需加高培厚堤防 51.7 km；新建续建控导工程 7 处，并计划对 9 处现有控导工程进行加高加固；安排险工续建工程，长3 900 m，续建丁坝 19 道；硬化堤顶道路，长 70.3 km；实施堤防防护林工程 7.5 km，并建设相应的堤防附属工程，适时进行挖河疏浚，进一步完善防洪非工程措施，加强工程管理。

（2）为了统筹兼顾河口地区工农业发展和河口生态环境的用水要求，正常年份河口地区的引黄水量以不超过 78 亿 m³ 为宜。按 7.8 亿 m³ 引黄水量进行水资源的优化配置，近期应大力加强节约用水，调整产业结构。在小浪底水库生效和黄河水量调度不断加强的情况下，平原水库应基本维持现有的规模略有增加，即可以解决断流对河口地区城乡人民生活、工农业生产和生态环境造成的不利影响。

（3）为减轻风暴潮灾害的损失，在完善现有 395.4 km 防潮堤，提高其防潮标准的基础上，需新建 190.31 m 防潮堤，使黄河三角洲海岸现有油田、大型盐化工岸段的防潮标准达到 50～100 年一遇，一般岸段防潮标准达到 10～20 年一遇。

（4）黄河三角洲海岸滩涂资源总面积达到 3 598 km²，其中依托陆域面积为 1 432

km^2,海域面积为 2 166 km^2;现状滩涂开发的主要方式是石油和天然气开采、港口建设、盐田及盐化工、海产养殖、少量的耕地及自然保护区,目前滩涂开发尚处于起步阶段。结合现状滩涂开发利用实际情况,在不改变其功能的前提下,套尔河口—神仙沟口岸段以东营港及仙河镇为依托,以油田开发为主,重点发展油气开采、石油化工,兼顾海水养殖和自然保护;神仙沟口—小岛河口以保护新生湿地系统为主,全面保护自然环境和自然资源;小岛河口—支脉沟口依托广利港,重点发展水产养殖、盐田及盐化工。

(5)河口治理规划的各项工程实施后,将有效地减少河口地区自然灾害带来的生态与环境破坏,提高供水保证率,保护和改善当地生态环境,促进黄河三角洲地区社会经济的可持续发展。

该规划的主要问题在于对入海流路的安排和预测使用年限上存在着不同的认识与分歧。

1996 年清 7 断面下实施的人工有计划的改汊,标志着既利用黄河入海水沙资源为三角洲地区石油开发服务,又有利于减缓河口延伸和黄河下游河道淤积抬升速度相结合的进一步发展。黄委山东水文水资源局提出的"1996 年清 8 改汊工程对河口、河床演变的作用"和黄河口治理研究所程义呈提出的"黄河口清 8 出汊后流路演变分析"具有一定参考价值。由于流域来沙偏枯和小浪底水库拦沙等影响,近几年黄河入海沙量特别少,其淤积造陆的效果受到影响,但其延缓河口水位抬升的作用仍然是明确的。

参 考 资 料

[1] N. B. 萨莫依洛夫. 河口演变过程的理论及其研究方法[M]. 北京:科学出版社,1956.

[2] 黄胜. 潮汐河口类型商榷. 南京水利科学研究所,1963.

[3] 乔彭年,周志德,张虎男. 中国河口演变概论[M]. 北京:科学出版社,1994.

[4] 黄河水利委员会. 黄河水利史述要[M]. 北京:水利出版社,1982.

[5] 王恺忱. 黄河明清故道演变及其规律研究[M]. 开封:河南大学出版社,1998.

[6] 王恺忱. 黄河明清故道海口治理概况与总结[M]. 开封:河南大学出版社,1998.

[7] 王恺忱. 黄河三角洲的演变规律[M]. 郑州:黄河水利出版社,1996.

[8] 谢鉴衡,庞家珍,丁六逸,等. 黄河河口基本情况及基本规律初步报告. 1965.

[9] 王恺忱. 黄河河口治理措施分析. 黄委水科所,1987.

[10] 黄河研究会. 黄河河口地区治理开发概况[M]. 郑州:黄河水利出版社,2003.

[11] 安立森. 黄河河口之现状. 1937.

[12] 前左站. 山东黄河尾闾及现在情况. 1954.

[13] 黄河水利委员会. 黄河尾闾情况. 1955.

[14] 前左站. 黄河河口观测报告(1953~1955). 1956.

[15] 黄河水利委员会水科所. 黄河河口资料整理报告. 1957.

[16] 黄河水利委员会. 黄河的河口. 1958.

[17] 黄河水利委员会. 黄河河口潮汐问题初步分析. 1959.

[18] 黄委水文处. 黄河河口演变初步分析. 1959.

[19] 前左站. 三门峡水库泄水后河口段河床演变分析报告. 1961.

[20] 前左站. 黄河滨海区潮汐潮流特性. 1961.

[21] 黄委水科所,水科院河渠所,前左站. 黄河河口淤积延伸改道对下游河道的影响. 1964.

[22] 河口规律组.黄河河口基本情况和基本规律.1965.

[23] 南京大学地理系.黄河河口三角洲海岸地貌调查阶段报告.1965.

[24] 中科院地理所.黄河河口地区1855年后的古河道和淤积物.1968.

[25] 河口规划队.黄河河口计划改道安排意见.1968.

[26] 河口规划队.黄河河口防凌防洪规划意见.1968.

[27] 河口规划队.黄河河口地区水利规划意见.1968.

[28] 河口规划队.黄河罗家屋子以下现行河道调查报告.1968.

[29] 山东黄河河务局.黄河河口基本情况.1974.

[30] 黄委水科所.黄河河口的基本情况和河口治理问题.1975.

[31] 山东黄河河务局.关于黄河河口治理的初步意见.1975.

[32] 黄委水科所.黄河河口近期治理有关问题的初步认识.1975.

[33] 黄委水科所,济南水文总站.黄河河口1976年改道清水沟资料初步分析.1975.

[34] 黄委水文处.1976年黄河水沙冲淤及河口改道情况.1977.

[35] 黄委水科所.废黄河尾闾历史演变及其规律问题.1978.

[36] 黄委水科所.废黄河海口治理的概况与经验总结.1979.

[37] 黄委水科所,前左站.黄河河口基本情况与治理问题.1970.

[38] 黄委水科所,山东黄河河务局.黄河河口现行河道基本资料分析与发展趋势预估.1972.

[39] 黄委水科所.黄河浚淤历史经验总结.1978.

[40] 黄委水科所.水槽拖淤试验研究.1979.

[41] 黄委水科所.黄河河口演变规律及其对下游河道的影响.1978.

[42] 黄河水利委员会.关于黄河河口治理现存问题的报告.1972.

[43] 黄委设计院.关于黄河河口治理问题的初步探讨.1979.

[44] 济南水文总站.黄河河口近期演变情况的分析.1973.

[45] 庞家珍,司书亨.黄河河口演变.1979.

[46] 山东黄河河务局.黄河河口基本情况及附图.1974.

[47] 黄委设计院.运用遥感技术研究近年黄河口演变.1988.

[48] 中国科学院地理所.黄河下游平原及河口三角洲地貌环境的卫星遥感图像计算机处理分析及应用.

[49] 中国科学院地理所.黄河三角洲沿岸遥感动态分析图集[M].北京:海洋出版社,1992.

[50] 石油勘探开发科学研究院遥感地质所,山东师范大学地理系.渤海西南岸滨海油区环境演变卫星监测及预测研究.1991.

[51] 范兆木,黎夏.黄河三角洲近期动态的遥感研究.1985.

[52] 赵英时,吕克解.黄河三角洲水域动态的遥感研究.中国科学院遥感所,1986.

[53] 吉祖稳,胡春宏.运用遥感卫星照片分析黄河河口近期演变[J].泥沙研究,1994(9).

[54] 侯国本.关于黄河三角洲海港建设和水运的设想.1983.

[55] 侯国本.黄河口三角洲过去、现在、未来的展望.1984.

[56] 侯国本.开发黄河口三角洲——建深水大港、降千里黄河.1984.

[57] 海军北海舰队后勤部.华夏港油港码头可行性研究报告.1984.

[58] 中国海洋石油总公司.五号桩胜利原油海上外输工程可行性研究报告.1984.

[59] 胜利油田建港指挥部.胜利油田五号桩码头海区自然环境资料汇编.1985.

[60] 东营市黄河三角洲经济开发与河口治理研讨会文集.1988.

[61] 李殿魁.根治河口,稳定黄河现行入海流路[J].人民黄河,1993(5).

［62］ 胡春宏,等.1988~1992 年黄河河口疏浚试验工程的经验总结.中国水利水电科学研究院,1995.

［63］ 杨光复,李永植,等.近代黄河三角洲演变.中国科学院青岛海洋所,1992.

［64］ 黄河水利委员会.黄河下游第四次堤防加固河道整治可行性研究报告.1984.

［65］ 丁六逸.黄河河口治理与泥沙处理.中美黄河下游防洪措施学术讨论会.1987.

［66］ 黄委水科所.黄河口流路近期安排意见.1984.

［67］ 黄委设计院.1989 年黄河入海流路规划.1984.

［68］ 尚洪池,吴之尧.黄河河口地区海岸线变迁情况分析.黄委设计院,1982.

［69］ 王恺忱.黄河河口发展影响预估计算方法［J］.泥沙研究,1988(3).

［70］ 王恺忱.黄河河口与下游河道的关系及整治问题［J］.泥沙研究,1982(2).

［71］ 王恺忱.河流平衡纵剖面问题的试验分析//第二次河流泥沙国际学术讨论会论文集.1983.

［72］ 王恺忱.黄河河口演变规律及其对下游河道的影响//黄科院科学研究论文集第二集.1990.

［73］ 王恺忱.黄河河口治理［M］//中国河口治理第二篇.北京:海洋出版社,1992.

［74］ 李泽刚.黄河口沿岸潮汐、潮流特性//黄科院科学研究论文集第三集.1992.

［75］ 王恺忱,王开荣.小浪底水库修建后 50 年对河口影响预估计算.黄河水利科学研究院,1984.

［76］ 王恺忱,刘月兰,王开荣.黄河口清水沟流路规划方案计算报告.黄河水利科学研究院,1988.

［77］ 王恺忱,王开荣,李泽刚.黄河河口改道对五号桩煤码头影响分析.黄河水利科学研究院,1987.

［78］ 王恺忱,董年虎,王开荣.黄河入海泥沙对大口河海区影响分析//黄科院科学研究论文集第三集.1992.

［79］ 王恺忱,王开荣.黄河河口治理措施分析//九届中日河工坝工会议论文集.1993.

［80］ 吉祖稳,胡春宏.黄河口拦门沙演变分析［J］.泥沙研究,1995(3).

［81］ 李泽刚.论黄河河口段河道特征［J］.人民黄河,1994(6).

［82］ 王恺忱,王开荣.清水沟流路演变特点及发展趋势分析.1997.

［83］ 王恺忱,王开荣.清水沟流路改走北汊对黄河海港影响分析//第十届海洋工程学术讨论会论文集.2001.

［84］ 王恺忱,王开荣.黄河口拦门沙的特性与治理问题［J］.人民黄河,2002(2).

［85］ 曾庆华等.黄河口演变规律及整治［M］.郑州:黄河水利出版社,1997.

［86］ 李殿魁,等.延长黄河口清水沟流路行水年限的研究［M］.郑州:黄河水利出版社,2002.

［87］ 黄委设计院.黄河河口治理规划报告.2000.

［88］ 黄委山东水文水资源局.1996 年清 8 改汊工程对河口、河床演变的作用.1998.

［89］ 程义吉.黄河口清 8 出汊后流路演变分析［J］.海洋工程,2000(4).

第二章 黄河河口的水沙特性

第一节 黄河下游及入海水沙的一般特性

一、黄河下游的水沙特性

黄河下游的来水来沙特性取决于黄河流域降水产流产沙和汇流的特性以及人为干预因素(如三门峡水库和小浪底水库的运用方式等)的影响。由于黄河流域地域广阔,地质地貌条件不同,加上降水在时间和空间的不均匀性,产流产沙汇流的过程十分复杂。虽经河道和水库等的调节,但进入黄河下游时,不仅各次洪峰峰量、峰型、含沙量和颗粒粗细各不相同,而且年际间水沙量的差异亦十分突出,特别是沙量。具体的特点如下。

(一)来水来沙年际间差异大,年内集中于汛期

花园口站 1919~2000 年年水沙量过程如图 2-1 所示,由图知,进入下游的水量和沙量基本是相应的,一般水量大的年份沙量也多。从长时段看存在着出现连续多年枯水期和丰水期的情况,20 世纪 30 年代和 40 年代的丰水期较长,90 年代以来的枯水期相对最长最枯。枯水期年水量约在 300 亿 m^3,丰水期多在 600 亿 m^3 左右。花园口站 1964 年年水量最大,为 806.16 亿 m^3,1997 年最小,为 145.90 亿 m^3,二者相差 5.5 倍。年沙量的差异则更加明显,如年沙量 1933 年最大,为 39.7 亿 t,2000 年最小,为 0.604 亿 t,二者相差达 66 倍,汛期的差异更加突出,高达 238 倍。年内水沙量分配亦不均匀,水沙量均集中于 7~10 月的汛期,分别占年均水沙量的 58.53% 和 83.87%,显然沙量更为集中。1950~2000 年多年平均水沙量分别为 402.68 亿 m^3 和 10.44 亿 t,比 1919 年以来长系列有所减少,水量约减少 30 亿 m^3,沙量减少 1.74 亿 t。但汛期所占的百分数则几乎没有变化。

(二)水少沙多,含沙量高

黄河是世界著名的多沙河流,1919~2000 年花园口站多年平均水量 432.57 亿 m^3,沙量 12.18 亿 t,多年平均含沙量为 28.16 kg/m^3。多年平均含沙量约为长江大通站的 55 倍和珠江梧州站的 100 倍,而多年平均水量仅为长江的 4.2%、珠江的 13.7%。显然,黄河下游水少沙多、含沙量高的特点是十分明确的。

(三)水沙组合复杂,洪峰差异较大

由于降水的区域和强度、产流产沙条件不同,加之汇流和工程调蓄的影响,进入黄河下游的洪峰,在峰型、洪量和水沙组合等方面的差异很大。上游的洪峰多为平峰且含沙量相对较小。来自中游的洪峰,则主要为暴雨形成,具有洪峰流量大、历时短、含沙量相对高的特点;三门峡至花园口区间的洪水汇流快,含沙量相对较低。花园口站实测最大洪峰流量 22 300 m^3/s,小浪底实测最大含沙量 941 kg/m^3,为一般年份的 4 倍多,洪峰流量相近的洪水含沙量的差异最大可达 20 倍,一般在 10 倍左右。

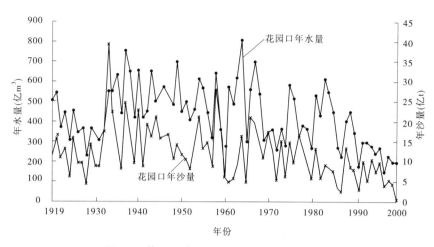

图 2-1　花园口站 1919～2000 年年水沙量过程

二、黄河河口水沙的特性

黄河下游和黄河河口是统一体,在黄河下游堤防自上而下修筑并日益完善后,河口是河流泥沙的主要承泄区,大量泥沙在河口堆积延伸,使黄河河口始终处于不稳定状态,实践表明其遵循淤积、延伸、摆动、改道的基本规律。自光绪十五年(1889 年)韩家垣决口,河流东移,由毛丝坨入海,张曜以其地距海较近,请勿堵,于两岸筑堤各三十里,束水中行,为入海之路,发生黄河河口尾闾第一次改道变迁。此标志着黄河下游河道和河口的演变规律出现了性质上的变化。此前黄河下游处于塑造与来水来沙和横向边界条件相适应的平衡纵剖面的阶段,此后黄河下游河道相对平衡纵剖面基本形成,黄河下游的冲淤开始受来水来沙条件和河口基准面状况共同制约。此时黄河河口的来水来沙条件完全受制于进入黄河下游的水沙条件。

由花园口站和利津站年水量过程(见图 2-2)和年沙量过程(见图 2-3)不难得知,两站的水沙趋势十分相应,并大体一致。20 世纪 70 年代以后水量差值相对较大,这主要与黄河下游引黄水量增加有关,较长的枯水期更加重了此差异。两站年沙量相关图(见图 2-4)体现了黄河下游"多来多排多淤"的特点和规律。两站区间有淤有冲、以淤为主,小水年份多淤和以槽淤为主,但数量相对不大,大淤的年份主要发生在大水年份如 1958 年和高含沙量年份如 1977 年等,此淤积以滩淤为主;冲刷的年份主要发生在三门峡水库下泄清水期及河口尾闾河型改道和形成单一顺直河道初期的冲刷时段。

此外,黄河口水沙特点同样遵循黄河下游水沙年际间差异大,年内集中于汛期,水少沙多、含沙量高和水沙组合复杂,洪峰差异较大的特性。有的特性更加突出,如年内水沙更集中于汛期和年际间的差异更大。利津站年均汛期水沙量分别占到年均水沙量的61.7% 和 85.1%,均较花园口站大些;利津站年均水量年际间相差的倍数由花园口站的 5 倍多增大到 47 倍,年均沙量相差倍数也增大到 95 倍,此主要与河床淤积和两岸引水引沙有关。

值得注意的是,花园口和利津两站的年均含沙量一直变化不大,如图 2-5 和图 2-6 所

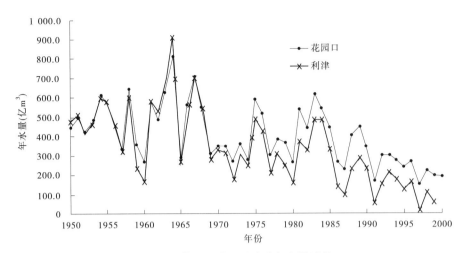

图 2-2　花园口站和利津站年水量过程

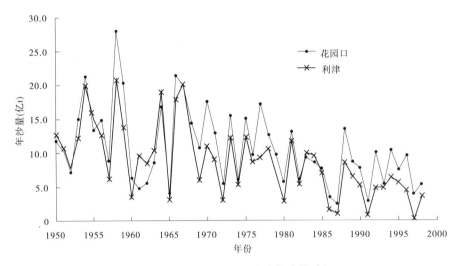

图 2-3　花园口站和利津站年沙量过程

示。这是水沙条件好时河道冲刷,使含沙量增加,水沙条件不利时河道淤积,从而使利津站的含沙量相对减小而趋于相对平衡状态的结果。特别是 20 世纪 90 年代以来利津站水沙量均有明显的减少,但含沙量却没有降低。

为了探讨来水来沙与河道冲淤间的关系,早在 20 世纪 50 年代就提出了来沙系数的指标,一直沿用至今。其指标是某时段的含沙量(S)除以相同时段的相应流量(Q),即 S/Q,一般情况下,含沙量愈高或流量愈小,河道愈易于淤积,故来沙系数愈大时水沙条件相对愈不利。1950 年以来,花园口站和利津站年来沙系数 1987 年以前基本是相应的(如图 2-7 所示),此后由于入海水量相对减少,而含沙量变化不大,利津站水沙条件相对不利,但下游河道上下两站水沙状况基本相应的特性依然是明确的。水沙条件较好的时段为三门峡水库下泄清水期和 20 世纪 80 年代中期。但由于河口基准面状况不同,两时段的冲淤亦截然不同。用其他判别水沙条件好坏的关系式进行的分析,得到了与上述来沙

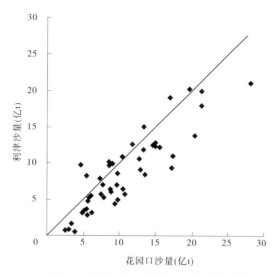

图 2-4　花园口站与利津站年沙量相关图

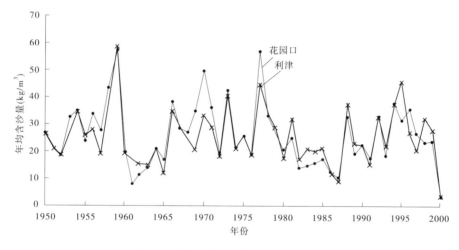

图 2-5　花园口站与利津站年均含沙量过程

系数基本一致的结果。

　　总之,黄河河口利津站的来水来沙特性与黄河下游来水来沙特性基本一致,一般更加不利。此表明黄河下游和黄河河口的冲淤均主要取决于汛期和其中的几次洪峰的冲淤状况。非汛期的冲淤主要是调整汛期形成的与非汛期水沙条件不相适应的过程,此冲淤过程对黄河下游和黄河河口的冲淤演变一般不起决定性作用。认识此黄河水沙特性,对分析黄河河口拦门沙的形成和影响,以及滨海区淤积和入海泥沙外输的特性与规律均具有重要的意义。

　　利津站年日均最大流量过程(见图 2-8)表明,入海日均最大流量有逐渐递减的趋势,其中有天然降水汇流的影响,也有人为工程如三门峡水库和小浪底水库等滞洪削峰的影响,水沙量及其峰值同时减少表明,黄河处于枯水系列的自然因素是主导因素。

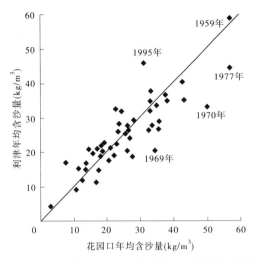

图 2-6　花园口站与利津站年均含沙量相关图

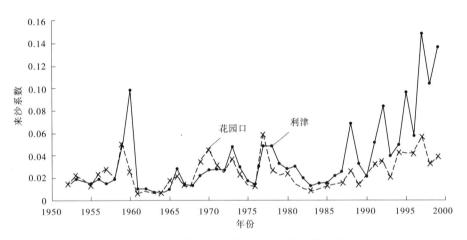

图 2-7　花园口站与利津站年来沙系数过程

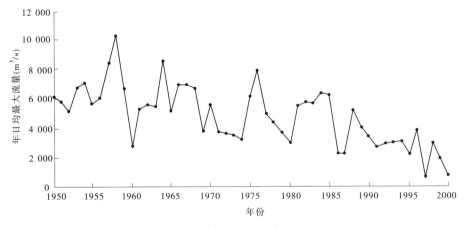

图 2-8　利津站年日均最大流量过程

利津、花园口年最大流量相关图(见图2-9)表明,最大洪峰在下游河道的运移过程中削峰的情况是明显的,这是大洪水漫滩后滞洪、泥沙沉积和浸耗后的必然结果,同时有流量愈大削峰的作用愈大的趋势。

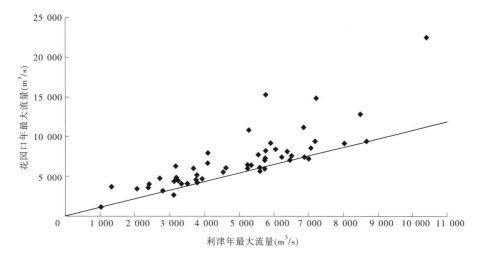

图2-9　利津、花园口年最大流量相关图

三、入海泥沙粗细特性分析

依据1962~1984年利津站黄河入海泥沙各粒径级沙量过程(见图2-10)知,各粒径级沙量随着年沙量的多寡相应波动。来沙量多的年份各粒径级的沙量相应也多,<0.025 mm的细颗粒泥沙的比例始终较大,粗颗粒泥沙的比例相对较小。由利津站各粒径级沙量与年沙量相关图(见图2-11)知,<0.025 mm、0.025~0.05 mm、>0.05 mm各粒径级年沙量占年沙量的平均比例分别为58%、25%和17%。这是一般平均情况,实际上由于黄河下游河道冲淤的调节,利津站粗细沙所占比例变化还是较大的。图2-12是利津站粗细粒径级沙量与平均值比例过程,由图不难得知入海粗细沙比例是波动发展的,二者成反

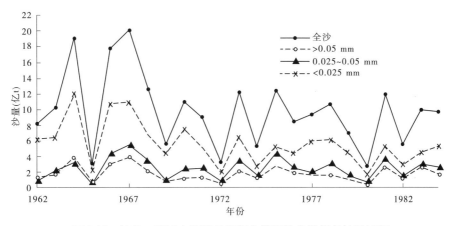

图2-10　1962~1984年利津站黄河入海泥沙各粒径级沙量过程

比,即细颗粒泥沙比例相对大时,粗颗粒所占比例相对较小,反之,粗颗粒泥沙比例相对大时,细颗粒所占比例相对变小。这是由于当河南宽河段处于淤积为主时段时粗颗粒泥沙必然淤积得多,输往窄河段和河口的粗颗粒泥沙相对减小,细颗粒泥沙比例相对增加。宽河段的淤积使河段比降变陡,挟沙能力加大,淤积减少,输往下游的粗沙量增加,细颗粒泥沙的比例相对减小。窄河段淤积的增加,必然向上影响,使宽河段淤积再次相对加重,周而复始。显然波动发展是不难理解的。

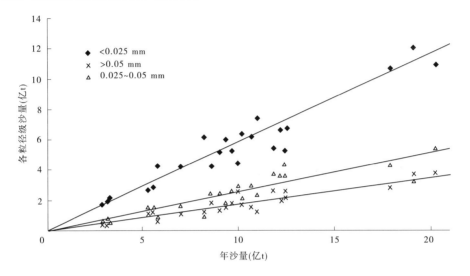

图 2-11　利津站各粒径级沙量与年沙量相关图

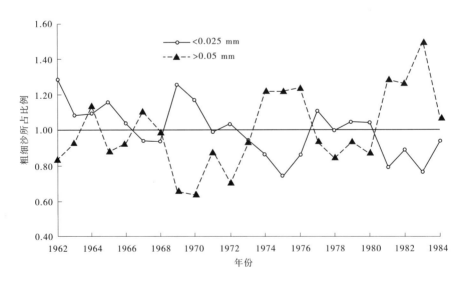

图 2-12　利津站粗细粒径级沙量与平均值比例过程

第二节　黄河河口各流路入海水沙情况分析

一、三条流路入海水沙量概况

清水沟流路是人民治黄以来继甜水沟流路、神仙沟流路和刁口河流路之后的第四条流路,四条流路中演变发展较完整的入海流路为后三条流路。神仙沟和刁口河流路分别走河约为 11 年和 12 年,清水沟流路至今已走河 30 多年。三条流路相应时段的累计来水量情况如图 2-13 所示,三条流路累计来沙量情况见图 2-14,由图知,来水量与来沙量基本相应。

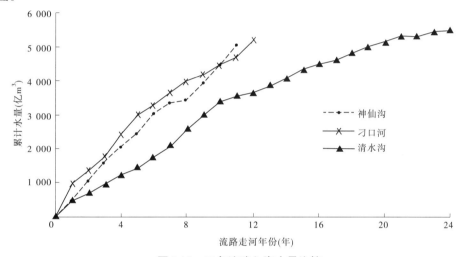

图 2-13　三条流路入海水量比较

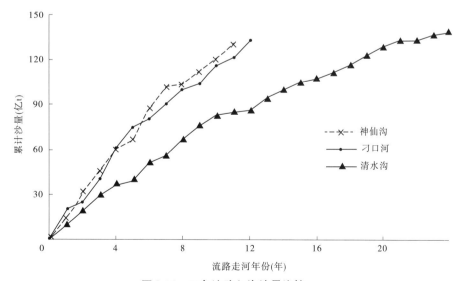

图 2-14　三条流路入海沙量比较

由图 2-13 和图 2-14 知,神仙沟和刁口河两条流路走河年限及累计入海水量和沙量均大体相当,年均水、沙量分别在 400 亿 m³ 和 10 亿 t 以上,而清水沟流路年水、沙量仅有前两条流路的一半多,特别是 20 世纪 80 年代中期以后入海水沙量减少更为明显。这是清水沟流路走河年限相对较长的原因之一,但清水沟流路走河年限较长的主要原因是黄河下游和河口河段第三次全面加堤后,使西河口防洪改道水位由改道前的 10 m(大沽)提高到 12 m;此外,尚与原清水沟流路入海流程相对刁口河流路短得多有关。2001 年小浪底水库投入拦沙运用后,又进一步加长了清水沟流路的使用年限。清水沟流路使用年限较长是一定条件下的特殊情况,其不能代表今后入海水沙条件的平均情况和规律。问题在于黄河下游入海水沙量能否持续减少,并稳定于一个低水平过程,以及河口尾闾入海流路能否适时实施改道以缩短尾闾入海流程;否则黄河河口河段和下游河道淤升与防洪能力相对减弱问题依然不可避免。

三条流路水、沙量和年内的分配等特性如表 2-1 所示。由表 2-1 知,清水沟流路来水来沙量明显偏枯,多年平均水、沙量分别仅为前两条流路平均的 51.3% 和 50.9%。值得注意的是,三条流路的多年平均含沙量基本相近,均约为 25 kg/m³。清水沟流路至 20 世纪末的累计入海水沙量刚好与前两条流路的累计水沙量大体相当,水沙量的减少主要是较大流量洪峰减少所致,大于 3 000 m³/s 的年平均天数分别仅约为前两条流路的 29% 和 38%。入海断流的天数和年数均显著增加,不包括间歇断流的天数,仅全日断流的天数清水沟流路到 20 世纪末累计达到 837 d 和 17 年,年均 31 d;刁口河流路为 4 年,累计 50 d;神仙沟流路 1960 年断流 141 d,主要是三门峡水库截流蓄水,下游流量减少,王旺庄灌区为保证引水,于渠首下游临时拦河做坝,使利津站断流所致。

表 2-1 各流路入海水沙特性比较(利津站)

项 目	神仙沟 1953 年 7 月至 1963 年 12 月	刁口河 1964 年 1 月至 1976 年 5 月	清水沟 1976 年 6 月至 1999 年 12 月	累计情况 1953 年 7 月至 1999 年 12 月
多年平均水量(亿 m³)	471.73	424.12	229.95	335.85
多年平均沙量(亿 t)	12.34	10.82	5.89	8.64
多年平均流量(m³/s)	1 496	1 345	729	1 065
多年平均含沙量(kg/m³)	26.16	25.52	25.62	25.73
年平均最大流量(m³/s)	6 371	5 339	3 952	4 873
汛期水量占全年(%)	62.5	57.6	65.18	61.25
汛期沙量占全年(%)	85.0	80.8	89.88	84.84
累计水量(亿 m³)	4 946.87	5 266.24	5 403.70	15 616.81
累计沙量(亿 t)	129.56	133.96	138.42	401.94
>3 000 m³/s 的总天数(d)	536	491	374	1 401
>3 000 m³/s 的年平均天数(d)	51.05	39.28	14.77	29.55
入海断流天数(d)/断流年数(年)	141/1	50/4	837/17	1 028/22

图 2-15 为利津站三条流路年日均最大、最小、平均流量比较。

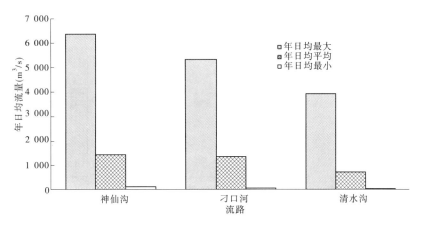

图 2-15　利津站三条流路年日均最大、最小、平均流量比较

表 2-1 和图 2-16 显示了清水沟流路汛期和非汛期水沙量的减少均相对突出,清水沟流路汛期来水来沙所占比例有所增加,即入海水沙更加集中于汛期,此情况对工农业用水和河口淤积均是不利的。但入海总沙量的减少,对减缓河口和三角洲延伸速率还是有利的。

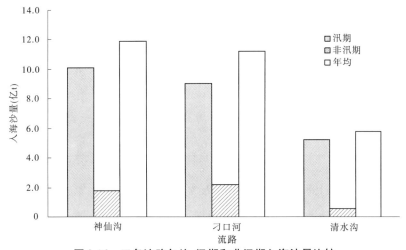

图 2-16　三条流路年均、汛期和非汛期入海沙量比较

三条流路不同流量级年均天数比较如图 2-17 所示,不难得知 1 500 ~ 500 m³/s 流量级的天数三条流路相差不多,3 000 ~ 1 500 m³/s 流量级的天数开始明显减少,大流量级天数的减少更加明显,< 500 m³/s 的天数清水沟流路较前两条流路增加了近一倍,达到约 197 d,占到全年天数的一半以上,来沙的特性与此基本一致。水沙量的减少主要发生在 20 世纪 60 年代后期,特别是清水沟流路 1986 年后减少的情况更加突出。

三条流路年均最大流量分别为 6 371 m³/s、5 339 m³/s 和 3 952 m³/s,年最大流量平均值清水沟流路较前两条流路分别减少 2 419 m³/s 和 1 387 m³/s。

按多年平均水、沙量值的 ± 20% 作为大、中、小水沙的分界值,计算得到清水沟等三条

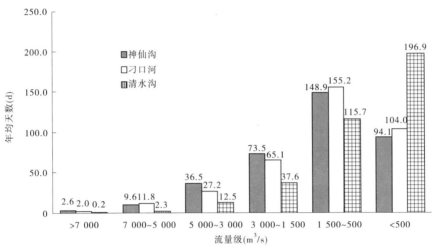

图 2-17　三条流路不同流量级年均天数比较

流路各时段大、中、小水和大、中、小沙的年份及其所占时段百分比,如表 2-2 所示。由表 2-2 知,清水沟流路到 20 世纪末小水年份为 17 年,所占的比例高达 70%,而且无大沙年份。相反,神仙沟和刁口河流路小水年份分别仅为 9.1% 和 16.7%,而大沙年份则均在50% 以上。

表 2-2　大、中、小水沙年情况统计

流路	大水年数(年)/占时段(%)	大沙年数(年)/占时段(%)	中水年数(年)/占时段(%)	中沙年数(年)/占时段(%)	小水年数(年)/占时段(%)	小沙年数(年)/占时段(%)
多年平均	16/34.04	14/29.79	11/23.40	13/27.66	20/42.55	20/42.55
神仙沟	8/72.73	6/54.55	2/18.18	3/27.27	1/9.09	2/18.18
刁口河	5/41.67	7/58.33	5/41.67	1/8.33	2/16.66	4/33.33
清水沟	3/12.50	1/4.17	4/16.67	9/37.50	17/70.83	14/58.33

值得深入探讨的是 1986~1996 年进行人为清 8 改汊前的时段,入海的水沙量明显偏枯,年均水量仅有 176 亿 m³,沙量 4.57 亿 t,但河口尾闾处于单一阶段,沙嘴延伸相对较快,河口河段明显回淤,利津、一号坝、西河口和十八公里等 4 站水位累计升高了 1.33~1.75 m,年均升高 0.13~0.18 m。此表明尽管入海沙量较小,如尾闾河型演变处于单一阶段,河口沙嘴延伸和河床相应淤积抬升的速率依然是较大的。显然,河口河段的冲淤和一般河道的冲淤与水沙条件密切相关的规律是不相同的,其主要取决于河口相对侵蚀基准面的状况。

二、清水沟流路来水来沙特点及影响

清水沟流路来水来沙较前两条流路相对较小,年际间也不均衡。图 2-18、图 2-19 为清水沟流路年沙量、年均含沙量和年水量、来沙系数过程,由图知,水沙依然洪枯间隔发生,1985 年以前水沙量相对较大,1986 年以后明显偏枯,至 2000 年有 5 年利津年入海水

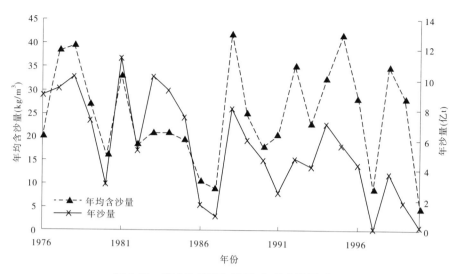

图 2-18　清水沟流路年沙量、年均含沙量过程

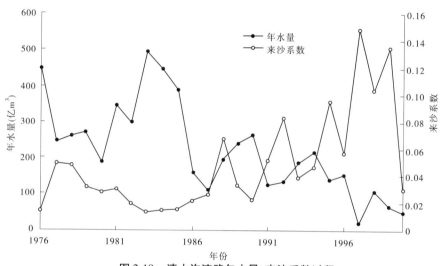

图 2-19　清水沟流路年水量、来沙系数过程

量不足 100 亿 m^3，1997 年最枯仅有 19.2 亿 m^3，年沙量只有约 0.4 亿 t。由于流域来水来沙较少，加上小浪底水库运用拦沙，2000 年利津入海年沙量仅有 0.22 亿 t，致使来水来沙条件明显变坏，特别是 1997 年。值得探讨的是，枯水时段的年均含沙量没有降低，与多年平均含沙量基本相当。清水沟流路时段的来水来沙，按尾闾河段平面河型演变过程，经历了与刁口河典型规律完全一致的阶段，即 1976～1980 年游荡散乱到归股的初期阶段和经过取直摆动进入单一顺直的第二阶段（1980 年以后）；只是以出汊摆动为标志的第三阶段的划分不够明显。具体水沙状况如表 2-3 所示。由表知，清水沟流路 1981～1985 年的中期来水来沙明显偏多，较多年平均和第一阶段平均水沙均大，时段平均最大洪峰流量也相对最大，与前两条流路同期水量十分相近，而平均含沙量相对较小，显然这有利于河口河段的冲刷和水位的相应下降。1980 年前的初期阶段来水来沙相对也较大，但含沙量较

高。1985 年后的后期阶段来水来沙的减少较为突出,此阶段水、沙量偏枯和较大洪峰明显减少,时段平均最大洪峰流量由 5 000 ~ 6 000 m^3/s 降至 3 000 m^3/s 左右,无疑将影响该时段河口沙嘴的延伸造陆速度和发生明显出汉摆动的概率。

表 2-3 清水沟流路演变阶段水沙状况

时　　段	时段平均沙量 (亿 t)	时段平均水量 (亿 m^3)	时段平均含沙量 (kg/m^3)	时段平均最大洪峰流量 (m^3/s)
1950 ~ 2000 年	8.54	338.04	25.20	5 079
1976 ~ 1980 年	7.82	282.83	28.24	5 048
1981 ~ 1985 年	8.81	393.77	22.55	5 996
1986 ~ 1996 年	4.54	174.26	25.86	3 461
1997 ~ 2000 年	1.50	60.00	19.23	1 915
1986 ~ 2000 年	3.73	143.79	24.09	3 049

清水沟流路 1986 年以后的时段,除 1988 年为中沙年份外,其他年份均属于小水年和小沙年。特别是河型演变中期近于完成后,需要大水大沙以形成尾闾河段明显的出汉摆动,但来水来沙特枯,加之尾闾河段实施了一定的塞支强干、堵汉和疏浚等措施,这无疑使清水沟流路的自然演变过程变得微弱和沙嘴变得宽厚,致使至 1996 年人为改汉前,没有发生标志着尾闾河段进入河型演变后期的明显的和不复归故的自然出汉摆动的现象,此是特殊来水来沙和边界条件的必然结果。

入海水、沙量主要受流域降水产流产沙的影响,人们目前尚难以控制丰枯不均的现象。神仙沟和刁口河两流路分别走河约为 11 年、12 年,清水沟流路至今已行河 30 多年,恰遇 1986 年以来历史上少有的连续枯水系列,从而使清水沟流路平均水沙量明显偏枯,来水量减少更加突出,清水沟流路 20 年的水、沙量仅与前两条流路十一二年的水、沙量相当。大中水年数占流路行水年数的百分比,神仙沟和刁口河分别为 90.9% 和 66.6%,而清水沟流路仅占 30%。

清水沟流路在时间上水、沙减少主要在 1985 年尾闾演变的中期以后阶段,同时汛期来水来沙占全年比重较前两条流路有所增加,特别是来沙更加集中于汛期。

在来水来沙的形式上主要是较大洪峰显著减少。清水沟流路大于 3 000 m^3/s 的年平均天数仅分别为神仙沟和刁口河两条流路的 43.3% 和 33.4%,0 ~ 1 500 m^3/s 流量级的水量三条流路相差不多,1 500 ~ 3 000 m^3/s 流量级的水量开始显著减少,流量级愈大水量的减少愈明显。上述较大洪峰的减少主要集中于清水沟流路 1985 年以后,此水沙特点给清水沟流路后期的演变发展带来了前所未有的非发生人力不能复故的出汉摆动。

改道清水沟流路后,由于侵蚀基准面相对降低,有条件可能产生冲刷的时段有二个:改道的当年和形成单一顺直河槽后中期阶段的初期,正好改道当年即 1976 年和 1981 ~ 1985 年来水来沙条件相对最好,其余时段水沙条件明显不利,这无疑加大了改道清水沟流路的效果和突出了前两阶段演变的特点。

清水沟流路期间,自然断流的情况显著增加。至 1997 年 20 年中有 17 年出现断流,全日断流累计天数高达745 d,年平均43.8 d,这是前所未有的,此对河口地区的生产发展和河道萎缩带来了巨大影响。具体断流情况将在下节中详细论述。

第三节　黄河断流的情况及一般影响

一、黄河断流的情况

有关资料表明,历史上的黄河也曾发生过断流,但次数很少。1972年以来,黄河下游频繁地出现断流,具体断流情况如表2-4所示。

表2-4　利津站70年代以来断流情况统计

年份	断流次数	断流天数(d)			年份	断流次数	断流天数(d)		
		全日	间歇性	总计			全日	间歇性	总计
1972	2	15	4	19	1987	2	14	3	17
1974	2	18	2	20	1988	2	3	2	5
1975	2	11	2	13	1989	3	19	5	24
1976	1	6	2	8	1991	2	13	3	16
1978	4	0	5	5	1992	5	73	10	83
1979	2	19	2	21	1993	5	49	11	60
1980	3	4	4	8	1994	4	66	8	74
1981	5	26	10	36	1995	3	117	5	122
1982	1	8	2	10	1996	6	123	13	136
1983	1	3	2	5	1997	13	202	24	226

依统计资料和表2-4可以得知断流有如下特点:

(1)断流频率增高。自1972年开始出现断流至1997年,共有20年出现断流,其中20世纪70年代6年13次,69整日,86日次;80年代7年17次,77整日;1991～1997年连续7年出现断流,累计断流38次,高达643整日。

(2)每年断流发生的时间提前且历时延长。70年代黄河下游断流一般发生于每年的5～6月,这时正是伏秋大汛前的枯水时期,而进入90年代以后,已逐步提前到每年的2～3月。1992年以前,断流历时一般每年仅数天至一二十天,1992年以后断流天数明显延长,1995年超过100 d,1997年断流天数高达226 d。

(3)断流范围扩大。断流的距离,从河口算起,70年代平均为130 km,80年代为150 km,1995年断流点上溯到距河口683 km河南省境内的夹河滩以上。

二、断流的原因及一般影响

(一)断流的原因

原因是多方面的,归纳起来有如下几点:

(1)天然来水量不足又不稳定。黄河流域绝大部分属于半湿润至半干旱地区,天然降水量本来就不多,多年平均降水量只有 490 mm,再加上又十分不稳定,有的年份相对较多,而有的年份较少,一年之内不同的季节相差也十分悬殊。这样的自然环境特性决定了黄河下游的来水也具有少而多变的特点。黄河下游的多年平均水量为 580 亿 m³,约为长江的 1/20,连中国南方一些中等河流也不如。黄河水常出现连续来水和连续枯水的周期性变化,如 1922~1931 年连续 10 年和 1969~1974 年连续 6 年的枯水系列,其水量只有平常年份的 70%~80%。自 1986 年以来又处于一个水量相对较枯的时期。

(2)用水量增加。随着社会经济的发展,黄河水用于工农业生产和生活的数量不断增加。50 年代以前,仅在黄河的上中游引黄河水,每年平均引水约 50 亿 m³。50~60 年代,全河年引水量发展至 120 亿~170 亿 m³,其中包括下游引黄河水 10.25 亿 m³。70 年代以后,引黄水量特别是下游引黄水量迅速增加,到 90 年代,分别达到 280 亿 m³ 和 100 亿 m³ 的水平,个别年份仅下游引黄水量就高达 140 亿 m³。可见整个黄河天然来水的一半或更多都被人们引走、用掉。如前所述,由于黄河来水不稳定,每年的来水又大部分集中在 7~10 月的汛期,而人们对水的需求又恰恰是在相对干旱缺水的少水年和非汛期,为了弥补天然降雨的不足,人们在这时普遍要更多地引黄河水。一方面是黄河来水本来就少,另一方面是人们又要多引水,这种恶劣的遭遇更加促使了断流的发生。

(3)水资源利用中的严重浪费。农业灌溉是黄河用水大户,占全河耗水量的 75%~85%。由于重建轻管,灌区的水利工程设施大都已年久失修、老化,也不配套。各灌区内的渠系由于"跑、冒、渗、漏"严重,加上很多地方采用大水漫灌的方式,水的有效利用率只有 40%~55%。例如,上游宁夏内蒙古灌区,每公顷土地的灌溉用水竟高达 12 300~17 100 m³。工业用水也同样存在问题,重复利用率很低,大中城市为 50%~60%,小城镇只有 20%~30%。除了这些主要因素,管理不善,缺乏科学的调度,水价偏低,以及缺乏足够的水库调节能力等,也是助长黄河断流的因素。从上面的分析可以看出,天然来水量少而不稳实际上只是黄河下游出现断流现象的自然背景,就像一个人的先天不足一样,不断增强甚至是不合理的人类活动才是导致断流发生的直接原因。因为在 20 世纪 70 年代以前,尽管有时来水很少,若不引或少引水,断流也不会出现。至于缺乏调节能力、政策欠妥以及管理不力等则是断流的促进因素。既然不断增强的人类活动是导致断流的直接原因,如何科学而又合理地利用黄河水资源无疑是解决黄河下游断流问题的关键。在未来的数十年内,社会经济发展对黄河水的需求肯定还要进一步增加,而黄河水资源总量又十分有限,因此必须在考虑黄河最大保证可供水量的基础上,科学地制定用水方案和用水措施,这其中大力节约用水、发展节水型农业在现阶段最具有实际意义。据估算,如果能对现有的黄河各灌区进行技术改造,加强管理和推广先进的灌溉方法(如喷灌、滴灌),全流域每年可节约引水 100 亿 m³,可见其巨大的潜力。此外,在干流上兴建水库群,优化调度,广泛兴建各种小型的引、拦、蓄水工程,实施南水北调(从长江流域向黄河调水),以及制定合理的政策、加强用水管理等,都是行之有效的办法。相信通过这些措施的综合治理,黄河下游断流问题可以得到较好的解决,黄河水资源开发利用与黄河流域社会经济、生态环境之间持续发展的目标也一定可以达到。

（二）断流的影响

1. 给工农业生产和生活带来严重危害

黄河下游 1972～1996 年因断流和供水不足造成工农业经济损失累计约 268 亿元,年均损失逾 11 亿元。20 世纪 90 年代,由于断流日趋严重,年均损失已达 36 亿元。农田受旱面积累计 470 万 hm², 粮食减产 986 亿 kg。胜利油田因减少注水,减产原油数十万吨。黄河水每年给山东带来的经济效益达 100 亿元,由于断流而影响了山东经济发展,1997 年历史上持续时间最长的断流给山东省造成上百亿元的直接经济损失。滨州地区,仅 1992～1998 年的 7 年间,由断流和污染造成工农业损失 158 亿元,其中农业损失 4 亿元,全区还投入抗旱资金 35 亿元。黄河断流使三角洲面临严重水资源危机,将直接影响可持续发展战略的实施。黄河断流,也扰乱了人们的正常生活和工作秩序,山东东营、滨州、德州等城市经常由于供水不足,采取限时限量供水。

2. 对沿河特别是河口三角洲地区生态环境产生重大影响

这种影响主要表现在以下几个方面:

(1)海岸侵蚀后退。由于入海泥沙减少,黄河三角洲海岸线变为以净蚀退为主,造成海岸后退。

(2)地下水环境恶化。由于地表淡水补给减少和地下淡水用水量增加,地下水位下降,海水倒灌,咸水入侵,水质恶化。在黄河入海口,由于近年来黄河入海水量大减,引起海水倒灌。山东省东营市的领导同志说,黄河是东营 180 万人的生命河,黄河一旦断流,这里将是一片毫无生机的盐碱滩。

(3)地表水环境容量减少,污染加重。由于污水排放量与日俱增,地表水减少,主要河流的污染物浓度不但超过了渔业用水水质标准,而且在一些支流的中下游河段已达到或超过鱼类致死浓度,许多河段鱼类基本绝迹。

(4)河口地区土地盐碱化、沙化,使湿地生态系统退化。黄河三角洲地表植被十分脆弱、极易演替。植被以草地为主,现有各类草地 218 万 km², 其中天然草场 185 万 km², 由于断流,不仅土壤盐碱化,草地向盐生植被退化,而且影响人工草地生长。

(5)河口地区及近海生物多样性减少,生物种群和遗传多样性丧失。断流使三角洲湿地水环境失衡,严重威胁湿地保护区数千种水生生物、上百种野生植物、180 多种鸟类的生存和繁衍,造成生物种群数量减少,结构趋向简单。断流使渤海水域失去重要的饵料来源,影响海洋生物繁衍,10 多种鱼类不能洄游等。

3. 致使主河槽淤积、萎缩

黄河断流带来的另一严重后果是主河槽的淤积、萎缩。

黄河断流改变了河道冲刷模式。泥沙淤积使河道萎缩、河床抬高,黄河下游成为地上悬河,降低了行洪能力,增加了决口和改道的风险,威胁着下游人民生命财产的安全。目前,黄河下游主河槽呈现出"浅碟子状",平滩流量由过去 6 000 m³/s 降为不足 3 000 m³/s, 汛期一旦来大水,洪水就会轻而易举地越出河槽。在横比降远大于纵比降的"二级悬河"形势下,洪水甚至是中小洪水在滩区极易形成"横河"、"斜河"、"滚河",使黄河下游两岸大堤防不胜防。

总之,黄河断流不仅给沿岸居民带来水源严重不足的困境,更危害到流域的生态环境,首当其冲的便是黄河三角洲。黄河三角洲是我国三大河口三角洲之一,它由黄河上游泥沙逐渐淤积而成,土地广袤,地理位置优越。然而,由于断流影响,黄河泥沙年入海量逐年递减,而海水又在不断侵蚀三角洲泥沙,如果没有上游淤积下来的充足泥沙作补充,黄河三角洲就将面临海岸线严重蚀退的挑战。黄河水对黄河三角洲地区土地肥力增长、污染物稀释、保持盐分和其他物质平衡都起着重要作用,断流使三角洲淡水资源不足,这对于盐渍化土壤本来就分布广泛的三角洲更带来了土地盐碱化的危害。同时,断流使三角洲极不稳定的草地生态系统植被退化,对黄河入海口渤海水域的生物资源也会产生诸多不良影响。除对河口三角洲地带的直接危害外,黄河断流对下游沿岸的生态环境也会带来严重影响。黄河鱼类的繁殖期为4月下旬至7月中旬,而黄河断流则发生在3月至7月上旬,恰好与鱼类繁殖期不谋而合。鱼类产卵需要一定的淡水条件,因此很明显,断流将严重影响鱼类的繁衍和生存。此外,在河口地区15.3万 km² 的滩涂湿地上生活的800多种各种各样的水生生物、近百种野生植物、栖息的鸟类等,也因断流受到严重威胁。黄河断流将使这一地区的淡水资源和与其相关的土壤资源、各类营养物质的补给断绝,在海水入侵及土壤盐化、沙化的作用下,将使具有国际重要意义的黄河三角洲湿地自然保护区的生物多样性遭到严重的影响。

参 考 资 料

[1] 焦益龄,孔国锋.黄河口近期演变规律与发展趋势预测研究.山东黄河河务局,1994.

[2] 高文永,张广泉,等.近年来黄河口演变规律及今后十年演变预测.黄委山东水文水资源局,1993.

[3] 张汝翼,杨旭临.黄河断流的历史回顾与简析[J].人民黄河,1998(10).

[4] 李文学.黄河断流的思考[J].人民黄河,1998(11).

[5] 尚华岚.论黄河断流的危害与对策.水信息网,2004.

[6] 尤联元.黄河断流问题与对策.中国科学院地理所,2001.

第三章 黄河河口的演变规律

第一节 黄河河口的历史演变及其规律

一、明清故道历史演变及其规律

(一)黄河夺淮的历史演变概况

黄河挟带大量泥沙进入下游平原后,泥沙落淤,河身抬高,在无完整堤防控导时,则不断漫溢改道,从而使下游河道入海流路相应不断变迁;有史以来曾发生过多次大规模的改道,决溢改流约 1 590 次,其影响范围波及海河和淮河两大流域的下游,它时而北流注入渤海,时而南流侵淮汇注黄海,使黄河入海口摆动于海河口和长江口之间。从宏观上讲,除山东半岛外,整个淮海平原均主要属于黄河大三角洲淤积扇的范畴。

据历史记载,大禹治水时,河出孟津后走向东北,至于大陆,北播为九河,同为逆河,入于渤海。众书多称汉武帝元光三年(公元前 132 年)河决濮阳瓠子,东南注巨野,泛淮泗,为黄河有史南侵夺淮之始。也有的认为始于周定王五年(公元前 602 年),河徙而南入于淮。东汉明帝时王景修汴堤导河自荥阳至千乘(现利津)入海后,直至唐代有关河患的记载很少。

北宋初期黄河下游流路经荥泽、汲县、濮阳、阳谷、长清、惠民等地东注渤海,大致与隋唐五代相同,由于该流路行河时间较久,下游河道淤积升高十分严重,因此决溢更加频繁,灾害大大超过前代。京都开封汴梁由于处黄河下游泛滥区屡受其害,加之为防御北方新兴崛起的辽、金的侵犯,因此宋代对黄河下游流路的治理十分重视,并在治河的各个方面均取得了普遍的提高和进展,是我国治河重要的发展阶段。

宋高宗南渡后,1128 年杜充导河入汴、泗,有人以此为该时段黄河夺淮的起点,但北流基本未绝。金章宗明昌五年(1194 年),河大决阳武故堤,灌封丘南,东北注梁山泺(今东平湖),北派沿北清河经济南入海;南派由南清河夺泗水达淮入海。久不塞,汲(今卫辉)、胙(胙城位于新乡市东)流绝,籍载多谓此次南徙为黄河第四次大徙之始。然当时"河行泗河故道,崖岸高广不为患",此后黄河以多支南流入淮为主。元至元二十五年(1288 年),主河改趋陈(今淮阳)、颍(今临颍),由颍、涡河入淮。泰定元年(1324 年)河复东行合泗入淮,不久桃源(今泗阳县)河决改由小清口(淮阴杨庄,即所谓的清口)会淮,清河县县城湮毁,河、淮交汇口清口附近始受河患。元至正初河屡屡北决,犯张秋影响漕运。至正十一年(1351 年)命贾鲁治之,疏塞并举,挽河东行,自归德经徐州南下入于淮。黄河的基本流路渐定,但仍有时向北漫决会济入渤海。

明代自洪武二十四年(1391 年)河决原武经开封北和项城南注以来,其下多由涡河经怀远、凤阳入淮,通过洪泽湖出清口由云梯关入海,有人称此年为全黄入淮之始。明代治河兼治漕运,且以漕运为重,明成化七年(1471年)始设"总理河道"之职,为避免黄河北泛影响漕运,当时多控导黄河不使其北流。自洪武年间到弘治初的100多年内,黄河主流北徙的年份仅10余年。弘治六年(1493年)开封东南旧河淤浅,主流北徙合于沁水,黄陵岗(位于今曹县西南30 km)一支益盛,乃决张秋运河东堤,并汶水入海,运道淤涸,刘大夏治之,疏支河分黄南注入淮,筑北堤塞黄陵岗口导河下徐、沛,北流绝。史籍多以此年为全黄夺淮之始。当时黄河南流主要路线不外如下四支:一由荥泽经中牟至颍、寿入淮;一由汴城东经亳州循涡河于怀远入淮;一自归德(商丘)、宿州沿睢河至宿迁小河口会泗入淮;一由归德东下徐、沛分多股入漕河后南下会泗入淮。黄河贯穿整个中原,纵横于汴、归、亳、徐之郊,漫溢于陈、睢、宿、清之境,黄、淮之水皆经清口由云梯关入海。此时泥沙多淤在清口以上,海口和尾闾未闻有淤患,正如吴桂芳上书所云:"黄河自淮入海而不壅塞海口者,以黄河至河南即会淮河同行,循颍、寿、凤、睢至清,以涤浊泥,沙得以不停,故数百载无患也,盖是时黄水循颍、寿者十七,其分支流入徐州小浮桥才十三耳。"大河南注,徐州附近运道常浅涩,乃有意东分济运。正德三年(1508年)大河北徙至徐州小浮桥会泗入淮,此后河多决于曹、单,北摆于丰、沛,其上游向南分流的各口门逐渐浅塞,全河大势尽趋徐州,河口泥沙问题随之逐渐突出。嘉靖初,泥沙淤积河、淮交汇口的奏文渐多,嘉靖十三年(1534年),总河朱裳等曾言:"今黄河汇入于淮,水势已非其旧,而涧河、马逻港及海口诸套已湮塞,不能速泄,下壅上溢梗塞通道,宜将沟港次第开浚,海口套沙多置龙爪船往来爬荡以广入海之路。"此后关于海口沙壅问题众说纷纭,开始挑浚海口。嘉靖二十五年(1546年)前后,徐州以上堤防日臻完善,南流的支河因口门淤淀多断流,疏挑后仍维时不长,全河尽至徐、邳侵漕入淮。主张筑堤束水的意见逐渐占了优势,隆庆间徐州以下开始筑堤。万历六年(1578年)潘季驯三任总河时,提倡筑堤塞决,束水攻沙,蓄清刷黄,导河浚海,河堤逐渐修到海口地区的安东(今涟水县)境内,黄河的流路进一步定型。小安几年后决口仍然频繁,1590年溢徐(州)城。后总河杨一魁主分导,1596年于桃源(今泗阳)开黄坝新河分黄入海,建高堰三闸以泄淮涨。但1612年、1615年、1616年、1624年仍屡决徐州及其附近,嗣后天启年间又多决邳、睢,崇祯年间则多决于淮安上下,决口渐向下游发展,朝廷无力治河,几乎无安岁。崇祯十四年(1641年)河决开封,由涡入淮,5年后又摆回到徐、宿老路。

清代继明代之敝河,主流仍依故道下徐、宿,会淮东注入海。顺治朝至康熙初,河先主要决邳、睢,次而向下决宿、桃及清口上下。决口常不塞,黄水四漫,淮水东泄,河身淤浅,康熙九年(1670年)后逐渐治堤塞决。康熙十六年(1677年),靳辅总理河道基本遵循明潘季驯的治河方略,先主张浚淤塞决,筑堤束水攻沙,藉清淮敌黄浊,大挑清江浦(今淮阴市)以下尾闾河道,接筑云梯关以下长堤南北共百里;其次于徐州附近及宿、桃、清、安各县先后修建了减水坝共十余座;于黄河堤外东侧另新辟一条中河通漕,黄、运分治,河漕暂时顺轨,河无旁支,流路益加固定。康熙三十五年(1696年)董安国于云梯关下近十里处筑拦黄坝,拟改大河由马港引河至南潮河入海;康熙四十年(1701年)张鹏翮拆除拦黄坝,塞马港引河,挽河归故。乾隆四十八年(1783年)阿桂等因青龙岗决口久堵不塞,且多次漫决,河身淤积严重,乃于兰阳(今兰考)三堡起新筑南堤,变原南堤为北堤,改河近二百里于商丘七堡复入故道。至咸丰五年(1855年)铜瓦厢决口改行目前入渤海河道,河身流路无大变化,但海口淤积和清口倒灌问题却日趋严重。为保证清口附近贡船的灌渡,一方面经常分洪减水降低黄河水位,另一方面则不断加高洪泽湖大堤以抬高清水水位,以期冲刷清口以下尾闾河段。清嘉庆中、后期于清水不足时更被迫采取缓堵或不堵南决入淮的口门,"以借黄为长策,苟且偷安"的办法用黄河水济湖济运,从而更加重了河、湖的淤积,一旦堵口尾闾河段淤积如故决溢益加严重。道光七年(1827 年)王营减坝决口堵合,黄水随即倒灌淤积,不得不常年堵闭御黄坝,南方来的漕船只得倒塘灌运,自此以后淮、黄开始分流,海口独泄黄河来水。

综上所述,黄河由于泥沙淤积而善决善徙,有史以来其影响范围波及海、淮两流域下游广大地区,河口摆动于长江口与海河口之间。废黄河河口当时存在的主要问题是:①河口淤积延伸使黄河与京杭大运河交汇处的清口不断淤升,影响关系重大的漕运正常运输;②丰庶的淮扬地区连年决溢洪涝灾害严重;③位于凤阳的明代祖陵被淹浸。当时河口的治理即主要围绕着上述问题。历史上黄河南徙入淮的流路主要有四条:①由郑州、中牟沿颍河经周口、阜阳至寿县入淮;②由开封兰考之间顺涡河经睢县、亳县于怀远入淮;③由商丘附近入睢河经宿县于宿迁小河口会泗入淮;④由濮阳以下向东南泛流经徐州夺泗于清口会淮。如图 3-1 所示。1194 年后,黄河较长时期南注入淮,至 1855 年铜瓦厢决口改道共历时 661 年,其中后 347 年为全黄入淮,前 314 年主流以走颍、涡为主,但向北的分流未断,泥沙多淤在河南境内,入海的泥沙不多,尾闾河道"河泓深广,水由地中,两岸浦渠沟港与射阳湖诸水互络交流"。1508 年大河北徙至徐州。明嘉靖中期以后的近 330 年全河大势尽趋徐、邳,黄淮交汇口的清口泥沙问题开始突出。1534 年开始有"爬荡海口以杀下流"的奏文。明万历时以筑堤防害、束水攻沙之议为主,两岸大堤修筑到海口云梯关以

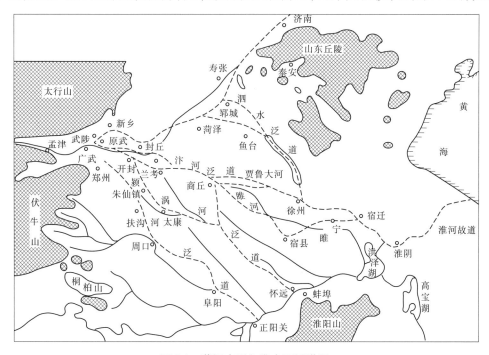

图 3-1 黄河南泛入淮主要泛道图

下,流路益加稳定,全河之水走目前遗留下来的废黄河流路。海口尾闾河段泥沙问题主要发生在 1535 年至 1855 年的 320 年,主要表现在入海口门随着淤积不断向海里淤长,黄河河床相应淤高,黄淮水位差增大,从而影响漕运和造成海口地区的漫决泛滥,影响程度日趋严重。1827 年后,河湖隔绝,清浊分家,黄河独流由云梯关入海计 28 年。以上均未扣除决口等北注年份。

（二）明清故道尾闾演变及其规律

黄河自古多沙,下游淤积严重,河身迁徙无常。历史上关于下游决口改道的记载不少,但有关海口淤积演变的记载不多,较早的以宋欧阳修在其疏奏中的记述较为详细,如"河本泥沙,无不淤之理,淤常先下流,下游淤高,水行渐壅,乃决于上流之低处,此势之常也。……横陇(埽名,在澶州,今濮阳)即决,水流就下,所以十余年间河水无患,至庆历三四年,横陇之水又自海口先淤,凡一百四十余里,其后游、金、赤三河相次又淤,下流既梗,乃决于上流之商胡(埽名,亦在今濮阳境)"。可见,他对海口先淤,淤到一定程度后,乃在上游低处形成决口摆动或小改道,待游、金、赤三河相次淤积后,摆动改道点继而向上游发展的规律已有所认识和总结。

1194 年黄河南徙至 1855 年铜瓦厢决口,黄河基本上是南注入淮,初期的 300 余年由于黄水"分数道合汝、合颍、合涡、合汴入淮,浊沙所及上游受其病",故未闻黄河海口和清口有淤积问题。明代正德和嘉靖以前,黄河与淮河在清口相互水平交汇,无任何工程,清口以下黄淮合流入海,尾闾河段较为深阔且为地下河,两侧的支河沟汊均注入尾闾入海。《阜宁县志》(光绪十年刊)载有:"县境淮水在宋以前仅袤数十里即入大海……清口以下淮岸甚阔而归流什深,滨淮之海亦渊深澄澈,足以容纳巨流,二渎并流未相轧也。……正德间汝、颍、涡、汴诸分流次第湮塞,河日北徙,合成一派南出徐州,于是黄强淮弱,清口合流,淤沙汇注,县境淮渎之受病自此始矣!"明嘉靖时黄淮交汇的清口及废黄河尾闾河段的泥沙淤积问题开始突出,因为淤积影响当时事关重大的漕运,故而演变与治理意见的记述开始增多。但由于海口的延伸当时不十分明显,观测也比较困难,尚难以为人们所认识,故治河者多谈海壅而不论延伸。明万历六年(1578 年)潘季驯于《两河经略疏》中曾记述了当时海口位于四套以下,按河长计距云梯关 15 km 以上,以夺淮前海口位于云梯关计,则自 1194 年至万历六年的 384 年中平均每年海口淤积延伸粗估为 30 多 m。清康熙十六年(1677 年)靳辅在其疏奏中开始明确谈到海口的延伸问题。奏中载有:"往时关外即海,自宋神宗熙宁十年黄河南徙距今仅七百年,而关外洲滩离海远至一百二十里,大抵日淤一寸。海滨父老言:更历千载便可策马而上云台山,理容有之,此皆黄河出海之余沙也。"尽管其推算的延伸速度欠准,但表明在实践中淤积延伸问题当时已为"海滨父老"以及某些治河者所认识了。有关记载表明,实际上由于"海涨沙淤,渡口渐塞,至五十年(指康熙五十年即 1711 年)忽成平路,直抵山下矣"(详见《江苏水利全书》),仅仅 30 余年便使云台山(原郁州岛)变成了大陆的一部分。粗略估算,明万历六年至康熙十六年间每年平均淤积延伸约 0.4 km。

其后海口查勘增多,关于淤积延伸的记述更为详细,到铜瓦厢北徙之前有记载的查勘不下一二十例。如:

康熙三十六年(1697 年)总河董安国题称:"案查云梯关迤之昔年海口,今则日淤日垫,距海二百余里,下流之宣泄即迟,则上游之壅积愈甚……"

乾隆二十一年(1756年)陈士倌奏:"今自关外至二木楼海口二百八十余里,且此二百八十余里中,昔年只有六套(河湾)者,今增至十套……河流至十曲而后出海。"

乾隆四十一年(1776年)萨载奏:"黄河自安东县云梯关以下计长三百余里,迂回曲折……自二泓起南北海口三十余里……自雍正年间至今两岸又接生淤滩长四十余里。"

嘉庆九年(1804年)徐端等奏:"自云梯关外至海口,以沿河程途计算有三百六七十里,河面逐渐宽阔……海口淤沙渐积,较康熙年间远出二百余里。"

粗略估计,各时段的延伸速率每年 0.5~1 km。康熙以后每年淤积延伸平均约 0.75 km,较目前黄河海口的延伸速率小些。此可能主要与当时决口频繁、海洋动力要素较强、泥沙外输能力较大等有关。

关于黄河海口尾闾的摆动问题当时尚无系统的记述,但亦有一定的认识,如前面宋欧阳修所讲的。此外,自明嘉靖时海口沙壅以后,尾闾河段亦曾有几次摆动,如潘季驯《河议辨惑》中即有"嘉靖三十年间河忽冲开草湾而白桥正河遂淤,未几草湾自塞,河复故道,万历十六年河水仍归草湾,而故河复淤"之记载。明万恭曾言:"夫身与岸平,河乃益弱,欲冲泥沙则势不得去,欲入于海则积滞不得疏,饱闷逼迫,然后择下地一决以快其势,此岂待上智而后知哉!"可见身与岸平乃海口淤积延伸的结果,身与岸平则形成择下地一决的摆动改道。此外,康熙十年的题报中载:"安东茆良诸口就塞,然黄河故道愈淤,正东云梯关海口积沙成滩,亘二十余里,黄河迂回从东北入海。"此充分表明,自黄河大量泥沙进入海口以来,黄河海口始终处于不断淤积延伸摆动的过程中。

康熙十六年(1677年),云梯关以下修堤,将海口摆动点下移 25 km,但由于"淤滩愈长,海口愈远,且河身节节弯曲,未免兜水,以致出海无力,此仍壅滞不畅之一病","连日东南大风昼夜不息,海潮倒漾,加之淮黄二渎之水合流奔注,内外浪涌"等原因,云梯关以下堤防经常漫溃。康熙三十五年十月,董安国提出:"下流之宣泄即迟,则上游之积愈甚,水势不能容受,小则倒灌,大则漫溢,断断不免矣,见今河臣于云梯关下马家港地方,挑挖引河一千二百余丈,导黄河之水由南潮河东注入海,急应攒挑开放。"随后付诸实施,但 4 年后被堵闭。乾隆年间漫决摆动更加频繁,"七月间河流下注,海潮上涌,(陈家浦)漫决二十余丈,黄河直由射阳湖、双阳子、八滩三路归海,迄至八月连日大雨东北风作,潮汐倒灌不能下泄入海,涨漫横溢,淹浸甚广,陈家浦溃决之口门竟至三百余丈","山安厅属云梯关外三、四、五、六套堰工,月初水大平漫"等奏述屡见不鲜。乾隆二十五年高晋不得不因"山海二厅二渎之水合为一河,兼以伏秋盛涨或遇海潮相抵,每至平堤拍岸"而奏准,将关外约拦水势之土堤以"无关紧要,自不应与水争地,无事生工"的理由而弃守。此均表明了黄河河口不断自然摆动改道的特点,在人为控制条件下则表现为频繁决口。

以往"水到海口向东北冲出……今河流转东南趋注",以及明清黄河海口附近两侧的支河串沟,如南潮河等,除灌河口因有山东沂蒙清水冲涤而保留外,其余大多淤成平陆而不复存在了,此均显示出海口是在不断地摆动和小改道之中,最后发展到清口附近决口形成多次较大的改道。正如包世臣所言:"按黄河之治否,视海水深浅以为转移,海水日浅,则涨滩日远,河身日长;黄河入海宜近不宜远,宜捷不宜缓,滩远河长,气机即多不顺,以渐上壅而河徙矣!"总之,在采取束水攻沙方策堤防系统完善后,黄河海口淤积日趋严重,延伸速率显著加大,从而使得水位升高摆动改道的规律充分暴露,并为人们所认识。前人不仅在实践中观察到了延伸摆动改道的现象,而且对造成摆动改道的原因,河口淤积延伸河型向弯曲发展,流路加长,河床抬高,以及黄淮二渎洪水合注,黄河水位增高,加之较大海潮的顶托倒漾三者综合作用,亦有所认识和论述。

此外,人们对海口淤积延伸后,不仅使尾闾河段淤积日益严重,而且逐渐向上游发展的过程也开始有所认识。明赵思诚疏言:"黄河挟百川万壑之势,益以伏秋潢潦之水,拔木扬沙,排山倒海……所赖以容纳者海,而输泄之路则海口也,海口梗塞一夕则无淮安,再夕则无清河,无桃源,运道冲决伤天下之大计,人民昏垫损一方之生灵,关系诚不浅小……"清靳辅亦疏曰:"臣闻治水者必先从下流治起,下流即通则上流自不饱涨,故臣切切以云梯关外为重。……下口俱淤势必渐而决于上,从此而桃、宿溃,邳、徐溃,曹、单、开封溃,奔腾四溢。"又如清代戴均元等奏中也谈到,"正河愈远愈平,渐失建瓴之势,河底之易淤,险工之垒出,糜费之日多,大率由此"。因此,海口淤积延伸的影响是通过比降的变缓,尾闾河段淤积,同流量水位升高,并自下而上发展,从而形成决口改道造成危害的。

综上所述,明清黄河海口的淤积主要开始于明正德年间,嘉靖以后淤积影响逐渐突出,而海口的延伸则主要发生在全黄尽趋徐、宿之后。淤积使清黄水平交汇已不可能,而后河湖分家,采取筑堤束水攻沙下排入海的方策后,摆动和改道的现象开始明显暴露。明清黄河海口淤积延伸摆动改道这一基本规律,逐渐在实践中为人们所认识。淤积的原因在于黄河大量来沙排至海口,潮汐顶托,海洋动力外输不及,而出现"余沙"。淤积的表现形式则是"海滩日长,海口愈远"的延伸。其延伸速率前期较小,平均每年约 0.75 km,康熙以后每年一般约 1 km。尽管明清黄河海口的摆动经常受到人为的影响和堤防的约束,相对使延伸加剧,但由于下游河道决口频繁、三角洲范围较大和黄海海域条件好、泥沙输往外海的能力大,故延伸速率尚较现黄河海口的延伸速率为小。延伸的结果引起摆动改道。摆动改道是淤积延伸的量变到质变,以向其相反方向转化过程为归宿。摆动改道的基础是淤积延伸,而黄淮洪水并注恰遇较大海潮上涌,则是摆动改道的重要条件。

二、现黄河河口历史演变及其规律

任何河口的演变都是来水来沙状况、海洋动力特性和河口边界条件三者综合作用的结果。对于黄河河口来说,海洋动力除随着河口淤积延伸摆动有局部变化外,总的看来是变化不大的;另外,在没有人为控制的自然演变情况下,河口的边界条件又与河流的水沙状况密切相关,因而在三者中来水来沙特性是主导的因素。

自 1855 年黄河于铜瓦厢决口夺大清河入海以来,由于进入河口的水沙条件不同,下游河道和河口塑造演变过程大体上经历了两个大阶段。第一阶段是决口初期,黄河的来沙绝大部分淤积在铜瓦厢—陶城铺之间的泛区内,进入大清河的水是经过沉积后的较清的水,原大清河故道水量有限、河身窄小不能容纳,因而出现整个河段的冲深展宽,河口亦然。当时大清河为地下河,故不为患,加上清廷忙于镇压太平天国等农民起义,无暇修治堤防。同治十一年(公元 1872 年)始筑张秋以上南堤,其下民埝已基本完备,山东河段和河口已开始淤积,但尚未达到开口夺溜的情况。同治十二年(公元 1873 年)李鸿章奏称:"臣查大清河原宽不过十余丈,今自东阿鱼山下到利津,河道已冲宽半里余,冬春水涸尚深二、三丈，岸高水面又二、三丈，是大汛时河槽能容五、六丈矣，奔腾迅疾，水行地中……目下北岸自齐河到利津，南岸齐东、蒲台，民间皆接筑护捻，迤逦不断，虽高仅丈许，询之土人，每有涨溢，出槽不过数尺，并无开口夺溜之事。"初期河口经由大清河旧口门铁门关入海，河口深宽稳定，"海艘停泊直达肖神庙"。随着筑堤向下发展，输往海口的沙量逐年增加，河口开始出现明显的淤积延伸，尾闾相应出现显见的摆动。据《利津县志》记载："按大清河由二河盖东行二十余里归海。至同治十二年旧河门淤，旋于二河盖冲开一口门，长三十余里，名新河门，为入海之道。逮光绪七年(1881 年)闰七月淤塞，仍归旧河门入海。"到光绪九年(公元 1883 年)时，情况则不同了。巡抚陈士杰奏称："东省黄河现在两岸离水不过四尺，低者仅二、三尺，经前任臬司于光绪元年到东河之时，河身去水尚两丈及一丈四五尺不等，今不及十年而情况变迁，至此稍遇盛涨便行出槽，以故伏秋两汛此防彼决，被灾弥甚……再经数年，河岸恐变为河身，一交伏秋危险更不可问。"此时期河口地区连年决溢。光绪十五年(公元 1889 年)，"是年二月韩家垣决口。张曜以其地距海较近，请勿堵，于两岸筑堤各三十里，束水中行，为入海之路。从此河流东移，由毛丝坨入海……为黄河尾闾第二大变迁"。河口自此出现改道，此表明河口演变的规律发生了性质上的变化。据黄河下游决口地点与年份的关系(见图 3-2)知，1855 年决口后，随着淤积向下游的发展，决口部位相应地亦自上游向下游发展，1880 ~ 1890 年期间，主要在河口地区决溢，这是上段堤防日趋巩固、大量泥沙下排、河口淤积延伸、侵蚀基准面相对升高的必然结果。可以设想，此升高将引起溯源淤积，决口的部位相应亦将向上发展。客观上正是如此，此过程表现在图 3-2 上，呈明显的喇叭口形式。显然，河口在光绪十五年(公元 1889 年)发生尾闾改道的前几年，即 1880 ~ 1889 年期间，黄河口已进入了河口延伸、侵蚀基准面相对升高起主导作用的第二大阶段，也就是完成了陶城铺以下河段由比降较缓的清水河道向适应黄河来水来沙量大的河道水沙特性(要求比降陡、输沙和排洪能力大)的新河槽的转化过程。在黄河来水来沙宏观长期变化相对不大，可以视为一个常数的情况下，河口第二大阶段演变的特点是尾闾始终处于周期性的淤积延伸摆动改道的发展过程，这是由黄河来沙量过大、海洋动力相对弱、入海泥沙大部分淤积不能外输而决定的。此后下游河道淤积升高的幅度开始取决于河口三角洲岸线绝对延伸的程度，即河口总侵蚀基准面相对升高的状况。当然，此影响和制约过程是一个与水沙及边界条件共同作用冲淤相互转换的极为复杂的过程，但其始终制约着下游河道升降平衡的最终结果。

　　图 3-3 告诉我们，河口的淤积延伸，即侵蚀基准面外移 ΔL，意味着河口侵蚀基准面相对升高 ΔH，它必然引起河口河段及尾闾的淤积及水位升高，在水位升高的过程中，也不断加大尾闾自然悬河的程度，使原堤防的防洪标准相对降低。当淤积达到一定程度时，则将发生尾闾入海口门部位的出汊摆动，并最终发展到出汊点位于三角洲扇面轴点附近的改道，或者河流近口段的决口。改道后，由于侵蚀基准面相对降低，一般改道点以上河段发生溯源冲刷，水位下降，随之开始一条新流路的另一循环演变过程。此种一条流路内由改道—淤积延伸水位升高—新的改道的循环演变即淤积—延伸—摆动—改道的演变过程通常称为"河口演变基本规律"。历史有关记载和人民治黄后的观测资料充分证实了这一演变过程是在河道水沙条件下，不加人为控制时尾闾河段演变的客观规律。

　　自铜瓦厢决口到 2000 年的 145 年中，除去河口以上大决口河口水竭的年份，实际上

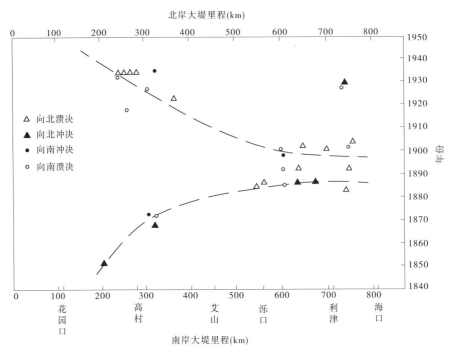

图 3-2　铜瓦厢决口改道后黄河下游决口地点与年份关系

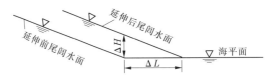

图 3-3　河口延伸影响示意图

走河 110 年,其中改道共 10 次,人民治黄前 7 次,人民治黄后 3 次,具体改道的情况和部位见表 1-1 和图 1-6。由图、表知,一条流路演变过程的长短,除取决于此期间的来沙量大小外,尚与允许摆动的范围大小和海洋动力的强弱有关。由于三角洲北部海域较深阔,海流强,河口延伸速率相对慢,因此由北部入海时的流路走河历时相对较长,如 1、4、9 等次即是。平均 10 年左右改道一次,人民治黄后加长到 10 年以上。

由于改道是河口尾闾淤积抬高后泄流不畅、水流另寻捷径的结果,故新流路多经由三角洲的低洼地带距海岸线较近即流程较短的部位入海。此除引起改道点以上河段的溯源冲刷及水位下降外,在三角洲的范围内,平面上则表现为各次流路不相互重复的循环演变形式。如初夺大清河入海时,在三角洲的中部向东北方向入海,第 2 次改道摆向右侧的南部入海,第 3 次更向南摆,由东偏南方向入海,第 4 次则突然改向左侧的北部海域入海,至发生第 5 次改道又趋向中部海域时,可以认为尾闾在大三角洲内完成了一次平面上的改道循环,此种在三角洲洲面上流路改道循环演变过程通常称为"大循环"。第一次"大循环"历时 71 年,实际行水 48 年。到甜水沟改道前,尾闾又经历了 5、6、7 三次改道,从其改道摆动的部位上看基本上又完成了一次范围较小的"大循环";人民治黄后第 8～10 次改

· 50 ·

道同样是遵循着"大循环"的方式,即由向南到走中,再到北,现回到甜、神两沟之间,在小三角洲内亦已完成或近于完成一次"大循环"。在一次"大循环"的过程中每一条流路在"小循环"中虽已经历了淤积延伸、侵蚀基准面相对升高的过程,但当发生改道后,尾闾流程缩短,侵蚀基准面又相对降低,呈波动的变化。由于三角洲扇面轴点距每次流路的平均岸线的里程相差不大,故可认为各次流路的水位升高不是累加的,而是相对的,只有当完成一次"大循环"后,海岸线普遍外延到一个水平时,方可形成一次水位不复下降的稳定升高,这对河流近口段和整个下游河道是不利的。显然,在进入下游河道泥沙在短时期内难以大量稳定减少的情况下,尽量扩大河口三角洲改道的范围,延长"大循环"的年限,对延缓河口侵蚀基准面升高、减轻河口和下游的防洪防凌压力、延缓整个下游河道普遍加高堤防,以及避免相应的桥梁、涵闸等工程改建的巨大投资和由此带来的负面影响是十分必要的现实有效的措施。此外,淤积造陆面积的增大也为河口地区石油勘探开采和农牧业的发展以及湿地保护等带来了有利条件。如孤岛油田所在的地区即为近期淤积造陆的产物,湿地增加。因而,有计划地安排流路,适当扩大改道范围,并与油田开发规划相结合,变浅海勘采为陆上勘采,是十分可取的双赢措施,应予以特别的重视。

第二节　三角洲尾闾河型演变规律

一、明清故道尾闾河型演变规律

黄河由于泥沙大量淤积而自古善徙善决,故其演变规律早为人们所了解。如汉代贾让在其《治河三策》中曾言:"今行上策,徙冀州之民当水重者,决黎阳遮害亭,放河使北入海,河西薄大山,东薄金堤,势不能远泛滥,期月自定……"他不仅提出了人为改道的问题,而且认识到黄河决口改道初期主流河槽不稳定,势将泛滥摆动于较大的范围,但"期月"后,河道亦将"自定",即河道由决口改道初期主流河槽位置不稳定,经过一段时间后将发展到相对稳定。表现在河型的演变上则是由初期的漫流散乱向归股和单一发展。又如《释地余论》转载于钦齐乘曰:"河至大陆趋海,势大土平,自播为九,禹因而疏之,非禹凿之而为九也,禹后历商周至齐桓时千五百余年,支流渐绝,经流独行,其势必然,非桓公塞八流以自广也。"这同样说明他们对黄河由散乱游荡发展到归而为一,然后在新的基础上分支发展这一自然发展规律是有所认识的。由散乱游荡发展到归一的原因正如宋苏辙疏中所言:"黄河性急则通,缓则淤淀,即无东西皆急之势,安有两河并行之理。"而其根本的原因在于泥沙过多。但这仅仅反映了整个演变过程的一个阶段,而没有论及由相对稳定向不稳定、河型由单一向散乱发展的过程。

明、清两代以来因海口和尾闾河段关系漕运,特别是乾隆以后,海口淤积加重,决口频繁,拟多次进行海口改道,对尾闾河道的查勘增加,有关海口河型的记载开始出现。嘉庆十一年(1806年),王营减坝泄水过程失事,"冲开四铺漫口西首民堰,大溜直注张家河,会六塘河归海……现在夺溜已八分有余,正河日形淤浅,渐露嫩滩……张家河、鲍营河一带河形本窄,现在平漫无槽,尾闾去路太多未能归一"。"鲍营河以上水势散漫,鲍营河以下也俱出槽漫滩,势尚未定,须俟畅行稍久,水渐落归并一路,始可定改移之议"。"自减坝口门放舟随溜而下,经张家河、三汊口入南、北塘河,水势汇成一片,大溜直冲海州之大伊山,从山之东穿入场河,平漫东门、六里、义泽等河,合注归海,其尾闾入海之处有三,南为灌河口,中为五图河,北为龙窝荡……此时溜未归一,尚多散漫"。此清楚地记述了一般情况下决口改道的初期新河多无定型,散漫枝乱,多路入海,须俟畅行稍久淤滩造槽,方可归并这一规律。形成单一河道后堆积在两侧的泥沙大为减少,大量泥沙为水流挟带输至河口,形成河口明显的淤积延伸。一方面海口日淤日远,流路加长,比降变缓;另一方面河道由于坍塌坐弯而日益向弯曲发展,也使主槽流路增长。清陈士倌曾奏称:"昔年只有六套者,今增至十套,与南岸十汕上下回抱形若交牙,兜束河流至十曲而后出海。"清吴璥奏中也称:"北岸之五套,南岸之陈家浦溜势趋逼,渐次坐弯,将成顶冲入袖之势……南岸之黄泥嘴为尤甚,盖黄泥嘴迂曲兜弯形如荷包,周围长五十三里,而上下口对直滩面,仅四里另计,迂缓十倍有余,溜行无力,沙即易停。"延伸和弯曲的加剧,河道渐失建瓴之势,正如清戴均元在疏中所称:"查水面之抬高,起由河底之淤垫,而河底之淤垫,总缘海口之不能畅通……滩远河长,气机即多不顺,以渐上壅而河徙矣!"此即河型演变过程中由单一到弯曲,并日益加重,而后出汊摆动和改道的另一阶段。综上所述,黄河尾闾河段的河型演变一般是经历散乱漫流到分股,尔后归并为一,再向弯曲发展,并日益加重,最后通过摆动改道再经过新尾闾的散乱—归股—单一—弯曲—出汊的往复发展过程。

二、现黄河尾闾河型演变规律

黄河河口三角洲轴点上下的河段在冲淤特性和河型演变上有着明显的不同。轴点以上河段因两岸多有防护工程控导,故平面上很少变化,但纵向沿程的冲淤相应于河口尾闾的延伸和改道而升降的变化则十分突出。轴点以下的尾闾河段在冲淤变化上,以淤积升高为主,新尾闾流路因地势低洼,改道初期一般淤积很快,头二年淤厚多达 2 m 左右,尔后淤积速率降低,尾闾河槽为淤滩造槽而成。与轴点以上河段相反,尾闾河段在平面河型的演变上则表现得十分激烈。由于改道后新尾闾流路的边界状况和水沙条件不同,各尾闾流路河型演变的过程不完全一致,但河型演变具有规律性。依据废黄河和现黄河人民治黄后的三次改道后尾闾河型演变发展的过程,可以清晰地总结出改道后尾闾河段在淤积延伸的过程中,其河型演变一般情况下要经历初期、中期和后期三大阶段。各阶段的河型特征是,初期游荡散乱—归股,中期单一顺直—弯曲,后期出汊—出汊点上提。刁口河流路 1964 年 1 月～1976 年 5 月改道清水沟流路经历了一个典型的河型演变过程,具有代表性,为我们认识河口尾闾河型的演变规律提供了可靠的实践依据。

刁口河流路具体的演变过程是,改道初期罗家屋子以下河水漫流,河面宽达 10 km 左右,沙洲星布,河无定型,淤积严重,呈典型的游荡性河段,入海口门极不稳定,如图 3-4 所示。由于海域浅凹,岸线淤积延伸较快,造陆面积较大,输往外海的泥沙很少。在淤积造床的基础上,1965 年形成多股河身,但由于罗家屋子弯道的导流作用,主流走东股的趋势已经形成,如图 3-5 所示。1966 年西、中两股淤衰,主流尽归并于东股,入海口门相应向东移,此时整个尾闾河段平均淤厚已达 2 m 左右,河口岸线较 1964 年改道时平均向外延伸了 8 km,最大延伸 13 km 多。1967 年 9 月三门峡水库以上出现 20 000 m³/s 的大洪峰,经水库调节,在下游形成一个持续近一个月的平峰(含沙量较小,流量大于 5 000 m³/s),河

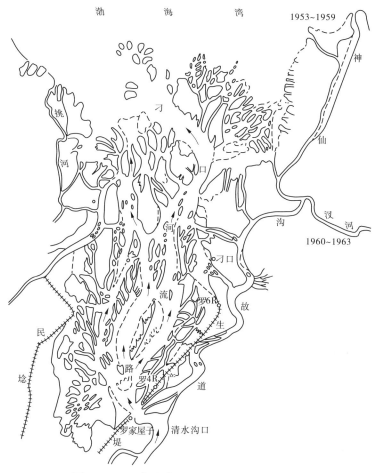

图 3-4　1964 年改道刁口河流路当年尾闾河势

口地区水位先升后降,流量 6 700 m³/s 左右时,罗家屋子站最高水位达 9.47 m(大沽),超过 1958 年 0.76 m(1958 年流量 10 400 m³/s,水位 8.71 m)。洪峰期间尾闾在罗 7 断面以下,河段明显向右摆动,峰后形成单一顺直的河槽,如图 3-6 所示,尾闾摆动取直后河口河段产生溯源冲刷,汛后滩槽差逐渐增大,此冲刷一直持续到 1969 年。1968 ~ 1972 年汛前,尾闾河段处于由单一顺直向弯曲发展的相对稳定阶段,洪水很少出槽,口门变化范围不大,河口沙嘴显著外延,输往外海的泥沙比例增加,造陆面积相对减少。到 1972 年汛前,河口沙嘴已较两侧平均海岸线突出约 19 km,河口最大累计延伸近 30 km,河道弯曲率由顺直发展到 1.1 左右,开始出现陡弯。由于河门的外延,尾闾河槽相应淤积抬高,自然悬河的程度加大,尾闾近口段平均槽底高程较两侧滩地高出 1 ~ 2 m,河湾弯顶附近串沟发展很快,出汊夺溜的边界条件已经形成。1972 年 7 月 26 日最大流量 2 690 m³/s,此洪峰到达河口时,正好与台风引起的风海潮相遭遇,新刁口渔堡潮位为 4.30 m(大沽),刁口水位站 1 500 m³/s 水位峰后较峰前升高 0.6 m。洪峰过后在口门以上 11.5 km 河湾弯顶处,向右侧发生了当年第一次出汊摆动,出汊后尾闾水位一直较高。9 月第二次洪峰到达后,由于新河不畅,又于前出汊点以上 7.4 km 处的另一弯顶处再次向右夺串出汊,在老神

图 3-5　1965 年刁口河流路尾闾河势

仙沟口附近入海,峰后新河过水流量即达 90% 左右,出汊点以下新河河势十分散乱。1973 年河口延伸较快,出汊点以上的尾闾河段越发弯曲,弯顶串沟更加发展扩大,虽当年新河段口门通畅,但由于流程已过长,出汊点以上河段进一步恶化。1974 年 8 月当年第二次洪峰入海过程又与风海潮相遇后,在 1972 年出汊的新河上距当时口门约 18 km 处,向左侧摆动出汊,出汊后水位同样表现得较高。10 月第四次洪峰期间,在第一次出汊点以上 9 km 处,亦即 1972 年第二次向右出汊点以上 5 km 处再一次向左出汊,改由 1972 年河口大沙嘴左侧北偏西方向入海。1972 年以后尾闾河段出汊情况如图 3-7 所示。尽管出汊点上提,缩短流程约 16 km,但因新尾闾流经地段和海域前期均淤积过,新河浅散,入海水流不畅,致使汛后河口壅水影响仍在一号坝和利津站之间。根据发展趋势判断,如继续使用刁口河流路,势将在罗 6 断面下弯顶进一步向左出汊,并可能决溢利埕公路。为避免无准备仓促改道造成被动和损失,1976 年汛前实施了有计划的人工改道清水沟流路,从而结束了刁口河流路的演变过程。

　　神仙沟流路是由当时流路较长、水位高的甜水沟经人工开挖引河改由当时已分流 30% 多,且距海近捷顺直的神仙沟入海。因为没有流经低洼开阔的故道间地带,故没有经

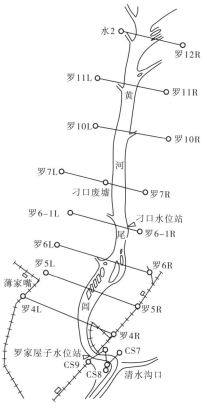

图 3-6　1967 年 9 月刁口河流路河势

过散乱游荡—归股演变的初期阶段,而是直接进入冲深展阔单一顺直河道,尔后向弯曲发展的中期阶段。1960 年四号桩的出汊摆动标志着神仙沟流路进入了河型演变的后期阶段。神仙沟流路虽受客观条件影响没有经历初期阶段,但中、后期演变过程的阶段性则完全与刁口河流路演变历程一致。刚改道的清水沟流路虽有引河,但由于不深不顺,河型演变仍表现为一般改道初期(1976～1979 年)游荡散乱—归股和 1980 年以后进入单一顺直的中期阶段特性。只是 20 世纪 80 年代后期黄河入海水沙量明显偏枯,尾闾虽发生过规模较小的自然出汊摆动,由于新汊河难以夺溜,老河槽淤不死,加上当时人为修导堤和塞支强干等干预,直到 1996 年实施清 8 人工改汊前,未能出现前两条流路那样的显见的自然出汊摆动。但其河型初、中期的演变过程的阶段性依然是十分典型的。此三条流路河型演变的特殊性,充分表明客观事物的复杂性,而其初、中和后期演变过程的阶段性还是十分明确的。

　　综上所述,一般情况下一条尾闾流路在其演变发展过程中,平面河型的演变大体上均经历改道初期的游荡散乱—归股—单一顺直—弯曲—出汊摆动—再改道游荡散乱的循环过程,称之为"小循环"。此演变过程亦可划为改道至形成单一顺直河槽时尾闾游荡不稳定的初期和形成单一河槽到发生出汊摆动相对稳定的中期,以及出汊摆动至再一次改道的后期三个大的阶段。此循环演变过程与游荡性河段的演变过程具有相似性,只不过游荡性河段的演变过程更为迅速和复杂。根据此河型演变规律可以对河口尾闾河段和游荡

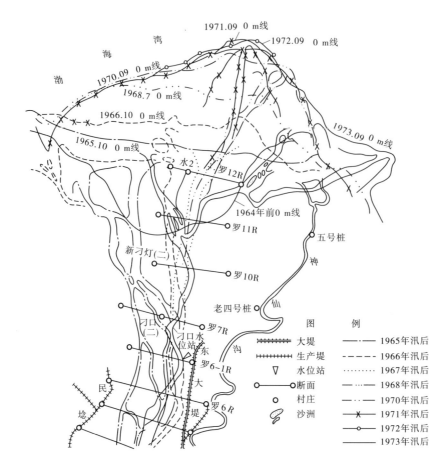

图 3-7　刁口河流路河口出汊摆动情况

性河段河势演变的发展趋势进行科学的预报和工程规划。

第三节　河口河段纵横断面演变分析

一、河口河段纵断面演变分析

冲积性河流的比降及其变化是反映河流特性和冲淤状况的重要指标之一。比降的变化受制于多种因素的影响,它反映了来水来沙条件和边界状况(包括河口总侵蚀基准面和局部侵蚀基面)相互综合作用趋向于平衡的结果。

黄河河口河段包括利津—改道点的近口段和改道点以下的尾闾河段。改道点以上的近口段和改道点以下三角洲尾闾河段的比降变化在尾闾流路河型小循环演变的初期和末期有着明显的不同。一条尾闾流路自然演变的后期改道点上下两河段比降变缓并均趋向于淤积平衡比降,即比降基本相近,一条流路改道的初期一般由于尾闾流路的改道使改道点以下原较平缓的比降突然转化为新流路较陡的比降,这是因为新流路入海流程明显缩短。如改道清水沟流路前后即由原刁口河流路的比降小于 1‰,猛增到 2‰ 以上,刁口河和清水沟流路年均3 000 m³/s 水面比降的变化情况如图3-8所示。由图知此较陡的比降将很快由于新尾闾的大量堆积淤滩造槽过程和入海流程的迅速淤积加长而急剧变缓,并再次趋向于上下河段一致。改道点以上河段的比降初期正好与此相反,由于改道引起的溯源冲刷使该河段比降有所变陡,但其变化幅度与改道点以下河段相比明显较小,一般在0.7‰~1‰。尾闾河段进入演变中期后,上下河段河槽横断面形态的差别和改道作用基本消失,上下河段的比降不仅大小趋近于一致,而且由于河口的淤积延伸、入海流程的加长,溯源淤积相应加重,使上下河段比降均逐渐变缓,此时河流近口段的比降变化基本取决于河口的状况和水沙条件,并向与河口基面和水沙条件相适应的平衡比降发展。刁口河流路和清水沟流路二者改道点以下纵比降变化的趋势是一致的,改道点以上利津——一号坝和一号坝—改道点两河段则不完全相同。刚改道时靠近改道点的河段两条流路均有所变陡,刁口河因新尾闾河段地势较高、土质耐冲、局部基准面的影响,改道后形不成窄深河槽,初始比降增加不多,而是慢慢加大的。清水沟流路因入海流路短,改道点下有引河,改道后的效果显著,从而使比降很快增加到1.1‰,远远大于其通常的0.8‰左右的比降,其后比降逐步变缓,1984年后开始趋近于平衡。由图3-8知,清水沟流路改道点以上河段在尾闾进入演变中期前,利津——一号坝河段比降呈现改道当年先缓,其后逐渐变陡的趋势,一号坝—西河口河段比降与此相反,表现为改道当年比降很快变陡,尔后逐渐变缓。1981年尾闾进入单一顺直演变的中期后,二者趋于一致,均近于1‰。其后随着尾闾边界窄深,顺直条件好和入海水沙条件优越产生明显冲刷,却由于河口延伸较快,比降不仅没有增大反而减小,上下两段比降同步变缓到0.9‰以下,1986年后趋近于平衡。利津——一号坝河段比降较一号坝—西河口变陡的情况表明河口的条件已开始变坏。值得探讨的是,西河口—十八公里的比降一直高达1.2‰以上,一方面,这可能与西河口—十八公里的距离基本是按直线距离计算的,而实际上该河段弯曲系数已达1.22,远远大于直线距离,显然使计算比降偏陡;另一方面,该河段已修建了6处控导工程,断面缩窄,坝段挑流阻水亦使比降变陡。另外,西河口多次被迫迁址,观测和水准基尺是否存在问题?为此,我们按不同时段的河长做了适当修正,使其趋于合理。图3-9和图3-10分别是清水沟流路和刁口河流路平均水面比降变化过程。

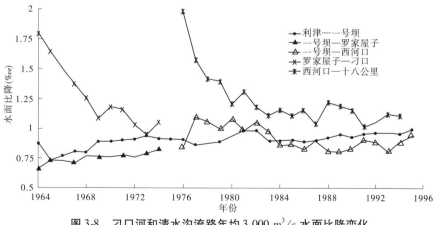

图3-8 刁口河和清水沟流路年均3 000 m³/s 水面比降变化

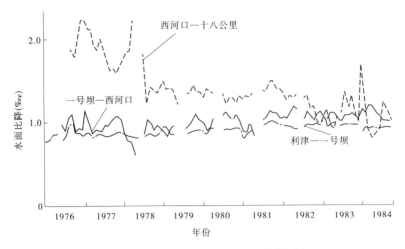

图 3-9　清水沟流路平均水面比降变化过程

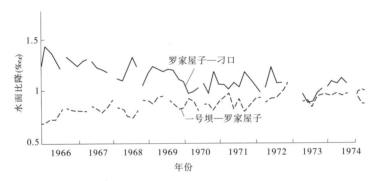

图 3-10　刁口河流路平均水面比降变化过程

由图同样可清晰地看出,改道初期改道点上下河段比降由相差悬殊逐渐趋近,再到上下河段基本一致和共同进一步变缓的过程。无论改道后起始比降的大小如何,上下河段均趋于一致的比降,约为1‰,共同变缓的比降最缓可达0.8‰以下,此时同流量水位相对表现得最高,在无其他措施保证河口防洪防凌安全的条件下,一般需考虑适时改道问题。

图3-11和图3-12分别是刁口河流路1966年和1974年汛期和汛后平均水面比降变化过程。由图可以看出,尾闾河段不同演变阶段的比降变化不同。处于刁口河流路改道初期的1966年改道点上下河段的比降相差悬殊,且改道点以上河段比降变陡,其下比降变缓,而处于尾闾河型演变后期的1974年,此时改道点上下河段的比降已基本趋近于一致,汛期的比降相对较缓,为0.8‰~0.9‰。汛后的比降约为1‰,与前述比降变化的趋势和规律完全一致。

比降与流量的关系以清水沟流路不同演变阶段为例,如图3-13和图3-14所示。由图知,河口改道后尾闾不同演变阶段比降与流量的关系不尽相同。改道点以上近口段比降在各个演变阶段变化的幅度均相对较小,改道前最缓,改道后变陡,尔后逐渐变缓,且始终在0.9‰左右,与流量的关系不明显,这是该河段横断面的形态相近和冲淤幅度相对较小且基本同步所致。改道点以下河段不同阶段二者关系表现不同,改道初期新尾闾地势低

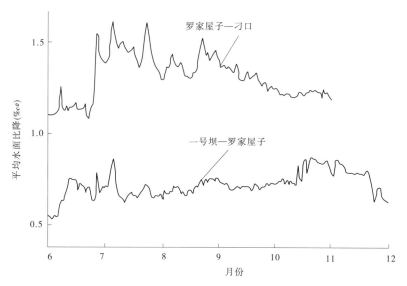

图 3-11　刁口河流路 1966 年（改道初期）汛期和汛后平均水面比降变化过程

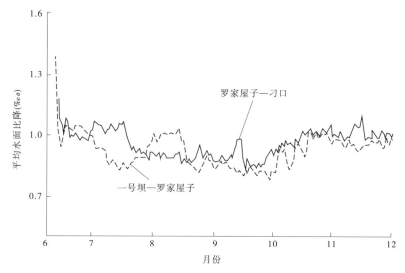

图 3-12　刁口河流路 1974 年（改道后期）汛期和汛后平均水面比降变化过程

洼,距海较近,处于淤积造床阶段,比降明显较陡,掩盖了改道点上下河段横断面宽度相差悬殊形成的影响,致使比降与流量的关系不明显,流量小时,比降反而较陡。小循环演变的中后期,由于新尾闾淤积造床基本完成,上下河段比降基本趋于一致,改道点上下河段横断面形态的影响显现,宽窄断面较大流量时水位升高值差别较大,由于上窄下宽,同流量水位升高值上大下小,从而使流量大时比降陡、流量小时比降缓的关系表现得较为明显。

　　由 1987 年拦门沙观测资料知,入海口门附近 20 余 km 河段的水面比降拦门沙以下涨潮时明显变缓,为负比降,落潮时拦门沙上下河段的比降趋于一致,近于 1‰。总之,利津以下至入海口门的水面比降,虽因河口演变阶段和受局部基准面影响存在着明显的不同,

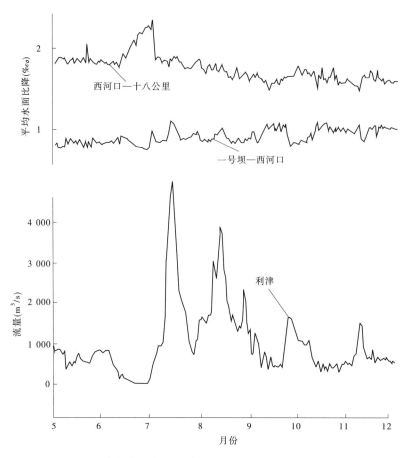

图 3-13　清水沟流路 1977 年平均水面比降与流量变化过程

但此影响是暂时的,其变化趋势始终是趋向于上下河段相对一致,即与来水来沙、边界条件和河口基准面状况相一致的平衡比降,从宏观上和相对较长时段上看,利津以下河段无局部陡缓相互不衔接的情况。

二、三角洲尾闾河段横断面的演变分析

影响尾闾横断面的形态和演变的主要因素是来水来沙和边界条件,其形态和演变发展同样受制于尾闾河段平面河型小循环演变的阶段性。一般改道后新尾闾地势低注,平衍宽阔,处于淤积造槽状态,河势游荡散乱,往往多股并流入海,主流不断摆动换位,主流流经的部位淤积的泥沙粗而多,漫滩部位淤积的泥沙相对细而少。由于主流游荡摆动不定,因此基本形成全断面范围的普遍淤积,横向上淤积相对比较均匀平坦,演变初期滩槽差相对较小,河相系数($\sqrt{B}/H$)较大。改道点附近的淤积主要集中在改道后的当年和其后的两三年内,以清水沟流路为例,如清 1 和清 3 断面,改道当年淤积最多,由于主流呈多股,且不断变换,故淤积较均匀,普遍在 2 m 左右(见图 3-15 和图 3-16),这是该时段来水来沙较大,改道点以上河段冲刷和断面部位紧靠改道点所致。由于西河口下北岸坐弯、主流南挑,故清 1 断面的淤积主要集中于中部和右侧,左岸几乎没有淤积,清 2、清 3 断面由

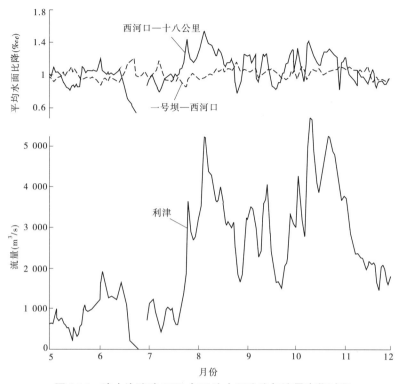

图 3-14　清水沟流路 1983 年平均水面比降与流量变化过程

于无弯道控导,则表现出全断面普遍淤积的游荡特性。淤积和游荡主要发生在改道的头两年,1977 年后因西河口东大堤附近坐弯,主流稳定南导,改道点附近河段主槽的大体部位已基本稳定。此 2 m 左右的大量淤积为尾闾河段形成单一顺直河槽和尾闾下段发生取直摆动,从而进入演变中期创造了河床边界的基础条件。在相对较大洪水在下段自寻捷径入海后,尾闾河段河型演变开始进入单一顺直的中期,此阶段的淤积主要集中于河口口门附近。随着河口岸线的淤积延伸的加快,新尾闾比降相对变缓,虽继续有所淤积,幅度明显减小,但全断面普遍淤积的性质没变。

1981 年后清水沟尾闾河段形成单一顺直河槽进入演变中期阶段后,虽然主流单纯靠自然边界难以完全控制住,主流河槽仍有左右摆移,但主槽的基本部位变化不大。此阶段横向淤积的特点主要是主槽产生冲刷,滩槽差增大,一般洪水不再漫滩,滩面不仅不淤积升高,由于原滩地细颗粒淤积物的固结密实,幺重增加,滩面反而有所降低;入海口门的迅速淤积延伸,尾闾河段增长,使河段比降变缓,河槽相应淤高,此时段的淤积集中在河槽两侧的滩唇部位,使悬河程度、滩唇宽度和滩面的横比降日益加大,如图 3-17、图 3-18 所示。

刁口河流路横断面的淤积演变情况和规律与清水沟流路基本相似,即改道初期改道点下首的河段因主流游荡摆动形成大范围的普遍均匀淤积抬高,处于淤滩造槽状态。1964 年 1 月 1 日改道刁口河流路属临时决定,未测改道前原始地形,依刁口河流路改道点下首的罗 4 断面左侧滩地的高程判断,改道后的头一二年普遍均匀淤积抬高当在 1.5 m 以上(见图 3-19)。由于罗家屋子处坐弯相对稳定,故该河段主流右挑,主槽基本稳定

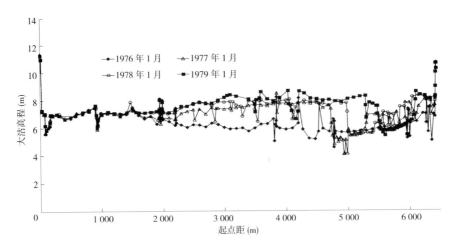

图 3-15　清水沟流路初期阶段清 1 断面淤积演变

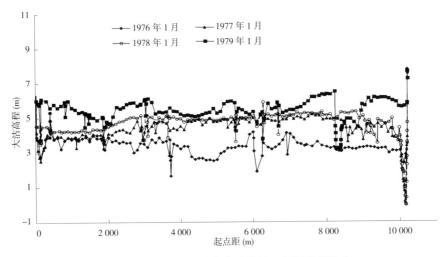

图 3-16　清水沟流路初期阶段清 3 断面淤积演变

在断面偏右侧处,与清水沟流路相似,该断面左侧淤积不多,淤积主要集中于中偏右部位。1967 年汛期发生大流量取直摆动进入尾闾河型演变中期后,主槽部位一直变化不大,因此而后的淤积主要是滩唇的淤积,右侧滩地的淤积主要是 1975 年大水期间顺东大堤分溜行洪形成的。此淤积形态、幅度和过程与清 1 断面均十分类似。此充分表明黄河主流走哪儿,哪个部位相对淤积就较高,一旦有较稳定的弯道控溜,形成单一高滩深槽后,一般亦难以产生游荡摆动。只能在河口延伸和悬河程度加剧后,发生自下而上的出汊摆动。

罗 6－1 断面与清 3 断面在部位和河势状况方面有些类似,罗 6－1 断面淤积演变的情况如图 3-20 所示,比较可知,二者改道初期河段均经历了全断面普遍淤高阶段,图中罗 6－1 断面淤积厚度之所以偏低是因无原始断面比较,依沟汊底部高程判断淤厚亦当在 2 m 左右。小循环演变主流归股后,二者流势均靠右岸,有适当工程加以控护,因而断面主槽即相对较为稳定,断面淤积幅度也明显减弱。进入河型演变单一顺直的中期后,主槽冲

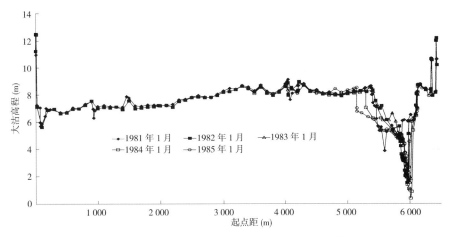

图 3-17　清水沟流路中期阶段清 1 断面淤积演变

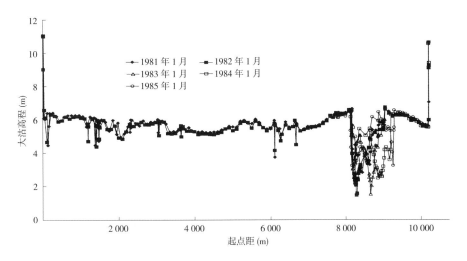

图 3-18　清水沟流路中期阶段清 3 断面淤积演变

刷,滩槽差加大,一般洪水不再大漫滩,而是向弯曲发展,淤积部位主要发生在主槽两侧的滩唇部位。入海口门的迅速淤积延伸突向深海,尾闾河段和沙嘴悬河程度的加剧,为在弯道的弯顶处漫流发汊和横比降较大沙嘴部位发生出汊摆动提供了边界基础,在较大洪水入海特别是与风海潮遭遇时,一般多发生出汊摆动。出汊点以下河段再度游荡散乱,新汊河主流附近部位明显淤高,待此海域迅速大量淤积,流路加长,比降变缓,水位进一步升高后,排水不畅的上段弯顶处漫流发汊加剧,可进一步形成出汊点上移的新的出汊,直至下一次改道或堤防决口。游荡性河段的演变与此规律具有共性,只不过游荡性河段演变的周期明显要短和发生的概率增大,这是游荡性河段沙质河床可动性大,洪水频繁,滩槽差小,漫滩概率大,二者水沙和边界条件不同所致。值得注意的是,刁口河和清水沟流路改道后滩地高程较大幅度的降低是含水量较大、幺重较小的新淤积物的水分蒸发下渗,淤土固结密实所致,与冲刷无关。

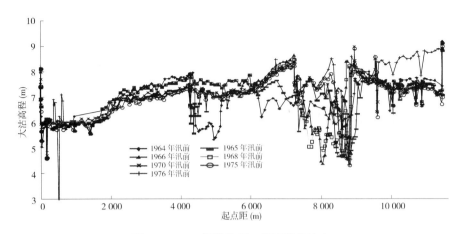

图 3-19 刁口河流路罗 4 断面淤积演变

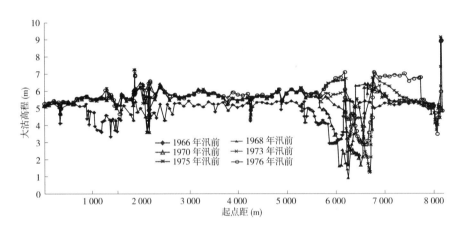

图 3-20 刁口河流路罗 6－1 断面淤积演变

处于罗 6－1 断面下首的罗 7 断面淤积演变见图 3-21,由图知该断面主槽部位的变幅相对要大一些,这主要是该断面位于微弯有控制相对稳定的罗 6－1 断面下首的直河段,罗 6－1 断面着溜导溜不稳所致。

1972 年两次出汊在罗 12 断面上下,1974 年 9 月第二次由罗 10 断面下向左出汊,由罗 11 断面淤积演变(如图 3-22 所示)可以看出该次出汊使断面主槽左侧的原低洼的滩地大范围淤高 1～2 m。此明显地表现出主槽流经哪里,哪个部位相对淤高的特性。

由清水沟流路河势演变过程和河口淤积延伸造陆分析知,1985 年后河口开始向南侧淤积发展,但时间不长复又归故向东入海,此后来水来沙量一直明显偏枯,其水沙量只有神仙沟流路的 1/3,此显著特点使尾闾近口段演变过程不像前两条流路剧烈。依据时段来沙量预测河口沙嘴延伸的速率本应相对较慢,但由于海域较浅、海洋动力较弱等不利条件,实际上延伸速率反而较快,加之水小沙少、水位变化不大,致使出汊摆动不明显。出汊后故道淤积的高程较低,范围较短,新汊河溯源冲刷作用小,未等新汊河形成主河,洪水既已消落,故近海河段虽不断出汊,但容易归故。另外,1988～1992 年河口实施了塞支强干

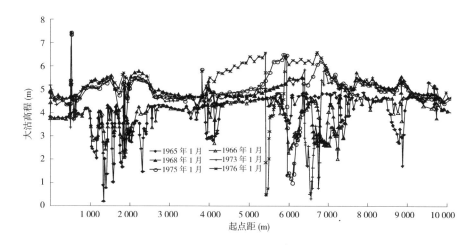

图 3-21　刁口河流路罗 7 断面淤积演变

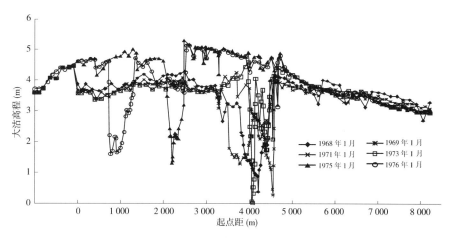

图 3-22　刁口河流路罗 11 断面淤积演变

等工程措施,致使未能形成像前两条流路那样的显而易见的出汊摆动,从而使沙嘴在涨潮流和强风向的影响下,偏向东南稳定延伸和沙嘴较宽,尾闾水位和滩唇逐年相应升高,由有关横断面图知,愈近海的断面相对淤升愈高,清 1—清 3 断面淤升的高度相对明显小些。

黄河下游横断面的形态一般由主槽和滩地两部分组成,主槽是河流输水排沙的主体,而滩地是河流滞洪和大量淤沙的主体部位。横断面的形态主要由河宽和水深来表达。黄河河口尾闾河段的河宽和水深的变化,与黄河下游河道的变化既有共性亦有特性。

黄河河口尾闾河段河宽的变化与断面的部位和新流路河型演变的阶段性有关,改道初期一般河宽较大。除清 1 断面由于处于弯道的下首主流南偏、河宽相对较小外,一般河宽在 2 500 m 左右。进入演变中期后,河宽一般减小到 500 ~ 1 000 m,有工程控制的河段,河宽相对更窄,清 4 断面以下基本无工程控制,河宽相对较宽些,约为 1 200 m。20 世纪 90 年代以后由于来水来沙明显偏枯,上下主槽河宽趋于一致,并减小到 500 ~ 600 m。

预计当来水来沙增加时,无工程控制河段的河宽仍将会增加到原1 000 m以上的水平。
清水沟流路各断面主槽河宽的变化过程如图3-23所示。

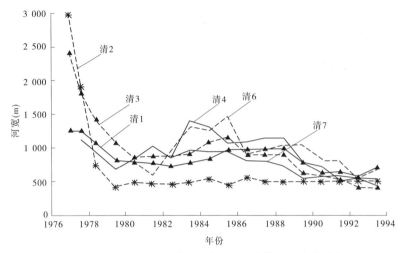

图3-23　清水沟流路清1—清7断面主槽河宽变化过程

清水沟流路各断面主槽水深的变化如图3-24所示,由图知主槽水深的变化与主槽河宽的变化大体相反,即改道初期水深最小,仅1 m多,以后逐渐增大,进入演变中期后近于一个常值,有工程控制的河段,水深相对较大,清4断面以下基本无工程控制,断面相对较宽,水深相对较小,一般由2.5 m以上下降到2 m以下。近期水深有所减小,主要与来水来沙偏枯有关。如果来水较大,河段的水深将会有所增加,特别是有工程控制的河段,水深增加的幅度较河宽增加的幅度要大。

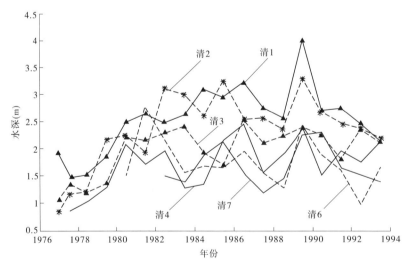

图3-24　清水沟流路清1—清7断面主槽水深变化过程

在自然造床和流量相差不大的条件下,一般来说横断面的河宽愈大水深愈小,由清水沟流路清1—清3断面主槽水深与河宽相关图(见图3-25)知,B大H小的趋势是明确的;改道初期大水漫流,河宽较大,水深相应明显较小。进入演变中期以后,河宽B的变幅明显变小,绝大部分在 500~1 250 m,虽水深 H 变幅较大,但 B 大 H 小的关系同样是明确的。

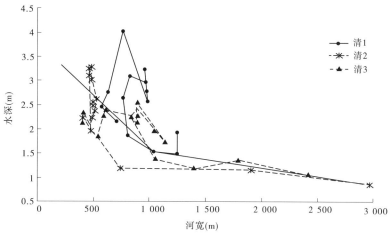

图 3-25 清水沟流路清 1—清 3 断面主槽水深与河宽相关图

清水沟流路清 4—清 8 断面主槽水深与河宽相关图如图 3-26 所示。由于改道初期清 4 断面以下一片汪洋,主流变换频繁,无法布设观测断面获取资料,因此图中点群较为密集,不能反映横断面演变的全过程,与图 3-25 的左侧部分点群关系相似,只是其水深的变幅较小,多在 1~2.5 m,前者多在 2~3.5 m,但 B 大 H 小的关系同样是明确的。

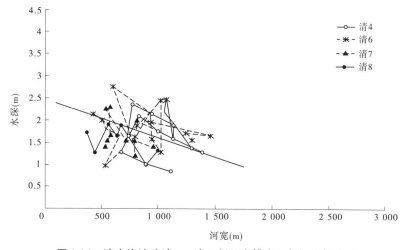

图 3-26 清水沟流路清 4—清 8 断面主槽水深与河宽相关图

具体到一个断面,主槽水深和河宽的关系不尽相同,溜势稳定、有工程控导的断面,如清 2 断面因有西河口提灌站工程和建林工程控导溜势稳定,改道初期河宽较大,水深相应较小。清水沟流路清 2 断面主槽水深与河宽相关图(见图 3-27)表明,进入演变中期后河宽的变化不大,基本稳定在 500 m 左右,而水深则随着小循环演变进入中期以后的冲刷加大和而后的回淤减小。清 3 断面主槽水深与河宽相关图如图 3-28 所示,由图知清 2、清 3 断面演变的趋势是一致的,均为反比的关系,只是水深的变幅相对较小,河宽先稳定在 1 000 m 左右,而后随着来水来沙的减少降低到 500 m 左右。

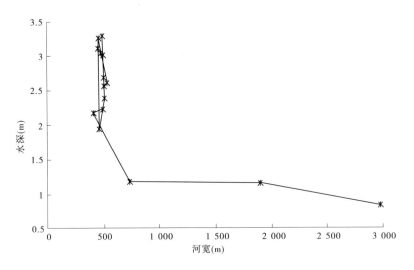

图 3-27 清水沟流路清 2 断面主槽水深与河宽相关图

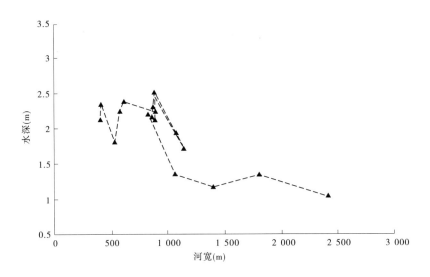

图 3-28 清水沟流路清 3 断面主槽水深与河宽相关图

主槽河宽与来水来沙量大小的关系一般不十分密切,但清 3 断面近几年因来水来沙明显偏枯,河宽一般减少到 500 m 左右,此表明水大沙大时河宽也大的趋势还是明确的,如图 3-29、图 3-30 所示。尾闾河槽的演变状况与河型演变的阶段性密切相关,改道当年正遇大水新流路平衍,主流游荡摆动,形不成稳定河槽,断面宽浅,清 1—清 3 断面平均河宽达 2 016.33 m。随着尾闾河段的普遍淤积升高,主流的归并和稳定,河宽和河相关系系数逐渐减小,当进入演变的中期阶段后,主槽虽仍有微小的左右摆移,但由于尾闾河段实施了大规模控导和 1985 年以后来水量过小,且无较大洪峰入海,造床作用弱,尾闾河段形不成剧烈演变,致使河相关系一般变化不大,而且上下基本一致,近于一个常值,如表 3-1和图 3-31 所示。

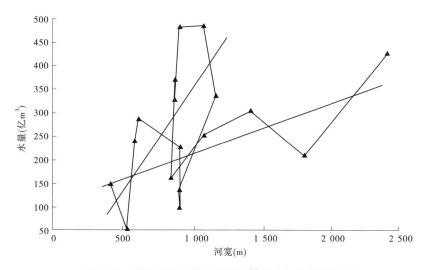

图 3-29 清水沟流路清 3 断面主槽河宽与水量相关图

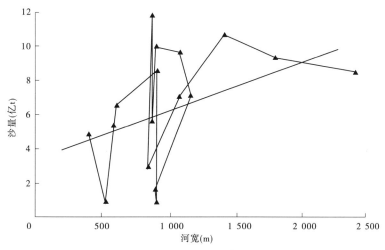

图 3-30 清水沟流路清 3 断面主槽河宽与沙量相关图

表 3-1 清水沟尾闾横断面形态变化

测验 时间 （年·月）	清 1 断面		清 2 断面		清 3 断面		清 1—清 3 断面平均	
	河宽 （m）	河相系数 $\sqrt{B}/H$	河宽 （m）	河相系数 $\sqrt{B}/H$	河宽 （m）	河相系数 $\sqrt{B}/H$	河宽 （m）	河相系数 $\sqrt{B}/H$
1976.06	2 340	43.14	2 979	65.04	730	45.03	2 016.33	51.07
1977.06	1 245	23.87	1 906	37.65	1 800	31.43	1 650.33	30.98
1979.05	800	15.62	395	8.68	715	14.32	636.67	12.87
1983.05	680	8.71	485	7.24	790	10.35	651.67	8.77
1985.06	965	10.27	450	6.33	820	15.63	745.0	10.74
1988.05	988	12.23	495	9.39	897	13.40	793.33	11.67
1991.05	640	9.23	500	9.09	531	12.73	557.0	10.35
1993.05	710	12.46	500	10.16	420	10.22	543.33	10.95

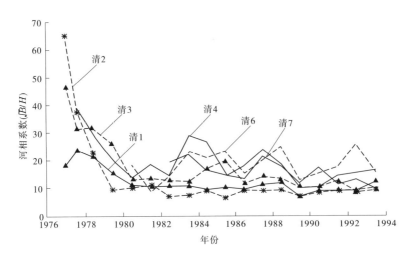

图 3-31　清水沟流路清 1—清 7 断面河槽形态变化过程

河相系数 $\sqrt{B/H}$ 表达了河段横向断面的特征,其值的大小可反映断面的稳定状况,河相系数 $\sqrt{B/H}$ 越大,表示河段断面越宽浅,也就是说,断面和河势相对越不稳定,此类河段多属于游荡性河段;反之该值越小,表示河段断面越窄深和相对越稳定。依据有关资料知,一般河相系数 $\sqrt{B/H}$ 在 8 ~ 10 以下时属弯曲性河段,其值超过 15 ~ 20 时为游荡性河段,介于二者之间者为过渡性河段。由图、表知,清水沟流路改道初期清 1—清 3 断面的河相系数 $\sqrt{B/H}$ 值在 31 ~ 51,显然属于游荡性河段。改道初期清 3 断面以下河段由现场观察知,其相对更加游荡散乱多变,当时河面宽达几千米,且变化剧烈,无法设置断面标志进行观测。进入河型演变中期以后尾闾河段的上段基本形成单一河槽,此时河相系数 $\sqrt{B/H}$ 值明显减小,由于清 3 断面以上河段主流靠南防洪堤,需进行防护,故陆续修建了东大堤提灌站和建林等多处防护工程,已使该河段成为与其上窄河段相类似的人工控导的微弯型河段,因而河相系数 $\sqrt{B/H}$ 值相对较小,一般均在 12 以下,显然处于弯曲性河段的范畴。清 3 断面以下河段断面无工程控导,弯曲程度不明显,其河相系数 $\sqrt{B/H}$ 值相对较大,其值近于过渡性河段范畴。

清水沟流路出现的新情况是清 1—清 3 断面河槽形态初期变化大,进入中期后,相对变化较小。清 6 断面以下相对摆动幅度较大,按以往一般规律,洪水过程主槽向一侧塌滩摆动时,另一侧河滩同时可迅速淤涨,如神仙沟流路 14 断面变化过程(见图 3-32)。清水沟流路 1985 年后来水来沙量显著偏少,由于水枯沙少,故演变不像以往一样,洪水过后立即淤出高滩,而是出现一侧塌滩,另一侧仍保留着低滩,或保持左右两个深槽的现象,一般洪水时形成相对十分宽阔的河面,如清 6 断面变化过程(见图 3-33)。此特性减弱了尾闾向弯曲发展的速率,加之来水特别偏枯,大于 2 000 m³/s 的流量很少,1988 年后又实施了塞支强干、修建导堤和疏浚等整治工程,进一步使塌滩情况和大出汊的概率减小,以致至 1996 年实施清 8 人为改汊前,清 3 断面以下仍基本上保持了一条相对宽浅有较大面积浅滩的顺直河槽,这是清水沟流路特殊水沙条件下的演变特点之一。

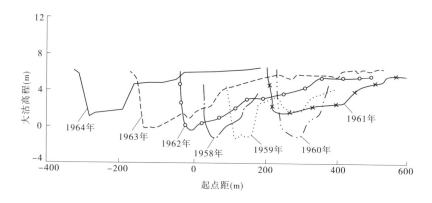

图 3-32　神仙沟流路 14 断面变化过程

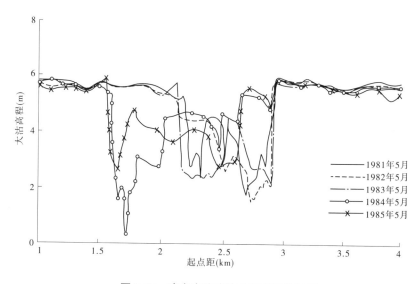

图 3-33　清水沟流路清 6 断面变化过程

　　清水沟流路 1982 年形成相对单一稳定的河槽后,在清 3 断面曾进行过部分横断面连续观测,据此资料点绘了平均河底高程和深泓点高程过程,以及 3 m 和 4 m 高程的河宽过程,分别如图 3-34 和图 3-35 所示。由图 3-34 知,平均河底高程不仅年际之间变化不大,就是汛期与非汛期之间变化也不大;深泓点高程的变化相对较大。1981 年后由于河型由散乱演变成单一顺直,侵蚀基准面相对降低,河槽冲刷,高程相对降低,1982 年汛后基本变化不大,多在 2~3 m。图 3-34 中平均河底高程变化不大,难以反映断面的冲淤变化,其原因是清水沟流路改道初期水面波及南防洪堤与北大堤之间,故所设断面较宽,为了便于比较,主槽的标准宽度设定也较宽。进入中期后的主槽宽度多小于 1 000 m,但主槽的面积仍用较宽的标准宽度和较高的标准高程计算,致使主槽面积所占的比例较大,河底平均高程相对较高,所以反映不出主槽的冲淤变化及其形态特征。对于黄河下游宽浅的河段,同样存在着这一问题。前面有关横断面特征的分析,一般只限于主槽的部分,是以平主槽的宽度及其以下的面积作为分析的依据。

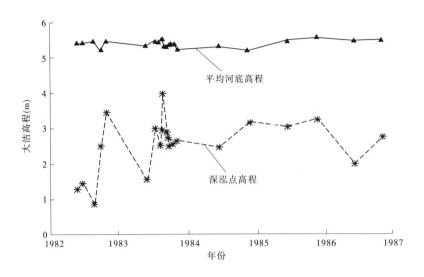

图 3-34 清水沟流路清 3 断面高程变化过程

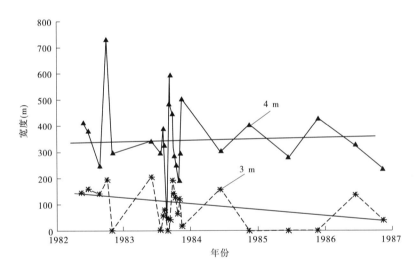

图 3-35 清水沟流路清 3 断面河宽变化过程

3 m 和 4 m 高程主槽的宽度及其以下的面积,可以较好地反映主槽断面变化的情况和过程。由图知,单由汛前和汛后资料看,二者的变幅相对均不大,但是由有汛期观测资料的年份看,其宽度和面积的变化还是十分激烈的,4 m 高程主槽的宽度可以由 700 多 m 变到 0 m。显然,每年汛前和汛后两次测验的资料只能反映年际间的宏观变化,不能反映主槽断面汛期过程的实际变化情况。一般汛期的流量大,河宽也相应较大,汛后主槽因流量减小淤积,河宽相应减小,此时段一般在 300 ~ 400 m。同时由图也反映出自 1982 年后河宽略有减小的趋势,这是河型演变进入中期后形成窄深河槽的结果,3 m 高程主槽的宽度的变幅较 4 m 高程宽度的变幅相对小些,但二者的规律和趋势是相似的。

第四节 摆动的分类、判别方法与影响

一、摆动的分类

如前所述,黄河河口由于大量泥沙的堆积,尾闾一直处于淤积延伸摆动改道的循环演变过程之中,由河型的演变过程可知尾闾河段散乱不稳定是绝对的、主要的,单一稳定是相对的、次要的。尾闾摆动是黄河目前水沙条件下河口演变的特点之一,摆动频繁和幅度之大,为其他各河口所罕见。广义的摆动泛指尾闾入海口门位置的变动,河口位置小的变动经常发生,就像游荡性河段主流变迁一样,一场洪水一个样,就是在单一顺直相对稳定的演变阶段,入海口门在汛期也是经常变动的。我们所讨论的摆动是狭义的,是指幅度大而显见的河口变动。依据摆动的成因、摆动的时机和摆动形式的不同,大体可将摆动分为三类,即改道初期尾闾河段处于演变第一阶段散乱时的游荡摆动和处于第一阶段向单一顺直第二阶段发展时的大流量取直摆动以及处于第三阶段的出汊摆动,三种类型的特点详见表3-2。

表3-2 摆动的分类及特点

摆动类别	游荡摆动	取直摆动	出汊摆动
摆动时机	改道初期	初期向中期转化时	后期阶段
流路及发生时间	刁口河 1964 年 1 月~1967 年 8 月 清水沟 1976 年 5 月~1981 年 6 月	刁口河 1967 年 9 月 清水沟 1979 年 9 月	神仙沟 1960 年 8 月及 1963 年 7 月 刁口河 1972 年 7 月、1972 年 9 月、1974 年 9 月及 1974 年 10 月
摆动原因及特点	尾闾普遍淤积严重,主流摆动不定,河型游荡散乱,入海口门频繁变迁,尾闾水位明显升高	在新淤积河床上,大流量走最小阻力路线,摆动后形成单一窄深河槽,尾闾水位明显下降,口门相对稳定,河和岸线口迅速向外延伸	河口沙嘴凸出近 20 km,尾闾弯曲加剧,阻力增大,自然悬河加重,在一定条件下河走捷径,先从近口门处出汊,出汊点逐步上提,水位变化不大

人民治黄后发生游荡摆动的有刁口河和清水沟两条流路改道的初期,有记载的两次取直摆动分别发生在走刁口河流路时的 1967 年 9 月和走清水沟流路时的 1979 年汛期,较大的出汊摆动有神仙沟流路的 1960 年和 1963 年两次,刁口河流路的 1972 年 7 月 9 日和 1974 年 9 月 10 日两次。摆动的具体条件、后果和情况详见表3-3。因为出汊摆动的发生标志着一条流路自然演变过程已进入后期,此时尾闾河段水位将稳定升高,故一般需要考虑改道或采取其他治理措施,因此对其预报以保证河口地区工农业生产安全具有现实意义。

表 3-3　摆动的具体条件、后果和情况统计

摆动时间及类别	摆动起点	摆动点距一号坝(km)	距老口门距离(km)	摆动缩短河长(km)	摆动时河口凸出长度(km)	摆动时罗家屋子最高水位(m)	摆动当年与次年水位差(m)	摆动时利津最大流量(m³/s)	新河流量占90%的年月	新河及海域状况	说明
1960年8月出汉摆动	四号桩断面上1 500 m	49.0	20.0	12.0	18.5	7.60 (8月9日)	-0.01	3 500 (8月8日)	1960年9月	漫流入海,泥沙外输受影响	1963年再次向南出汉
1967年9月取直摆动	罗7断面	47.0	22.5	2.0		9.47 (9月17日)	-0.28	6 820 (9月17日)	1967年10月	尾闾单一顺直,海洋动力较强	
1972年9月出汉摆动	罗11断面下2 300 m	61.5	19.3	8.0	19.0	8.72 (9月7日)	+0.21	3 800 (9月6日)	1972年9月	分股漫流,海域隐蔽	1972年7月在罗12断面下向右出汉
1974年10月出汉摆动	罗10断面下3 000 m	56.6	27.2	16.0	15.0	8.85 (10月10日)	-0.02	3 180 (10月11日)	1974年11月	沿4河漫流入海,海域浅缓	1972年7月在罗12断面下向左出汉

二、摆动的判别方法

河口的摆动主要受来水来沙情况(水沙量的大小、水沙峰的型式和出现的时机等)、河道的边界条件(河型、滩槽差、弯曲率、沙嘴突出长度等)和海洋动力要素(潮汐、潮流、风浪、余流等)的综合影响。尽管影响的因素复杂,条件不同,各次摆动均具有一定的特殊性,但同样也包含着各类摆动的共性。由于摆动的次数不多,测验资料不足,一些内在的规律尚未充分暴露,故目前难以准确地进行判别。现仅就自然出汉摆动的判别方法进行初步的探讨。出汉摆动主要发生在沙嘴突出、尾闾河段弯曲过甚和悬河程度严重的情况下,海洋的因素一般可视为常值,风海潮的影响因素尚难综合考虑。依据水沙和边界条件影响的因素,得到如下的判别关系:

$$K = f(\frac{L_沙}{B_沙} \cdot \frac{G_槽}{G_滩} \cdot \frac{Q_{最大}}{Q_{平槽}})$$

式中　K——可能出现摆动的不稳定系数;

$L_沙$——沙嘴突出两侧低潮线的长度,km;

$B_沙$——低潮线时沙嘴平均宽度,km;

$L_沙/B_沙$——沙嘴的长宽比;

$G_槽/G_滩$——相对滩槽差;

$G_槽$——突出沙嘴根部附近主槽平均高程;

$G_滩$——沙嘴根部附近滩面高程;

$Q_{最大}/Q_{平槽}$——流量比;

$Q_{最大}$——多年最大流量平均值,取 6 110 m^3/s;

$Q_{平槽}$——沙嘴主槽平槽流量,m^3/s。

从上式知,$B_沙$、$G_滩$、$Q_{平槽}$与 K 值成反比,此表明沙嘴的平均宽度愈宽,滩面高程愈高,平槽时过流量愈大,即 K 值愈小,尾闾河口愈稳定而不易摆动。换句话说,即 $L_沙/B_沙$、$G_槽/G_滩$、$Q_{最大}/Q_{平槽}$ 的值愈大,尾闾河口愈易于摆动。据 1960 年及 1972 年两次资料得到 $L_沙/B_沙 \approx 2$,$G_槽/G_滩 = 1.05 \sim 0.83 \approx 1$,$Q_{最大}/Q_{平槽} = 4.2 \sim 4.5$,故 K 值的范围介于 7~9,故可初步认为,$K \approx 8$ 时,如洪水与风海潮相遇则将发生出汊摆动。由于数据资料不多,上式有待进一步补充和修正。

目前预报仍主要依靠各种单项指标的综合分析结合航测照片进行判断,由于河口淤积延伸——摆动改道是目前水沙条件下的基本规律,河型由散乱——归股——单一——出汊的循环演变过程具有普遍意义,故可以作为演变阶段的区分和发展趋势预测的主要依据。此外,由单项判别指标如走河年限的长短(一般一条流路 10 年以上)、沙嘴外伸突出长度(20 km 多将出汊摆动)、河道弯曲率大小(河长/直线长 >1.1 时将可能出汊摆动)、一条流路累计总来沙量超过 100 亿 t,以及比降变缓的程度和同级流量水位升高的状况等均可对尾闾的演变情况进行判断和预报,一般依据各种单项指标进行综合考虑判断其可靠性较高。

三、摆动对河道的影响

由上述分析知,摆动改道是河口水流寻找最小阻力流路的表现形式,因此尾闾的长度将暂时缩短,河口侵蚀基准面相对短期降低。但事实上,并不是每次改道摆动都会造成水位下降,水位下降还需要具备其他的条件。摆动的影响状况除取决于水沙和边界条件外,尚与海域的状况和摆动的类别有关。由于摆动引起的河口流程缩短的长度一般不大,因而对水位的影响有限,不如改道明显,摆动改道对上游河道水位的影响主要取决于尾闾新河河槽的状况。出汊摆动和游荡摆动后的河口水流均呈散乱状漫流入海,而新河口门海域与老口门海域毗连并多为浅缓的凹湾,加上新河植被茂密,田埂旧堤等阻水严重,水流不易集中,冲刷无力,因而淤积严重,口门延伸迅速,致使此两种摆动主要处于淤积状态。我们点绘了距出汊点最近的水位站在摆动过程中的水位流量关系图,如图 3-36、图 3-37 所示。由图 3-36 知,1960 年正处于三门峡水库下泄清水期间,含沙量很小,故出汊摆动过程水位变化不大,但 9 月水位较 7 月水位有明显升高。图 3-37 表明 1972 年摆动过程同样是淤积的,两次洪峰过程均表现出峰前到峰后反时针的绳套形式,摆动后水位亦明显升高,1974 年的出汊摆动同样如此。由表 3-3 知,除大流量取直摆动后次年水位有明显下降外,其他 3 次出汊摆动,仅 1972 年次年升高 0.21 m,其余两次基本没变。可见,出汊或游荡摆动一般不能造成河口河段平均水位的下降,而是呈变化不大或升高的趋势。1961 年

7月下旬,河口出现 4 400 m³/s 洪峰,含沙量仅 36.2 kg/m³,全下游普遍产生冲刷,一号坝以下又产生溯源冲刷,使罗家屋子站水位下降约 0.3 m。这次下降与下泄清水有关,因为清水冲刷有力,可在新河形成集中水流,同时河口淤积延伸较慢,从而可使侵蚀基准面相对降低,但这只是特殊的情况。

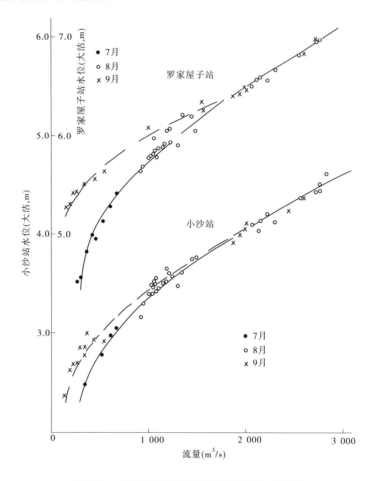

图 3-36　神仙沟 1960 年出汊摆动过程水位变化

大流量取直摆动虽然其缩短的流程不大,但由于其可以形成单一顺直窄深的河槽,河底冲刷明显下降,再加上窄顺的河槽要求的比降较缓,同样可以获得较为明显的溯源冲刷和水位下降。由图 3-38 知,1967 年摆动过程水位经历了先升后降的过程。由图 3-39 知,此次水位下降持续到 1969 年,影响的范围大致在道旭与张肖堂之间,距河口长约 170 km,近于一次小改道。因此,大流量取直摆动对减轻下游河道的淤积和防洪压力是有利的,同时它也表明了水流集中亦可起到相对降低侵蚀基准面的作用。另外,水流集中尚可以使入海的浑水流有力,群众称之为"出河溜大",这便于泥沙向外扩散,加大输往外海的比例,此阶段河海之间的航运也是便利的。

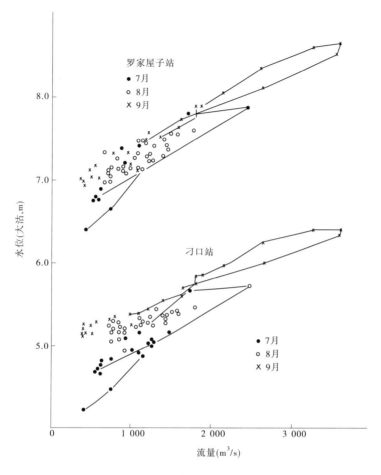

图 3-37 刁口河 1972 年尾闾摆动过程水位变化

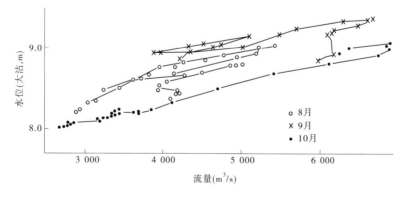

图 3-38 1967 年汛期罗家屋子站水位流量关系

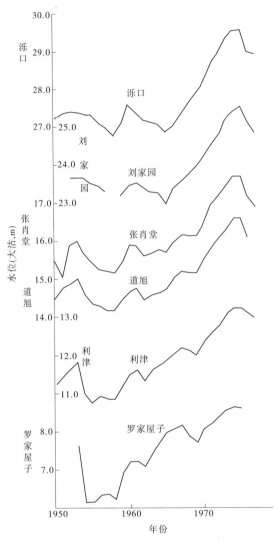

图 3-39　泺口以下河道水位变化过程

第五节　改道对改道点以上河道的影响

改道的影响可以区分为短时段的直接影响和长时段宏观的间接影响,对下游河道的宏观影响在本书第七章详细论述,本节主要分析改道的短时段的直接影响问题。

一、改道的情况与效果分析

由于改道缩短尾闾入海流程较大,改道点上下的高程相差悬殊,这样就使一般情况下水位的降落幅度较大,溯源冲刷的影响明显,影响的时间长、范围大。由利津站年汛前汛后 3 000 m³/s 相对水位过程(见图 3-40)知,河口河段历年 3 000 m³/s 平均水位总的趋势是升高的,但大于 1 m 的水位明显的下降有 3 次,其中两次为河口改道引起的,如 1953 ~

1955年、1976～1977年,其他一次为1980～1985年清水沟流路的取直摆动。3次较小幅度的下降为神仙沟流路1961年的下泄清水加摆动、刁口河流路1967年的大流量取直摆动和清水沟流路1996年的清8人工改汉。显然,河口河段水位的明显持久下降,主要与河口改道有关。但也并不是所有的改道均能引起水位的降低。如1964年1月神仙沟改道走刁口河,只是在汛期由于破口处河宽较原河拓宽很多,致使大流量期间短时段水位相对有所降低,汛后很快回淤,如当年罗家屋子站3 000 m³/s平均水位较1963年同流量水位反而升高了0.29 m。为什么效果不一样呢?

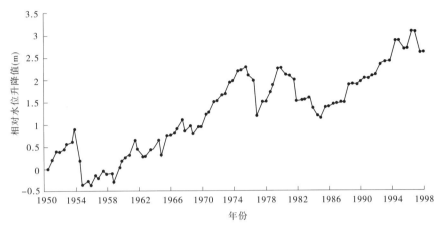

图 3-40　利津站年汛前汛后 3 000 m³/s 相对水位过程

众所周知,造成河口水位冲刷下降的条件有以下三方面:

(1)落差状况。改道后,由于尾闾流程缩短,侵蚀基准面相对降低而形成一定的落差,局部河段的比降显著变陡,发生溯源冲刷。一般说来,缩短的流程愈大,可能产生的落差就愈大,冲刷水位下降的效果也就愈好。

(2)水沙条件。水沙条件包括水沙量的大小和洪峰、沙峰的形式等。在一般情况下,水量愈大,含沙量愈小,在同样的落差情况下,形成的冲刷强度和水位下降的幅度将愈大。我们可暂用如下指标进行粗略的判别:

$$K = \frac{Q_{年平均}}{Q_{多年平均}} \cdot \frac{Q_{年最大}}{Q_{多年最大}} \cdot \frac{S_{多年平均}}{S_{年平均}}$$

K 值愈大水沙条件愈好,即愈有利于冲刷水位下降。

(3)边界情况。即改道点以下新河的情况,如有无河槽、植被状况、土质抗冲性能和阻水障碍多寡等。改道后冲刷的效果是上述三者相互影响综合作用的反映。

人民治黄后河口改道计有3次,具体情况如表3-4所示。对比3次改道知,1976年缩短流程最大,1964年次之;水沙条件以1964年最优,K 值达到3.7,1976年次之;由边界条件看,1953年因为神仙沟河槽条件最好,1976年改道清水沟挖有引河条件次之,1964年边界条件最差。3个条件中,3次改道各有一个条件最优越。从改道的效果上看,1976年效果最明显,改道当年近口段水位最大下降值均在0.8 m左右,这主要与刁口河流路河口延伸较长,前期累计淤积已处于历史最高水平,新老河高差比较大有关,如图3-41所示。当年改道点以上高程较高的地段仅600余m,且有引河导水,便于主槽冲深展扩而较快地显示出落差的效果,加上由小到大的有利的来水过程,避免了改道点附近的过度壅水,致使当年的效果十分显著。1977年水沙条件不利,水小沙大,下游河道普遍淤积严重,大大地影响了改道后溯源冲刷的效果。该年汛前水位一直继续下降,8月以后,河道淤积严重,河口地区年平均水位虽有所下降,但较1976年汛后水位尚高0.3 m左右。1964年虽然缩短流程不小,到海边范围内的新尾闾比降也在2‰以上,但由于改道点以下有长约20 km的高地,其高程与神仙沟老河相差不大(见图3-42),加之此段植被茂密,土质耐冲和无河槽束水,形成局部侵蚀基准面,致使水流游荡散乱,形不成集中的溯源冲刷,从而难以显示出缩短流程、侵蚀基准面相对降低的作用,尽管1964年的水沙条件非常好,但未能达到预期的水位降低的效果,此表明了尾闾边界条件的重要性。1953年缩短流程较小,当时甜水沟与神仙沟水位相差几十厘米,神仙沟河槽已过流30%多,水流集中有利于改道点以下新河的冲刷展宽,从而易于显示流程缩短和河口窄深而出现的落差,虽然改道的当年由于新河正处于扩展过程,壅水严重,年平均水位较高,但1954年水沙条件较好($K=$ 1.13),加之新河已较适应大水,故该年出现较大幅度的水位下降。对比3次改道,不难看出,影响改道后冲刷效果的决定因素是摆动改道后形成的落差大小,但此落差需有利的水沙条件和集中的水流冲刷新尾闾方可使落差得以体现,否则将由于河口延伸河床淤高而抵消,3个条件缺一不可,但其中落差是基础。

表3-4　人民治黄后河口改道情况

改道时间	1957 年 7 月	1964 年 1 月	1976 年 5 月
改道流路名称	甜水沟改道神仙沟	神仙沟改道刁口河	刁口河改道清水沟
改道地点	小口子	罗家屋子	西河口
改道点距轴点(km)	3.0	10.6	7.5
人为对改道的影响	人工开挖引河 175 m	人工爆破小防洪堤	挖引河 6 km 破除东大堤
改道点距旧口门(km)	50	48	64
改道后缩短里程(km)	11	22	30
改道点上下河段情况	新旧河汛期水位差 70 cm	新旧河平均河底高程相近	旧河淤高 1 m,新旧河底高差 2 m
改道时新尾闾边界情况	改道前为 3 股,改道后由神仙沟独流入海,河槽相对小而窄深	未开挖引河,河型散漫,植被密实,土质抗冲	引河下有旧清水沟,但未很好接通和破除障碍,植被一般
海域状况	海域开敞,海洋动力强	改道初期为凹湾,逐渐增强	入莱州湾,海域相对浅弱
水沙条件系数 K	1.04	3.7	1.71
改道后水位变化特点	明显下降	继续升高	明显下降
改道后当年与上年水位差(m)	+0.21	+0.12	-0.57
改道后当年与次年水位差(m)	-0.87	+0.14	-0.09
改道当年与次两年水位差(m)	-1.07	+0.33	+0.07

注:1. 三角洲轴点位于四段、渔洼。

2. 水位差为利津站 3 000 m³/s 水位。

3. 水沙条件系数 $K = \dfrac{Q_{年平均}}{Q_{多年平均}} \cdot \dfrac{Q_{年最大}}{Q_{多年最大}} \cdot \dfrac{S_{多年平均}}{S_{年平均}}$。

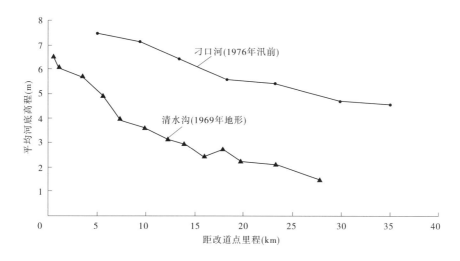

图 3-41 1976 年改道清水沟刁口河与清水沟河底高程比较

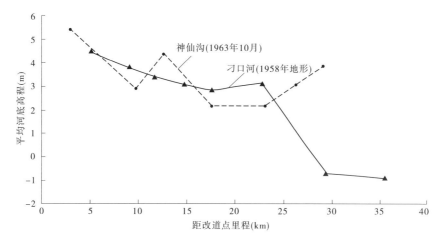

图 3-42 1964 年改道刁口河神仙沟与刁口河河底高程比较

二、改道的影响问题

1953 年和 1976 年两次改道代表了一般改道的情况,此两次改道对上游水位的影响均经历了改道初期因破口处断面或新河断面不足而产生短期壅水的阶段,以及随着破口口门的加大和新河道冲深展宽落差作用逐步显现,在一定水沙条件下产生溯源冲刷并逐渐向上游发展的阶段。为了更好地说明这一过程,以 1976 年为例。由图 3-43 知,1976 年 7 月初 1 340 m³/s 小洪峰到达河口后,7 月 7 日改道点以上 2.2 km 的苇改闸站同流量水位较 1975 年壅高 1.1 m,7 月 8 日改道点上游 21.7 km 的一号坝站最大壅高水位较 1975 年高 0.4 m,利津无变化,此表明壅水影响在一号坝与利津之间。7 月 14 日以后,流量变化不大,但由于破口处卡水断面逐渐冲深展宽从而使水位下降,壅水影响减小。7 月 18 日发展到一号坝,水位出现明显下降。8 月初第二次洪峰后,苇改闸水位已不受壅水影响,开始转化为溯源冲刷的阶段,第三次洪峰后,苇改闸站的水位首先开始大幅度下降,并逐次向上游发展。改道壅水时段的长短视改道点以上的阻水状况而定,1976 年因只有 600 m 长的高地和西河口生产堤及东大堤两个卡口,易于冲刷,故转化得较快。1953 年因整个神仙沟需扩宽冲深,所以到 1954 年方表现出明显的溯源冲刷。1964 年因为有近 20 km 的耐冲高地,加之水流分散,因而一直未能完成此转化过程而表现出溯源冲刷的效果。

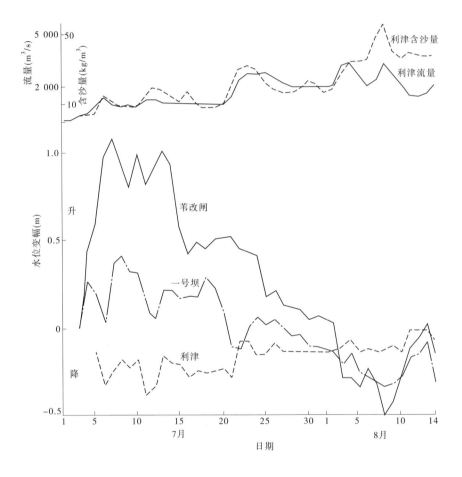

图 3-43　1976 年清水沟改道初期改道点上游壅水情况

由图 3-44 和表 3-5 知,到 9 月中旬,利津以下水位已低于 1975 年同流量水位 0.8 m 多。其上游各站亦近于相对稳定状态,冲刷水位下降的幅度刘家园站以下表现出明显的上小下大、下降的时序下早上迟和冲刷的次序自下而上的规律性。由表 3-6 知,冲刷后刘家园以下各河段的比降普遍变陡。图 3-45 表明,泺口以上各站同期虽亦出现冲刷情况,但已失去下大上小的规律性,按目前冲淤判别标准,此冲刷已不属于溯源冲刷直接影响的范畴,依据上述情况对照表 3-7 的判断条件,显然刘家园以下河段该时段溯源冲刷的性质是明确的。

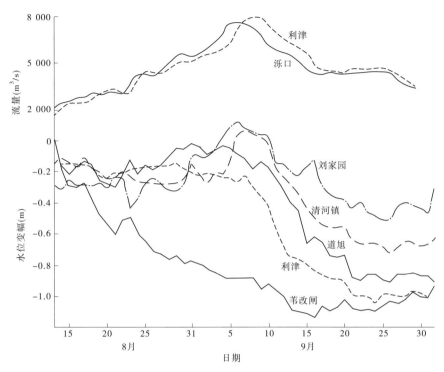

图 3-44　1976 年洪水过程清水沟改道点上游水位降落情况

表 3-5　1976 年 9 月大洪峰前后水位与 1975 年平均水位比较

站别	苇改闸	一号坝	利津	麻湾	张肖堂	清河镇	刘家园	泺口
距改道点(km)	2.2	21.7	48.5	64.5	94.5	122.5	181.5	222.5
1975 年与 1976 年大水前水位差(m)	-0.565	-0.373	-0.195	-0.09	-0.025	-0.15	-0.23	-0.21
1975 年与 1976 年大水后水位差(m)	-0.88	-0.845	-0.825	-0.808	-0.71	-0.463	-0.278	-0.513
1976 年大水前后水位差(m)	-0.315	-0.473	-0.63	-0.718	-0.618	-0.313	-0.048	-0.303

注:表中数值为 1 500 m³/s、3 000 m³/s、5 000 m³/s、7 000 m³/s 水位平均升降值,"-"号表示水位下降。

表 3-6　三次改道当年汛初汛末河段比降变化

时间 (年·月·日)	流量 (m³/s)	泺口—刘家园 (‰)	刘家园—杨 房、清河镇 (‰)	杨房、清河镇— 张肖堂 (‰)	张肖堂— 利津 (‰)	利津— 罗家屋子 (‰)
1953.08.14	3 070	0.89	0.89	0.88	0.88	0.72
1953.10.14	3 000	0.89	0.86	0.91	0.91	0.93
1964.07.10	3 090	0.93	0.89	0.86	0.87	0.80
1964.11.15	3 010	0.88	0.91	0.84	0.87	0.71
1976.07.24	2 910	1.00	0.87	0.88	0.98	0.88
1976.10.08	3 280	0.95	0.93	0.91	1.03	0.89

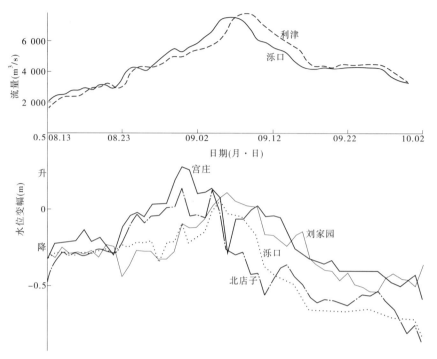

图 3-45　1976 年洪水过程北店子—刘家园水位变化

表 3-7　冲淤性质判别

冲淤类别	冲淤原因	冲淤发展方向	冲淤幅度情况	冲淤时间先后	冲淤的结果
溯源淤积	侵蚀基面升高	自下向上	下大上小	下早上迟	比降变缓
溯源冲刷	侵蚀基面降低	自下向上	下大上小	下早上迟	比降变陡
沿程淤积	相对水少沙多	自上向下	上大下小	上早下迟	比降变陡
沿程冲刷	相对水多沙少	自上向下	上大下小	上早下迟	比降变缓

　　1954 年泺口以下水位大幅度下降为河口改道和水沙条件相对较好引起溯源冲刷的性质同样是明确的。由图 3-46 知,此次影响的范围亦在刘家园附近,即两次改道短时段直接的影响均达到改道点以上约 200 km 处。

　　溯源冲刷影响的范围和冲刷发展的速率与落差和流量的大小成正比,与河底的耐冲性成反比。落差和流量越大,影响的范围越远,冲刷的速率越快。但两者并不是等量的,产生溯源冲刷的先决条件是落差,在一定落差下,其影响的范围和速率又取决于流量的大小、含沙量的状态和持续时间的长短。改道后,如果水沙条件有利,一般情况下可以维持几年低水位状态。如 1953 年改道后,低水位维持到 1958 年,而后随着河口淤积延伸、侵蚀基准面相对升高造成的溯源堆积而逐渐向上升高发展。显然,改道是当前水沙条件下不可避免的规律,否则将需采取必要的工程措施,如加高大堤、兴修分洪工程等,并需承受防凌防洪的更大压力和可能发生决口的危险。此外,有计划的改道尚可与油田要求淤长的海域相结合,以获得变海上勘采为陆上勘采的经济效益,同时有利于改变低洼盐碱面貌,促进农业生产。有鉴于此,必要的河口改道乃是当前解决河道防洪能力不断降低等问题的切实可行的措施之一,其效果和必要性应予以充分的重视。

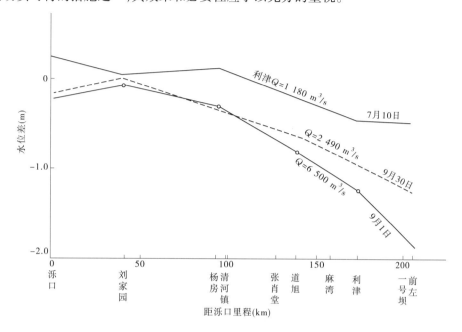

图 3-46　1954 年改道神仙沟后泺口以下水位变化情况

为了进一步了解改道的效果,我们对在水沙条件较好而河口不畅的情况下能否产生同样的冲刷效果问题进行了初步的分析。前面已经述及,人民治黄以来河口河段几次水位下降均与改道和取直摆动后入海流程缩短有关,无一情况为单纯水沙条件较好所致,当然这指的是年平均情况,水沙条件较好可能造成局部或短时的冲刷,但此冲刷不起决定作用。1964 年是水沙条件最好的年份之一,但由于河口不畅,即使在改道的情况下,因为没有形成必要的落差,故亦未能产生预期的溯源冲刷的效果,张肖堂以上河口河段反而出现明显的淤积。由图 3-47 知,1964 年 8 月平均约 6 000 m³/s 大水时的溯源冲刷影响并不明显,相反汛后 11 月自下而上的溯源堆积的现象却十分突出。此外,1975 年水沙条件亦较好,此时山东河道比降已恢复到三门峡建库前的水平,加上前期严重淤积,在大流量的作用下曾经引起山东局部河段的明显冲刷。特别是窄河段个别断面最大冲刷深度有的达 2 m 左右,但大水过后很快回淤;大断面测量结果表明 1975 年汛后已基本恢复到 1975 年汛前的水平。由表 3-8 知,1975 年年平均 3 000 m³/s 水位与 1974 年比,仍处于基本相当或微淤状态,1976 年改道清水沟流路后水位出现了明显稳定的下降。图 3-48 表明,1975 年有利的大水对利津以下河段没有形成冲刷和水位下降,其上河段出现了短时段的冲刷,但大水过后即逐渐恢复到 1974 年的水平。显然,单纯的水沙条件如无河口入海流路缩短的演变和有利的边界条件与之配合,不会产生较持久有效的冲刷影响和水位下降的效果,河口的状况即侵蚀基准面的状况是最终起决定作用的因素。关于侵蚀基准面问题的分析将在后面有关章节详细论述。

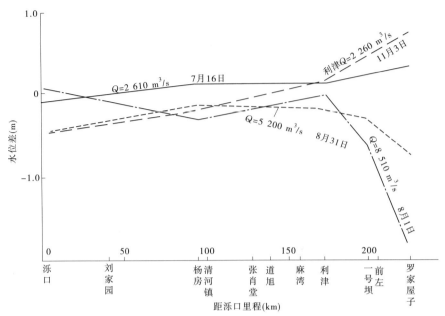

图 3-47 1964 年改道刁口河后泺口以下水位变化情况

表 3-8　泺口以下各站年均 3 000 m³/s 水位比较

站别	罗家屋子	一号坝	利津	麻湾	道旭	张肖堂	刘家园	泺口
距罗家屋子（km）	0	26	51	67	86	97	104	224
1974 年（m）	8.68	10.79	13.28	15.02	16.62	17.74	25.42	29.55
1975 年（m）	8.65	10.87	13.27	14.92	16.61	17.72	25.54	29.60
1976 年（m）		10.33	12.75	14.42	16.10	17.18	25.17	29.01

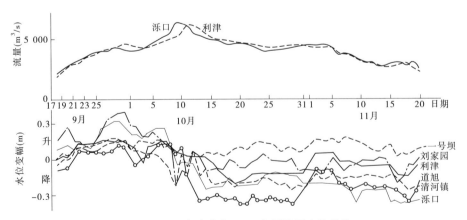

图 3-48 1975 年水位与 1974 年同流量水位差值

第六节　黄河河口沙嘴演变分析

一、河口沙嘴演变分析

为了便于比较三条流路沙嘴的情况,我们缩绘了清水沟流路1992年2 m等深线范围内的沙嘴形势图、刁口河流路1972年发生自然出汊摆动前的1971年2 m等深线范围内的沙嘴形势图和神仙沟流路明显出汊前的1960年2 m等深线范围内的沙嘴形势图,分别如图3-49、图3-50和图3-51所示。沙嘴的根部基线是依据一侧与0 m线或岸线相吻合,且与沙嘴主槽的方向相垂直确定的。由图知,由三角洲东部入莱州湾的清水沟流路的沙嘴和口门均偏向于右侧的东南方向,沙嘴的基向右偏27°,口门平均右偏角大体为23°,偏移方向与涨潮流的方向相一致。由三角洲北部入渤海湾的刁口河流路和位于湾口的神仙沟流路的沙嘴均偏向于右侧的东北方向,偏角分别为22°和24°,二者十分接近。入海口门的偏向与此相反,其偏向于沙嘴基向的左侧,即偏向于涨潮流的方向,愈近湾口,偏离角愈大。整个沙嘴右偏可能与科氏力有关,入海口门的偏移方向则受涨潮流的影响。但沙嘴延伸发展的基本方向是尾闾控制点以下河段走入海最短捷的路线方向。

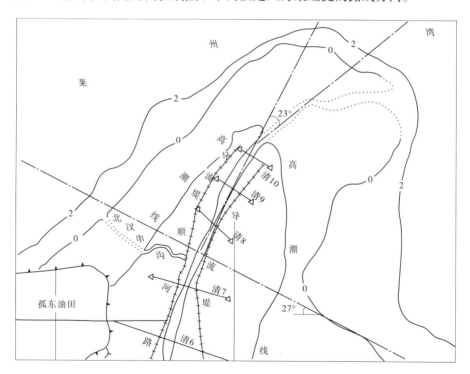

图3-49　清水沟流路沙嘴形势图

河口沙嘴的演变与发展受制于河流和海洋二者条件的综合作用,影响因素众多,过程极其复杂。清水沟流路沙嘴由于莱州湾海域浅缓,海洋动力较弱,1988年后又大规模地实施了导流堤工程和疏浚及拖淤等措施,并及时截堵串沟,这些工程和措施实施后正巧又

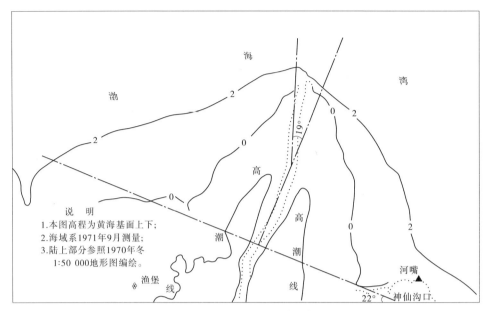

图 3-50　刁口河流路沙嘴形势图

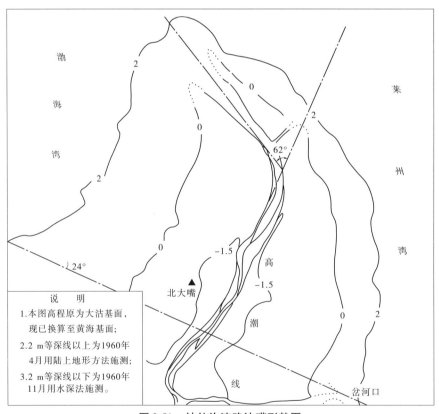

图 3-51　神仙沟流路沙嘴形势图

遇到尾闾演变后期来水来沙明显偏枯,因此工程发挥了一定作用,抑制了串沟的自然发展和明显出汊摆动的发生。有关分析成果表明,影响出汊摆动的主要因素为流量的大小、主槽悬河的程度和沙嘴的形态及长度等。流量小自然出汊的概率小,出汊后冲刷的动力小,故道主槽淤积的高程低、范围短,并往往形成主流和汊河并流多股入海的情况。类似于网状河口那样,海域条件差使汊河水位升高快,主流容易归故,即形成汊河与主槽交替过水的情况,这在以往大流量高含沙时是很少见到的。

由于清水沟流路上述的水沙和人为治理等影响,2 m 等深线范围内的沙嘴外形相对较宽和较为突出,明显呈梯形。而刁口河流路和神仙沟流路 0 m 线的沙嘴外形则基本呈窄瘦的三角形,这主要与该两流路沙嘴是较大洪水在短时段淤积延伸形成,延伸速度快而形成尖嘴有关。2 m 线的底部较宽,这主要与该海域海洋动力大、入海泥沙和沙嘴非汛期严重蚀退的泥沙向两侧堆积有关。三条流路高潮线、0 m 线和 2 m 线沙嘴面积对比如图 3-52 所示。

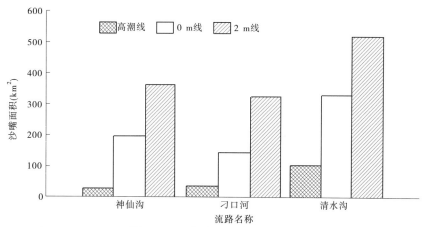

图 3-52　三条流路沙嘴面积对比

由图 3-52 知,清水沟流路三种沙嘴面积均明显要大,特别是高潮线和 0 m 线,但三条流路的累计来沙量相差不多,清水沟流路还略偏小。若仅考虑形成突出沙嘴的后期阶段的来水来沙情况,清水沟流路的水沙量则要小得多,仅约为神仙沟流路的 1/3。图 3-53 进一步显示了三条流路沙嘴的特点,刁口河和神仙沟流路沙嘴的长度和宽度均十分接近,而清水沟流路沙嘴的长度和宽度则明显偏大。来沙少而造陆面积大,充分体现了莱州湾海域条件差和清水沟流路沙嘴演变发展的特点。

二、海域及沙嘴发展特点

黄河注入渤海,海洋动力相对黄海明显偏弱,原神仙沟河口基本处于中间部位,该范围海域最深,海洋动力最强,其次是濒临渤海湾的原刁口河流路的海域,现行清水沟流路入海的三角洲东部莱州湾海域海洋动力最弱和海深最浅。

现行入海河口岸段的淤涨和改道后突出沙嘴岸段的蚀退状况均十分显著。湾湾沟到原刁口河大嘴,再到神仙沟汊河岸段处于冲刷蚀退状态,据资料 8 断面累计最大冲深达 10 m。现行清水沟流路入海岸段则处于不断淤涨状态,据资料 24 断面最大淤深近 20 m。

黄河三角洲海域的状况和特性与河口流路的变迁、尾闾河型演变的阶段以及三角洲

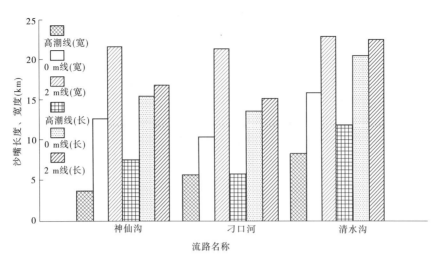

图 3-53 三条流路沙嘴宽度与长度对比

岸线的迅速淤涨和蚀退密切相关。以现三角洲扇面轴点渔洼为基点,量测距滨海区 36 个固定测深断面 2 m、5 m、10 m、15 m 等深线的直线距离的资料显示,目前清水沟流路河口各等深线距离均已超过刁口河和神仙沟两口门海区,且外海最大水深仅有 10 ~ 15 m,继续南移则最大水深将不足 10 m,此表明在不考虑海洋动力情况下,现行清水沟流路河口海域已处于劣势状态。由于受孤东油田围堤、六号路截堵北股流路和来水过于偏枯以及实施稳定流路工程截堵北汊潮沟的影响,16—22 断面之间海域未被直接淤占,此为改走北汊和利用北汊提供了良好条件。以清 7 断面、孤东油田外围堤和南部海岸为基线,以清 7 断面河槽为基点,在 0° ~180°范围内,位于 15° ~60°部位的北汊范围距 15 m 以下各等深线均最近,同样表明该海区条件最好,是改道和出汊的最理想部位。

依附于周期性潮流中的余流,对河口和三角洲沿岸泥沙输移的去向影响较大。表层余流具有风海流的特性。清水沟流路受入海径流影响产生的余流的指向基本上是东南方向,偏向于涨潮流,即在三角洲东部莱州湾入海的河口沙嘴向右偏,在北部渤海湾向左偏。另外,也表明清水沟流路入海径流泥沙主要是向东南方向输移,目前河口部位入海的泥沙对东营港的影响不大。但改走北汊后,影响将有质的变化。

依三条流路沙嘴的情况知,由三角洲东部入莱州湾的清水沟流路的沙嘴和口门均偏向于右侧的东南方向,沙嘴的基向右偏 27°,口门平均右偏角大体为 24°,偏移方向与涨潮流的方向相一致。由三角洲北部入渤海湾的刁口河流路和位于湾口的神仙沟流路的沙嘴均偏向于右侧的东北方向,偏角分别为 22°和 24°,二者十分接近。入海口门的偏向与此相反,其偏向于沙嘴基向的左侧,偏向于涨潮流的方向。整个沙嘴右偏可能与科氏力有关,入海口门的偏移方向则主要是受涨潮流的影响。但沙嘴延伸发展的基本方向是尾闾控制点以下河段走入海最短捷的路线方向。

河口沙嘴的演变与发展受制于河流与海洋二者条件的综合作用,影响因素众多,过程极其复杂。清水沟流路演变后期来水来沙明显偏枯,使导流堤及堵串工程发挥了一定作用,抑制了明显出汊摆动的发生。流量小自然出汊的概率小,出汊后冲刷的动力小,故道主槽淤积的高程低、范围短,并往往形成主流和汊河并流多股入海的情况。海域条件差使汊河水位升高快,主流容易归故,即形成汊河与主槽交替过水的情况,从而形不成明显的自然出汊,这在以往大流量高含沙时是很少见到的。

清水沟流路受上述的水沙和人为治理等影响,故 2 m 等深线范围内的沙嘴外形相对较宽和较为突出,呈明显梯形。而刁口河流路和神仙沟流路 0 m 线的沙嘴外形则基本呈窄瘦的三角形,这主要与沙嘴是由较大洪水短时段淤积延伸形成有关。三条流路的累计来沙量相差不多,但清水沟流路高潮线、0 m 线和 2 m 线沙嘴面积均明显要大,特别是高潮线和 0 m 线。刁口河和神仙沟流路沙嘴的长度和宽度十分接近,而清水沟流路沙嘴的长度和宽度则明显偏大。此充分体现了清水沟流路沙嘴演变发展的特点。

参 考 资 料

[1] 泺口水文总站. 黄河尾闾历史变迁材料. 1957.
[2] 黄河下游研究组. 1855 年铜瓦厢决口后黄河下游历史演变过程中的若干问题. 1960.
[3] 黄委规划办公室. 黄河河口基本情况与基本规律. 1965.
[4] 河渠所,黄委水科所,前左站. 黄河河口淤积延伸对下游河道的影响. 1964.
[5] 利津县续志. 卷四.
[6] 黄委水科所,等. 黄河河口现行河道基本资料分析与发展趋势预估. 1972.
[7] 前左站. 黄河河口演变及其对下游河道的影响. 1963.
[8] 黄委水科所. 1976 年改道清水沟资料初步分析. 1976.
[9] 黄委水科所济南总站. 黄河河口 1976 年改道清水沟资料初步分析. 1976.

第四章　黄河下游及河口河段冲淤特性

第一节　冲淤影响因素和计算方法评价

影响黄河下游河道冲淤的因素比一般河流更为复杂,主要影响因素为流域产流产沙的部位和过程、径流大小、洪峰型式、含沙量高低、颗粒粗细、前期来水来沙与河道整治的状况、三门峡和小浪底水库的泄流规模与运用方式等来水来沙特性,以及河段上游和本河段河床边界状况,如河段的河型类别、河槽的宽浅、滩槽高差的大小与主流线的长度、主槽摆动的幅度、整治工程的束水程度与拦河建筑物等局部侵蚀基准面,以及作为河流总侵蚀基准面的河口状况等。由于各种因素组合的随机性很大,因此下游河道的冲淤过程极其复杂。

表达河流冲淤的判别式一般用挟沙能力公式,其通式为:$S = V^3 / (gR\omega)$,依曼宁公式知,$V = 1/n \cdot R^{2/3} \cdot J^{1/2}$,由此简单的表达式不难得知影响冲淤因素的多变性和复杂性。但其主要影响因素是来水来沙条件、河床边界条件与局部或河口总侵蚀基准面 3 个方面,也可以把基准面纳入河床边界条件的范围;显然,冲淤和挟沙能力主要受制于来水来沙和河床边界条件两大要素的综合影响。当来水来沙如流量大、含沙量小、颗粒细等条件优于边界条件的挟沙能力时,河床发生冲刷,反之,河床发生淤积。此冲淤贯穿于冲积性河流演变的全过程,不管影响因素多么复杂多变,河流的演变过程始终表现为冲和淤两个矛盾方面在各种条件作用下的相互转化,并始终趋向于冲和淤或者来水来沙和边界条件二者的相对平衡。因此,冲和淤是相对的,是一定条件下的暂时表现。由于影响冲淤条件的复杂性、随机性和事物始终在不停地发展,因而冲和淤在时间上与空间上均带有其相应条件特殊性的烙印。没有一个时段或河段的冲淤过程是完全相同的,或者是简单的重复。对短时段的冲淤进行分析研究是十分必要的,因为它是认识事物和探索规律的基础,但切不可仅依据短时段的资料分析就得出规律和结论。长时段的冲淤趋势对于认识与预测河流的演变进程以及制定河流的规划与治理方针政策具有更重要的意义。

目前分析河段冲淤的方法主要是断面法、输沙率法和同流量水位法,三种方法各有利弊。简述如下:

(1)断面法。其主要优点是无累计误差,可以反映各断面附近的主槽、嫩滩、二滩、高滩的冲淤部位和数量。缺点是测量困难,各测次的时间间隔长,无法了解测次间的冲淤过程,所设断面的数量、部位和与主流流向的交角变化以及各部位淤积物选定的容重大小等均影响冲淤量计算的精确度和可靠性。此外,测量时所处的状态如流量的大小、前期冲淤的数量等亦影响年度冲淤量计算的准确性。由于此方法没有系统累计误差,故其冲淤状况与实际情况相对接近,特别是分析计算较长时段宏观的冲淤时,其代表性相对好些。

(2)输沙率法。其主要优点是可以反映流域来水来沙的数量、状况以及不同水沙条件下两水文测站间冲淤的数量。缺点是不能反映两测站间的冲淤部位;由于流量和含沙量测量受设备、人为条件的限制以及换算时的误差,可使冲淤量计算出现偏差,且该冲淤量的误差具有累积性,可形成影响较大的系统性偏差,如小浪底—花园口河段依输沙率法计算的冲淤量明显偏大,即是实例之一。这是由于山区性河流向冲积性河流过渡时,河段进出站悬移质差别较大而形成测验误差。

(3)同流量水位法或水位流量关系法。由于设站和观测相对简易,站位多,观测资料可缩短到日或小时,且资料连续,与流量观测相配合可以较好地反映较短河段和较短时段整个下游河道的冲淤过程及冲淤幅度,故目前被广泛用来分析冲淤的状况和确定防洪的指标。缺点是其不能反映各水位站之间的冲淤状态,另外各水位站的间距较断面法的断面间距相对较大。

以艾山—利津河段1976年水文年3种方法的冲淤资料为例,由1976年汛前至1977年汛前断面法(见表4-1)、1976年水文年输沙率法河段冲淤(见表4-2)以及1976年汛前至1977年汛前艾山、泺口、利津3站水位升降情况统计(见表4-3)对比不难得知,输沙率法无论1976年汛期、汛后还是全年,艾山—利津河段均表现为淤积状态,全河段淤积高达0.535亿t,没有反映出1976年河口改道清水沟流路的冲淤情况和过程。

表 4-1　1976 年汛前至 1977 年汛前断面法河段冲淤情况统计　(单位:亿 m³)

时段	部位	艾山—泺口	泺口—利津	艾山—利津
1976 年汛前至 1976 年汛后	全断面	0.022	−0.160	−0.138
1976 年汛后至 1977 年汛前	全断面	0.100	0.300	0.400
1976 年汛前至 1977 年汛前	全断面	0.122	0.140	0.262
1976 年汛前至 1976 年汛后	主槽	−0.296	−0.665	−0.961
1976 年汛后至 1977 年汛前	主槽	0.107	0.317	0.424
1976 年汛前至 1977 年汛前	主槽	−0.189	−0.348	−0.537
1976 年汛前至 1976 年汛后	滩淤	0.317	0.506	0.823
1976 年汛后至 1977 年汛前	滩淤	−0.007	−0.017	−0.024
1976 年汛前至 1977 年汛前	滩淤	0.310	0.489	0.799

表 4-2　1976 年水文年输沙率法河段冲淤情况统计　(单位:亿 t)

时段	艾山—泺口	泺口—利津	艾山—利津
汛期(7~10 月)	0.095	0.046	0.141
11 月至次年 6 月	0.187	0.207	0.394
水文年(7 月至次年 6 月)	0.282	0.253	0.535

断面法相对较好地反映了该水文年各河段汛前、汛后和全年的全断面、主槽和滩地的冲淤量,如主槽冲淤不仅反映了汛期冲非汛期淤和汛期艾山—泺口、泺口—利津和艾山—

利津河段的冲淤量,而且由泺口—利津河段冲刷 0.665 亿 m³,艾山—泺口冲刷 0.296 亿 m³,各河段单长冲刷量分别为 3.86 万 m³ 和 2.95 万 m³ 知,河段的冲淤下大上小属于溯源冲淤的性质,显然,这是河口改道清水沟的影响所致,同时也反映了滩地高达 0.799 亿 m³ 的大量淤积及大河段之间各断面短距离的冲淤情况和数量。

表 4-3　艾山、泺口、利津 3 站 3 000 m³/s 汛前汛后水位升降情况统计　　（单位:m）

时段	艾山站	泺口站	利津站
1976 年汛前	39.85	29.40	13.10
1976 年汛后	39.50	28.90	12.30
1977 年汛前	39.45	29.00	12.60
1976 年汛前至 1976 年汛后水位差	-0.35	-0.50	-0.80
1976 年汛后至 1977 年汛前水位差	-0.05	0.10	0.30
1976 年汛前至 1977 年汛前水位差	-0.40	-0.40	-0.50

　　艾山、泺口、利津 3 站 1976 年 3 000 m³/s 汛前汛后水位升降情况(见表 4-3)同样较好地反映了河段的冲淤情况和规律。如汛期河床冲刷、水位下降,非汛期河床淤积、水位升高,全年冲刷、水位下降以及水位下降幅度为下大上小,属于溯源冲刷性质等。图 4-1～图 4-4 分别是利津站 20 世纪 50、60、70 年代和 80 年代典型年份的水位流量关系图,图 4-5 是艾山站与利津站有实测资料以来 3 000 m³/s 水位升降过程,由图知,水位流量关系可以较好地反映各河段较短时段的冲淤过程和冲淤幅度,如果利用水位站的流量和各水位站的资料进行水位升降分析,还可以进一步了解较短河段冲淤的范围和冲淤的性质,同时能较好地反映不同河段较长时段各自的冲淤过程。

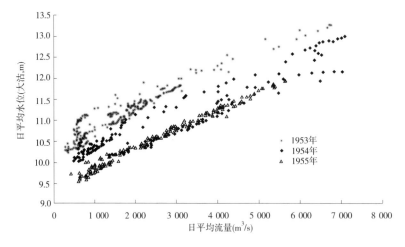

图 4-1　1953～1955 年利津站(4～11 月)日平均水位流量关系

　　由利津站 3 000 m³/s 水位升降过程和利津—渔洼河段冲淤量过程(见图 4-6)知,二者的长时段冲淤过程和短时段的冲淤幅度基本是相应的。黄河下游各大水位站与其相应河段的冲淤过程同样也是基本对应的。显然,水位流量关系法和断面法的资料能较好地

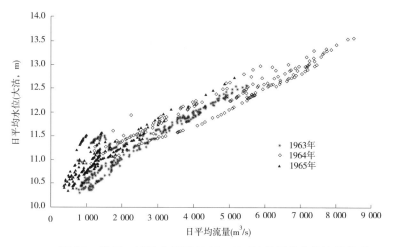

图4-2　1963~1965年利津站(4~11月)日平均水位流量关系

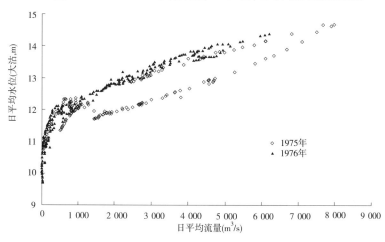

图4-3　1975~1976年利津站(4~11月)日平均水位流量关系

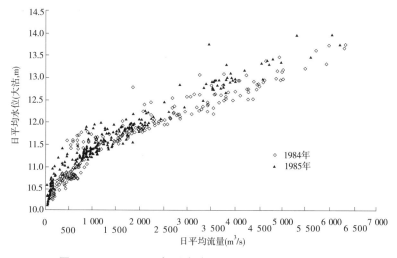

图4-4　1984~1985年利津站(4~11月)日平均水位流量关系

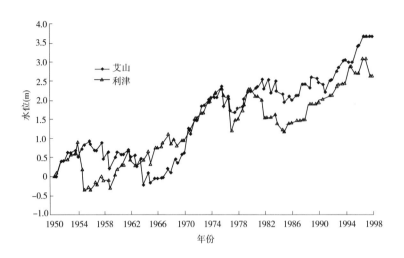

图 4-5   艾山和利津两站 3 000 m^3/s 汛前汛后水位升降过程

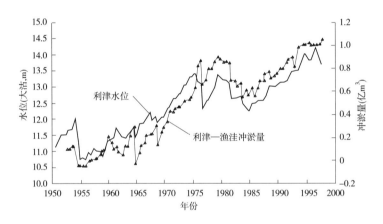

图 4-6   利津站 3 000 m^3/s 水位与利津—渔洼河段冲淤量过程

反映长、短河段和长、短时段的冲淤演变,故可以作为冲淤分析的基本资料。

由于输沙率法存在着无法区分滩槽淤积和误差积累问题,因此在分析冲淤部位和研究较长时段宏观问题时将出现问题。图 4-7 是艾山—利津河段两种不同计算方法得到的年冲淤过程,由图看二者除 20 世纪 80 年代淤积略有偏大外,冲淤大体是相近的;由输沙率法和断面法冲淤量相关图(见图 4-8)知,输沙率法计算的冲淤量相对偏大;由累计冲淤过程(见图 4-9)则不难看出 60 年代以后二者逐渐出现差异,至 1996 年输沙率法积累的误差已是断面法的 3 倍。显然,输沙率法在研究长时段宏观的冲淤问题时,应注意此误差的影响。但在分析研究短时段的冲淤问题时,输沙率法在分析流量、含沙量、来沙粗细、挟沙能力和各水沙因子与水位流量以及水沙和河床边界等关系时具有不可替代的优越性,关键在于提高输沙率法的观测精度和消除其累计误差的影响。

综上所述,在分析河段长时段宏观冲淤问题时,应以同流量水位法和断面法的资料为主,输沙率法为辅。在分析短时段冲淤时可以水位流量关系法和输沙率观测资料为主。

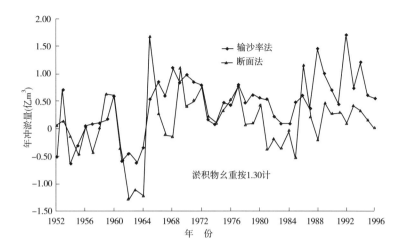

图 4-7　艾山—利津河段两种计算方法年冲淤量比较

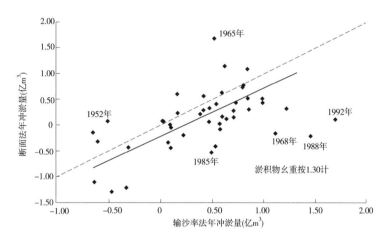

图 4-8　艾山—利津河段断面法与输沙率法年冲淤量相关图

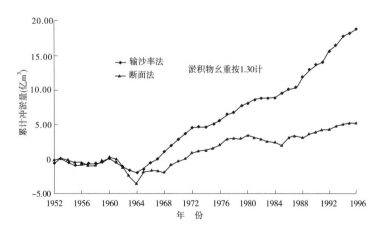

图 4-9　艾山—利津河段两种计算方法累计冲淤量比较

第二节　黄河下游的冲淤概况

由河床演变学的原理知,冲积性河流的冲淤或纵剖面的调整受制于来水来沙、横向边界和局部及河口基准面三大条件相互作用的综合影响,其中水沙条件和河口基准面是具有持久影响的主导因素。任何条件的变化均将引起河床短时段的冲淤调整,但一般对纵剖面宏观形态的影响不大。由于影响河道冲淤的因素众多,进入黄河下游的水沙条件千差万别;黄河下游河道长达 800 余 km,上下河段河型边界条件差异很大,游荡性河段的主流始终摆动不定,输泄过程滞蓄多变;三门峡和小浪底水库调节运用及河道整治工程或拦河枢纽的兴废等人为干预;主要水位观测站点相距多在 100 km 左右,测验困难,误差高,难以掌握洪峰的水沙与冲淤过程;再加上黄河河口尾闾不停地淤积延伸摆动改道,河口基准面相应地升高或降低,可想而知黄河下游短期的实际冲淤过程是多么的复杂和难以掌握。因此,需由较大的尺度进行分析。冲淤计算方法中的断面法 20 世纪 60 年代以后方逐步统一和完善。人民治黄以来较长时段相对准确的资料,唯有下游主要水文站同流量的水位。黄河下游 1950～1996 年主要站 3 000 m³/s 水位差如图 4-10 所示。

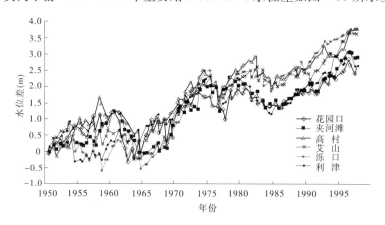

图 4-10　黄河下游 1950～1996 年主要站 3 000 m³/s 水位差过程

由图 4-10 不难得知:

(1)除 20 世纪 50 年代黄河下游上下两头河段冲淤明显不同外,其他时段冲淤的趋势基本是相应的。50 年代花园口上下河段持续淤积主要是由于 1947 年花园口堵口前其上游河段因溯源冲刷需回淤调整和堵口后来水来沙偏丰,故造成淤积量相对较大。山东河段由于 1953 年河口尾闾实施了甜水沟流路改道神仙沟流路,流程缩短 11 km,而且直接进入单一顺直河型阶段,因而发生明显溯源冲刷,利津水位明显下降,并逐渐影响到泺口以上,1958 年以后开始回淤。

(2)1961～1964 年三门峡水库下泄清水,自上而下发生沿程冲刷,幅度上大下小,尚未明显影响到利津,1965 年后因三门峡水库改为自然滞洪排沙运用方式和河口神仙沟流路改道作用逐渐消失,故整个下游进入普遍回淤的阶段。

(3)1975 年和 1976 年相对较好的水沙条件及河口 1976 年实施了清水沟流路改道,

缩短流程约 30 km,在二者的共同作用下,全下游普遍发生冲刷,水位明显下降。1977 年遭遇高含沙洪水,下游河道普遍回淤。

(4)1981 年清水沟流路建林村局部基准面影响消除,尾闾形成单一顺直窄深河槽,同时河口发生取直摆动,在两方面的综合作用下河口基准面显著下降,河口河段发生持续 5 年的冲刷,水位下降 1 m 以上。1982 年水沙条件较好,致使上下两头河段进一步发生冲刷,而后中段相应调整下降。

(5)1985 年以后由于河口淤积延伸、流程显著增长和来水来沙条件不利,整个下游河道处于普遍回淤状态。直到河口尾闾 1996 年实施清 8 改汊,方出现明显的不相应情况。

此外,由图 4-10 尚可得知,黄河下游河道上下河段的冲淤有时不完全相应,但纵剖面调整是所有影响条件综合作用的结果,淤积向冲刷转化,冲刷向淤积转化,因而各个河段的冲淤始终趋向于受制于来水来沙条件和河口基准面的相对平衡状态。

花园口上下河段的冲淤主要与来水来沙条件密切相关,而利津上下河段的冲淤则主要取决于河口基准面的状况。单纯较好的水沙条件如 1958 年、1964 年和 1975 年等,如无河口基准面降低相配合,不可能造成河口河段的持续冲刷和水位下降。

影响条件较大的改变,或发生连续性的变化,由此引起的黄河下游河道的冲淤和纵剖面的调整,需要几年的较长时间,如三门峡水库下泄清水期和改建扩建后的排沙期,以及河口尾闾发生改道和取直摆动等。但在近于平均状况时,短时段水沙条件的变化和河口稳定淤积延伸的时段,整个下游河道围绕相对平衡的冲淤调整则是相对较快的。因而,20 世纪 70 年代以后整个下游河道的冲淤演变基本上保持了相对稳定同步升降的趋势,80 年代以后出现了黄河下游上下两头河段花园口、夹河滩和利津三站水位抬升相对偏低,中部河段高村、艾山和泺口三站水位抬升相对偏高的情况。这是否意味着中部河段淤积的相对较高呢? 我们认为不是如此。从黄河下游河段比降变化过程知,没有出现高村以上河段变缓和泺口以下河段明显变陡的情况。出现此情况,可能主要与分析计算起点年份各站所处的起始状况不完全相应和一致有关。若以改道神仙沟流路后的 1954 年为起点绘制下游各站同流量水位差过程(见图 4-11),则得到与图 4-10 完全不同的结果,而是表现出了泺口、利津抬升最大,花园口抬升最小,中部河段三站正好处于中间的下大上小的

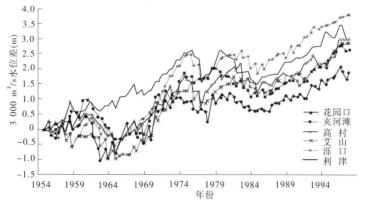

图 4-11 黄河下游 1954～1996 年主要站 3 000 m³/s 水位差过程

情况,这是典型溯源淤积影响的纵剖面形态。

第三节　黄河下游各河段的冲淤情况

由前节分析知,同流量水位的变化可较好地反映河段的冲淤,它与断面法均无系统累计误差,二者的变化理应大体相应。我们将以 1950 年为起点各水文站年 3 000 m³/s 水位与水文站上下两侧河段相应年份汛前到次年汛前的冲淤量点绘在一起,得到了较好的结果。图 4-12 是花园口站年同流量水位与小浪底—夹河滩河段年累计冲淤量过程,由图不难得知,除 20 世纪 50 年代、1961～1964 年清水冲刷时段和 1970 年前三门峡水库集中排沙时段稍有差别外,其他时段二者极为相应。不相适应主要是 20 世纪 50 年代来水来沙相对较大,一方面当时没有生产堤,滩槽普遍淤积,滩地淤积量大,主槽水位相对升高不大,另一方面 1938 年花园口扒口引发溯源冲刷,堵口后河床回淤,致使淤积量较大。而清水冲刷期花园口站附近河段以主槽冲深为主,致使水位明显下降。排沙回淤阶段同样以槽淤为主,又使水位相对较高。70 年代以后二者基本完全相应。

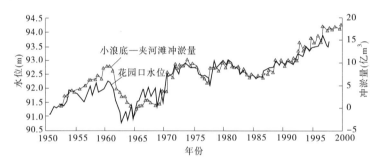

图 4-12　花园口站年同流量水位与小浪底—夹河滩河段年累计冲淤量过程

夹河滩站和艾山站年同流量水位与其相应河段累计冲淤量过程如图 4-13 和图 4-14 所示。高村等其他各站也同样得到了趋势性基本相应的结果。只是 20 世纪 70 年代以后,陶城铺以上河段由于控导工程和生产堤的修建,滩地淤积受限,冲淤主要在主槽范围,故河段冲淤量不很大,而水位的变幅相对较大。利津站的年同流量水位与泺口—渔洼河段冲淤量或利津—渔洼河段冲淤量均有着相应关系,其中利津站年同流量水位与利津—渔洼河段累计冲淤量的相应关系相对好些(见图 4-15)。二者的冲淤趋势基本是一致的。

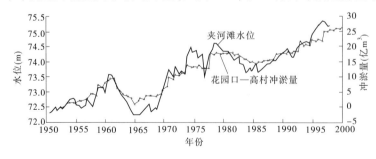

图 4-13　夹河滩站年同流量水位与花园口—高村河段累计冲淤量过程

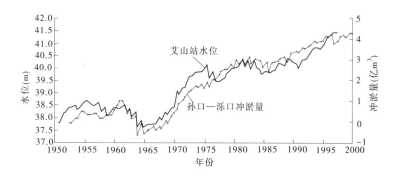

图 4-14　艾山站年同流量水位与孙口—泺口河段累计冲淤量过程

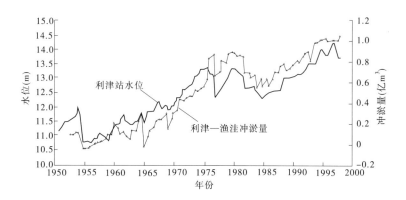

图 4-15　利津站年同流量水位与利津—渔洼河段累计冲淤量过程

黄河下游各站年水位变化与相应河段累计冲淤量演变发展趋势基本一致是勿庸置疑的。关键的问题在于如何认识和解释此冲淤过程。值得注意和深入探讨的是,利津以下河段的冲淤和水位的升降与来水来沙条件好坏的关系不明确,而与河口尾闾的淤积延伸摆动改道演变的状况关系十分密切和相应。

刁口河 1967～1969 年和清水沟 1981～1985 年,由于尾闾河段形成单一顺直河槽,同时入海流程明显缩短,在二者共同影响下,此两时段利津上下河段方有产生持续水位下降的条件和可能;否则单纯有利的水沙条件不仅不能产生持续的冲刷,而且可能由于下游河道大量粗的床沙质冲刷下排而加重河口的淤积延伸和使尾闾河槽变坏,如 1958 年大水即是典型范例。

第四节　黄河下游上下两头河段的冲淤特性

黄河下游两头河段一般是指花园口上下河段和利津以下至河口三角洲尾闾改道点(渔洼、罗家屋子、西河口)的河段。两河段的来水来沙特性虽有些差别,但基本特性是一致的,而河段冲淤特性和影响冲淤的主导因素则不尽相同。由年来沙系数与上下两河段年冲淤量相关图(见图 4-16 和图 4-17)知,花园口河段的冲淤与水沙条件存在着相对较好的相关关系,即一般情况下水沙条件好、来沙系数小时河段冲刷,反之水沙条件不利时河段淤积,即花园口上下河段的冲淤主要取决于流域的来水来沙条件,因其距河口最远,河口的作用在短时间内不可能对其产生直接影响,河口基准面的影响是滞后的、间接的,同时是表现在宏观方面的。图 4-17 反映出利津以下河段的冲淤与水沙条件好坏没有直接关系,而主要受制于河口尾闾演变状况决定的基准面的相对高低。由图 4-17 与图 4-16 比

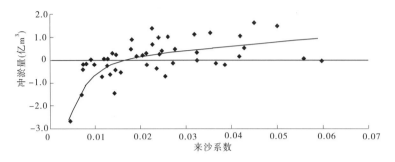

图 4-16　花园口站年来沙系数与小浪底—花园口河段年冲淤量相关图

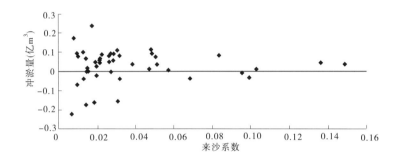

图 4-17　利津站年来沙系数与利津—渔洼河段年冲淤量相关图

较知,黄河下游上下两河段的冲淤规律不同,制约冲淤的主导因素不同,上段以来水来沙条件好坏为主,而河口河段则是以河口基准面的状况为主。下游的有利水沙条件可以延续到河口,但此有利的水沙条件能否产生冲刷,则必须与河口基准面的有利条件相结合方能显现。河口基准面的有利条件是指河口基准面出现相对降低,实践表明,河口基准面相对降低主要发生在尾闾小循环演变的改道初期和由散乱游荡形成单一窄深河槽进入演变中期阶段的初期两大时段。具体的说主要是发生在河口 1953 年改道神仙沟和 1954～1958 年神仙沟改道与单一顺直结合,1976 年改道清水沟的初期,以及尾闾取直摆动河型进入单一顺直的初期(1981～1985 年)阶段。花园口和利津上下两河段 3 000 m³/s 水位差过程如图 4-18 所示。由图 4-18 知,1950～1953 年上下两站同步升高了约 1 m,升高速率偏高,这是花园口站以上河段 1947 年堵口后需要较大幅度的淤积调整,以及入海沙量显著增加,河口甜水沟主流路延伸较快、淤积相对增加的必然结果。1953 年 7 月河口实施了人民治黄以来的第一次改道,由甜水沟改走神仙沟,尾闾流程缩短 11 km,加之神仙沟流路新河为单一顺直窄深河槽,此双重降低基准面的作用使得河口河段产生显著冲刷,利津站 3 000 m³/s 水位 1955 年汛后较 1953 年汛后下降了 1.25 m,并直接影响到泺口。低水位持续到 1958 年汛后。由于 1958 年大水大沙,大水使尾闾河槽冲刷展宽,滩坎大大

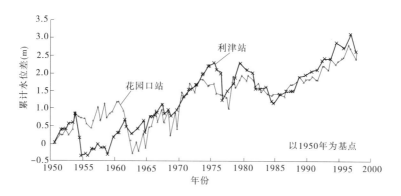

图 4-18　黄河下游花园口和利津站 3 000 m³/s 水位差过程

降低,21 亿 t 的大量来沙使河口沙嘴迅速淤积延伸,比降显著变缓。随后 1959 年尾闾河槽和河口河段严重淤高,并造成 1960 年尾闾于四号桩处发生出汊摆动,从而使神仙沟流路进入尾闾河型小循环演变的后期,到 1961 年汛前同流量水位迅速回升了约 1 m。显然,单纯的大水大沙对河口来说是不利的。花园口站与利津站的冲淤过程不完全相同,花园口站 1954～1956 年汛前同流量水位虽持续下降约 0.4 m,但是到 1960 年的整个 20 世纪 50 年代基本保持了淤积升高的趋势。此表明黄河下游上下两河段的冲淤主导影响因素和冲淤特性不同,河口基准面的状况对利津上下河段的冲淤有着决定性的影响,而花园口站上下河段的冲淤则主要受制于来水来沙条件。

1960 年后三门峡水库改变运用方式开始下泄清水,花园口上下河段发生明显冲刷,冲刷主要集中于 1961 年和 1962 年两年,水位持续下降了约 1.5 m,而利津河段由于处于神仙沟尾闾出汊阶段,同期水位几乎没有变化。其后的水位下降是下泄清水、出汊摆动、入海流程缩短共同作用所致。黄河下游的冲淤过程表明,大幅度的水沙条件改变,可引发上河段迅速的反应调整,此大幅度的调整需要一个自上而下的过程,短期内对河口河段的影响不大,此次下泄清水冲刷在刚刚发展到艾山时,即因三门峡水库运用方式的改变而终止。随着 1965 年三门峡水库改为自然滞洪排沙运用,花园口河段开始回淤,水位相应升高,到 1969 年"两洞四管"全部投入运用前,泄洪排沙仍受到一定限制,水沙条件基本变化不大,故花园口站水位变化不大,即处于相对平衡状态。河口 1964 年实施了改道刁口河流路,虽然由于罗家屋子以下新尾闾局部基准面较高,改道后没能发生明显溯源冲刷,但受尾闾流程缩短 22 km 和 1967 年刁口河尾闾发生大流量取直摆动可使水位下降的影响,利津水位也基本处于稳定状态,致使上下两河段的水位均相对变化不大。随着"两洞四管"的运用和二期的改建,三门峡水库滞洪作用减弱,排沙量增加,水沙条件相对不利,由于流域水沙条件无较大幅度的变化和已近于恢复自然状态,加之刁口河流路沙嘴稳步增长和进入河型演变出汊摆动的后期,在此综合影响下上下两河段 1970 年后基本处于同步淤积升高状态。1973 年后花园口河段开始转淤为冲,到 1977 年汛后累计下降了 0.83 m,利津河段 1975 年汛前达到最高,1976 年改道清水沟流路后当年同流量水位下降了 1.1 m,与 1977 年汛后比利津站下降 0.8 m,与花园口站水位降低的幅度完全一致。尔后处于淤积回升阶段,直到 1980 年汛后和 1981 年清水沟流路发生取直摆动入海流程缩短,同时形成单一顺直窄深河槽,局部基准面影响消除,二者共同影响使利津上下河段发生明显溯源冲刷。随着河口沙嘴迅速延伸和尾闾主槽的回淤,基准面降低作用结束。1985年后由于来水来沙条件偏枯且无大幅度的变化,相应于河口沙嘴的延伸,尾闾和利津河段逐步淤积升高,直到1996年清8人为改汊方出现水位下降。此时段花园口站与利津站的冲淤趋势大体相应,只是冲淤的幅度相对小些。

综上所述,黄河下游上下两头河段的冲淤特性和主导影响因素不同,上段以来水来沙影响为主,河口河段以相对基准面影响为主。任何条件大幅度的连续改变,都需要较长时段的调整,一般情况下的调整是比较快速的。尽管上下两河段各时段冲淤量和水位升高值及冲淤的先后时间不完全相应,但其趋势始终是趋向于上下河段相应一致。20世纪50年代的明显差异和60年代后期至1996年改汊,上下两河段和整个下游基本同步冲淤的趋势充分地证实了上述分析的可靠性。显然,宏观的冲淤趋势是来水来沙条件和河口基准面两大主导因素共同作用的结果。来水来沙条件调整和制约下游河道纵剖面的陡缓与形态,而河口基准面的状况决定着下游河道升降的趋势和幅度,综合的调整始终是使下游河道趋向于与水沙条件和河口基准面相适应的相对平衡纵剖面。

花园口以上至小浪底河段淤积量,由于河段长而宽,与利津至渔洼河段比较其淤积的绝对值相对较大,但依单位河长和单位宽度淤积量计算,1952～1999年小浪底—花园口河段单位河长单位河宽的年均淤积量为574.71万 m^3,而利津—渔洼河段单位河长单位河宽的年均淤积量为1 084.31万 m^3,显然河流近口段单位河长单位河宽的淤积量较黄河下游进口段的淤积量大。依据河床演变和河流动力学的原理知,如果河流纵剖面不能输送来沙,势将淤积变陡,使比降增大,淤积幅度应是上大下小,这是由水沙条件引起的沿程淤积的特征。实际上,从多年平均看,黄河下游河道的淤积是下大上小,而且无论是各短河段还是整个下游长河段的比降均呈变缓的趋势,此充分表明了现阶段黄河下游宏观的淤积属于溯源淤积的性质。此从另一个侧面证实了现阶段河口基准面的状况正在制约着下游河道冲淤的趋势及抬升的速率和幅度。

第五节　艾山—利津河段的冲淤特性

一、艾山—利津河段概况

黄河下游艾山—利津河段为1855年黄河铜瓦厢决口改道以前的大清河故道,决口改道初期黄河的大量来沙绝大部分淤积在铜瓦厢至陶城铺之间的泛区内,进入大清河故道的水量较以前显著增大,而来沙相对较少,致使大清河故道整个河段和河口发生冲深展宽,当时大清河为地下河,故尚不为患。待堤防逐渐巩固完善,大量泥沙下排,河口和河段很快淤积,河床升高,光绪九年(1883年)后堤防决口加剧,并主要集中在浽口以下,黄河河口三角洲轴点以下入海尾闾发生明显改道。此后河口三角洲以下尾闾河段的自然演变特征表现为三角洲岸线不断淤积延伸,尾闾河段相应经常摆动并发展到改道的周期性循环演变过程。艾山—利津河段的冲淤基本相应于河口基准面的状况升降。

艾山—利津河道位于黄河下游下段,属弯曲性河段,河道较窄,艾山—利津河段河槽

宽 300 ~ 1 000 m,东张以下槽宽 680 ~ 2 550 m,主槽单一稳定,河道纵剖面比降约为
1.0‰,床沙中值粒径 0.05 ~ 0.10 mm。依各段堤距及主槽形态的不同,将艾山—利津河
段划分为 7 个小河段,各河段基本情况见表4-4。

表4-4 艾山—利津河段概况

河段		起点	艾山	娄集	曹家圈	霍家溜	刘家园	齐冯	宫家
		终点	娄集	曹家圈	霍家溜	刘家园	齐冯	宫家	利津
河段特性			浅滩性	弯道性	弯道性	浅滩性	浅滩性	弯道性	浅滩性
河长(km)			38.66	45.60	31.78	24.50	68.00	47.00	14.43
主槽宽度(m)	范围		494	441	317	443	450	465	525
			930	930	782	880	800	800	1 000
	平均		634	637	505	720	601	608	714
滩地宽度(m)	范围		387	2 371	730	730	1 121	1 268	519
			4 893	6 356	1 079	1 567	3 523	3 704	1 137
	平均		1 581	4 225	589	1 043	1 984	2 151	522
全断面宽度(m)	范围		494	463	463	1 173	1 728	599	599
			5 436	6 969	1 396	2 202	4 107	4 242	2 137
	平均		2 214	4 892	1 094	1 763	2 584	2 759	1 237
弯曲系数			1.15	1.32	1.14	1.06	1.17	1.11	1.10
堤距宽度(m)	范围		右岸	右岸	700	1 280	1 800	750	750
			无堤	无堤	1 500	2 100	4 200	4 300	2 250
	平均				1 204	1 767	2 672	2 809	1 370

二、艾山—利津河段来水来沙特性

(一)艾山—利津来水来沙基本特性

山东河段艾山—利津有艾山、泺口和利津三个水文站,艾山可作为艾山—利津的进口
控制站。黄河下游花园口站至艾山站历经游荡的宽河段和高村至陶城铺的过渡段,两站
间河长约 357 km,对流域的来水来沙有着明显的调节作用。但由于下游河道具有多来多
淤多排和有利的水沙及边界条件时冲刷或不淤等特性,同时冲淤量和引水引沙所占的比
例相对不大,因此花园口和艾山两站水沙量与来水来沙主要集中于汛期等特性差别并不
大。由花园口、艾山、利津三站年水沙过程(见图4-19)不难得知,艾山站的水沙特性与花
园口站基本相应,即艾山—利津的水沙特性仍主要受制于流域的来水来沙的特性;1975
年后两站水量相对出现明显差值,此主要与来水偏枯、引水增加和断流有关;沙量的差别
主要发生在三门峡水库影响较小的大沙年份如 1958 年和 1970 年及高含沙量年份如 1973
年和 1977 年等,1986 年后主要为水沙条件不利、河段淤积相对加重所致。

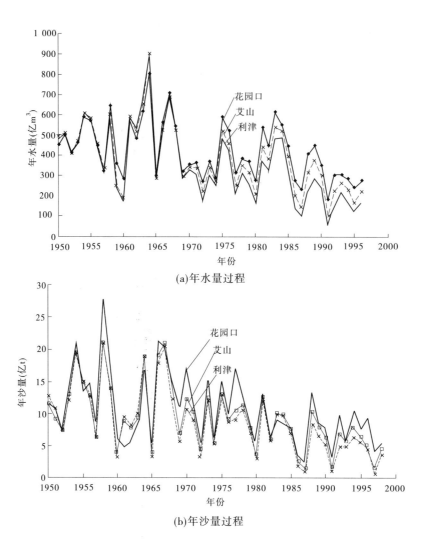

(a)年水量过程

(b)年沙量过程

图4-19 花园口、艾山、利津三站年水沙量过程

由艾山站及利津站1950年以来的来水来沙统计(见表4-5)和两站来沙量相关资料知,两站多年平均年来沙量十分接近,但沙量较水量相差相对较大,年最大最小相差愈往下游愈大。由于两站间河段引水引沙、淤积等原因,特别是枯水年份二者相差大,故利津

表4-5 艾山—利津河段来水来沙情况统计(1950～1995年)

水沙量	水量(亿 m³)			沙量(亿 t)		
站别	花园口	艾山	利津	花园口	艾山	利津
多年平均	425.67	393.48	362.61	11.05	9.66	9.21
年最大	861.40	902.54	904.47	27.29	21.12	21.01
年最小	220.50	105.41	54.28	2.48	1.37	0.83
年最大/年最小(倍)	3.91	8.56	16.67	11.00	15.42	25.31

站丰枯比明显增大。最小水沙年两站均为1991年,最大水量年为1964年,最大沙量年为1958年,此年际间水沙量差别较大的特性加重了河段冲淤的复杂性。

由艾山站汛期和非汛期水沙量占年水沙量百分比过程(见图4-20)不难得知,除20世纪60、70年代由于三门峡水库拦沙和汛期排沙受限的影响,汛期来沙比例稍有减小外,总的来看汛期来沙基本在占年沙量80%的上下浮动,没有减小的趋势;进入90年代枯水枯沙系列以后,也没有汛期水、沙量减小的趋势,此表明艾山—利津河段的水沙特性依然主要受制于流域的水沙特性。汛期和非汛期进入艾山—利津的水、沙量二者差别较大,艾山站多年平均汛期水沙量分别约占年水沙量的60%和80%;显然,水、沙量主要集中于汛期,其中沙量更为突出,这是由流域来水来沙特性决定的。

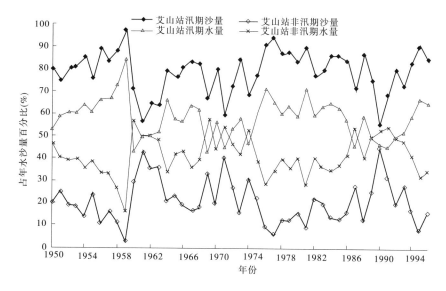

图4-20 艾山站汛期、非汛期水沙量占年水沙量百分比过程

(二)艾山—利津河段来沙粗细特性

艾山—利津河段悬移质泥沙组成,主要与三门峡水库运用方式,上、中游流域部位和治理、降雨分布、降雨强度及河道冲淤调整等因素有关。汛期泥沙主要由流域产沙区暴雨侵蚀形成,泥沙粒径相对较细;非汛期泥沙主要来自水流对河床的冲刷,泥沙粒径相对较粗。据1964~1995年颗分资料分析,粒径小于0.025 mm的沙重百分数,艾山站为56.0%、利津站为59.1%,艾山—利津自上而下泥沙粒径有所变细;山东河段汛期泥沙中数粒径为0.019 mm,平均粒径为0.024 mm,非汛期泥沙中数粒径为0.032 mm,平均粒径为0.034 mm。

艾山—利津河段悬移质泥沙粒径1954~1994年共出现了三次粗化过程。第一次泥沙粒径粗化在1961~1964年,即三门峡水库蓄水拦沙运用期。该时期水库下泄清水,花园口水文站平均流量为1 540 m³/s,平均含沙量仅为13.9 kg/m³,为多年同期均值的43.8%,下游河道普遍冲刷,悬移质泥沙粒径粗化,山东河段泥沙平均粒径为0.036 9~0.033 1 mm。第二次泥沙粒径粗化在1965~1973年,三门峡水库为滞洪排沙运用期。该时期由于汛期来自中游粗沙区的泥沙明显增加,占下游同期沙量的80%,而水库仅在洪水期滞洪削峰,其他时间均敞泄排沙,库内部分粗沙被带入下游河道,致使山东河段含沙量较常年偏大 17.1%,悬移质泥沙粒径粗化,山东河段泥沙平均粒径为 0.037 1 ~ 0.032 9 mm。第三次泥沙粒径粗化过程在 1975 ~ 1976 年。该两年汛期,中游粗沙区来水仅占下游同期水量的 7%,而年径流量均在 500 亿 m³ 以上,较多年平均径流量偏大 15%,年均含沙量较常年偏小 10% ~ 20%,属丰水枯沙年,因而河床冲刷,悬移质泥沙粒径再一次变粗,山东河段平均粒径为 0.037 3 ~ 0.039 4 mm。悬移质泥沙粒径统计详见表4-6。

表 4-6 艾山—利津悬移质泥沙粒径情况

站名	粒径级别	1954 ~ 1960	1964 ~ 1965	1973 ~ 1975	1977 ~ 1990	1954 ~ 1995
艾山	$d_{平均}$(mm)	0.022 1	0.034 1	0.044 6	0.028 7	0.029 0
	d_{50}(mm)	0.014 5	0.027 0	0.042 3	0.021 5	0.020 0
	$d < 0.025$ mm 占(%)	66.4	47.6	29.9	54.3	56.0
泺口	$d_{平均}$(mm)	0.024 0	0.034 3	0.039 1	0.026 8	0.026 0
	d_{50}(mm)	0.014 5	0.026 8	0.036 7	0.020 1	0.018 0
	$d < 0.025$ mm 占(%)	65.5	48.1	36.1	56.1	58.0
利津	$d_{平均}$(mm)	0.021 2	0.033 1	0.039 4	0.027 9	0.025 0
	d_{50}(mm)	0.013 7	0.024 3	0.037 8	0.021 3	0.018 0
	$d < 0.025$ mm 占(%)	67.3	51.1	33.8	54.8	59.1

利津站悬移质年各粒径沙量占年沙量百分比过程(见图4-21)表明,1962 ~ 1984 年间 <0.025 mm 的细沙占年沙量的比例有所减小,由 60% 左右减小到 50% 左右;相反较粗粒径的部分相对有所增加,但增加幅度不大。

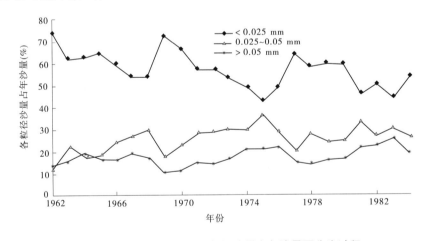

图 4-21 利津站悬移质年各粒径沙量占年沙量百分比过程

由利津站悬移质年各粒径沙量过程(见图4-22)可以看出,1962 ~ 1984 年间年来沙量和各粒径级沙量有减小的趋势,但 <0.025 mm 的细沙占主要比例和泥沙愈粗比例愈小的情况没有改变。

由图 4-23 可得到各粒径沙量与年沙量之间的平均关系分别为,$Ws_{<0.025} = 0.54 Ws$,

$Ws_{0.025 \sim 0.05} = 0.27Ws$，$Ws_{>0.05} = 0.19Ws$ 的关系。此关系可以作为预测和粗估计算的参考。

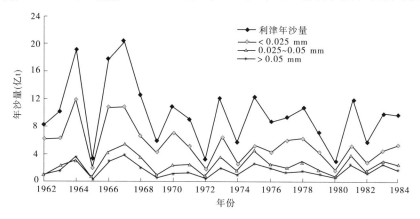

图 4-22　利津站悬移质年各粒径沙量过程

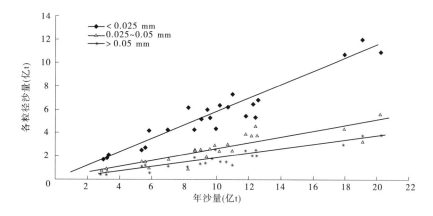

图 4-23　利津站悬移质年各粒径沙量与年沙量相关图

三、河段的一般冲淤特性

上述河段情况表明,艾山—利津河段的冲淤由于纵横边界条件相对变化不大,故主要受制于来水来沙条件和河口侵蚀基准面的影响。由本章第一节分析知,目前可反映河段冲淤的水文观测资料不外乎 3 个方面,即断面法、输沙率法和同流量水位比较法,用 3 种资料绘制艾山—利津河段断面法与输沙率法年冲淤量过程(见图 4-24)和艾山、泺口、利津三站汛前汛后 3 000 m³/s 水位差过程(见图 4-25)。由图 4-24 得知两种方法显示的大体规律是:①二者的冲淤过程基本是相应的,短时段的冲淤表现为冲淤交替,围绕不冲不淤上下波动;②河床为了保持本身的相对平衡比降,大冲之后一般随之大淤,反之大淤之后一般亦相对出现大冲;③断面法的冲淤幅度一般较输沙率法的幅度大,20 世纪 80 年代以后输沙率法的淤积幅度明显较大,特别是 1987 年以后,对此应进行校核和修正;④淤积的年份明显多于冲刷的年份,在 1952～1996 年的 45 年中,不计冲淤交替的冲刷年份,输沙率法计算结果中冲刷年份仅有 7 年,断面法为 15 年,冲刷年份主要增加在清水沟流路进入小循环演变中期的初期时段,显然本河段是在淤淤冲冲中以淤为主,淤积的主要原因是河口的淤积延伸;⑤持续几年的冲刷主要发生在50年代、60年代初和80年代初,冲刷主要是来水来沙条件和河口基准面的共同作用的结果,河口基准面的影响主要表现在改道或摆动使入海流程缩短或尾闾形成单一窄深河槽,单纯有利的水沙条件如无河口有利条件的配合一般形不成持续的冲刷。

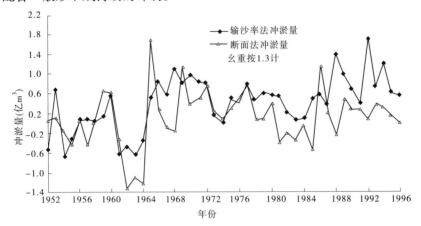

图4-24 艾山—利津河段断面法与输沙率法年冲淤量过程

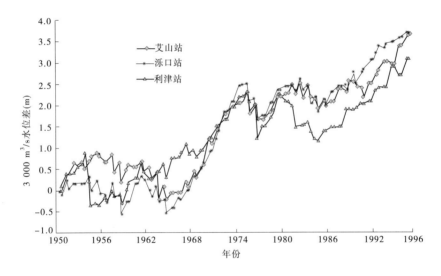

图4-25 艾山、泺口、利津三站汛前汛后3 000 m³/s水位差过程

比较图4-24和图4-25不难得知,同流量水位过程不仅可以反映出河段年际间的冲淤幅度,而且可以显示出河床冲淤过程不断淤积升高的趋势;另外,其没有累计误差,同时水位资料还可以与流量、含沙量、比降等观测资料综合分析,进行短时段、短间距冲淤或各因子间的相关分析。由图4-25可以看出,1953年河口尾闾改道神仙沟流路引发的冲刷,利津站3 000 m³/s水位下降的时间早(1953年),水位下降的幅度大(1.25 m),艾山站水位1955年方开始持续冲刷,下降幅度为0.7 m。依冲刷时间早晚和冲淤幅度大小的冲淤性质判别指标,该河段冲刷时间下早上迟、冲刷幅度下大上小表明,此时段的冲刷从宏观上看属于溯源冲刷的性质。1962年以后河口尾闾处于出汊状态和1964年改道刁口河流路

受局部基准面的影响,致使利津站开始回淤,到1967年利津站3 000 m³/s水位升高0.83 m。同期泺口站水位先降后升,到1967年刚好持平,不冲不淤,艾山站水位不仅没有升高,反而下降了0.35 m,1969年后三站基本同步淤积升高,到1976年改道清水沟流路前夕,三站水位同步升高2 m以上,达到历史最高。此过程同样反映了该河段的淤积从宏观上看属于溯源淤积的性质。显然,河口基准面的状况是现阶段决定艾山以下河段冲淤的主导因素。改道清水沟流路以后的冲淤同样受制于河口基准面的状况,有关的分析很多,在此不再赘述。

由艾山—利津河段断面法冲淤量与泺口3 000 m³/s水位过程(见图4-26)结合图4-25知,断面冲淤过程与水位升降过程基本是相应的,二者较好地反映出艾山—利津河段的冲淤发展过程。20世纪50年代中期水沙条件较好和改道神仙沟流路、1960~1964年三门峡水库下泄清水和尾闾出汊、1980~1985年清水沟流路尾闾摆动流程缩短和形成单一顺直河槽三个发生明显冲刷的阶段,与1965~1975年和1986~1996年不断相应淤积的趋势,以及同流量水位升降的变化较为实际地反映了河段的冲淤过程。三个持续冲刷时段除水沙条件较好外,均与河口条件较好密切相关。1965~1975年和1986年以后两个较长的持续淤积阶段,除水沙条件外,同样主要与河口刁口河流路和清水沟流路入海路径不断增长有关。但从长时段宏观上看,艾山以下河段是在冲冲淤淤中不断淤积抬高,冲刷是短时段的和暂时性的,河床淤积、水位升高是目前来水来沙条件下河口不断淤积延伸决定的演变趋势。依断面法计算的1952年以来艾山—利津河段累计淤积量约6亿m³,艾山、利津两站间年3 000 m³/s平均水位累计升高约2.7 m,按河段长276 km,平均淤积河槽800 m计(艾山—利津河段主槽平均宽度为618.2 m),其淤积量亦约6亿m³,二者十分接近,此结果无累计误差,可作为该河段淤积量的可靠依据。

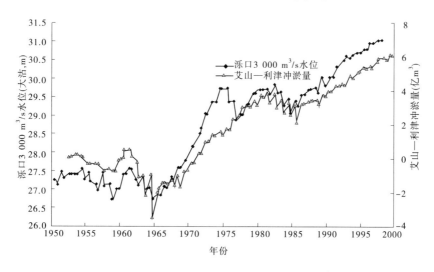

图4-26 艾山—利津河段断面法冲淤量与泺口3 000 m³/s水位过程

值得注意和探讨的是,40余年来进入艾山以下河段的泥沙约450亿t,依断面法计到1996年清8改汊前河段淤积量不足6亿m³,约合8亿t,此数量仅为来沙量的1.8%,年均淤积量仅约1 700万t,而河段年最大淤积量或冲刷量均约在2亿t。由利津站3 000 m³/s

水位变化知,汛前汛后河床冲刷水位下降最大可达0.8 m,汛后汛前淤积水位升高最大多在0.4 m,而多年平均水位升高仅为0.06 m。此情况表明短时段水沙条件对该河段河床的调节能力是巨大和迅速的,该河段河槽何以在较大的冲冲淤淤中保持如此小的淤积量和不断抬升的趋势,非单纯由水沙条件和河段河槽输沙能力不足所能解释。由陶城铺以下河段和废黄河从地下河逐渐演变成地上河的实践过程,以及黄河大量泥沙入海造成河口三角洲岸线不断淤积延伸,河口侵蚀基准面不断相对抬高是该河段冲淤主导因素的角度来认识此问题则不难理解了。换句话说,也就是艾山—利津河段现阶段在来水来沙条件没有根本性改变时该河段的冲淤幅度和趋势仍将主要受制于河口基准面的状况。

由艾山—泺口、泺口—利津两河段输沙率法与断面法累计冲淤过程比较(见图4-27)知,按输沙率法计算的艾山—利津河段的淤积量较断面法的结果不仅年冲淤量偏大,累计冲淤量更明显偏大得多;同时艾山—泺口河段的冲淤性质也不相同,断面法该河段20世纪70年代以后即处于淤积状态,输沙率法则延迟到90年代以后方进入淤积状态。显然,输沙率法不宜分析研究较长时段宏观的冲淤问题,但水文观测资料在分析研究短时段的冲淤问题时具有不可替代的优越性,因此这只是如何改进观测设备提高观测精度的问题,以客观真实反映河段的冲淤过程。

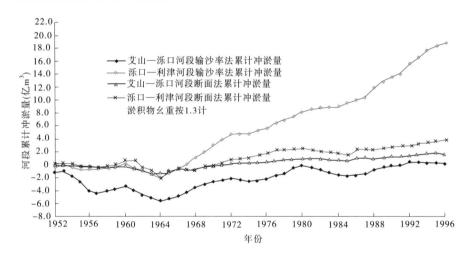

图4-27 艾山—泺口、泺口—利津两河段输沙率法与断面法累计冲淤过程比较

图4-28～图4-30分别是艾山—渔洼河段断面法年冲淤量、年累计冲淤量和年单长累计冲淤量过程。图4-28所示年冲淤量过程只能反映冲淤交替的演变发展过程和以淤积为主的趋势;图4-29给出了各河段的冲淤过程和累计冲淤量的大小,但三个河段的长度分别是100.2 km、172.08 km和40.92 km,长短相差较大,致使长河段的冲淤量相对较大,难以反映各河段的真实的冲淤过程和冲淤性质;在艾山以下堤距和横断面相差相对不大的条件下,单长累计冲淤量过程(见图4-30)消除了此影响,较好地反映了各河段冲淤的先后次序和幅度,依据冲淤性质判别指标结合河口改道等演变过程,则不难认识河段短时段的冲淤性质,如50年代的河口影响和60年代初的水沙影响等,重要的是三个河段淤积量下大上小,真实地反映了河段淤积属于溯源淤积的性质,这对于认识黄河下游河道的冲淤性质也是十分重要的。

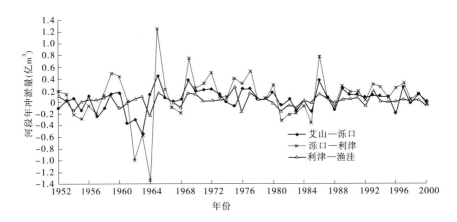

图 4-28　艾山—渔洼河段断面法年冲淤量过程

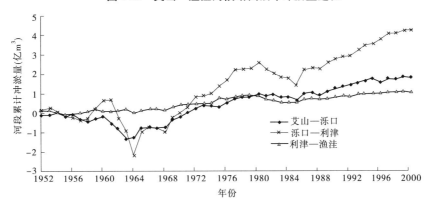

图 4-29　艾山—渔洼河段断面法年累计冲淤量过程

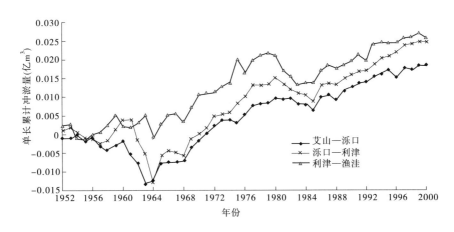

图 4-30　艾山—渔洼河段断面法年单长累计冲淤量过程

四、河段的汛期非汛期冲淤特性

由艾山—利津河段来水来沙特性知,本河段来水来沙主要集中于 7～10 月的汛期。

汛前因流量小河床淤积萎缩,进入汛期后流量增大河床势必进行调整,由于汛期流量增大,虽来沙量和含沙量相应增大,但流速和挟沙能力相应增加的作用一般超过来沙量的影响,故多数年份的汛期应该处于冲刷状态。艾山—利津河段汛期和非汛期主槽冲淤量过程(见图4-31)、艾山—利津河段汛期和非汛期全断面冲淤量过程(见图4-32)均证实了汛期该河段以冲刷为主,淤积的年份仅占统计年份的1/4,非汛期以淤积为主,30余年中仅有一二年。此外,由二图还不难得知,汛期大冲以后不仅紧接着汛后大淤,而且第二年一般出现汛期、非汛期和全年均淤积的状态,如1964年的大冲大淤和1965年的全年回淤,1968年和1969年,以及1985年和1986年。依主槽汛期和非汛期冲淤情况知,1964年水沙条件最好,河段汛期冲刷1.72亿m^3,汛后淤积1.225亿m^3,到1965年汛后河段合计淤

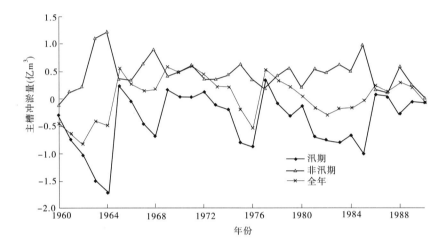

图 4-31 艾山—利津河段汛期和非汛期主槽冲淤量过程

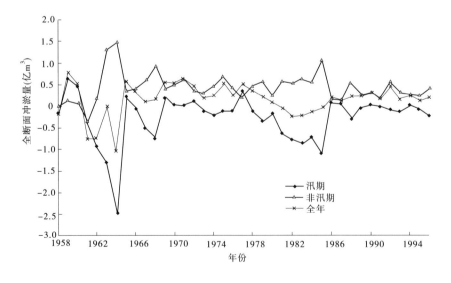

图 4-32 艾山—利津河段汛期和非汛期全断面冲淤量过程

积了 693 万 m³;1968 年汛期冲刷 0.734 亿 m³,汛后回淤了 0.909 亿 m³,如果加上 1969 年汛期和非汛期的淤积,淤积量为 0.582 亿 m³,回淤量高达 1.437 亿 m³,远大于冲刷量;1985 年汛期冲刷 1.096 亿 m³,非汛期淤积 1.057 亿 m³,二者大体相抵,加上 1986 年全年的淤积,淤积量也达到 0.202 亿 m³。这是黄河来沙量巨大、河床边界相对稳定、床沙质细而多、河床自身能迅速调整的必然结果。显然,短时段有利的水沙条件引发的冲刷,能否产生有利的效果,不完全取决于短时段的有利水沙条件,更主要的是与河口基准面等的状态有关。

汛期淤积的年份主要集中于 20 世纪 60 年代后期、70 年代初和 1986 年以后,此进一步加重了河段的淤积。

比较图 4-31 和图 4-32 主槽与全断面冲淤量过程,二者大体一致,但也不难看出主槽的冲淤较全断面的冲淤要敏感得多,如 1976 年河口尾闾改道清水沟流路,当年汛期主槽冲刷了 0.9 亿 m³,而全断面冲刷仅为约 0.2 亿 m³。

由艾山—利津河段断面法汛期和非汛期主槽冲淤相关图(见图 4-33)同样清晰地看出,汛期和非汛期同时淤积的有 8 年,汛期冲刷量小于非汛期淤积量的年份有 10 年,汛期冲刷量大于非汛期淤积量的年份有 11 年,其中多数是汛期大冲非汛期大淤的年份,仅有三门峡水库建成初期下泄清水的 1961 年、1962 年两年和 1976 年改道清水沟流路的当年;汛期和非汛期都发生冲刷的唯有三门峡水库蓄水拦沙的第一年即 1960 年。

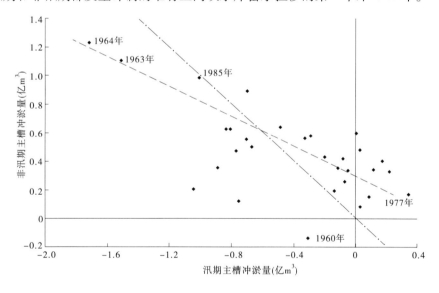

图 4-33　艾山—利津河段断面法汛期和非汛期主槽冲淤相关图

将艾山—利津河段输沙率法汛期和非汛期冲淤过程(见图 4-34)与断面法汛期和非汛期的冲淤过程比较知,大的冲淤趋势二者大体相应,但汛期淤积的年份明显增多。在1958～1996 年的 39 年中,断面法明显淤积的年份有 9 年,而输沙率法相对增加到 27 年,特别是 1966～1972 年和 1986 年以后增加的较为明显,显然这是输沙率法淤积量较断面法淤积量偏大的主要原因和误差累计的必然结果。

比较艾山—利津河段输沙率法汛期和非汛期累计冲淤量过程(见图 4-35)和艾山—

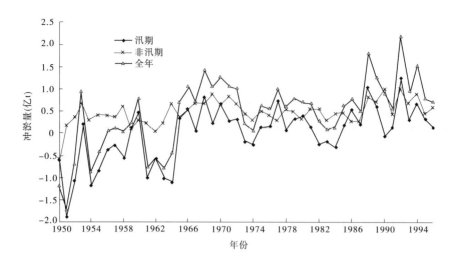

图 4-34　艾山—利津河段输沙率法汛期和非汛期冲淤过程

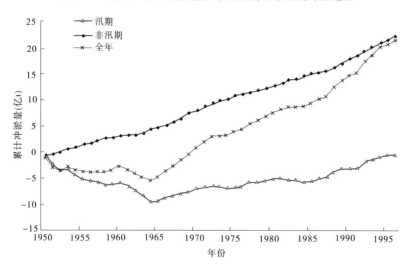

图 4-35　艾山—利津河段输沙率法汛期和非汛期累计冲淤量过程

利津河段断面法汛期和非汛期累计冲淤量过程(见图 4-36)不难得知,输沙率法非汛期淤积严重,是河段淤积的主体,汛期冲刷主要发生在 1965 年以前,而后汛期淤积的年份增加,总的趋势以淤积为主,到 1996 年累计冲淤量基本回升至不冲不淤,从而使得年冲淤量与非汛期的冲淤量相近和输沙率法的淤积量明显偏大。断面法非汛期累计冲淤量同样一直保持不断淤积的趋势,而且数量较大,但由于汛期淤积的年份较少和冲淤量相对较小,1986 年以后仍然有累计冲刷量约 10 亿 m³,这样就使得年累计冲淤量相对较小和符合客观实际情况。但是两种方法年累计冲淤量由冲刷转变为淤积的年份均约在 1969 年是一致的,此粗略地表明两种方法的误差主要发生在其后时段,特别是改道清水沟流路以后。

艾山—泺口河段汛期和非汛期单长冲淤量过程(见图 4-37)、泺口—利津河段汛期和非汛期单长冲淤量过程(见图 4-38)同样显示出了汛期和非汛期的冲淤状况。由于采用

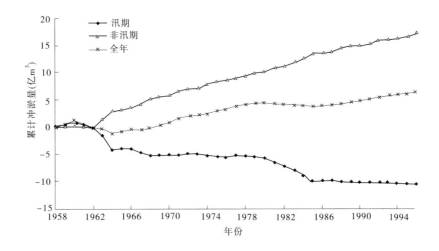

图 4-36　艾山—利津河段断面法汛期和非汛期累计冲淤量过程

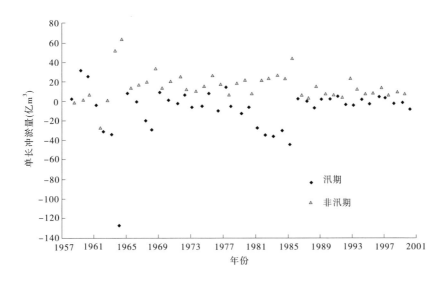

图 4-37　艾山—泺口河段汛期和非汛期单长冲淤量过程

了单位长度的冲淤量,故两河段冲淤量的差异明显减小,同时显示出二者冲淤过程基本一致,汛期和非汛期冲淤量大小的年份亦十分相近。艾山—泺口河段汛期单长冲淤量大于10 万 m^3 的冲刷和淤积的年份分别为 11 年和 3 年,非汛期分别为 1 年和 24 年,单长冲淤量小于 10 万 m^3 的冲刷和淤积的年份汛期分别为 14 年和 14 年,非汛期分别为 2 年和 15年。泺口—利津河段各冲淤量汛期和非汛期的冲刷和淤积的年份基本与艾山—泺口河段一致,此表明两河段冲淤的特性相近和冲淤过程基本同步。

　　图 4-39 是艾山—利津河段汛期和非汛期输沙率法时段总冲淤量比较,由图得知 1964年以前由于来水量偏丰,河口尾闾改道神仙沟流路和三门峡水库下泄清水,因而该两时段以汛期冲刷非汛期淤积为主。而后时段由于三门峡水库改建下排沙量加大和河口尾闾入海流路的加长,河段转变为汛期和非汛期全都呈淤积状态,只是 1974～1985 年时段由于

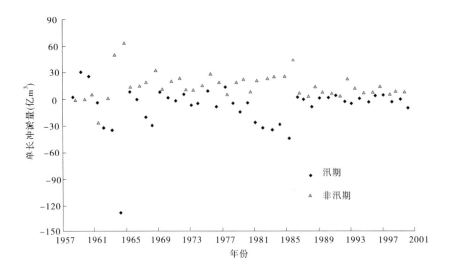

图 4-38 泺口—利津河段汛期和非汛期单长冲淤量过程

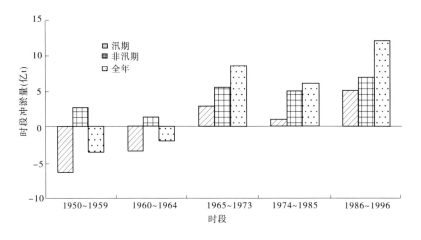

图 4-39 艾山—利津河段汛期和非汛期输沙率法时段总冲淤量比较

改道清水沟流路和 1980 年以后流路缩短、河槽单一顺直,河段持续冲刷,汛期淤积量明显减小。1986 年以后汛期淤积量明显增加,使得输沙率法误差加大,应适当进行校核修正。

五、河段的月冲淤特性

汛期和非汛期冲淤特性分析使我们得到一些冲淤的粗略认识,时段相对较长,为此进行了月冲淤特性的分析。图 4-40 是艾山—利津河段输沙率法多年平均月冲淤情况,由图知在一年 12 个月中只有 3 个月冲刷,其余均为淤积,淤积主要发生在 3 月、4 月的桃汛和汛后 12 月,7 月已进入汛期,由利津站多年平均月流量情况(见图 4-41)和利津站多年平均月含沙量情况(见图 4-42)知,7 月流量明显增加,但含沙量相对增加更大,致使 7 月的淤积位列第四,亦很严重。8 月平均流量最大,由于漫滩淤积和耗水等,故河段冲刷不大,冲刷主要发生在 9 月、10 月两月,这时经过 7 月、8 月两月大水的冲淤调整,河槽已归顺,河床阻力大为减小,尽管9月含沙量最高,但同样的水沙条件相对变好,因而产生冲刷是容易理解的。

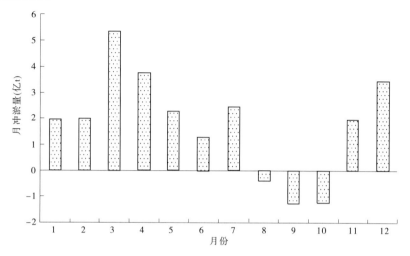

图 4-40 艾山—利津河段输沙率法多年平均月冲淤情况

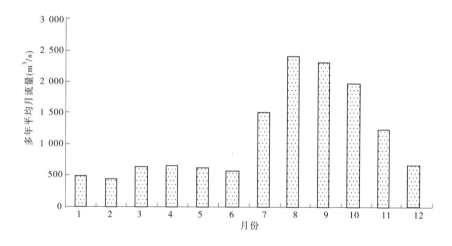

图 4-41 利津站多年平均月流量情况

汛期各月的冲淤过程如图 4-43 所示,由图知,1965 年以前河段以冲刷为主,而后除20 世纪 70 年代中期和 80 年代初期外,基本以淤积为主。8 月的冲淤幅度最大,但冲刷得多而后淤积得也多,9 月的冲淤以冲刷为主,特别是 1964 年以前。1986 年以后汛期冲刷的月份明显减少,10 年间只有 5 个月,其中两个为 8 月。7 月以淤积为主,特别是 1965 年以后,基本上处于淤积状态。

由艾山—利津河段汛期各月累计冲淤过程(见图 4-44)可以清晰地看出,汛期各月年际间的发展过程。7 月、8 月、9 月,1958 年以前因水沙条件较好和尾闾改道清水沟该河段均处于冲刷状态,至 1964 年 7 月基本维持不冲不淤状态,8 月、9 月继续冲刷,而后 7 月、8 月、9 月均处于回淤状态,7 月幅度最大,9 月最小,8 月的冲淤幅度反映河口的影响相对最

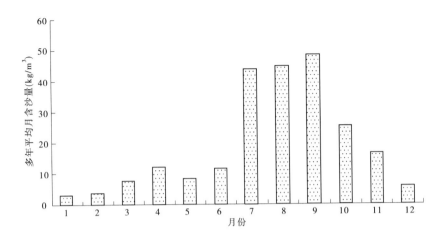

图 4-42　利津站多年平均月含沙量情况

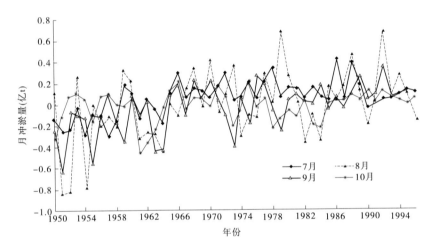

图 4-43　艾山—利津河段汛期各月冲淤过程

为明显。10 月的冲淤相对幅度最小,表现出两个冲刷时段,即 1960～1964 年清水下泄时段和 1976 年改道清水沟至 1985 年尾闾河型演变中期结束,3 个微淤时段分别是 1960 年以前,1966～1975 年三门峡水库改建排沙和刁口河流路淤积延伸时段以及 1985 年以后清水沟流路淤积延伸时段,此与河口演变的状况是十分相应的。

六、河段滩槽的冲淤特性

艾山以下河段堤距较窄,经 20 世纪 50 年代和 60 年代的治理,主槽已基本稳定,滩地也相对不宽,与河南河段完全不同。由泺口—利津河段滩地与主槽冲淤过程(见图 4-45)得知,河段的冲淤主要发生在主槽,如前文所分析,冲刷主要发生在汛期,非汛期几乎全都处于淤积状态;主槽是水沙运移的主体通道,本河段滩槽差较大,一般洪水不漫滩,致使主槽的冲淤波动幅度较大,年冲淤量多在几千万立方米。滩地的淤积则主要发生在较大洪水大漫滩的时段。主槽在冲冲淤淤中不断淤积升高,主槽冲刷时段,滩槽差增大,漫滩概

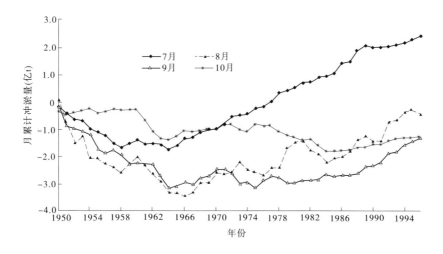

图4-44　艾山—利津河段汛期各月累计冲淤过程

率减小,因而滩淤量很少;反之,主槽淤积时段,滩槽差减小,漫滩的概率和滩淤量增加,从理论上讲,滩槽的淤积尽管时段不同,但升高幅度二者大体是一致的。滩地的淤积主要集中于大水大漫滩的时段,特别是一条尾闾流路淤积延伸一定程度进入小循环河型演变后期时段,河段比降和滩槽差显著减小,此时段如遇较大洪水漫滩是滩淤的主导时段。如1975年和1976年改道清水沟流路前夕即是。艾山—泺口河段滩地与主槽冲淤的过程和特性与泺口—利津河段基本一样,不再赘述。

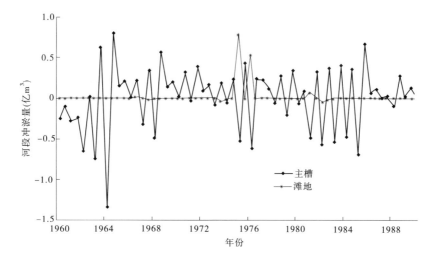

图4-45　泺口—利津河段滩地与主槽冲淤过程

　　艾山以下河段较长时段单纯滩地的冲淤过程如图4-46所示,进一步证实了上述分析的可靠性。由图知,滩淤主要发生在1976年改道清水沟和1996年流路过长加之清8改汊拦截故道壅水两个时段,1981年的滩淤同样与此前河段回淤严重和清水沟建林河段局部壅水有关。值得讨论的是滩地的冲刷是否与水流冲刷有关,滩地冲刷多发生在漫滩淤积之后,显然此冲刷是滩地淤积物刚淤积时容重较小,淤积物经较长时段的暴露水分蒸发下渗后,淤积物固结表面沉降,致使测量资料产生误差。

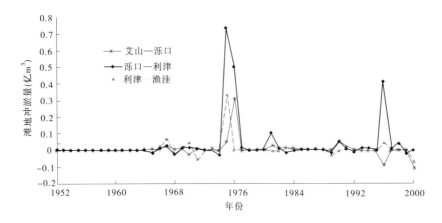

图 4-46　艾山以下 3 河段单纯滩地冲淤过程

图 4-47 为泺口—利津河段全断面与主槽冲淤量相关图,从另一个角度证实了滩地淤积主要发生在尾闾河型小循环演变的后期时段,即 1975 年、1976 年和 1996 年改道或改汊的前夕。此时尾闾流程较长,利津以下比降由改道初期的 1‰以上变缓到 0.8‰以下,滩槽差显著减小,尾闾发生出汊摆动,河段泄流不畅,如遇稍大洪水势将形成滩地的显著淤积。

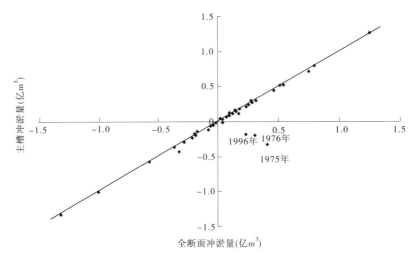

图 4-47　泺口—利津河段全断面与主槽冲淤量相关图

从泺口—利津河段滩地与主槽冲淤过程可以看出,河段的冲淤主要发生在主槽,主槽冲淤幅度要大得多,滩地的淤积则主要发生在较大洪水大漫滩的时段,但是看不出河段冲淤的发展趋势。河段累计冲淤量过程可以反映河段的冲淤趋势,但由于河段长短不一,难以判别上下河段宏观的冲淤性质。在主槽宽度变化不大的山东河段,用单长累计冲淤过程较好地反映了河段的冲淤过程和冲淤性质,如图 4-48 所示。

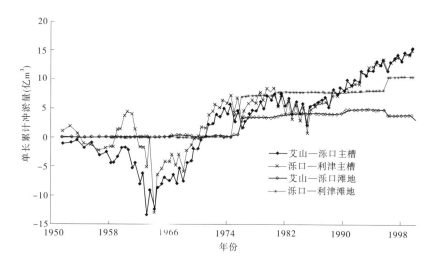

图4-48 艾山—泺口、泺口—利津河段滩槽单长累计冲淤过程

由图4-48不难得知:①主槽的冲淤既受制于水沙条件,以汛期冲非汛期淤的主要形式不断地在冲冲淤淤,又受制于河口相对基准面的升降而相应升降。②滩地的淤积主要发生在主槽淤积严重、滩槽差减小、较大洪水漫滩的时段,如1975年、1976年;两个河段同步淤涨,泺口—利津河段滩淤量较艾山—泺口河段大,表明靠近河口的河段受河口影响大,壅水漫滩严重,此淤积属于溯源淤积的性质。③1996年清8改汊同样形成了泺口—利津河段的滩地淤积,艾山—泺口河段没有淤滩,表明由于流量相对较小,壅水影响范围在泺口以下。④主槽冲淤两河段基本是相应的,但三门峡水库改建完成前二者不完全相应,这是由于花园口堵口黄河再次由山东入海后,来水来沙增大,加上1953年改道神仙沟、三门峡水库的修建和改建,致使河段一直处于激烈的调整过程。1958年后泺口—利津河段先淤且淤积量大,下段后淤且淤积量小,显示为河口的影响,1960年艾山—泺口河段先冲,1961年下段后冲,显示为下泄清水的影响。三门峡水库改建完成后水沙条件已接近天然情况,加之河口基本处于缓慢淤升状态,故两河段同步冲淤过程相应较好。

艾山以下3河段单长累计滩淤过程(见图4-49),更加清晰地显示了滩地淤积的特性,靠近河口的河段淤积的时间提前,也就是先开始淤积,同时淤积幅度大,也就是单长淤积量大的淤积过程,此充分表明了河口的影响和属于溯源淤积的性质。

综合上述滩槽冲淤特性的分析,我们可以得到如下的认识:冲积性河流和黄河下游的河床一般由主槽和滩地两部分组成。山东河段经过系统治理,滩槽分明,主流已被完全控制,中、小洪水走主槽,只有在主槽严重淤积、滩槽差显著减小和较大或特大洪水时方发生漫滩情况。因此,滩地淤积是突发性的,只在大水漫滩后出现。主槽是所有水流的通道,故主槽的冲淤时时刻刻都在进行和冲淤处于不断相互转化的过程之中,主槽的冲淤是连续的,并随着水沙条件和河口相对基准面的变化而相应调整。这样必然出现水大冲刷、水小淤积和含沙量高淤积、含沙量低冲刷的一般规律;在此冲淤过程中又受河口相对基准面不断升高的影响,主槽先升高,而后滩地随之相应升高。二者基本上是同步和平行发展的。

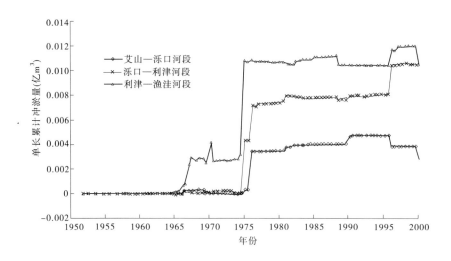

图 4-49　艾山以下 3 河段单长累计滩淤过程

第六节　河口河段的冲淤特性

一、改道点上下河段一般冲淤特性

黄河河口利津以下至入海口门的河段为河口河段,其由利津—三角洲扇面轴点附近的尾闾改道点的近口段和改道点以下至入海口门的尾闾河段两部分组成。

黄河三角洲改道点上下河段的冲淤规律存在着明显不同。由于改道前改道点上下河段均处于相对淤积平衡状态,比降明显较缓,一般达到 8‰ 以下,改道点上下河段已成为一整体,断面形态和比降基本一致。改道后一般尾闾河段入海流程缩短,河口侵蚀基准面相对降低,因而改道点以上河段多产生直接的溯源冲刷、比降变陡,以及滞后的与基准面状况相应的间接的溯源持续冲刷的影响。改道点以下的尾闾河段的冲淤,则因新尾闾的边界条件和缩短入海流程的长度的不同而差异较大。人民治黄以来三次改道出现了三种情况,甜水沟改道神仙沟时,新尾闾为窄深顺直但断面较小的神仙沟河槽,有利于输沙入海,经大水冲深展宽后,溯源冲刷影响显著,溯源淤积影响明显滞后;改道刁口河流路时,改道点下遇到地势较高和抗冲性强的罗 4、罗 5 河段,致使改道点以上河段受局部基准面的影响溯源冲刷未能显现;改道清水沟流路为常见的典型情况,即改道点以下尾闾河段因地势低洼宽阔,改道后局部落差较大,河势散漫,溯源冲刷易于显现,由于改道初期入海沙量大尾闾淤积明显严重,因而初期溯源冲刷的时段相对不长。

图 4-50 和图 4-51 是利津以下清水沟流路时段,改道点上下河段年冲淤与年累计冲淤过程。由图不难得知,改道点上下河段改道初期冲淤规律明显不同,改道点以上河段产生明显溯源冲刷,改道当年利津—渔洼约 40 km 的河段冲刷量约达 3 000 万 m³,1977 年恰遇高含沙量洪水,尔后进入微淤状态,直至 1980 年汛后尾闾形成单一顺直河槽;而改道点以下河段改道当年仅清 1—清 3 断面约 18 km 的范围就淤积了 1.14 亿 m³,并持续大淤了

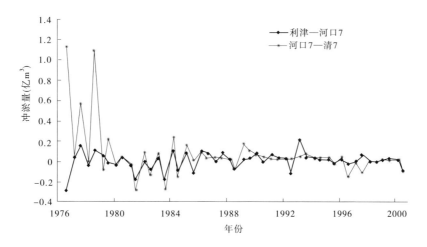

图 4-50　清水沟流路改道点上下河段年冲淤过程

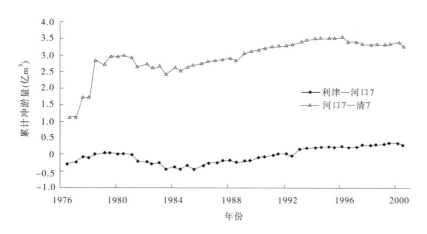

图 4-51　清水沟流路改道点上下河段年累计冲淤过程

两三年。当改道点上下河段落差基本消失后,特别是当尾闾河型由散乱、归股到形成单一顺直河槽以后,改道点上下河段比降已基本近于一致,二者的冲淤规律即进入了基本同步阶段,此时的冲淤主要受制于河口相对基准面的状况。显然,改道初期上下河段不平衡的时段较短,但演变十分激烈,尔后基本同步发展的时段相对较长,冲淤的强度明显减弱。比较二图知,年冲淤过程基本围绕 0 m 线波动,而累计冲淤过程则明显表现出尾闾河段以淤积为主的特性,淤积主要发生在改道的最初时段。改道点以上河段不仅冲淤量小,而且以冲刷为主,直至 90 年代初方进入回淤状态。清水沟流路改道初期淤积严重不平衡时段相对较短,可能主要与改道初期入海水沙量相对较大有关,1976 ~ 1978 年 3 年的入海沙量占到尔后 21 年入海总沙量的 1/4 多,3 年的平均入海沙量较多年平均沙量大 40% 多。演变中期以后回淤的速率较缓则主要与该时段来沙量明显偏枯,无较大来水来沙,河口尾闾未能发生显见的不可复归故道的出汊摆动有关。1996 年清 8 改汊后,由于入海流程缩短,河口基准面相对降低,改变了持续淤积的状态,发生短时段的冲刷,由于此时段的来水来沙量较小,故冲淤幅度不大。

此外,由图不难得知,尽管改道初期改道点上下河段冲淤不相应,但大部分时段二者冲淤是相应的。上下河段冲淤的数量相差较大,但二者最终的淤积趋势是一致的。同时产生冲刷是有条件的,主要发生在河口基准面相对降低的时段。

二、改道点上下河段汛期和非汛期冲淤特性

如上所述,由于改道点上下河段在改道初期河床形态和比降差异悬殊,冲淤规律不同,因此以清水沟流路为例分别点绘了利津—河口7和清水沟尾闾河口7—清7两河段汛期与非汛期淤积量过程,以了解二者的冲淤特性,如图4-52和图4-53所示。由图知,改

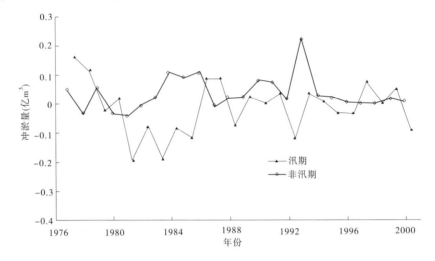

图4-52 利津—河口7河段清水沟时段汛期和非汛期冲淤过程

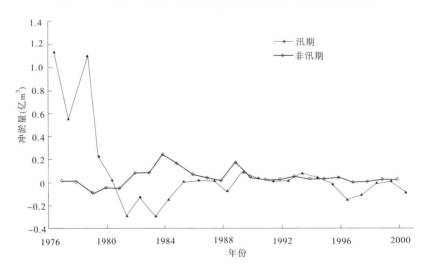

图4-53 清水沟尾闾河口7—清7河段清水沟时段汛期和非汛期冲淤过程

道点以上河段汛期和非汛期的冲淤量大多数在±0.1亿 m³,最大不超过±0.3亿 m³;改

道点以下由于断面宽度较大,冲淤量也相对较大;同时,改道点以下尾闾河段改道初期淤积量明显要大得多,仅清1—清3的18.38 km的河段,前3年汛期累计淤积量就约达2.8亿 m³。待尾闾小循环河型演变进入单一顺直阶段以后上下两河段的冲淤量逐渐趋于相近。改道点上下河段汛期和非汛期冲淤年数的统计见表4-7。

表4-7　改道点上下河段汛期和非汛期冲淤年数统计

河段	河口7断面以上近口段		河口7断面以下尾闾河段	
时段	汛期	非汛期	汛期	非汛期
冲刷年数(年)	12	3	8	3
淤积年数(年)	10	16	11	19
持平年数(年)	3	5	6	2

由图表知,利津以下河段与其上河段一样,也不完全符合一般所谓的汛期冲刷非汛期淤积的概念,而是有相当多的年份汛期是淤积的。改道点以上河段在1976～2000年的25年中汛期淤积的年份为10年,与冲刷的12年相差不大,非汛期以淤积为主是明确的,发生的概率为2/3。改道点以下的尾闾汛期和非汛期均以淤积为主,淤积与冲刷的比例为30:11。改道点以上河段的冲刷主要发生在改道的初期和尾闾发生取直摆动形成单一顺直河槽后的最初年份,改道点以下尾闾河段的冲刷则只发生在尾闾发生取直摆动形成单一顺直河槽后的最初年份。1996年清8人工改汊由于缩短流程较大,改道点以下尾闾河段表现出1996年和1997年连续两年汛期产生冲刷,冲刷量到1997年汛后累计约2 600万 m³,但由于处于枯水枯沙过程,故冲刷的作用难以显现,利津—改道点河段仅1996年汛期冲刷了306万 m³,到1997年汛后同期累计不仅没有冲刷,反而淤积了495万 m³。显然,此次改汊初期的影响和作用相对不大。

三、改道点上下河段滩槽冲淤特性

依据河流与黄河横断面一般演变规律,滩槽的淤积升高是相互影响和基本同步发展的。因为主槽淤积,滩槽差减小,增加了洪水漫滩的概率,从而使滩地淤积增加;反之滩地淤积增加,滩槽差加大,洪水漫滩的概率减小,主槽淤积相对增加。因此,滩淤和槽淤二者大体是相近和同步的。

图4-54和图4-55分别是利津—河口7断面近口河段与河口7—清7断面尾闾河段清水沟时段全断面和主槽冲淤过程,比较二图不难得知,改道点以上的近口河段不仅冲淤量相对较小,而且以冲刷为主,1992年以后河段方开始超过改道前水平处于淤积状态。改道点以下的尾闾河段除尾闾发生取直摆动流程缩短和形成单一窄深河槽初期及1996年清8改汊后短时段发生冲刷外,大多的时段和总的趋势均处于以淤积为主的状态。

两河段全断面和主槽二者的淤积量始终相差不大,其原因主要是改道点以上河段以冲刷为主,漫滩的概率小,没有较大的洪水形成明显的滩地淤积。改道点以下尾闾河段改道初期处于河型游荡散乱的演变阶段,北大堤与南防洪堤之间宽达几千米的断面普遍漫水,主流频繁摆动不定,全断面淤积严重,难以区分主槽和滩地,因而二者同步没有差别。

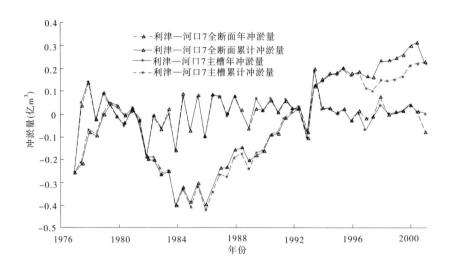

图 4-54　利津—河口 7 断面近口河段清水沟时段全断面和主槽冲淤过程

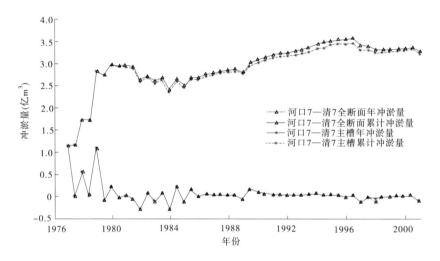

图 4-55　河口 7—清 7 断面尾闾河段清水沟时段全断面和主槽冲淤过程

待尾闾河段进入单一顺直相对稳定的中期阶段后,主槽宽度大大减小,位置相对稳定,主槽冲刷,滩槽差增大,一般洪水不漫滩,加之清水沟流路 20 世纪 80 年代后期在主槽两侧修建导流堤和流域来水来沙处于枯水枯沙状态,较大漫滩的情况没有出现,因而全断面与主槽的淤积量始终相差不大。

河口尾闾河段改道初期河型游荡散乱,所设断面宽阔,大部分近海河段无工程控导等特殊条件的影响,由刁口河流路和清水沟流路尾闾河段全断面与主槽冲淤过程(见图 4-56)及刁口河和清水沟尾闾河段全断面与主槽冲淤量相关图(见图 4-57)知,两流路的尾闾河段均滩槽淤积相差不大。

四、尾闾河段和沿程的冲淤特性与存在问题

黄河河口由于入海水量少、沙量大,淤积延伸快,河型演变激烈,摆动改道频繁,因而

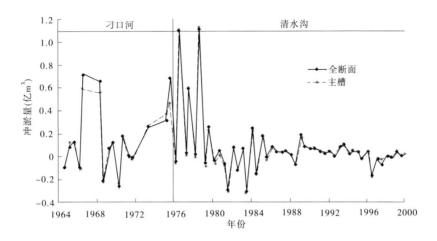

图 4-56　刁口河和清水沟尾闾河段全断面与主槽冲淤过程

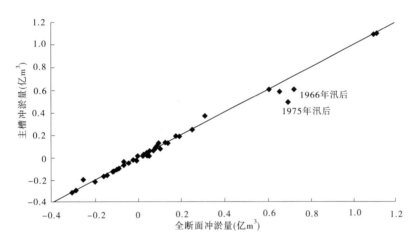

图 4-57　刁口河和清水沟尾闾河段全断面与主槽冲淤量相关图

其冲淤与改道点以上黄河下游河段以及其他河口河段具有明显不同的特性。一般主要表现在随着尾闾河段河型小循环的演变过程,相应表现出初期大淤、中期冲刷和后期再次淤积的特性。渔洼以下河段刁口河与清水沟水文年冲淤过程(见图 4-58)和渔洼以下河段刁口河与清水沟水文年累计冲淤过程(见图 4-59)充分显示了上述冲淤特性。同时表明两条流路的尾闾河段的冲淤具有基本相同的特性。由累计冲淤过程知,尾闾河段改道后虽有中期短时段的冲刷,但总的趋势是处于淤积的状态,淤积主要发生在一条流路改道的初期和接近再次改道的后期。由于清水沟流路后期入海水沙量过小,加上小浪底水库的建成拦沙,清水沟流路后期没能表现出明显出汊摆动和尾闾大淤的过程。

　　清水沟流路河口 7 断面以下至清 7 断面各断面间累计冲淤过程如图 4-60 所示,由图不难得知淤积主要发生在改道的最初两年,而后冲淤均变化不大。淤积最严重的河段是改道点以下的清 2—清 3 断面。这是因为改道点以下新尾闾地势低洼,较刁口河故道普遍低 3 m 左右,改道后必然要大淤;清 2—清 3 断面之间淤积严重主要是由于改道点处断面宽度不大,加之处于弯道,故河口 7 至清 1 断面之间主流游荡的摆幅相对受限,淤积量

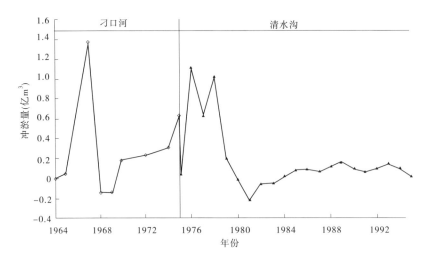

图 4-58 渔洼以下河段刁口河与清水沟水文年冲淤过程

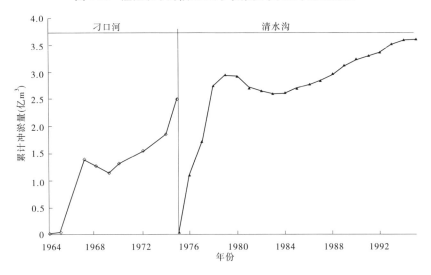

图 4-59 渔洼以下河段刁口河与清水沟水文年累计冲淤过程

相对减少。因此,清1—清2和清2—清3断面淤积量相对较大,特别是清2—清3断面相对最多,清4—清6断面以下相对最少。图4-61为清水沟流路1976~2000年沿程累计冲淤量,其更清楚地反映了这一状况,但不能简单地就资料进行分析,因为资料没能反映实际淤积的结果。清1—清3断面为1976年改道前设置的断面,1977年汛前设置清4、清5断面,1979年清4断面以下尾闾河段发生取直摆动,清5断面脱河停测,1980年汛前始设清6断面,1987年汛前设清7断面方开始进行观测,实际上在设置断面之前该断面处已经存在了大量的前期淤积,由于这部分前期淤积没能计入观测资料,因而出现了图中令人难以理解的现象和状况。

　　如果用1980年设置清6断面以后的同期资料绘制累计冲淤过程(见图4-62),由图不难得知位于最下端的清4—清6断面同期的淤积量相对最大,而且1984年即开始回淤,是尾闾河段回淤最早的断面。此图证实了就资料论资料绘制的图表存在着不能反映

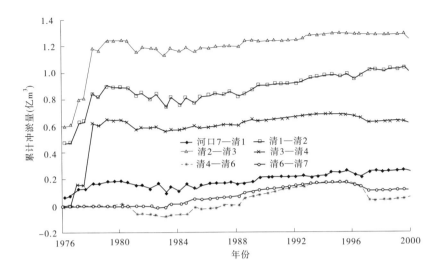

图 4-60 河口 7—清 7 清水沟尾闾分河段累计冲淤过程

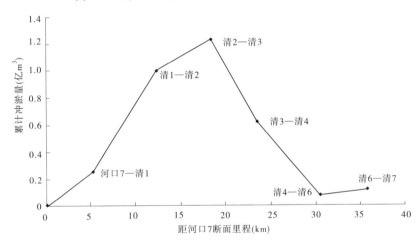

图 4-61 清水沟流路 1976～2000 年沿程累计冲淤量

真实情况的问题,同时表明了尾闾河段小循环演变后期的回淤属于溯源淤积的性质。此外,由图还不难看出 1996 年清 8 断面人为改汊的作用和溯源冲刷的影响。作用体现在靠近河口的断面改汊后淤积量明显地减小和由于入海流程的缩短尾闾河段维持一定时段的低水位状态。靠近河口的清 4—清 6 断面淤积量减小的幅度最大,清 3—清 4 断面次之,清 2—清 3 断面变化不大,清 1—清 2 断面没有明显冲刷的情况。一方面表明此次冲刷属于溯源冲刷的性质,另一方面也表明由于改汊后来水流量较小对溯源冲刷直接的影响不大,仅限于尾闾河段;但这并不表明由于入海流程缩短产生的溯源冲刷的间接影响不大,此影响将一直持续到改汊后淤积使新尾闾的流程与改汊前尾闾故道的流程大体相当之时。

刁口河流路尾闾河段演变的过程与清水沟流路大体相似。刁口河尾闾河段罗 4—罗 7 断面的宽度均在 11 km 左右,由第三章河口演变规律中河势演变有关资料知,刁口河尾

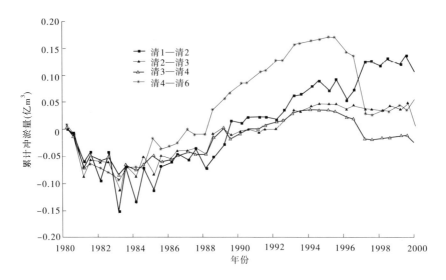

图 4-62　清水沟流路清 6 设断面后累计冲淤过程

间经过 1964 年和 1965 年两年的大量淤积河型游荡散乱,主流已归并于右侧,罗 6－1 断面处基本形成一个节点,此河段土质坚实抗冲形成局部基准面,至 1967 年发生取直摆动,尾闾形成单一顺直河型前,其下河段始终较为散乱。依据观测资料绘制的刁口河尾闾分河段累计冲淤量过程如图 4-63 所示。由图知罗 6—罗 7 断面间 1966 年后淤积量相对增大,罗 4—罗 6 断面间未发生明显淤积,此并不表明其上河段的淤积量小,主要由于 1963 年冬神仙沟流路凌汛严重,1964 年 1 月 1 日仓促决定改道刁口河,无原始地形和布设观测断面,加之 1967 年停测,致使严重淤积的资料没能观测到,一般情况改道初期靠上河段的淤积量相对要大些,所以该图 1968 年前的资料没有反映出尾闾淤积的真实情况。

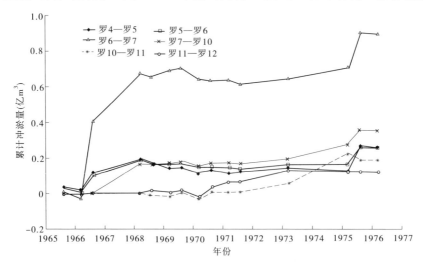

图 4-63　刁口河尾闾分河段累计冲淤过程

此外,图 4-63 表明,刁口河流路在进入单一顺直演变阶段以后,整个尾闾河段各断面的冲淤基本进入同步冲淤阶段,而且冲淤量明显减少。进入单一顺直演变阶段初期略有冲刷,1971年后开始转变为稳步回淤阶段。1972年发生出汊摆动后,标志着尾闾河型小循环演变进入演变后期,淤积势将加剧,当1974年向左侧再次发生出汊摆动,刁口河整个海域均被波及后,尾闾各断面淤积明显增大,淤积量和水位出现突升的状态。此对河口地区防洪防凌是十分不利的,应考虑适时进行尾闾改道。1976年汛前实施人为非汛期截流改道清水沟的成功,为黄河河口近远期经济有效的治理建立了典范。

五、对尾闾河段冲淤的认识

改道点以下的尾闾河段是唯一与滨海海域相连接的河段,显然尾闾河段受潮汐、潮流和风浪等海洋动力的影响;同时还受流域来水来沙状况、河口改道和河床边界条件等的影响。尾闾河段遵循淤积延伸摆动改道的基本规律,其河型演变过程一般遵循改道初期的游荡散乱、中期的单一顺直、后期的出汊摆动的小循环的演变规律。显然,影响尾闾河段冲淤演变的因素是十分复杂的。

影响尾闾河段冲淤的主导因素可以归纳为三个方面,即流域来水来沙条件、河床边界状况和河口相对或绝对基准面的影响。同时影响又可分为短时段的直接影响和长时段的间接影响。

尾闾河段的冲淤主要受制于河口基准面,短时段的冲淤表现为有冲有淤,但长时段的冲淤则是在短时段的冲冲淤淤中不断淤积抬高。

尾闾河段短时段的河床冲刷、水位下降均与尾闾入海流程缩短和尾闾断面形态形成窄深顺直河槽,即河口基准面相对降低有关。单纯有利的水沙条件一般不能形成尾闾河段的持续冲刷,相反有利的水沙条件将下游河道大量相对较粗的河床质冲刷下排入海,使河口沙嘴和三角洲岸线迅速延伸,河口基准面相对快速升高,此必然要加快其后时段河口河段和整个下游河道的淤积速率。1958年和1975年等较好水沙条件的冲淤后果即是典型例证。

由于尾闾河段受河口基准面和尾闾改道以及各流路与一条流路演变过程边界条件较大差异的影响,因此尾闾河段的冲淤演变较下游河道要激烈和快速得多。

短时段的冲淤受三大因素的综合影响,不同条件下影响的主导因素不同。以河口尾闾改道为例,溯源冲刷影响的范围及冲刷发展的速率与落差和流量的大小成正比,与河底的耐冲性成反比。落差和流量越大,影响的范围越远,冲刷的速率越快。但两者并不是等量的,产生溯源冲刷的先决条件是落差,在一定落差下,其影响的范围和速率又取决于流量的大小、含沙量的状态和持续时间的长短。总之,影响改道后冲刷效果的决定因素是摆动改道后形成的落差大小,但需有利的水沙条件和集中的水流冲刷新尾闾方可使落差得以体现,否则将因为河口延伸、河床淤高而抵消,三个条件缺一不可,其中落差也就是河口基准面的状况是基础。

参 考 资 料

[1] 王恺忱,王开荣. 黄河口淤积延伸对下游河道反馈影响研究. 黄河水利科学研究院,2003.

[2] 王恺忱,等. 黄河河口清水沟流路资料分析. 黄河水利科学研究院,1981.

[3] 王恺忱,王开荣. 清水沟流路演变规律及发展趋势预估. 黄河水利科学研究院,1997.

［4］王恺忱,王开荣.黄河河口对下游河道反馈影响研究［J］.人民黄河,2008(1).

［5］龙毓骞,等.黄河下游分河段汛期前后测次间最新资料.2001.

［6］王恺忱,王开荣.黄河河口段演变特征及发展分析.黄河水利科学研究院,1987.

第五章　黄河三角洲滨海区与海洋动力特性

第一节　黄河三角洲滨海区海域概况

三角洲滨海区神仙沟口外比较深陡,两侧较缓,莱州湾最大水深不及 20 m。三角洲滨海区的潮汐受节点在神仙沟口外的旋转驻波所控制,根据实测三角洲沿岸潮汐的资料,三角洲大部分岸段为不正规的半日潮型,仅神仙沟附近表现为不正规的日潮,即每月近一半的天数每天出现一次高潮一次低潮。三角洲沿岸出现高潮的顺序是先西后东,再由北而南,甜水沟口较湾湾沟口高潮时间推迟近 6 小时,潮差以神仙沟口附近最小,约 0.5 m,向两侧逐渐增大,到湾顶附近达到 2 m 左右,如图 5-1 所示。潮流流速则相反,以河口附近最大,最大流速可达 1.5 m/s 以上,向两侧递减,湾顶附近最大流速仅有 0.4～0.6 m/s(见图 5-2)。涨落潮流速比约为 1.1。涨落潮历时大体为涨 5 落 7,神仙沟口附近则涨落潮历时大体相等。潮流旋转椭圆率很小,具有沿岸往复流的性质,北部岸段(神仙沟—湾湾沟)最大涨潮流向指向西稍偏北,落潮流向指向东稍偏南,基本上与岸线平行。神仙沟以南东部海区,潮流流速较北部海岸弱,涨落潮流最大流速的指向分别为向南和向北,亦与岸线平行。

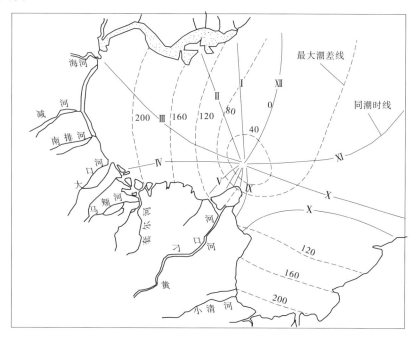

潮差单位:cm　　时间:平太阴时(1 平太阴时 = 1.035 1 平太阳时)

图 5-1　M2 分潮同潮时线及分潮最大潮差

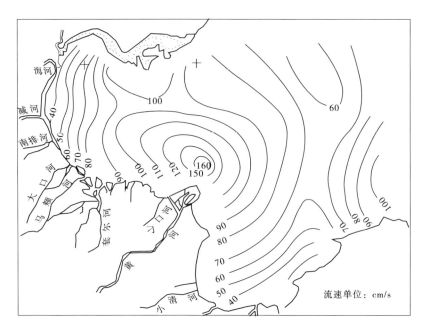

图 5-2　黄河河口附近海区最大潮流流速分布

渤海湾内表层余流大体上与风向一致。余流流速一般在 3～16 cm/s。图 5-3 所示的底层余流受风影响不明显，余流方向在三角洲北岸大体与海岸平行，方向西北，有从莱州湾口经神仙沟口外沿 15 m 等深线流向渤海湾顶的趋势。据现有资料，莱州湾余流方向多为向西，与岸线垂直，不利于泥沙外移。目前黄河入海的部位介于渤海湾与莱州湾之间，

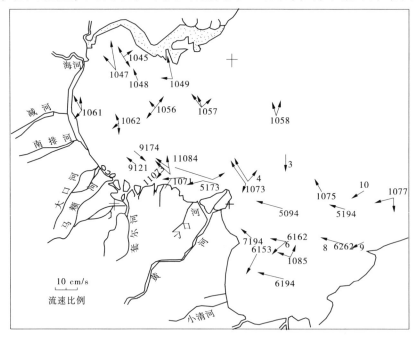

图 5-3　黄河河口附近海区底层余流

潮流强、潮差小,有利于泥沙外输,较两侧的其他部位条件为优。

三角洲地区季风盛行,据耿局、岔尖、刁口、孤岛、羊角沟等站资料,三角洲北部以东北风为主,其次为西南风,三角洲东部的孤岛和羊角沟则以东南风为主,其次是东北风。由矢量合成知,三角洲地区冬季(12月、1月、2月)为西北矢量,春季为东北矢量,夏季为东南矢量,秋季为西南矢量,年内矢量变化是顺时针的。

持续时间较长的大风,特别是东北风,在三角洲沿岸往往造成风海潮(海啸),对三角洲工农业生产危害很大。据调查,风海潮一般发生在4月和9月,多是先连续刮强劲的东南风或南风数日,然后转东北大风,风力大,吹程长,形成风海潮,高潮位较一般潮位高2~3 m。新中国成立以来三角洲地区出现较大风海潮的年份有1957年、1964年、1969年和1972年等。目前河口地区沿岸已陆续修筑了防潮堤,起到了一定的防御作用。

第二节　滨海区的风浪概况

一、五号桩地区风要素分析

黄河三角洲五号桩地区及其附近海区无实测气象资料,国家海洋局北海分局在岔尖设有海洋站,与五号桩在同一纬度线上,二者相距83 km,同属海滨浅滩平坦区,周围自然环境相似,基本上可代表五号桩地区情况。为更好地引用该资料,1984年10月在两地曾设点对风要素进行同步观测,经资料对比和相关分析,将岔尖海洋站1962~1971年的10年资料进行处理,得到五号桩地区风要素的特征及概况。

由对港区影响较大的最大风速统计资料(见表5-1)知,>20 m/s和>25 m/s等速线

表5-1　五号桩累年各月各向最大风速统计　　　　　　（单位:m/s）

风向	1月	2月	3月	4月	5月	6月	7月	8月	9月	10月	11月	12月
N	26.7	18.3	22.5	20.4	20.4	18.3	14.1	16.2	14.1	20.2	16.2	22.5
NNE	14.7	25.3	18.9	29.5	18.9	16.8	12.5	16.8	14.7	18.9	18.9	16.8
NE	14.7	21	25.3	29.5	23.1	18.9	16.8	21	18.9	21	18.9	12.5
ENE	16.9	29	29	29	29	29	16.9	21.7	19.3	24.1	24.1	24.1
E	14.1	22.1	24.7	24.7	19.4	30	14.1	19.4	11.4	14.1	22.1	16.7
ESE	9.4	12.5	12.5	10.4	12.5	10.4	10.4	21	10.4	7.2	10.4	10.4
SE	7.2	8.3	10.4	18.9	12.5	12.5	18.9	10.4	12.5	10.4	8.3	8.3
SSE	8.3	8.3	10.4	12.5	12.5	16.8	12.5	10.4	8.3	12.5	7.2	6.2
S	5.1	8.3	14.7	16.8	12.5	10.4	10.4	10.4	9.4	7.2	7.2	6.2
SSW	7.2	10.4	21	14.7	12.5	12.5	10.4	10.4	17.8	10.4	9.4	8.3
SW	10.4	18.9	21	21	16.8	18.9	12.5	10.4	12.5	10.4	12.5	12.5
WSW	12.5	21	18.9	14.7	16.8	12.5	9.4	8.3	10.4	10.4	12.5	10.4
W	12.5	14.7	12.5	14.7	10.4	10.4	9.4	14.7	10.4	10.4	10.4	12.5
WNW	20	11	13.3	17.9	22.5	13.3	8.7	8.7	15.6	11	20.2	15.6
NW	30	24.7	30	24.7	22.1	30	24.7	14.1	14.1	24.7	24.7	35.4
NNW	21	21	17.8	17.8	16.1	17.8	9.7	9.7	14.5	17.8	17.8	17.8

的范围,在时间分布上主要为1~6月和10~12月,出现>20 m/s风速的月份多达11个月,仅9月没发生,但也十分接近,达到19.3 m/s。其中尤以冬季和春季较为突出。在风向的部位上主要是N~E和WNW~NNW的范围,其中以ENE、NE、N和NW四个风向最为强烈和频繁。由于W向风是自岸吹向海区,故一般掀沙作用和风浪的影响相对较小。相反,WNW~E范围内的强风,由于来自海上,吹程长,风浪和增水作用强烈,故往往形成风暴潮,给黄河三角洲地区造成灾害和严重侵蚀,同样是港区安全和航道淤积的关键所在。相对S和W向风,不仅风力小,而且吹程短,故影响较小。

表5-2是五号桩累年各月各向平均风速统计,由表知N~ENE的平均风速各月均大于5 m/s,且以ENE最强,有3个月(3月、4月和11月)大于10 m/s,其次是NNW风向,此充分表现出了北风的主导性。在时间上则以3~6月即主要是春季的风速最大,其次是秋末和冬季。此基本特征与最大风速大体相应。

表5-2　五号桩累年各月各向平均风速统计　　　　　　　（单位:m/s）

风向	1月	2月	3月	4月	5月	6月	7月	8月	9月	10月	11月	12月
N	8.3	8.8	9.9	8.9	9.3	7.4	6.6	5.1	7.2	8.3	8.8	9.2
NNE	5.1	6.8	5.4	7.3	5.4	5.4	4.2	5.1	4.4	6.3	7.8	6.1
NE	5.3	8.5	8.3	8.9	7.3	5.8	5.5	5.7	7.1	6.3	8.2	5.4
ENE	6.2	8.7	11.2	11.6	9.9	8.8	6.5	7	6.2	9.4	10.2	8.1
E	4.4	6	7.6	7.6	7	6.6	4.9	4.5	3.4	4.4	5.4	2.9
ESE	4.3	4.6	5.3	4.6	5.1	4.9	4.2	3.7	3.5	4.1	3.6	2.5
SE	3	3.8	4.5	5.3	6.1	5.7	4.8	4	3.8	3.1	3.2	3.2
SSE	2.6	3.4	4.7	5.4	5.8	5.5	4.6	3.7	2.7	3.1	3.1	2.5
S	2.6	3.7	4.1	5.2	4.5	4.3	3.6	3.4	3.4	3.2	3	3.1
SSW	3.4	3.5	5	5.3	5.1	5.2	3.4	4.1	3.3	3.5	3.6	3.7
SW	4.4	5.7	6.1	6.6	6.9	5.9	4.7	3.7	4.7	4.5	5	4.4
WSW	5.1	5.2	6.3	7	7	4.9	4.3	2.6	3.2	5	5	4.8
W	4.5	4.3	4.8	5.5	4.6	4.4	4.2	4.1	4.6	4.9	4.4	4.5
WNW	5.3	4.2	5.7	5.2	5.2	4.5	3	3.4	4.4	4.5	5.4	5
NW	6.4	4.8	5.8	8.4	4.4	4.6	5.2	4.5	4.8	5.7	7.3	6.2
NNW	8.5	7.9	7.3	8.8	8.2	6.7	3	4.4	5.8	6.9	8.4	8.5

由五号桩地区累年各季风向频率(见图5-4)知,全年风频率最大的风向是SW向风,特别是6~8月的夏季更多,但其风速小且又是由岸向海上吹,故造成的危害和影响相对小,由此形成的风海流对汛期入海泥沙的影响值得注意。其次是ENE和E向风发生的频率较高,其中以3~5月的春、夏季为主。与最大和平均风速统计对比不难得知,6~8月夏季的风频率虽然最大,但其风速小,影响相对也小,春冬季风频率相对小些,但风速大和主风向吹程长,故其对河口演变和三角洲岸线的蚀退或淤涨以及入海泥沙的输移等的影响明显相对较大。

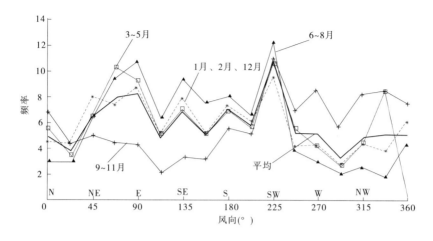

图 5-4 五号桩地区累年各季风向频率

由 1962～1971 年 10 年中≥6 级风的天数统计资料知,其中年平均大于 10 d 的多在 12 月至翌年 5 月,年平均大于 7 d 的有 2～6 月和 11、12 月,小于 4 d 的为 8～10 月;10 年中年最多出现的天数为 106 d,最少 45 d,平均 66.5 d。统计还显示,≥8 级的特征与≥6 级的特征基本相应,只是发生的天数稍少些,年最多的天数为 87 d,最少的为 29 d,平均为 51.2 d;同样以 2～6 月所占比例最大,特别是 3～5 月平均每月≥6 级的天数有 8～9 d,≥8 级的天数有 6～7 d,此时段的影响显然是不容忽视的。

此外,由五号桩地区累年各方向各级风的频率(见图 5-5)亦不难得知,0～7 m/s 即 4 级以下的风频率最大,随着风级的加大,出现的频率随之下降,11～13 m/s 即 6 级以上的各向风的频率均下降到 0.1 以下。7 级和 8 级以上的大风,在 E～S 风向范围内基本上很少发生,该级大风主要发生在 NW～N～E 和 SW 两个风向范围,其中以前者为主,其不仅范围广,而且发生的频率多在 0.2～0.5,较 SW 方向明显强烈。如果综合考虑风向来自陆上或是海上和风速的大小,不难理解 NW～N～E 范围,特别是 NE 和 ENE 方向的强风对黄河三角洲建港和黄河河口的演变发展的影响与危害。

综上所述,五号桩地区的强风向是 NW～N～E 范围,其中以 NE 和 ENE 方向更为强烈,此风向可以作为岸滩侵蚀、河口演变和油码头规划设计的依据。

二、五号桩地区波浪状况

"风大浪高,风平浪静"两句谚语充分地表达了风与波浪二者之间的关系。通过黄河三角洲各站的风资料、龙口海洋站实测的风和波浪的资料以及油码头附近海区现场波浪观测资料的综合分析和计算得知,波高与离岸距离或水深的大小成正比,离岸愈近,水深愈浅,则波高或发生的频率相对愈小。对比海港引堤轴线 -6 m、-10 m、-15 m 不同深度处各向各级波高频率(如图 5-6～图 5-8 所示)不难得知:

(1) -6 m 水深处在 S～W 的风向范围内没有 <1 m 的波浪发生,产生波浪的风向范围主要是在 WNW～SSE,其中波高较大的波浪多发生在 WNW～E 范围,且又以 NE 和 ENE 方向相对频繁。

（2）－10 m 水深处的频率表明,在 S～W 风向出现了 <1 m 的波浪,各方向发生的频率在 1.54～12.88,但仍无 >1 m 波高的波浪发生,在其他方向有较大波浪发生,其中同样以 NE 左右方向的大浪频率较高。

（3）－15 m 水深处,在 S～W 风向开始有 1.1～1.5 m 的波浪发生,但出现的频率不高,<1 m 和大浪的频率与 －10 m 水深处的情况十分相近。

将上述波高频率与风况资料相对应时,不难看出虽然 SW 方向的风频率最高,但其引发的波浪的波高不大,在 －6 m 处此方向范围不存在波浪问题;相反 NE 和 ENE 方向在 －6 m 处则可产生 2 m 左右波高的波浪,同时 >2 m 的波浪均发生在强风向区。此充分显示出了岸风和吹程长的海风间的明显差异。此外,对比不同水深各方向波高的频率,清晰地证实了波高与离岸距离或水深的大小间的正比关系。

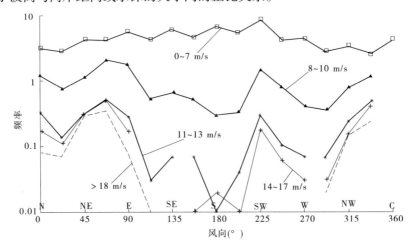

图 5-5　五号桩地区累年各方向各级风频率

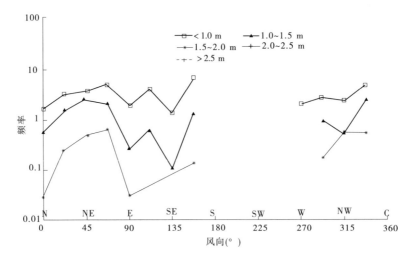

图 5-6　海港引堤轴线 －6 m 水深处波高频率

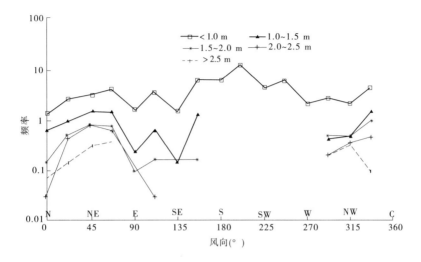

图 5-7 海港引堤轴线 – 10 m 水深处波高频率

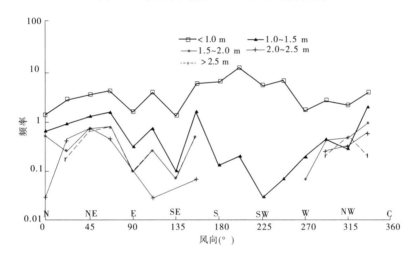

图 5-8 海港引堤轴线 – 15 m 水深处波高频率

第三节 滨海区潮汐特性

一、滨海区潮汐特征

黄河河口潮汐特性受渤海潮汐系统控制,进入渤海的潮波,一支绕辽东湾形成以秦皇岛外为中心的北渤海潮波系统,另一支绕渤海湾和莱州湾形成以黄河三角洲中部附近为中心的南渤海潮波系统。渤海湾特定的边界形态和深浅条件,使入射潮波和反射潮波在黄河三角洲中部附近相互抵消,即当入射潮波的波峰处于黄河三角洲中部时,恰好与反射潮波的波谷相遇;反之当入射潮波的波谷处于黄河三角洲中部时,正好与反射潮波的波峰相遇,使以半日为周期的 M2 分潮在黄河三角洲中部相互抵消,从而形成 M2 分潮的无潮区。渤海湾潮波系统和 M2 分潮等潮时情况如图 5-9 所示。

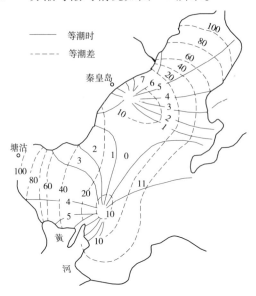

图 5-9 渤海湾潮波系统和 M2 分潮等潮时情况

黄河三角洲沿岸的潮汐受制于该区半日潮驻波的控制,神仙沟口外具有无潮点特性,其特点是范围小但变化急剧,太阴半日潮(M2)起主导作用,除神仙沟口局部地区为不正规全日潮性质外,其他大部分地区均属不正规半日潮。潮位和潮差均表现出湾口附近最小,向湾顶两侧方向潮位愈高、潮差愈大的马鞍形分布。潮时不等观象明显,涨潮历时短、落潮历时长,一般约为 5:7,如表 5-3 所示。平均潮位具有每年 11 月到翌年 2 月表现最低,8~10 月明显偏高的变化,此与入海径流、气压和风况有关。

表 5-3 黄河三角洲沿岸潮汐特征统计

站名	站位经纬度	潮位(cm)				潮差(cm)		历时(时:分)		高潮间隙(时:分)
		高高潮位	低低潮位	平均高潮位	平均低潮位	涨潮	落潮	涨潮	落潮	
埕口	E117°44′ N38°06′	390	-44	276	54	222	222	05:10	07:15	05:22
东风港	E118°01′ N38°01′	332	-43	246	72	177	177	05:29	06:56	05:14
湾湾沟堡	E118°24′ N38°04′	376	47	265	114	151	152	06:12	06:19	05:00
车沟北	E118°30′ N38°10′	303	24	249	122	128	127	07:07	07:18	04:27
嘴西计	E118°51′ N38°07′	289	64	230	153	75	75	06:11	06:14	04:51

站名	站位经纬度	潮位（cm）				潮差（cm）		历时（时:分）		高潮间隙（时:分）
		高高潮位	低低潮位	平均高潮位	平均低潮位	涨潮	落潮	涨潮	落潮	
黄河口东	E118°58′ N38°09′	246	75	205	123	89	89	08:11	11:16	05:19
神仙沟	E118°56′ N38°06′	234	78	195	111	82	82	08:31	12:01	06:03
甜水沟	E119°58′ N38°06′	296	44	215	124	102	102	04:56	07:25	10:55
羊角沟	E118°52′ N37°16′	356	08	232	105	127	127	05:09	07:16	10:52

二、潮差

潮位和潮流是潮波运动同一过程中两种不同的表现形式。通过对 1984 年 10 月码头引堤断面多船同步潮位的观测得知，五号桩海港地区的潮差特征是小潮潮差多为 0.9 ~ 1.0 m，大潮潮差多为 0.5 m，二者相差约 2 倍，当月农历十五 16 m 水深处 B5 站的最大潮差仅有 0.3 m。此与非日潮区一般小潮潮差小、大潮潮差大或相等的情况正好相反，如湾湾沟站大潮潮差为 1.73 m，小潮潮差为 1.35 m，龙口站二者基本相等。在引堤断面南侧附近海域观测的大、中、小潮的潮差均在 1 m 左右，高潮间隙平均为 10 h，基本与海港断面的特性一致。

第四节　滨海区的潮流和余流特征

一、潮流特征

与潮汐相应，黄河三角洲附近海域的潮流类型基本上属于半日潮流型，两海湾中潮流均为回转流，但旋转率较小，近岸带是往复式潮流，涨落潮流方向基本上与岸线平行；潮流流速平面分布在三角洲的中部两海湾湾口附近有一流速辐射区，最大流速值达 120 cm/s 以上，等值线分布向两侧湾顶方向递减，如图 5-10 所示。但渤海湾的流速相对较大，水平分布也比较均匀，莱州湾相对较小，流速递减率也大。垂向流速呈指数分布规律，底层流速比表层约提前一个小时转流。

黄河口在三角洲中部的走河年限长，入海泥沙淤积造陆，特别是神仙沟流路沙嘴和岸线的淤积延伸，使三角洲中部明显地向渤海内突出，成为渤海湾和莱州湾的分界点和少有的日潮区。同时，岸线的突出、滨海水深大和前坡比降陡亦使以沿岸流为主导的潮流受阻收缩，从而使该区海域的潮流流速相对明显增大，潮流和风浪的冲蚀作用相对强烈。

除三角洲中部外，黄河入海口的部位，亦因沙嘴的不断淤积延伸突向深海，使正常往复的潮流形成绕流，而同样成为潮流的高速区。刁口河流路 1972 年前后沙嘴明显突出平均海岸后,也曾形成过潮流的高流速区。沙嘴蚀退后该高速区相应减弱,并逐渐与神仙沟口的中部高速区合二为一。清水沟流路口门附近海域,1990 年后也曾实测到最大流速为 2.23 m/s 的高流速,显然该部位亦是三角洲沿岸明显的高速区之一。

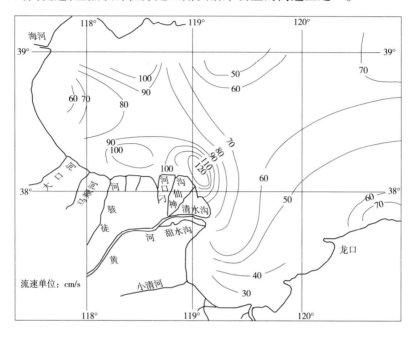

图 5-10　实测表层潮流流速分布

　　近期实测最大潮流和合成最大可能潮流流速分布的资料(见图 5-11 和图 5-12)均表明,三角洲滨海曾存在着两个潮流高流速区,即现清水沟流路沙嘴前沿和三角洲中部及毗邻的北部海区沿岸两处。北汊沿岸海域正处于两高速区之间,流态较为复杂。1996 年 6 月改汊成功,清水沟流路改由老沙嘴以北入海后,经过 3～5 年的游荡摆动,新尾闾形成单一顺直河槽,新沙嘴随之明显突出,此时形成新的高速区,从而使上述高速区基本连成一片。较大范围的潮流高速区将冲蚀海岸和浅滩,并使沿岸的泥沙流难以沉积和固结,大量泥沙往复运动于港区沿岸。显然,这对于港区的回淤和稳定是不利的。

　　一般的潮流为涨 5 落 7,由于涨落潮的潮时不等,涨潮的时间短,落潮的时间长,在运动水体大体相等的条件下,时间短的流速应该大,但本海区的涨落潮流大体相等,有的落潮流尚有所偏大。另外,大部分地区的潮流多是大潮时的流速大,小潮时的流速小。但由港区断面各水深实测最大平均流速的资料(见表 5-4),五号桩港区海域的情况刚好与此一般规律相反,经认真验证核查和向渔民调查访问,此特性不是偶然现象,而是该海区的正常规律。

　　此外,由港区断面观测的大、小潮的表层和底层的潮流资料(见图 5-13～图 5-16)不难得知,该海区的涨落潮潮流的椭圆率很小,基本上为沿岸的往复流,涨潮流流向莱州湾湾内方向,大体为东南方向,落潮流大体指向西北,涨落潮的最大流速亦大体相等,但小潮潮流速大于大潮潮流速的特性同样是明显的。同时还表现出了无论大潮小潮均是表层的流速大,底层的流速小和离岸愈远水深愈大处的潮流流速相对愈大,反之愈小的规律,此

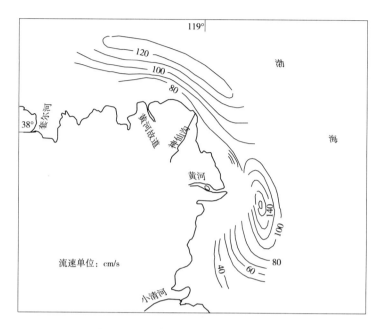

图 5-11　近期实测最大潮流流速分布

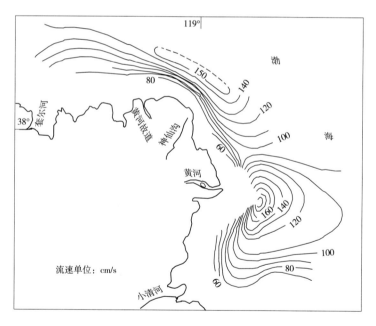

图 5-12　合成最大可能潮流流速分布

可能与愈近岸水深愈小、底部摩擦阻力愈大有关。

由较大面积的北汊海区潮流和涨落潮最大流速流向(见图5-17)同样得出,该海区的潮流主要是沿海岸线或等深线方向的往复流,涨落潮最大流向方向分别指向东南和西北,与港区断面特性完全一致。

表 5-4　港区断面测站最大流速对比 　　　　　　　　　　　　（单位:cm/s）

测站(水深)	B1(4 m)		B2(6 m)		B3(8 m)		B4(10 m)		B5(15 m)	
潮别	涨潮	落潮	涨潮	落潮	涨潮	落潮	涨潮	落潮	涨潮	落潮
大潮最大平均流速	43	63	64	89	83	94	82	90	82	88
小潮最大平均流速	45	56	94	102	83	94	94	86	94	88

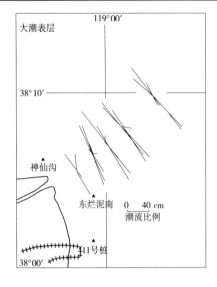

图 5-13　大潮表层潮流

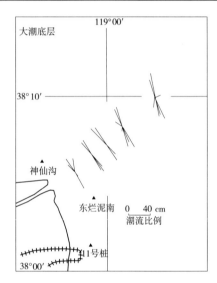

图 5-14　大潮底层潮流

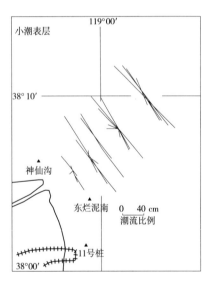

图 5-15　小潮表层潮流

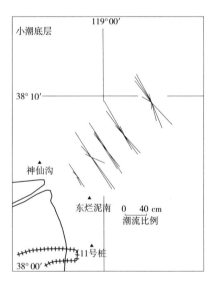

图 5-16　小潮底层潮流

　　何以出现小潮流速大和落潮流速不小的特殊情况? 目前尚无正确解释。我们认为这主要是由于该海区具有日潮区和近于无潮点的特性。小潮流速大的具体原因则可能与该海区的大小潮潮差不同有关。由前述潮差特性的资料知,小潮的潮差一般为 1.0 m,而大潮的潮差仅 0.5 m,潮差大意味着涨落潮的水体大,在大体相同的时间内,小潮的潮差大即运动的水体大,当然其流速相对要大。至于涨潮流流速相对不明显较大问题较为复杂,其不仅与潮波系统的特性有关,而且与入海径流和常风向有关。由于该海区距现黄河河口很近,入海径流的增水加入落潮流后势将使落潮流的流速加大。至于风的影响,由于现场观测资料很少,目前尚难以深入探讨。

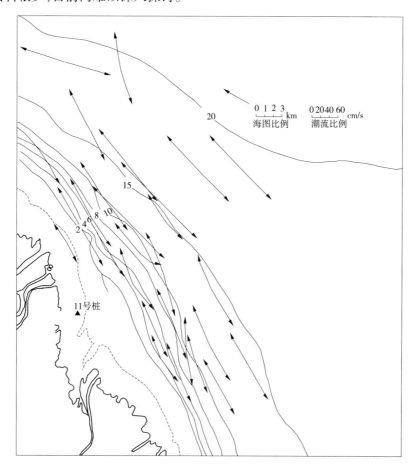

图 5-17　五号桩及北汊海区涨落潮最大流速流向

二、余流特性

　　余流是在海流观测的资料中减去周期性的潮流后,剩下非周期性的不闭合的流动。潮汐潮流的不均衡性、入海径流、风力风向、压强密度流和地形均是产生余流的主要影响因素。渤海水深浅,海水垂线密度差小,因此压强密度流的影响相对较小,风生余流和入海径流与地形的影响在河口滨海具有主导作用。余流的数值相对较小,但依附于周期性潮流中的余流,对河口和三角洲沿岸泥沙输移的去向影响较大。一般在无风的条件下余流的方向与潮流的最大流向一致。此规律不难由山东沿岸几个代表区域余流方向和最大潮流方向比较(见表 5-5)得到证实。

　　黄河多年平均入海径流量为 361.37 亿 m^3,占渤海湾南部海区入海径流量的 90% 以上,此必将对河口地区的余流产生重要影响。在黄河三角洲入海口门前沿及其附近两侧

海域的余流主要与黄河入海径流泥沙引起的梯度流有关,入海的径流和泥沙多,余流的强
度则大。

表 5-5　山东沿岸几个代表区域余流方向和最大潮流方向比较

海区	岚山头	灵山湾	胶州湾			丁字湾	11 号桩
			黄岛	团岛	薛家岛		
最大潮流方向	SSW	NNW	N	S	E	SE	NNW
余流方向	SSW	NW	N	S	E	SE	NNW
余流量值(cm/s)	5～7	2～5	29	39	19	3～5	5～10

　　清水沟流路口门附近海域1977年和1984年实测的潮流矢量过程(见图5-18)资料表
明,河口附近海域无论入海径流多少或水深大小,入海径流的影响均十分明确,径流大时
余流也大,余流方向一般指向东南,偏向于涨潮流方向。清水沟沙嘴北侧海域的余流,主
要与入海径流泥沙的增水向两侧扩散有关,其次则是风的影响。由图5-3知,该海区余流
的方向大都是指向西北,与落潮流的主方向或入海径流泥沙增水沿岸扩散的方向基本上
是一致的。余流的大小一般在3～16 cm/s。余流主要是由清水沟沙嘴北侧海域向港区
方向运动,位置往北,余流的方向逐渐由西北转向正北和东北的深海区,余流方向与 M2
分潮潮流最大值方向的夹角愈近岸愈小,离岸较远的深水处二者偏离的角度明显增大。
有的资料显示出,表层余流方向与落潮流的方向一致,但底层的余流方向多为由深海指向
岸边。从宏观上看,二者均好像存在着一个由东南方向沿海岸向西北,到神仙沟和刁口河

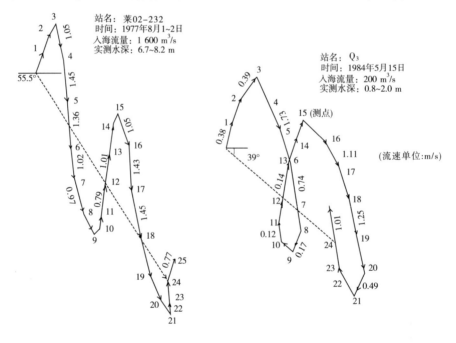

图 5-18　清水沟流路口门附近潮流矢量过程

老河口附近转向北和东北深海,再由深海沿底层移向岸边的环流。此情况将使清水沟沙嘴北侧沿岸的泥沙向港区方向运移,当清水沟改走北汊流路后,入海的泥沙特别是汛期落潮流的泥沙将可能明显地输向港区,显然这是十分不利的。

1987 年河口拦门沙观测站点布置如图 5-19 所示,测验期间利津站日平均流量介于 995～896 m^3/s,日平均含沙量介于 15.1～13.8 kg/m^3。位于口门附近的 H01 和 H02 站直线距离仅 2 185 m,由于 H02 站位于口门拦门沙附近,H01 站在口门沙口背淤积体外的北侧,二者的水深和潮汐状况差别较大,如图 5-20 所示。H01 站水深较大,在 9～11 m,直接受入海径流影响较小,故潮汐潮差相对稳定;H02 站由于水浅和受入海径流部位变动影响,潮汐状况不规律。但二者受入海径流影响均十分明确。

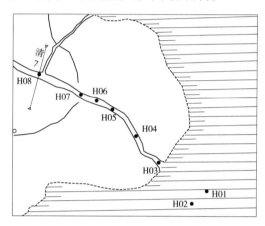

图 5-19 1987 年河口拦门沙观测站点布置

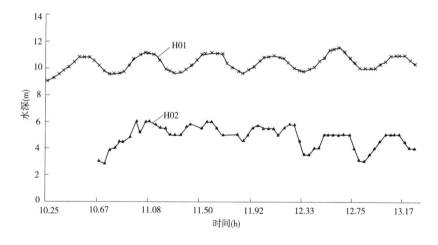

图 5-20 1987 年拦门沙测验 H01、H02 站水深变化过程

两站的表层及 0.2、0.6 测点余流流向和流速的统计,如表 5-6 和表 5-7 所示。由表不难得知,H01 站表层余流流速相对 0.2 和 0.6 测点大一些,各个潮汐的余流方向差别相对较大,5 个潮汐的平均流向也相差较大。此外,0.2 和 0.6 测点与表层的差异愈向下愈大,不仅流速值减小,而且流向变换于 87°～358°,规律性不强,从 5 个潮汐看,虽然每个潮汐

余流矢量较大,但其起始与终结时的余流矢量几乎近于零,此表明该区域的悬沙不能为潮流挟带运移,如图 5-21 所示。H02 站各个潮汐的余流流向相差相对较小,表层及 0.2、0.6 测点余流流向平均相差仅 16.3°,涨落潮的方向亦十分稳定,涨潮流 201°,落潮流 49°。H01 站表层与 0.2 和 0.6 测点不仅余流的流向及流速的差别相对较大,而且涨落潮的平均方向也相差较大。一般涨潮的方向是南或南偏西,落潮的方向是东北向。由 H01 和 H02 两站表层涨落潮矢量(见图 5-22 和图 5-23)知,H01 站的余流偏向于东南,同时,各个潮汐之间的差别较大;H02 站涨落潮的流向和余流方向相对稳定,基本是南或略微南偏东。同时受入海径流影响涨落潮流不相互重叠,始终稳定向外偏移,其方向以南为主。

表 5-6　H01 站表层及 0.2、0.6 测点余流流向和流速统计

洪峰序号	表层余流			0.2 测点余流			0.6 测点余流		
	历时 (h)	流向 (°)	流速 (m/s)	历时 (h)	流向 (°)	流速 (m/s)	历时 (h)	流向 (°)	流速 (m/s)
1	12	137	0.46	12	118	0.47	12	154	0.37
2	12	202	0.24	12	215	0.25	12	320	0.20
3	12	152	0.42	12	116	0.26	12	358	0.24
4	12	137	0.42	12	115	0.48	12	106	0.17
5	12.5	165	0.34	12.5	130	0.35	12.5	87	0.25
平均	12.1	158.6	0.38	12.1	139	0.36	12.1	205	0.24

表 5-7　H02 站表层及 0.2、0.6 测点余流流向和流速统计

洪峰序号	表层余流			0.2 测点余流			0.6 测点余流		
	历时 (h)	流向 (°)	流速 (m/s)	历时 (h)	流向 (°)	流速 (m/s)	历时 (h)	流向 (°)	流速 (m/s)
2	12	167	0.40	12	169	0.36	12	154	0.22
4	12	181	0.34	12	182	0.28	12	166	0.16
5	12.5	182	0.36	12.5	181	0.32	12.5	175	0.22
平均	12.1	176.7	0.37	12.1	177	0.32	12.1	165	0.20

还可以看出非汛期表层和 0.2 测点余流流速相对较大,显然此时段上层异重流输移占主导地位。汛期洪峰期间,由现场观察得知,此高含沙量洪水多从沙嘴前坡潜入且以底层异重流形式向外输移,此时余流流速值较非汛期明显要大得多,其方向与涨潮流的主方向一致,即以南为主,较非汛期更偏向于东。

值得提出的是,黄河的特性是水少沙多,入海泥沙集中于汛期,可以想象此时段的余

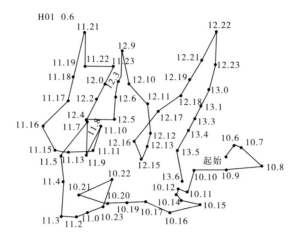

图 5-21 1987 年 H01 站 0.6 水深测点潮流矢量

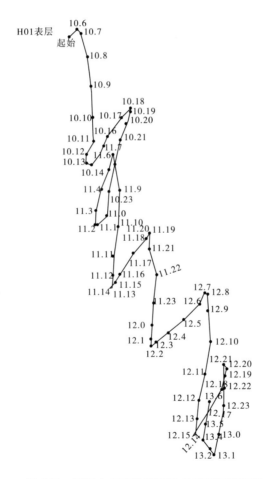

图 5-22 1987 年口门北侧 H01 站表层潮流矢量

流和泥沙输移是决定性的,但观测资料十分缺乏,应设法进行观测,以真正掌握黄河河口泥沙运移的特性和规律。

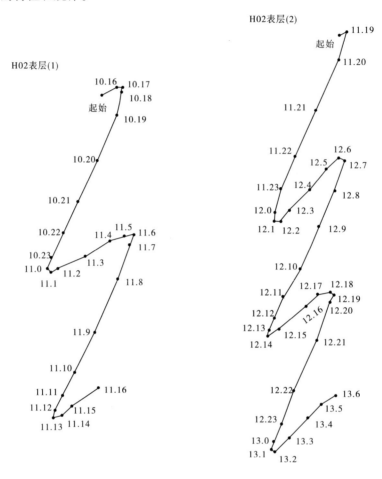

图 5-23　1987 年口门跟前 H02 站表层潮流矢量

第五节　三角洲滨海区风暴潮及温度、盐度简况

一、滨海区风暴潮简况

风暴潮是指由于强烈的大气扰动如强风或气压骤变所导致的海面的异常升高现象。由前文风和浪的总结分析知,黄河三角洲沿岸受 N 和 E 之间强风向的影响较大,其不仅吹程长,而且风强浪高。持续时间较长的大风,特别是东北风,在三角洲沿岸往往造成风海潮(海啸),对三角洲工农业生产危害很大。据调查,风海潮一般发生在 4 月和 9 月,多是先连续刮强劲的东南风或南风数日,然后转东北大风,风力大,吹程长,形成风海潮,高潮位较一般潮位高 2 ~ 3 m。东南向大风使整个渤海增水,尔后又改为强劲的东北风,则进一步使增水向黄河三角洲岸带推进,从而形成黄河三角洲的风暴潮。依据记载,莱州湾

在新中国成立前的 268 年间发生潮灾 45 次,其中羊角沟潮位在平均海面 3 m 以上的 10 次,4 m 以上的 3 次;最近 100 多年来有 7 次高潮位超过 3 m,其中新中国成立后 4 次,即 1964 年 4 月 5 日、1969 年 4 月 23 日、1980 年 4 月 5 日和 1992 年 8 月 31 日,羊角沟站 4 次高潮位分别为 3.35 m、3.75 m、3.15 m 和 3.78 m。显然,风暴潮以春夏交季时节为多,其次为秋冬交季前后,群众在实践经验中总结出的谚语:"三月三,九月九,神仙不敢海滨走",即确切地指出了风暴潮的多发时段。

由于黄河三角洲岸线的淤进,形成了以老神仙沟口为分界的濒临渤海湾的北部海岸和濒临莱州湾的东部海岸,二者呈垂直状态,很少发生两部分海岸带同时受风暴潮灾害的情况。这是因为二者海岸带一般不能同时与强风向形成近于垂直状态,加之北部渤海湾岸线高潮出现的时间与东部莱州湾岸线高潮出现的时间相差 6 h,即北部的湾湾沟堡高潮时,恰好东部的羊角沟站处于低潮,反之高低相倒,故危害往往主要集中在一侧岸线上。

1992 年风暴潮的观测较为详细,灾害主要在莱州湾东部海岸一侧,沿岸几个潮位站的最高潮位分别为:刁口 3.5 m,黄河海港 3.22 m,孤东油田 3 号排涝站 3.44 m,小岛河防潮闸 3.56 m,广利港 3.59 m,羊角沟 3.78 m,同样表现出了黄河三角洲中部最低,潮位和潮差向两侧逐渐递增的特性。该次风暴潮曾冲垮黄河海港至孤东油田一带海岸部分防护标准很高的防潮堤,海水入侵内陆最大约 25 km,给黄河三角洲和胜利油田造成了巨大的经济损失。

除风暴潮引起的较大损失和危害外,一般的强风亦经常在黄河三角洲地区造成相当大程度的破坏和影响。如建港初期拟解决港址附近无避风场而加速小港的建设,购买了万吨级旧船,准备沉于 −6 m 水深处围成小港区的船只,但因在围沉圈港之前遇到强风而倾覆于港区附近海域,结果未能实现原规划设计的目的要求。沉船及打捞船情况如图 5-24 和图 5-25 所示,至今尚有一条未能打捞起。

图 5-24 准备围港的船只倾覆情况

二、滨海区温度、盐度简况

滨海区温度、盐度的季节性变化较大。冬季垂向混合剧烈,温度、盐度分布比较均匀,

图 5-25　打捞船及打捞起的船只

大部分海区为高盐水控制,温度在 3~4 ℃,盐度 27~30 以上。在夏季层化现象明显,尤其是在黄河河口附近海区及渤海中部海区温度、盐度跃层现象较普遍。黄河冲淡水主要集聚在莱州湾西、南部和渤海湾南部近岸海域,使这个海区的盐度空间分布具有常年南低北高向海峡出口方向扩散的特征。资料表明,外海高盐水与黄河径流两种力量的相互消长,决定了滨海区海洋水文的基本特征。

参 考 资 料

[1] 胜利油田港口建设指挥部. 五号桩油码头工程海区自然环境资料汇编. 1985.

[2] 王志豪. 我国沿海的潮汐特性. 国家海洋局北海分局,1980.

[3] 李泽刚. 黄河三角洲附近海域潮流分析[J]. 海洋通报,1984,3(5):2-16.

[4] 山东海洋学院海洋水文气象系. 潮汐讲义,1976.

[5] 王恺忱. 黄河河口的概况//黄河泥沙研究报告选编. 第一集下册. 黄河泥沙研究协调小组,1978.

[6] 冯士筰. 风暴潮导论[M]. 北京:科学出版社,1982.

第六章　黄河河口的淤沙分布、造陆及输移问题

第一节　黄河河口的淤沙分布与造陆情况

黄河进入河口地区的泥沙，除淤积在利津以下近口段河槽和三角洲洲面及河口滨海区沿岸外，尚有一部分泥沙输往三角洲测量范围和滨海 25 m 水深以外海域。在入海泥沙粗细组成变化相对不大的情况下，泥沙的分布情况主要受制于尾闾河型演变阶段河槽的形态、海域的深浅和海洋动力的强弱。依据断面地形测量资料算得的各流路不同时段的淤积分布情况如表6-1所示。可知，改道初期由于河型游荡散乱和河口隐蔽、海洋动力弱，陆上和滨海的淤积量相对要大，一般可占到来沙量的70%以上。随着尾闾形成单一稳定河型和河口沙嘴的突出，输往外海的泥沙数量相应增加，最大可达来沙量的50%以上。一条流路的总淤沙数量一般多经过改道初期大、中期小、后期又相对增大的过程，平均其前两部分的淤积量刁口河流路约为65%，由于受测量条件和资料所限，1974年和1975年未能统计，实际可能较65%稍大；清水沟流路则多达约87%，这可能主要与清水沟流路海域浅和海洋动力相对较弱有关。1988～1991年清水沟流路尾闾虽然采取了大规模的拖淤、疏浚、堵串和导流等措施，但此阶段输往外海的泥沙比例仅有16.13%，远较刁口河流路同阶段的约40%小得多，此情况也表明了上述整治措施对增加外输和减少淤积未见成效。

表6-1　河口泥沙淤积分布

流路	时段（年·月）	时段沙量（亿 t）	陆上淤量（亿 t）	占百分比（%）	滨海淤量（亿 t）	占百分比（%）	输往外海（亿 t）	占百分比（%）
神仙沟	1958.10～1960.10	19.57	0.70	3.58	8.92	45.58	9.95	50.84
刁口河	1964.01～1968.07	64.44	21.30	33.05	23.49	36.45	19.65	30.49
	1968.08～1971.09	31.60	4.50	14.24	14.19	44.91	12.91	40.85
	1971.10～1973.09	17.05	1.72	10.09	7.43	43.58	7.90	46.33
	1964.01～1973.09	113.09	27.52	24.33	45.11	39.89	40.46	35.78
清水沟	1976.06～1979.10	35.20	11.60	32.95	15.70	44.60	7.90	22.44
	1979.11～1987.10	49.95	12.59	25.21	34.70	69.47	2.66	5.33
	1987.11～1991.10	21.33	3.37	15.80	14.52	68.07	3.44	16.13
	1976.06～1991.10	106.48	27.56	25.88	64.92	60.97	14.00	13.15

入海泥沙的淤积分布也反映着河口延伸造陆的状况,滨海和陆上淤积比例大时,一般河口延伸与造陆的面积也大。延伸造陆的状况同样与海域深浅、海洋动力的强弱、入海水沙量多寡以及尾闾河型演变的阶段性密切相关。改道初期海域浅,海洋动力弱,河型游荡散乱,河口和附近岸线延伸相对迅速,同时造陆面积也大。清水沟流路淤积造陆情况如表 6-2 所示,由表知,1976 年改道当年汛期即造陆 71.2 km²,岸线平均延伸 2.64 km,每亿吨沙造陆 8.76 km²,这些均是历年最大的。由于尾闾河型演变初期入海尾闾河段向主槽两侧大幅度游荡摆动,滨海淤积范围明显加大,造陆面积和延伸速度相应减小。一般规律是当尾闾河段进入单一顺直河型、沙嘴明显突出的中期阶段后,外输泥沙比例应相对逐渐增到最大,同时造陆面积相应降至最小。但清水沟流路进入中期后的 1980~1987 年,仅滨海淤积量就占到来沙量的约 70%,外输泥沙的比例不足 10%,1983~1985 年年均造陆面积高达 44.72 km²,每亿吨沙造陆 5.81 km²,均高于流路年均值。何以出现此情况? 为此绘制了 1976~1983 年和 1983~1991 年各时段的河口延伸造陆过程,如图 6-1 和图 6-2 所示。

表 6-2　清水沟流路淤积造陆情况

时段 （年·月）	造陆面积 （km²）	时段水量 （亿 m³）	时段沙量 （亿 t）	造陆速率 （km²/年）	直线淤积 宽度（km）	延伸速率 （km/年）	每亿吨沙造陆 面积（km²）
1976.06~1976.10	71.20	325.51	8.13	71.20	27.0	2.64	8.76
1976.11~1979.09	102.70	736.15	25.94	40.23	36.0	1.12	4.65
1979.10~1983.07	103.75	1 029.06	22.68	34.58	31.0	1.12	4.57
1983.08~1985.09	134.17	1 058.04	23.11	44.72	29.0	1.54	5.81
1985.10~1988.09	55.68	581.05	13.30	18.56	16.0	1.16	4.19
1988.10~1991.10	101.40	651.96	13.31	33.80	23.0	1.47	7.62
1976.06~1991.10	586.90	4 381.77	106.47	36.68	27.0	1.36	5.51

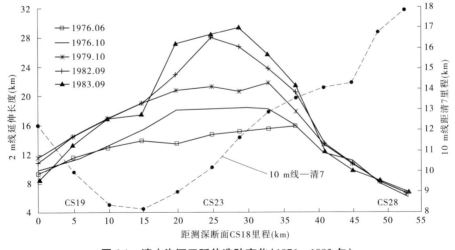

图 6-1　清水沟河口延伸造陆变化(1976~1983 年)

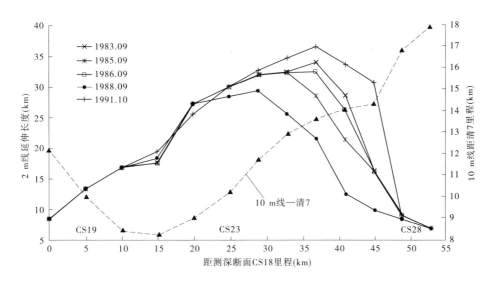

图 6-2　清水沟河口延伸造陆变化(1983～1991 年)

由图表知,改道当年主流基本沿清水沟洼地向正东入海,由于右侧有老甜水沟大嘴的约束和地势相对较高,而后入海口逐渐向东北方向发展,摆动于老神仙沟汊河和甜水沟两条故道大嘴之间,最大影响宽度超过 40 km,时段平均最大为 36 km,此时段河口和岸线均匀发展,造陆面积大但延伸距离小。当两侧相对淤高后,在一定水沙条件作用下,1979 年入海口又回归到正东的相对最捷路线上来,1980 年后尾闾进入河型演变中期阶段,河槽冲刷变得单一顺直。由河势演变过程和 1983 年后河口延伸造陆变化知,河口主要向南和东南发展,向正东延伸相对较小。其中 1983～1985 年期间,尾闾以向右侧南岸出汊分流为主,由图 6-2 中 10 m 等深线距清 7 断面距离愈向南愈大和潮流受沙嘴隐蔽的影响知,沙嘴南部海域条件相对最差;此阶段来水来沙条件较好,尾闾单一顺直窄深,河口相对基准面降低,泺口以下河槽普遍发生冲刷,利津上下河段该时段累计冲深均在 1 m 以上,此大量粗颗粒床沙质被冲刷入海,同时该时段黄河入海的沙量也相对最多,再加上海域条件不好,从而形成了此中期阶段造陆和延伸均大于流路平均值的特殊情况。1985～1991 年河口沙嘴继续保持了向南分流和向东南方向发展的趋势。由于此部位滨海浅缓,海洋动力受大嘴隐蔽影响,海域条件明显不利,尽管此时段来沙量偏枯很多,但延伸造陆速率仍然较大,1988～1991 年每亿吨沙造陆高达 7.62 km^2,滨海淤积量高达 68.07%,较一般出汊后的淤积比例还要大得多。此表明清水沟流路演变中、后期具有自己的特点。

为了更清晰地了解延伸造陆情况,绘制了四个时段各测深断面造陆面积,如图 6-3 所示。该图清楚地显示出了延伸造陆的过程,1979 年前河口淤积造陆的重点在 19—21 断面,最大影响范围在 18—30 断面,宽度达 50 km。1979～1983 年延伸造陆的重点南移至 22—24 断面,1983～1986 年南移至最南端条件最差的 27—29 断面,淤积影响宽度逐渐减小。1986 年后重点延伸造陆岸段虽稍北移到 25—28 断面,但海域和海洋动力条件同样不好,故延伸造陆速率仍然较大。

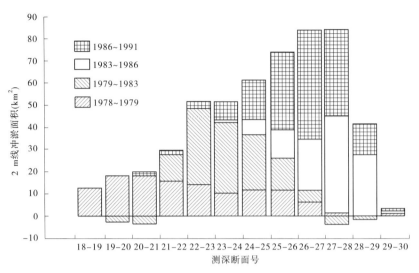

图 6-3　清水沟流路各时段造陆面积

各流路淤积造陆对比情况如表 6-3 所示,虽然统计的时段不完全一样,但条件基本相同。由表知三条流路年均沙量有减少趋势,但时段总来沙量相差不大,最多不超过 10 亿 t,相反造陆面积却有所增加,每亿吨沙造陆面积明显由 3.54 km^2 增加到 4.48 km^2 和 5.51 km^2。来沙少造陆多,表明了海域和海洋条件对延伸造陆起着重要的作用,此必将对流路的使用年限和演变发展产生决定性的影响。

表 6-3　各流路淤积造陆对比情况

流路	时段	走河年数 (年)	时段来沙 (亿 t)	造陆面积 (km^2)	造陆速率 (km^2/年)	造陆宽度 (km)	延伸速率 (km/年)	单沙造陆 (km^2/亿 t)
新中国成立前	1855～1953	64	—	1 510.0	23.6	128.0	0.19	—
神仙沟	1954～1963	9	116.25	412.0	45.7	26.0	1.76	3.54
刁口河	1964～1973	10	113.09	506.9	50.7	28.8	1.76	4.48
清水沟	1976～1991	16	106.47	586.9	36.7	27.0	1.36	5.51

第二节　三角洲岸线变化特点

黄河三角洲的滨海岸线受黄河入海泥沙淤积和海洋动力侵蚀的综合作用,始终处于不停的变化之中。正在使用的尾闾入海流路影响范围的岸线,以河流的特性为主导,由于入海泥沙的数量超过海洋动力侵蚀输移的数量而表现出岸线的不断淤积延伸,其余岸线则以海洋动力特性为主导,改道后废弃的河口沙嘴一般迅速地被侵蚀后退。由 1976 年刁口河流路改走清水沟流路后三角洲固定测深断面最大冲淤深度(如图 6-4 所示)知,1976 年改道清水沟流路后到 1980 年,1980～1992 年两个阶段,固定测深 1 断面(湾湾沟)到原刁口河大嘴 8 断面,再到神仙沟汊河 18 断面均处于冲刷蚀退状态,8 断面累计冲深达 10 m。18 断面以南到 32 断面的现行清水沟流路入海岸段则处于不断淤涨状态,1980 年前淤积部位位于流路正东,后时段则主要偏向东南,24 断面最大淤深近 20 m。此十分清晰地显示了三角洲不同岸段的冲淤演变与入海河口部位密切相关这一特性。

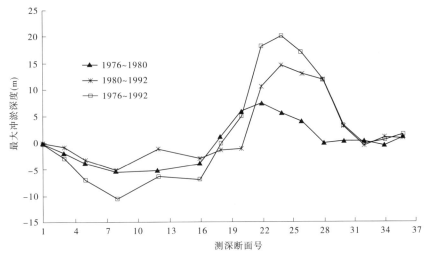

图 6-4   1976 年刁口河流路改走清水沟流路后三角洲固定测深断面最大冲淤深度

1982 年洪尚池和吴致尧曾较深入地分析研究了黄河河口地区海岸线变迁的情况,并指出蚀退现象是研究黄河三角洲岸线演变问题的一个不可忽视的因素。利用此特性合理地安排流路,有计划地进行改道,则可以延长流路和三角洲的使用寿命,减缓下游河道淤积抬升的速率。许多单位也进行过大量的工作。由黄河三角洲高潮线蚀退情况(如表 6-4 所示)知,1960 年因四号桩出汉刚刚停止走河的神仙沟流路废弃的沙嘴最初几年蚀退的速率最大,而后速率逐渐相对减弱,自三角洲中部的神仙沟沟口向两侧未走河的岸段,面积蚀退速率和长度蚀退速率均逐渐减弱。也就是说,该时段海洋动力引起的沿岸潮流输沙量相应减弱,有使整个三角洲岸线趋向平滑的趋势。

表 6-4   黄河三角洲高潮线蚀退情况

年限	岸段范围	停止走河年数(年)	岸线宽度(km)	累计蚀退面积(km²)	面积蚀退速率(km²/年)	累计蚀退长度(km)	蚀退速率(km/年)
1954~1976	湾湾沟口附近	22	30	20	0.91	0.67	0.03
1947~1954	湾湾沟口—旧刁口	7	24	24	3.43	1.00	0.14
1961~1964	神仙沟口	3	20	56	18.67	2.80	0.93
1964~1976	神仙沟口	12	25	94	7.83	3.76	0.31
1964~1976	神仙沟口—甜水沟口	12	50	166	13.83	3.32	0.28
1954~1964	甜水沟口—永丰河口	10	26	42	4.20	1.62	0.16
1947~1954	永丰河口—支脉沟口	7	12	6	0.86	0.50	0.07

依据黄河三角洲固定测深断面 1968~1980 年不同水深等深线延伸和蚀退距离资料点绘的以 1976 年改道清水沟流路为分界点的淤进和蚀退距离,得到了上述同样的规律和认识,见图 6-5。

由图 6-5 不难得知,不同深度等深线淤进和蚀退基本上是同步的,但淤进和蚀退的距离是不同的,水深愈浅,淤进和蚀退的距离愈大,反之则愈小。

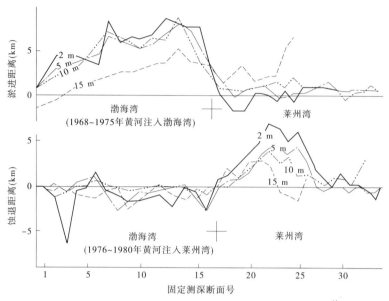

图6-5 黄河三角洲不同等深线淤进蚀退变化

五号桩黄河海港港区1958～1992年2 m、10 m等深线淤进和蚀退演变的情况如图6-6所示。

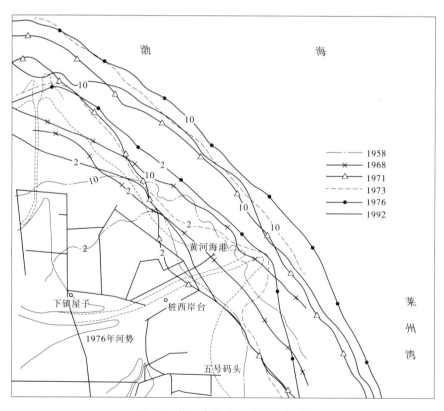

图6-6 黄河海港港区滩岸演变过程

由图6-6知,黄河海港位置正处于1972年刁口河汊河的沙嘴上,等深线有进有退,1973~1976年淤进达到最大,而后刁口河流路向左岸出汊和改道清水沟流路而入海泥沙来源断绝,沙嘴和岸线又开始蚀退。

港区剖面各等深线淤进和蚀退的变化过程如图6-7所示。由图知,5 m等深线以内的浅海区,在无泥沙来源时,基本处于侵蚀状态,在有泥沙来源时,因水浅容沙体积小,故淤进速度明显较快;10 m以上的深海,则基本上处于淤进状态,只是无泥沙来源时淤进的速度较慢。典型年份港区剖面(见图6-8)同样显示出了浅滩冲刷、较深海域淤积的特征,这是潮汐和风浪冲蚀在重力与余流作用下向深海运移的必然结果。

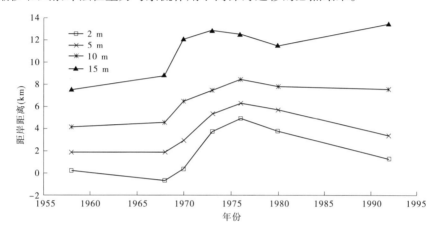

图6-7 黄河海港港区剖面各等深线距岸距离变化过程

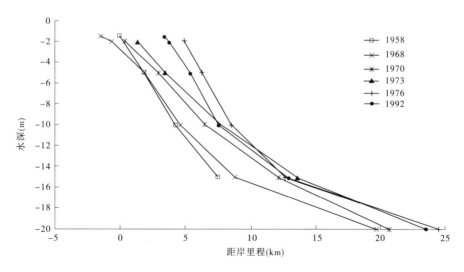

图6-8 黄河海港港区不同年份剖面形态变化

分析由淤进情况最大的1976年与1984年五号桩海区地形图套绘得到的冲淤深度变化得知,10 m等深线以内原沙嘴突出部位普遍产生冲刷,愈近岸冲深愈大,最大冲深近5 m,11~12 m等深线以外及五号桩海区南侧海域则以淤积为主,如图6-9所示。

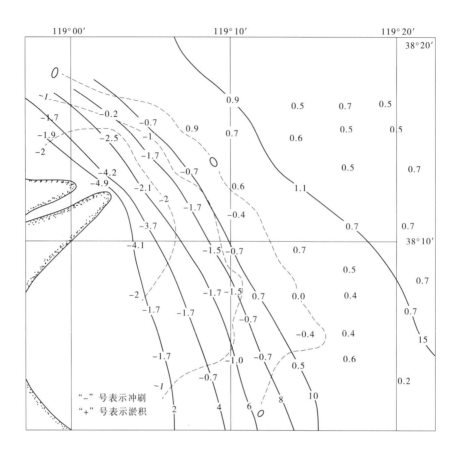

图 6-9　五号桩海区 1976 年与 1984 年冲淤深度变化　（单位:m）

　　综上所述,该海区滨海剖面的冲淤变化主要表现为浅海冲、深海淤的特征,结合该海区的余流和落潮流的特性看,本区及其以南海区被风浪和潮流掀扬冲蚀的泥沙有由东南向西北方向运移,或受高浓度重力流影响同时向深海运移的趋势,而最终形成一个近于相对稳定的剖面。由图 6-8 和黄河三角洲固定测深 8 断面剖面形态变化(见图 6-10)知,近于相对稳定的剖面的坡度一般上陡下缓,距深海愈近的剖面也就是风浪和潮流流速愈大的部位坡度愈陡。上下二者坡度的转折点约在 -15 m 处。依据黄河海港剖面侵蚀 16 年后的 1992 年剖面和黄河口固定测深 8 断面侵蚀 20 年后的 1988 年剖面,计算 -15 m 等深线以上的前坡近于平衡的坡度分别为 10.66‰和 10.82‰, -15 m 等深线以下的坡脚近于平衡的坡度分别为 4.9‰和 4.8‰,二者是极其相近的,完全可以作为黄河口沙嘴蚀退近于平衡剖面计算的依据。

　　汛期入海泥沙淤积过程余沙的扩散,非汛期河口沙嘴以及相对突出的岸段在风浪和潮流作用下蚀退掀扬的泥沙,均可伴随着潮流形成高浓度的沿岸往复流,加上每次涨落潮流不平衡形成的余流的泥沙输移,必然对三角洲整个岸线,特别是新老河口沙嘴两侧岸段产生直接的或间接的、长期的或短期的影响。

　　在相对突出和平顺的现有岸滩形态条件下,潮流和风浪形成的高浓度沿岸往复流的

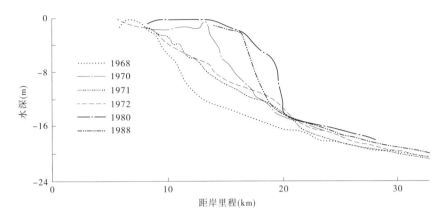

图6-10　固定测深8断面1968～1988年剖面形态变化

运移过程,一般形不成显著淤积,相反往往在大风浪的作用下还造成浅海岸滩的侵蚀;但是一旦遇有挖深的航槽和修建阻水建筑物时,此时的淤积将是不可避免的和巨大的。显然,侵蚀性岸滩不淤积是有条件的,侵蚀岸段适于建港的概念在黄河三角洲滨海是存在问题的。因此,深入地对清水沟流路改走北汊和不改走北汊对黄河海港的影响问题进行分析具有重要的现实意义。

第三节　入海泥沙的输移及其影响范围

一、影响入海泥沙淤积扩散的因素分析

入海河口是河流与海洋的衔接区,三角洲滨海承泄着入海径流及其挟带的泥沙,因此影响入海泥沙在河口淤积和扩散的因素具有海洋与河流的双重特性,即一方面河流以不同的来水来沙组合将水沙输排至河口地区,另一方面海洋以周期性的海平面升降的潮汐和潮流运动以及风浪等因素的共同作用制约着入海泥沙的淤积与输移,并形成与上述动力和特性相适应的同时反过来对淤积与输移起作用的边界条件。

不同类型的河口其输移的特性不同,依据一般特征分类,黄河河口属于弱潮陆相型河口,其特点是入海泥沙主要来自陆域河流且量大,海洋动力相对较弱。也就是说,黄河河口的淤积状况和演变规律主要取决于河流的来水来沙特性且淤积是十分突出的。

依据单纯影响河流或海岸冲淤的一般因素的分析知,影响黄河河口淤积和扩散的因素大体上可综合为三个部分,即黄河本身的入海水沙特性,河口尾闾边界状况,以及入海部位、海域地形和海洋动力状况等,现分述如下。

(一) 黄河入海水沙特性的影响因素

影响河流本身平衡条件的因素同样是可引起河口冲淤的因素,其主要有河流入海径流总量及泥沙总量、河流的平均含沙量、来沙的粗细组成、水沙的集中程度即洪枯比、来水来沙的时机、洪峰的峰型及历时以及前期的冲淤情况等。其影响因素可依一般挟沙能力公式来表达,即:$P = (Ku^3)/(gR\omega) = (KQR^{1/3})/(Ag\omega u^2)$,在一般情况下,流量、比降和水

深愈大时,输沙能力愈大,亦即愈不易淤积;反之来沙愈粗,糙率和过水面积愈大时愈易淤积。当河流水沙入海后,由于水域开阔,滨海水深加大,比降变缓,加之涨潮流顶托,在河口前沿产生大量淤积是必然的。此影响机理是容易理解的,但这些因素影响的过程却是极其复杂的。

来水来沙量大,淤积和输移扩散的绝对量大,但扩散占来沙量的比例并不一定大,这是由于淤积与扩散比例主要与尾闾所处的河型演变阶段有关。

来沙粗细的影响是容易理解的,一般应该是来沙粗,淤的多,扩散的少,反之相反。但由于黄河入海的泥沙经过几百千米河段的冲淤调节,到入海时其悬移质级配组成状况大都基本相近,一般年份粒径<0.025 mm 的部分均在50%左右。同时细颗粒泥沙同样在三角洲面和大嘴两侧凹湾岸段大量淤积,加之测验资料缺乏,从而使对粗细组成的影响难以进行细致分析。

洪峰的组成状况及时机的影响主要表现在不同的洪峰流量大小受海洋的影响不同,一般洪峰流量大,含沙量高,受海洋潮汐和动力的影响小,其影响一方面表现为在同样的侵蚀基准面(海平面)下,由于洪水位的抬高,侵蚀基准面相对降低和口门段比降增大,从而有利于输沙,这与水库库水位不变情况下大流量时三角洲河段产生冲刷的机理是一致的;另一方面入海径流强,含沙浓度高,形成潜没异重流的动力强,同时由于"出河溜"大,冲淡水的范围和扩散的影响相对也要大。

(二)尾闾边界条件的影响

尾闾边界是河流水沙特性和滨海动力条件综合作用下冲淤的产物,反过来河口尾闾的边界又对河口的冲淤状况起着重要的作用。黄河河口一条尾闾流路在其小循环演变过程中,由于边界条件多经历改道初期河型宽浅、水流散漫、主流不停游荡摆动的不稳定阶段,在大范围大幅度淤积造床的基础上,待大流量取直摆动形成单一顺直河槽后即开始进入相对稳定的中期阶段。此时一般洪水不再漫滩,水流相对集中,随着沙嘴淤积的迅速延伸和尾闾河槽悬河程度日益加剧,当突出的大沙嘴和悬河状况达到一定程度后则将导致向大嘴两侧凹洼地段的出汊摆动,它标志着河口尾闾小循环演变开始进入再次水流散漫、主流摆动不定的演变后期阶段。相应于此边界条件的演变过程,河口三角洲陆上和滨海淤积量占入海总沙量的比例相应地经历了由高到低再到高的过程,即大体上由淤积90%以上下降到50%左右,再回升到约70%的过程,在年平均来沙量大于11亿t时每个阶段为4年多。参与向外海输移扩散的泥沙比例正与此相反,则经历了一个由小于10%到50%左右,再到约20%的过程,当然这一过程是与海洋动力共同作用的结果。

(三)海域状况及海洋动力影响因素

海洋影响因素一般表现在潮流的强弱、潮差的大小、涨落潮历时比、海域的深浅、风情和浪况。由风引起的海浪是经常的、主要的,最为人们所关注,由气压突变或地震引起的海啸在黄河河口一般影响不大。风浪不仅是掀起近岸的海域底沙的动力,而且较长时间的定向风尚可引起做往复潮流运动的海水偏于风向的流动。实测的海流是海洋中各种因素综合作用下的海水流动,它包括两部分,一部分是天文潮引起的相对稳定的周期性流动,另一部分则是由风、河流入海径流、海水密度不均匀或浅海地形等引起的非周期性的海水流动。一般前者称为潮流,后者称为余流。显然,余流对入海泥沙的扩散同样具有重要的意义。

流路入海的位置和海域状况不同对淤积与扩散的影响不同,主要是因为三角洲滨海北部的渤海湾、东部的莱州湾的潮流潮汐和风浪以及余流与输沙特性、海域深浅不同。由于部位的不同,上述各海洋动力因素和海域状况差异很大,北部渤海湾海域相对较深,海洋动力较强,受北向风的影响较大;同时愈近三角洲中部的湾口,海域愈深,动力愈强,莱州湾相对浅弱,其受东向风影响较大。

对于同一部位,当河口尾闾处于不同形态时,海洋动力作用的程度也是不同的。改道初期河口入海的前沿均处在原入海流路故道沙嘴形成的凹湾内,海域特别浅,风浪和潮流的作用很小,输沙能力很弱,入海的泥沙绝大部分淤积在三角洲洲面上和滨海区,向外海输移扩散的数量很小。待形成单一顺直河槽以后,随着沙嘴淤积延伸突向深海,原来沿岸方向的涨落潮流为突出的沙嘴所阻挑,形成收缩性绕流,此时沙嘴附近潮流流速明显增大,淤积前坡变陡,加上单一河槽使入海水流集中,这为形成潜没型异重流和向外海输移扩散的比例相对增加创造了有利的条件。当发生向大嘴两侧的出汊摆动后,海洋动力的作用、淤沙与扩散的比例亦随之改变,此阶段一般介于前两种情况之间。

综上所述不难得知,黄河河口入海泥沙淤积和扩散状况受河流入海水沙与尾闾边界及滨海海洋要素的综合影响,由于各影响因素发生的偶然性和各因素间组合的随机性,故影响的过程极其复杂,但从宏观时段的角度上看规律性还是十分明确的。在相同的水沙和边界条件下黄河三角洲中部的海域状况与动力条件最好,愈往湾顶两侧状况和条件愈差,海洋动力因素的影响随着一条流路的演变过程其作用经历了一个由小到大再到小的过程。三条流路实测资料均表明在一般的水沙条件下,一条流路在三角洲范围内的淤积比例大体上经历了由约90%到约50%再到约70%的过程。

二、黄河入海泥沙淤积与输移分析

黄河入海泥沙淤积包括直接淤积与间接淤积两个概念。直接淤积是指黄河挟带的泥沙进入河口后由于海域开阔、海潮顶托、流速降低从而较快地沉积下来,其泥沙沉积的范围可称为直接影响范围。这部分泥沙主要来源于入海泥沙中相对较粗的那一部分,此部分淤沙量占黄河入海泥沙的70%～80%。对于距河口较近的滨海海区来说,它的影响是巨大的。间接淤积是指已经沉积的泥沙在海洋动力作用下部分入海泥沙再以沉积—输移—再沉积—再输移的方式,做相对较长距离输移后的淤积。此形式的泥沙淤积对某一海区的影响称为间接影响,习惯上也叫扩散影响。它有两种可能,一种是风浪、潮流等海洋动力掀起近岸浅水海区底部泥沙(其中部分为前期黄河的直接沉沙)使泥沙以一次搬移运动;另一种是黄河入海泥沙中较细而不易直接沉积下来的泥沙在海洋动力作用下以表层异重流形式向远海的输移。一般来说,在海洋运动不是十分强大时,不易沉降的这部分较细泥沙经常是在潮流短距离的往复运动过程中,依余流的作用间接进行相对长距离的搬运。这部分泥沙有可能沉积在距河口相对较远的海区,对三角洲两侧排水骨干河流河口或距离现河口较近的港口产生影响。现将两种不同的淤积情况及影响范围分析如下。

(一)河口淤积直接影响范围
由多年来黄河进入河口地区的泥沙淤积分配知,其淤积比例大致为陆面:滨海:外

海 = 3 : 5 : 2。显然,约有 4/5 的来沙淤积在三角洲洲面上和滨海区,其结果是使得三角洲岸线在河口尾闾不断摆动改道的不稳定状态下淤积延伸,并在三角洲前沿滨海区形成水下泥沙冲积扇。因此,河口淤积直接影响范围可通过三角洲岸线淤积延伸范围和滨海区淤积状况来加以判别。

1. 三角洲岸线直接淤积影响宽度

由刁口河流路(1964~1975 年由三角洲北部入海)淤积延伸直接影响宽度(见表 6-5)和清水沟流路(1976~1985 年由三角洲东部莱州湾入海)淤积延伸直接影响宽度(见表 6-6)知,刁口河流路淤积影响宽度为 9~30 km,清水沟流路为 12~40 km,刁口河最大年淤积宽度发生在流路初期(1965~1966 年),而由东部入海的清水沟流路最大影响宽度也发生在初期(1977~1978 年)。产生这种情况的原因,与初期两条流路尾闾均处于淤滩造槽游荡散乱阶段,入海尾闾寻找最小阻力流路而不停地摆动有关。由改道后流经洼地的开阔状况以及表 6-5、表 6-6 看出,无论是清水沟流路还是刁口河流路改道初期的岸线淤积宽度均与来水来沙关系不甚密切。待流路发展到中期阶段时,由于此时改道点以下尾闾淤滩造槽已基本形成,原来游荡散乱的河型已经取直摆动转化为单一顺直的河道,河槽冲深,滩槽差增大,故一般的中小洪水很少漫滩。因此,这一时期的河口淤积延伸便表现出与来水来沙成正比的变化,同时淤积宽度相对明显减小。随着流路河型向弯曲发展和流路流程的加长,河道比降减缓,悬河程度增大,流路逐步趋于衰亡。此时,即会产生自下而上的出汊摆动,此后期阶段的淤积宽度不仅与来水来沙量有关,而且与新河槽的海域状况有关,淤积宽度一般介于前两阶段之间。

表 6-5　刁口河流路淤积延伸直接影响宽度(0 m 等深线)

时段	1965~1966	1966~1968	1968~1970	1970~1971	1971~1972	1972~1973	1973~1974
淤积影响宽度(km)	30	28	24	13	14	9	23

表 6-6　清水沟流路淤积延伸直接影响宽度(0 m 等深线)

时段	1975~ 1976	1976~ 1977	1977~ 1978	1978~ 1979	1979~ 1980	1980~ 1981	1981~ 1982	1982~ 1983	1983~ 1985
淤积影响宽度(km)	23	26	40	36	12	20	22	21	24

2. 滨海水下淤积范围

滨海区水下淤积范围亦可用水下淤积厚度 0 m 等深线,即该线外为未淤积区来表达。图 6-11 是清水沟流路水下淤积范围。由图 6-11 及刁口河流路同样资料知,泥沙在水下的淤积范围,沿岸宽度清水沟流路一般在 27~43 km,刁口河流路在 30~40 km。与岸线淤积宽度相比,除个别年份外,后者一般要比前者多 4~10 km,这显然与滨海海洋动力沿岸输沙有关。但累年叠加的结果,一般不超过 10 km,水下淤积范围宽度最大不超过 60 km。

此外,杨作升等利用黄河沉积物中碳酸钙含量高,其含量的分布情况能反映黄河入海泥沙动向和范围的机理,并取细颗粒黏土中的碳酸钙含量进行定量分析,得到 1983 年走

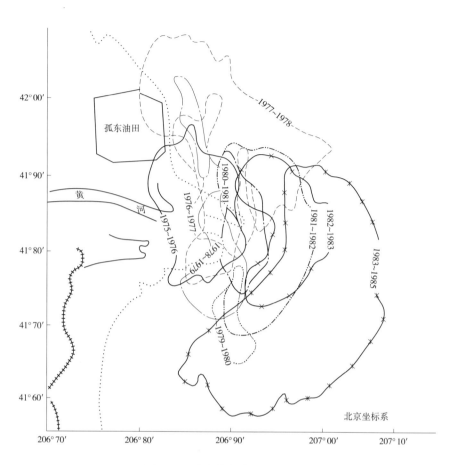

图 6-11 清水沟流路水下淤积范围

清水沟流路时的分布图(详见参考资料),文中还引用了高明德等所作 1970 年以前由刁口河入海时黄河河口区 0.01 mm 粒径沉积物中碳酸钙含量的分布图。此不同时期不同入海部位的两图,均进一步表明黄河入海泥沙中碳酸钙高含量值淤积都是舌状的,其与淤积造陆的延伸形态以及黄河大径流入海时形成的冲淡水舌形态都是相似的。

上述分析表明,黄河河口直接淤积的宽度和范围是相对有限的,一般不超过 50 km,显然,黄河从三角洲东部入海时,其直接淤积对大口河海区无任何影响是不言而喻的。当黄河从三角洲北部入海时,按黄委黄河入海流路规划,距大口河最近的流路为新合村流路,其中线距套尔河口 31 km,而大口河还在套尔河西部 20 km。因此,今后无论是黄河从三角洲东部入海,还是从北部入海,其直接淤积的泥沙都不会对大口河海区产生影响。

(二)泥沙输移扩散影响分析

上面我们分析了黄河入海泥沙的直接淤积范围,得出了河口淤积不会对大口河产生直接影响的结论。但是,黄河多年平均有 20% ~ 30% 的泥沙漂向外海,这些泥沙的去向如何,以及是否对大口河海区产生淤积影响也是人们关心的问题。

前面已论述过向深海或远离河口的海区扩散的泥沙主要受海洋动力作用,而海洋动力中对泥沙扩散起决定作用的是余流,因此余流的分布情况基本决定着泥沙扩散的去向。

影响余流的因素很多,对黄河三角洲附近海区来说,其主要有潮波系统、黄河入海径流、风、海水密度分布、海洋地形等,其中潮波系统、黄河入海径流和风是产生黄河河口附近海区余流的主要因素。

下面从影响渤海湾、莱州湾海区余流的主要因素出发,探索余流的分布,并进而论述泥沙扩散的去向及对大口河海区的影响。

1. 潮波系统对余流的影响

渤海湾潮汐主要以 M2、K1 分潮分主,尤以 M2 分潮为突出,由图 5-9 可知,进入渤海的潮波,一支绕辽东湾形成以秦皇岛为中心的北渤海潮波系统,另一支绕渤海湾形成以黄河河口为中心的南渤海潮波系统。

受上述潮波系统影响,黄河三角洲北部渤海海区,其潮流方向大部分是顺着岸线的,随着岸线的变化,往湾顶逐渐转变为向岸方向,其分界岸段约在套尔河到大口河之间。由潮流椭圆长短轴分布可清晰地看出这一点,如图 6-12 所示,图中为表层情况,一般底层与表层一致。潮流在地形作用下,特别是岸线形态和浅海地形摩擦作用,可使一部分能量转化为余流。由河北省海岸带调查资料和山东省沿岸几个代表区观测资料及表 6-7 知,在浅海中,余流一般与最大潮流方向是一致的。

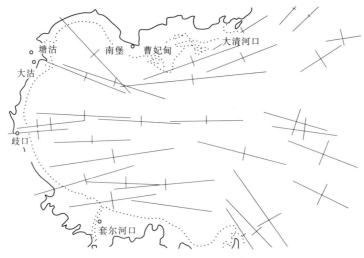

图 6-12　M2 分潮流椭圆长短轴分布

表 6-7　余流方向与最大潮流方向比较

位置	曹妃甸	套尔河口	岚山头	灵山湾	胶州湾			丁字湾	11 号桩
					黄岛	团岛	薛家湾		
最大潮流方向	SWW	NEE	SSW	NNW	N	S	E	SE	NNW
余流方向	SWW	NEE	SSW	NW	N	S	E	SE	NNW
余流流速(cm/s)	5 ~ 12	5 ~ 8	5 ~ 7	2 ~ 5	29	39	19	3 ~ 5	5 ~ 10

大量实测资料表明,渤海湾南岸黄河三角洲附近海区的最大潮流方向主要是东西向,

套尔河到大口河间逐渐转为东偏北向。在莱州湾,现河口以北的五号桩海区,由于无潮区的存在,潮汐性质与周围海区有所不同,其最大潮流方向主要指向北或东北;现河口附近海区,最大潮流方向指向南或东南,此与黄河三角洲中部海区余流指向北或东北为主,现黄河口附近则指向南或东南(见图6-13)基本相同。此表明由潮波系统引起的余流场分布,使现河口的漂沙无动力条件,输往北部海域,就是北部海域的漂沙亦是以向东北和向东方向为主,输向西部的动力是相对有限的。

图6-13 黄河三角洲附近海区余流(1984年6~8月,表层)

对于渤海湾较大面积的余流环流,近期有关观测和计算的资料表明,受左旋潮波系统控制的渤海湾存在一个反时针旋转的余流环流,此恰好与潮波一致。此表明,由潮波系统引起的余流是趋向于黄河口三角洲海域的。国家海洋局一所调查的有关余流资料表明,余流与潮波系统相一致,秋季渤海南部海域的余流方向为东南至东南东,基本与岸平行,本海区是河北省沿岸余流较强的区域,而且余流方向稳定;春季与秋季一样,都是顺岸的东南流动,只是流速比秋季减少约4 cm/s,此也很好地反映了与潮波系统一致的余流趋向。

2.入海径流扩散对余流的影响

由于入海径流在地域和时间上的不均匀性以及干流水库的修建、工农业淡水的需求量增加和近些年份降水量的偏低,因此近期汇入渤海的年水沙量有减小的趋势,河北省河流20世纪80年代以来入海径流量不及多年平均的13%。滦河多年平均入海径流量为36.4亿 m³,相对较大,但它位于渤海湾北部海岸。渤海湾南部海域入海河流,一般年平均径流量均在1亿 m³以下;较大的大口河上游的漳卫新河,多年平均入海径流量为6.52亿 m³;徒骇河的年径流入海量相对也较大,31年年平均为6.74亿 m³,但它们产生的径流扩散水舌范围均是有限的(见图6-14)。其他河流的径流很少,淡水扩散影响很小。上述河流显然形不成范围较大的径流余流。

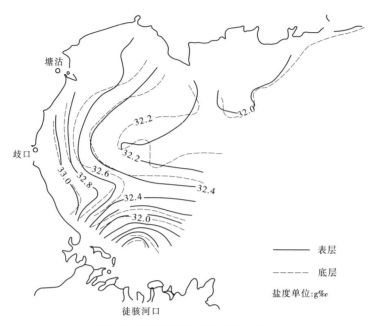

图6-14 渤海湾西南部海区盐度分布

黄河多年平均年入海径流量为417亿 m³,占渤海湾南部海区年入海水量的90%以上,如此大的径流量入海必将对河口地区海域的余流产生不容忽视的影响。

口门附近因入海径流产生的余流指向外海的情况十分明确,图5-18是1977年8月和1984年5月二次口门附近的潮流矢量。由图可知,两次测验尽管条件不同,但均明确显示出余流指向基本上为东南向,偏向于涨潮流。显然此余流特性将使黄河注入莱州湾的现黄河口漂沙离岸趋向于东南,此与黄河口"夏季的悬移质泥沙向南、东南方向扩散是主要的,向东北方向泥沙扩散浓度远较南向为小,向正北方向泥沙扩散只到37°52′附近,再往北,水中泥沙含量已经很低"的分析结论是一致的。

五号桩海区余流流速为5~10 cm/s,沿岸余流年输沙量约800万 t,基本由南向北运移通过该海区,但到达38°10′左右即转向东北,再向东南,然后从38°以南楔入岸中,构成一个顺时针方向的环流。这一特性表明,由南部海滩产生的沿岸流基本上不参加北部海域岸滩的造床活动。因此,黄河由莱州湾海域入海时,不论是入海后的漂沙,还是掀蚀该海域岸滩形成的高浓度沿海岸的漂流,对三角洲北部海区的影响均是不大的。

黄河水沙存在着年内分配的不均匀性,入海沙量和水量主要集中在汛期,因而径流扩散也势必与此有关。为了探讨径流的扩散,我们可借助于冲淡水情况来分析判断。入海径流的扩散,除与入海径流泥沙特性有关外,尚因河口尾闾边界状况不同而不同,一般情况下洪水多以射流方式呈舌状向海区扩散,其宽度取决于潮汐往复流动的距离。含沙量较小的径流则多以表层异重流形式扩散,对于含沙量较高的洪水则多发生潜没异重流,沿口门前沿较陡的斜坡在底层向外海输移。扩散的舌状冲淡水范围与流量成正比,在单一顺直河槽的中期演变阶段,易于潜入形成底层异重流,特别是洪水过程,其后舌状冲淡水相对较窄长。改道初期和后期出汊阶段入海水流散漫,淡水舌则相对宽而短些。根据刁

口河入海时,1972年9月上旬一次水文要素大面观测资料,得到表层、5 m层盐度分布
(见图6-15),可知,当时黄河河口尾闾河段处于单一河槽和河口沙嘴突出的阶段,黄河入
海流量正值一个小洪峰,洪峰时段日平均流量为3 008 m^3/s,含沙量为45.5 kg/m^3,此洪
峰以射流方式入海后形成明显的冲淡水舌,扩散方向主要是向正北,向两侧的扩散相对不
明显。这与1978年6月20日和1979年等大口河以东渤海沿岸无沿岸高浓度含沙带时
卫片所显示的各河口入海浑水以舌状射流扩散,以及资料中所述,该海区各河射流入海后
扩散主要是趋向于深海的模式都是相类似的。当然,在向岸风的作用下其扩散范围相对
要变得短宽些,但上述特性和模式不会改变,特别是具有相当流量的高浓度浑水集中入海
的黄河。由图6-15还得知,冲淡水等值线向东北方向扩散的情况是明显的。此外,依据有
限年份的统计资料,概略地得到黄河入海出流方向频率的分布情况,如图6-16所示。由北
部入海时的刁口河和神仙沟两流路均是以北向出流和东北向出流为主,进一步表明在北部
沿海入海时,扩散以北向和东北向为主,向西直接扩散的情况不多,其范围也是有限的。

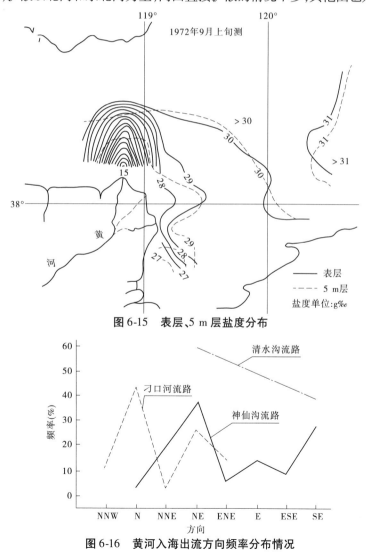

图6-15 表层、5 m层盐度分布

图6-16 黄河入海出流方向频率分布情况

黄河由不同海域入海时其径流扩散的基本形态是一致的,只是径流扩散的方向随着不同海域潮流潮汐特性的不同有所不同。由1966年8月所测黄河口三角洲氯度分布情况(见图6-17)知,当时尾闾河型正处于由散乱向归股发展的初期阶段,所以入海径流的范围相对较宽并有两个主要入流口,其出流的主流指向均偏向东北,东侧一股更为突出,值得注意的是在西股边缘处形成一个沿岸的高氯度区,此表明冲淡水向西扩散发展不明显。

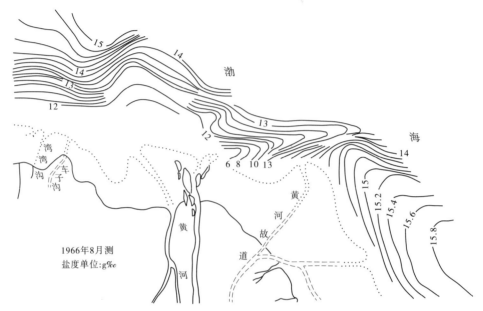

图6-17 河口滨海区氯度分布情况(1966年8月,5 m层)

中国科学院海洋所在1959年渤海湾调查报告中论及有关冲淡水问题时指出,"黄河口外终年有一低盐水舌存在,在黄河水量较小季节,舌根较宽,伸展方向为东北北,而在黄河水量大的季节,如6~8月,水舌的伸展方向遂向东北,且影响范围较大"(当时黄河由位于三角洲中部的神仙沟流路入海)。

在温度分布上亦同样反映了这种情况。"黄河水流入渤海后其主流东北向,但另外还有两支分流,一支由东或东南入莱州湾及出渤海海峡,另一支沿渤海湾南岸向西北",这一结论与由图6-15和图6-16得到的认识亦基本上是一致的。

由河北省海岸带有关盐度分布调查知,在渤海湾南部海域天津新港附近沿岸,由于入海径流很少,平面的盐度分布季节性变化相对很小,多处在高盐度状态,向西南只有套尔河口附近在夏秋季才出现一个小淡水舌,其横向扩散也是不明显的。

综上所述,黄河三角洲附近海区,入海径流主要来自黄河,其大量淡水的注入,无论是从三角洲东部入海还是从北部入海,径流扩散所引起的余流均主要是向湾口方向移动,由此而引起的泥沙扩散也与上述方向一致。尤其渤海湾南部海区,泥沙很少直接向西扩散,其主要是向东扩散。

3.风对余流的影响

由风引起的海水流动叫风海流,也可称为风生余流。多数资料表明,黄河三角洲附近海区余流与风关系密切。

由1983年12月9日的一次大风过程G4站的同步观测资料(见表6-8)可以看出,余流方向除底层相差相对较大外,其余各层的余流流向与风向基本上是一致的。此外,在D1站(38°05′N,118°58′E)进行的较长时间的风与余流观测,发现其方向也是一致的。河北省海岸带1984年调查资料也表明表层余流与风的关系较为密切。我们按8个方位统计了余流与风的夹角关系(见表6-9)知,偏角在0°~90°的占37.5%,说明有1/3以上偏于风海流理论偏角的左右45°之内。值得提出的是,这些资料观测站多分布在近岸浅海区,受地形及岸线变化的影响较大。因此,尽管有些是由风产生的,但也不能都按风海流理论夹角反映出来。如果我们认为在这些因素影响下,偏角在-90°~90°的余流受风的影响,那么偏角在此区间的出现率达到62.5%。此充分表明,渤海湾海区余流受风的影响还是较为显著的,尤其在强风和风向持续稳定的情况下,这种余流表现得十分突出。

表6-8　G4站风与余流同步资料(G4站:38°18′N)

	风向(°)	150			
余流	水深(m)	0	5	17	底层
	流向(°)	141	146	188	200
	流速(cm/s)	20	15	7	4

表6-9　表层余流与风的夹角关系

夹角(°)	-180~-135	-135~-90	-90~-45	-45~0	0~45	45~90	90~135	135~180
出现次数	3	1	3	3	4	5	1	4
出现率(%)	12.5	4.2	12.5	12.5	16.7	20.7	4.2	16.7

风不仅产生余流,而且由其形成的波浪还可使淤泥质岸滩泥沙掀扬,并随潮流和余流运移。因此,风也对泥沙扩散具有重要的影响。依据有关风向的统计资料知,黄河河口和大口河两地由于距离较近,所以强风向和常风向两地相差不大(如表6-10所示)。由黄河河口累年各级各向风频率知,4级以下的风,最大频率的风向为西南风,其次为南风,而6级以上的强风则以东北东和北北西较为突出。

表6-10　大口河及黄河河口累年各季风向统计

季节	冬(12月至次年2月)		春(3~5月)		夏(6~8月)		秋(9~11月)	
站名	大口河	黄河河口	大口河	黄河河口	大口河	黄河河口	大口河	黄河河口
强风向	ENE、NNW	NW、ENE	EN	SW	ES、E	ENE	EN、WN	
常风向	NNW	WNW	SSW	ENE、ES	ESE	ES	SSW	SW

由于黄河的径流泥沙主要集中在汛期,特别是 8 月、9 月入海,其他月份相对不多,因此风对入海泥沙直接扩散的影响是因地不同的,一般直接影响是不大的。另外,对入海泥沙输移扩散影响较大的时段还有汛后到渤海形成岸冰前的这一时段,因为这期间入海的细颗粒泥沙有一部分固结不了,易于被风浪和潮流掀扬后输移。当渤海湾岸冰形成后,岸滩泥沙的掀扬和输移将大为减弱,并有利于岸滩泥沙沉积固结,这样就使得同样风力潮流下的春季输沙明显减少。这一特性可减弱黄河河口泥沙在春季强风东北风作用下向西的输移。

由各月各风向频率知,黄河河口全年以西南风最为突出,一年中有 8 个月出现的频率较大,有两个月次之。9 月、10 月两月西南风明显为主,7 月、8 月两月风向变换较大,E、ENE、SE 和 SW 出现的频率均相差不多。此情况表明,黄河汛期大量泥沙入海直接扩散时,在以西南风为主的作用下,其流向应为东北,此与径流扩散的余流资料是一致的。7 月、8 月由于风向不稳定,故形不成定向的直接扩散。11 月常风向和强风向开始转为西北后,直到岸冰形成前均以西北风为主,此对于刚刚入海尚未固结的漂沙输移的影响相对较大,但由此引起的掀沙形成的沿岸浑浊带在风余流和潮波系统形成的余流影响下,主移方向是向东,即移向黄河三角洲沿岸。

综上所述,由风引起的泥沙扩散,在黄河入海泥沙多的汛期到岸冰形成前最易扩散输移的时段风余流是以东北和东向为主,个别月份风向不定,形不成明显的风余流。强劲的东北风可以形成沿岸泥沙的西移,但此多发生在岸冰形成和消融后的春季,此时黄河入海泥沙已大部分向外海扩散,或者相对固结了,加上此时黄河入海泥沙最少,因此风对泥沙直接扩散的影响相对是不大的。

第四节　黄河入海泥沙对海港影响分析

一、入海泥沙对黄骅港的影响分析

通过以上分析我们知道,黄河入海泥沙的淤积和扩散由于影响因素众多、随机性大,因而其演变发展是一个极其复杂的过程。短时段的直接淤积尚有部分测验资料可用来进行分析判断,对于入海泥沙的直接扩散和较长时段的间接扩散,由于测验资料的缺乏和不同步性,加上风浪可掀起大范围的就地岸滩泥沙参加输移,故情况更加复杂和难以进行大范围的定量分析。

由三角洲东部海岸莱州湾入海的现黄河河口,有关入海泥沙淤积和扩散的大量观测资料表明,70% 多的入海泥沙淤积在河口滨海区前沿和三角洲洲面上,20% 多的相对较细的泥沙扩散向外海,其方向主要是向东南,其次是向东北的渤海海峡。图 6-18 是现黄河河口 1981 年 7 月所测悬移质含沙量表层及 5 m 层分布情况,由图知表层和深层含沙量大小与分布趋势基本上是一致的,此扩散趋势与冲淡水扩散分布趋势也是一致的。

1983 ~ 1984 年海港断面 B4 站悬移质含沙量变化如表 6-11 所示。

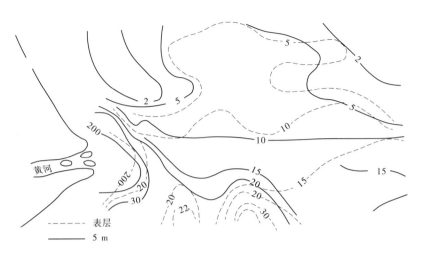

图 6-18 黄河河口悬移质含沙量分布情况 (单位:mg/L)

表 6-11 1983～1984 年海港断面 B4 站悬移质含沙量变化

| 项目 | | 冬时段(12 月至次年 3 月) | 夏时段 | | | | | 过渡月 | 夏时段/冬时段(%) |
			6 月	7 月	8 月	9 月	平均		
不同深度含沙量(kg/m³)	0 m	0.061	0.010	0.004	0.009	0.010	0.009	0.041	14.8
	5 m	0.072	0.012	0.005	0.010	0.011	0.009	0.051	12.5
	10 m	0.080	0.015	0.005	0.011	0.011	0.010	0.068	12.5
黄河入海沙量(亿 t)		0.393	8.951					0.195	2 278
涨落潮输沙量(万 t)	涨潮	5.257	0.615					3.947	11.7
	落潮	5.257	0.615					3.947	11.7

由表 6-11 知,一个潮周期过程涨潮流与落潮流的输沙量完全是等量的。这一特性表明,悬移质含沙量并不随潮流流速周期性的大小改变而出现较大的变动。这是由于悬移质含沙量小且泥沙的颗粒细,在潮流流速转向的约 3 h 内沉淀不下来,即转为高速输沙状态。此特性由表 6-11 中的表层、5 m 层和 10 m 层的含量相差不大也得到了证实。

此外,表 6-11 也表明,在黄河大量径流和高浓度泥沙入海扩散的夏时段,入海沙量为冬时段入海沙量的 22.78 倍,而通过位于黄河河口以北约 40 km 的五号桩附近断面同一个潮周期的输沙量正好相反,夏时段的输沙量仅为冬时段的 11.7%,夏时段的平均含沙量仅 0.01 kg/m³,而同期黄河入海径流的平均含沙量为 21.3 kg/m³,此进一步显示出黄河入海泥沙扩散与该海区输沙没有直接的关系。夏时段的输沙量并不是黄河入海泥沙直接扩散的,其中主要部分是附近岸滩的早期沉积物为风浪冲蚀掀扬后而输移的。此情况表明,黄河大量的入海泥沙主要的扩散方向是指向外海,向两侧扩散的不多,特别是向北的沿岸扩散更是极少,一般均达不到位于湾口的五号桩海区。显然,黄河由莱州湾入海的情况下,黄河入海扩散的泥沙不可能绕过渤、莱两湾湾口再向西输移,这是因为一方面无黄河入海泥沙的直接沙源;另一方面从上述引起泥沙扩散的因素和影响余流场分布的动力条件上看,在渤海湾南部黄河三角洲附近海域,由潮波系统引起的左旋余流环流、指向渤海海峡的径流扩散和风况等均无定向西移的条件,与此相反,此扩散动力条件是趋向于东和东北的。因此,黄河由莱州湾入海期间在既无沙源又无动力向西输移的情况下,完全可以排除黄河对大口河海区的影响问题。

据最近有关河口流路规划的分析计算知,如充分使用目前的清水沟流路改道标准防洪水位为西河口站大沽高程13 m,清水沟流路可维持到2025年左右,加上使用十八户流路,则总使用期可达到2035年左右,显然在近50年期间黄河不会对大口河海区产生任何直接或间接的扩散影响。

大家还比较关心的是几十年以后当南部海域使用已达到改道标准需改由北部海域入海时是否会产生影响的问题。分析表明,黄河汛期挟带大量泥沙入海是产生淤积扩散最激烈的时段,其状况对直接淤积和扩散有着决定性的作用,此时段黄河入海洪水泥沙多是以射流的基本方式扩散输移,其趋势性的输移方向主要是向外海,向两侧沿岸的扩散相对是微弱的,有关入海径流扩散的观测资料均证实了这一点。部分<0.01 mm的细颗粒泥沙可散聚在河口沙嘴两侧的小范围的回旋流中随潮流往复旋移并沉积,形成群众称之为"烂泥湾"的河口浮泥集聚区,其基本模式如图6-13所示。随着河口沙嘴延伸发展,此旋转流和"烂泥湾"相应不断变换着位置,一旦河口摆离该部位时则此状况将因无泥沙补给而逐渐消失。这部分泥沙中的大部分将沉积固结在沙嘴之间的凹滩上,小部分将随潮流逐渐扩散到外海后沉积,但此部分泥沙数量远比汛期扩散的数量小得多。这一扩散模式在北部渤海湾海域同样是相似的。

由渤海湾南部海域大面积的表层余流分布情况(见图6-19),结合冲淡水及余流的资料,可知这与潮波系统引起的余流场、渤海南部海域逆时针(左旋)和环流场大体是一致的,即在渤海南部海域余流的主要趋向是向东。又由于黄河三角洲附近海域由黄河入海径流引起的扩散是指向东北的渤海海峡,加之黄河汛期大量泥沙入海期间7月、8月风向不定,9月、10月以西南风为主,秋后到初冬形成岸冰前又以西北风为主形成风余流,黄河由北部海域入海时其扩散的主要方向不是沿岸向西,而主要的动力均是趋向于黄河三角洲和东北方向。此外,我们亦可借助于黄河北部滨海区断面测验资料进行论证。图6-20是1966年、1975年和1980年三次实测断面资料。1号断面位于东经118°20′附近的湾湾沟口外,距1964年、1965年的入海口仅约10 km,刚好位于河口直接淤积的边缘,向东依次为3号、5号和7号断面,各断面的间距为10 km。由图知,由改道刁口河初的1966年到改道清水沟前夕的1975年的10年间,位于刁口河沙嘴部位的7号断面三角洲前沿向外海延伸了近20 km,往西的断面延伸的长度越来越小,到1号断面基本上没有显示出淤积的影响。1976年改道清水沟由东部海域入海后,该岸段因无沙源不仅停止了延伸,而且稍有侵蚀后退。位于河口边缘的1号断面变化不大的情况不仅证实了黄河由北部海域入海时主要扩散是向外海和东部,向西扩散的范围和数量是有限的,同时也表明由东部入海时的入海泥沙不会对北部海域产生影响。这为我们认识评价黄河由北部或东部入海时对大口河海区不会产生显见影响亦提供了有力的依据。

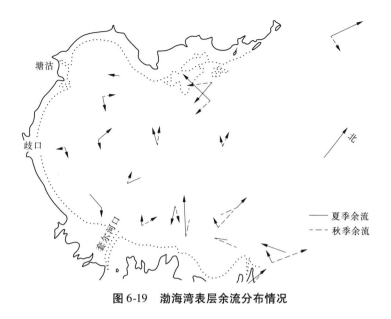

图 6-19　渤海湾表层余流分布情况

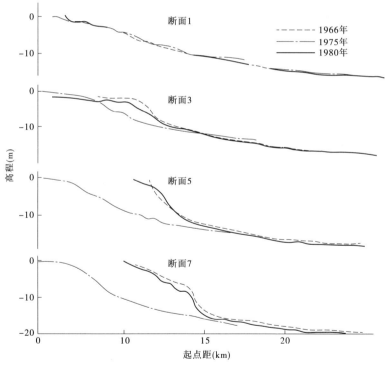

图 6-20　黄河三角洲北部滨海区剖面地形变化

　　利用卫星照片进行悬沙分布的分析工作,因其视角大,可直观反映多层次变化和易于获得,故越来越得到重视和广泛的应用,其缺点是图像只反映拍摄的瞬时情况。因此,如何判读卫片和对其解释是至关重要的。值得提出讨论和注意的是,在分析判读淤泥质海岸的输沙,特别是在论证黄河入海泥沙扩散问题时,应将黄河入海泥沙的扩散体与风浪掀起的当地浅海岸滩泥沙形成的浑浊带加以区分,否则将造成错误的概念和认识。众所周知,黄河自1855年改由山东入海后苏北废黄河口附近滨海几乎完全断绝了入海沙源,但我们从有关的卫片如1973年4月24日、6月17日和1981年1月17日等多次所测卫片上,均可见到大范围的悬浮淤泥的浑浊带,这无疑是风浪侵蚀岸滩掀扬的结果。

显然,对由淤泥质构成的渤海湾南部海域和莱州湾沿岸形成的浑浊带,决不能简单地用其是黄河入海泥沙扩散形成的来加以解释。

天津海岸带开发咨询服务公司和中国科学院遥感应用研究所在其《利用陆地卫星资料研究海河口和大口河口的悬浮泥沙分布》一文中曾引用三次卫片资料,用来论证黄河入海泥沙的扩散影响,并据1975年3月卫片得出"泥沙悬浮流由渤海湾南岸向西北扩散,可到达渤海顶"的结论,据1978年3月卫片得出"浓度较高的黄河泥沙流(推测含沙量为100 mg/L左右)这时仅能到达狼坨子一带,极少量可以达到歧口。这说明黄河改道以后,其泥沙对大口河仍有严重影响,但比改道前有所减弱"的结论。我们对此有不同认识。

三张卫片拍摄时的情况和报告提供的预估含沙量以及依卫片粗估的悬沙浑浊带长宽范围列于表6-12。

表6-12　卫片情况一览

卫片日期 (年·月·日)	黄河水情	风况		潮差 (m)	浑浊带高浓度区状况		
		风力	风向		沿岸长(km)	宽度(km)	含沙量(mg/L)
1975.03.11	枯水期	6级	西北	0.80	150	12	
1978.03.13	枯水期	1级	东北	2.10	120	15~20	100

依卫片资料粗估的浑浊带沙量与计算的卫片拍摄时黄河入海流路及部位和前几天的黄河可能输向外海的沙量列于表6-13。

表6-13　卫片浑浊带沙量与同期黄河向外海输沙比较

卫片日期 (年·月·日)	粗估悬沙带沙量 (万t)	相应于卫片日期前黄河入海沙量(万t)			黄河流路及 入海部位
		1 d	2 d	3 d	
1975.03.11	102	0.85	3.40	6.39	刁口河入渤海湾
1976.09.19	750	102.09	332.04	598.67	清水沟入莱州湾
1978.03.13	263.5	10.09	0.37	0.67	清水沟入莱州湾

道理很简单,判别黄河入海泥沙的扩散输移影响必须具备两个条件,一是要有足够的黄河入海沙源,二是要有长距离扩散输移的动力。有关输移动力问题前面我们已经论证了,即使是在巨量泥沙入海扩散的情况下,当黄河由东部海域莱州湾入海时,也根本没有向北绕过湾口再往西扩散输移的可能。由表6-13知,报告所引用的1976年9月和1978年3月两次卫片入海的沙量相对是十分有限的,1978年3月5天的可能外输的总沙量仅有0.67万t,只及浑浊带沙量的几百分之一,二者是极不成比例的。1976年9月处于黄河汛期,入海沙量相对大些,但因其正值刚刚改道清水沟而受两侧原河口沙嘴的隐蔽影

响,当年的入海泥沙主要都淤积在三角洲洲面上和滨海前沿,只有约12%的泥沙输往外海。显然,此二次卫片中的悬沙浑浊带不是黄河入海泥沙形成的,只能是风浪潮流掀动当地岸滩泥沙所致。

至于1975年3月由北部渤海湾入海时的情况,因此时间正处于黄河的枯水期,由表6-13知,入海的沙量仅为浑浊带沙量的几十分之一。重要的是从同步风况知,当时的风向来自西北,风力为6级强风,在天津海河口附近风向来自陆地,故风浪掀沙作用较小。随着海岸线方向的变化,到歧口以南风向逐渐从平行岸线转到向岸,卫片形成的浑浊带由北逐渐向东南加宽,正与此相应。显然此浑浊悬沙带是当地岸滩掀沙的结果。此外,在较强的西北风作用下形成的东南向的风余流,与潮波系统形成的渤海湾南部海域顺时针(左旋)和余流环流相叠加,不仅使黄河入海的少量泥沙没有向西输移的可能,恰恰相反,为风浪掀起的大量的岸滩泥沙在风和潮波系统余流的作用下正输向黄河三角洲沿岸。

因此,我们认为在黄河由莱州湾入海近50年内入海泥沙根本不可能对大口河海区产生任何影响,即使黄河改由三角洲北部海域入海时,由余流场的分布状况和现有泥沙扩散资料分析知,黄河入海泥沙也不会对该海区构成威胁和造成显见的影响。

二、入海泥沙对黄河海港的影响分析

(一)入海泥沙输移分析

黄河入海泥沙除陆上和滨海淤积外,尚有约1/4的相对较细颗粒的入海沙量随着径流和潮流以底部异重流或表层异重流的形式输往河口观测范围以外。底部异重流多发生在汛期高含沙量大洪水入海过程,并时而伴随有沙嘴前沿淤积体滑塌形成的重力流,底部异重流输沙的距离远而且数量大,往往使渔民在距河口相当距离海域设置的张网来不及收取而淤埋于海底。黄河洪水期间在现场观测过程中,会经常看到或穿越已经外移了的入海高含沙底层异重流的潜没区,该潜没区是一条集聚着由漂浮入海的芦苇根为主和泡沫等组成的带状体,并有众多海鸥在此潜没区飞翔觅食,区内外的含沙量浑清分明。此与水库洪水底层异重流潜没区的情况完全相似,但受潮汐潮流影响在河口的范围是左右摆动和大得多的。遗憾的是,受涨落潮流不定和边界开阔等条件的影响难以对其进行深入的观测研究。表层异重流则多发生于相对低含沙量相对较小的洪水或非汛期期间,表层异重流形成的舌状淡水体在卫片上的反映清晰,先后洪水形成的舌状体含沙量的层次分明,一般由河口沙嘴附近滨海卫片灰度上可以区分出三个不同含沙量的分界线。在河口汛期观测过程中,由河口的高含沙区到外海的清水区之间,同样经常要经过一或两个含沙量梯度明确的分界线,此表明一场洪水中较细颗粒泥沙的扩散和沉积是需要相当时间的,此部分泥沙中的大部分将输往较远的外海及其两侧沿岸。在黄河海港测验断面上曾测得过两个低盐高泥沙舌,"此低盐高泥沙舌,在5m等深线层上还可以看到,在10m等深线层上这两个舌状物消失了,代之以混为一体的高泥沙区"。形成此低盐高泥沙舌的"唯一原因是黄河水扩散到莱州湾之后,受到风和流的作用,再次向北扩散"。此表明在入海泥沙以向东南运移为主的条件下,随着西南向东北方向的落潮流和同一方向的余流,漂沙沿海岸有时向北输移的情况仍然是存在的,但此部分的输沙量相对较少,不是构成港口淤积泥沙的主要来源。此外,还有一部分泥沙在河口大沙嘴两侧形成较大面积的浮泥集聚区,即通常所谓的烂泥和可供船只避风的太平湾。一旦河口沙嘴摆动改移无泥沙来源补给，该烂泥将逐渐扩散或固结而消失。还有一部分则随潮流和余流沿岸滩向两侧运移，从而形成沙嘴附近较远距离岸滩、潮沟和排水沟河的淤积。从清水沟沙嘴北侧海域的落潮流和余流的方向都是从东南向西北及一般落潮流流速大于涨潮流流速的特性看，当清水沟尾闾 1985 年前由中部和左侧入海时，入海的泥沙会对黄河海港产生直接的淤积影响，除 1978 年和 1979 年短时段河口距五号桩过近且影响较大外，一般情况下数量不大，对海港构不成严重影响。

为修建黄河海港，1985 年和 1986 年曾进行过大量的各方面的观测研究，由河势演变情况知，该时段河口沙嘴正处于向东南偏转，径流余流指向东南；沙嘴淤沙部位多在 24 断面以南，因有河口大沙嘴的遮挡，故一般不会受黄河入海泥沙的直接影响。黄河海港海域运移着的泥沙可以认为主要是附近岸滩在风浪和潮流掀扬作用下形成的。1986 年以后到 1996 年 6 月人工实施改汊淤地造陆采油工程前，清水沟大嘴虽略有趋中，但基本上仍然位于远离海港的 24 断面以南的部位。1996 年 9 月清水沟流路沙嘴和改汊后新入海口的形势如图 6-21 所示。

图 6-21 1996 年 9 月清水沟流路沙嘴及改汊后新入海口的形势

黄河海港附近海域有关泥沙的观测多在 1983～1986 年期间，此时段清水沟入海口逐渐南移，入海泥沙的直接影响相应逐渐减弱。1983～1984 年海港断面 B4 站悬移质含沙量观测的结果（见表 6-14）表明，在黄河有大量径流泥沙入海扩散的夏时段，同时段入海沙量为冬时段的 22.8 倍，但通过位于五号桩海域 B 断面一个潮周期的输沙量正好相反，夏时段仅为冬时段的 11.7%；夏时段断面平均含沙量约为 0.01 kg/m³，而同期黄河入海径流的平均含沙量为 21.3 kg/m³。显然，在尾闾单一顺直演变阶段入海河口沙嘴远离港区时,该海区的含沙量与黄河入海泥沙没有直接的关系,其含沙量主要是该海区附近海域的岸滩为风浪和潮流冲蚀掀扬所致。有关资料表明,黄河入海径流泥沙可以扩散到该海区,但数量和影响不大。

表 6-14   1983～1984 年海港断面 B4 站悬移质含沙量统计

项目		冬时段	夏时段	过渡月	夏时段/冬时段(%)
不同深度含沙量 (kg/m³)	0 m	0.061	0.009	0.041	14.8
	5 m	0.072	0.009	0.051	12.5
	10 m	0.080	0.010	0.068	12.5
一个涨潮期输沙量(万 t)		5.257	0.615	3.947	11.7
一个落潮期输沙量(万 t)		5.257	0.615	3.947	11.7

国家海洋局第一海洋研究所 1985～1986 年在该海区也进行了大量的现场观测和研究工作。观测桩和地形测量资料均表明,该海区浅海岸滩处于冲蚀后退状态,而且非汛期相对严重。该海区潮流流速较大,表层最大流速可达 130～135 cm/s,底层也有 80～90 cm/s。上述流速使由粉沙组成的岸滩或浮泥层十分容易起动,一般风浪和海流即可形成相当范围的浑水区,在无风和 3 级风以下时,浑水线在 -2～-3 m 等深线以浅,5 级风以上持续时间较长的向岸风或离岸风均可造成 -10 m 等深线以内大面积的浑水区。不同月份有关含沙量观测的资料如表 6-15 所示。由表不难得知,该海区含沙量同样是汛期的 7 月相对最小,而非汛期的含沙量相对较大,此同样表明该海区的含沙量主要是岸滩泥沙为风浪和潮流冲蚀掀扬所致。此外,表层含沙量低、底层含沙量高的情况明显,二者比值一般在 1:1.4～1:2.0。同时近岸部位的含沙量相对高些,但各深度相差不大。

表 6-15   五号桩海区各站位悬移质含沙量统计

站位	水深 (m)	表层含沙量(kg/m³)				底层含沙量(kg/m³)				表底比
		4 月	7 月	11 月	平均值	4 月	7 月	11 月	平均值	
1	4.5	0.554	0.039	0.598	0.397	0.826	0.091	0.760	0.559	1:1.41
3	5.0	0.203	0.030	0.456	0.230	0.486	0.048	0.539	0.358	1:1.56
4	10.5	0.381	0.025	0.402	0.269	0.682	0.055	0.677	0.471	1:1.75
5	15.5	0.201	0.012	0.236	0.150	0.514	0.047	0.348	0.303	1:2.02
6	4.5	0.193	0.023	0.369	0.195	0.295	0.056	0.480	0.277	1:1.42
7	10.5	0.346	0.030	0.321	0.232	0.663	0.043	0.466	0.391	1:1.69
11	10.5	0.167	0.014	0.220	0.134	0.378	0.047	0.365	0.263	1:1.96
平均值		0.292	0.025	0.372	0.230	0.549	0.055	0.519	0.374	1:1.63
与 7 月比值		11.68	1	14.88	9.20	9.98	1	9.44	6.8	

值得提出的是,国家海洋局第一海洋研究所所测含沙量资料较胜利油田港口建设指挥部资料汇编中所测含沙量(见表6-14)相差较大。以4月、11月过渡月为例,前者表底层含沙量平均值为0.443 kg/m³,而后者仅为0.195 kg/m³,二者相差2倍多;7月二者相比,国家海洋局一所资料为0.04 kg/m³,而汇编资料为0.004 67 kg/m³,二者相差8倍多。此对于估算港口和航道的回淤量相差将是十分显著的。为此,需进一步旁证落实。

　　依据观测断面悬移质含沙量和潮流量计算的4月、7月和11月平均单宽日输沙量分别为16.61 t/(m·d)、4.91 t/(m·d)和18.715 t/(m·d),按断面长度10 km计,则日输沙量分别达到16.61万t、4.91万t和18.725万t。此较大数量的泥沙在不破坏该海区自然条件下可以在港区附近往复运移,不仅不造成淤积,而且-10 m以上浅海区一般还处于冲刷侵蚀状态。但是一旦筑堤建港拦截潮流或深挖航道港池时,此部分泥沙则可能造成严重影响。另据现场观测资料和潜水观察知,五号桩海域地势十分平坦,水深小于1 m的海域有3~4 km长,由于陆岸和浅滩处于冲蚀状态,一般滩底为早期沉积的硬泥,未发现近年入海的新淤积物存在。在-10~-15 m海区普遍有浮泥存在,而且很厚,浮泥上方20~30 cm范围的水体为浑水,含沙量较高,这是刚刚悬扬后正在沉积尚未固结形成浮泥的情况。"这些浮泥不是沉积物质,而是运动着的推移质。由于浮泥很厚,推移运动的泥沙量是很大的,一个潮周期后取上捕沙器,发现捕沙器内充满了泥沙。平均捕获的沙量为50 g/(cm²·d),为石臼所海区捕获沙量的500倍。我们曾挖长5 m、宽2 m、深1 m的试坑,结果7 d就完全淤死"。使用单缝式捕沙器无法解决净推移量和推移输送方向问题,"1984年,我们采用双向单缝捕沙器捕集推移质,发现泥沙净输送方向的确是向西北的"。此与该海区余流、落潮流和岸滩冲蚀过程的顺时针环流输沙的特性是完全一致的。

　　位于海河口淤泥质海岸的塘沽新港淤积的经验表明,悬移质的淤积并不是可怕的,影响较大的是大面积的浮泥。浮泥是指经大风浪掀扬或入海的悬移质泥沙,在风停或潮流转换憩流时,下沉集聚于硬质的海底上的一层未固结的高浓度的浑水体。浮泥的比重一般较小,据浮泥起动试验和浮泥悬扬起动流速公式计算知,涨落潮流平均流速在45 cm/s左右时,一般浮泥即可全面悬扬起动冲刷。特别是在有较大风浪的条件下,浮泥不仅更易于起动掀扬,而且比重较小,未完全固结的浮泥尚可沿着风浪和潮流的方向产生蠕移现象,即大面积的未悬扬的底部浮泥普遍以蠕移或推移的方式运移,此种浮泥的运移往往形成严重的骤淤,给港口和航道带来难以估量的影响。本海区由附近岸滩形成的大面积厚层的浮泥运移的主方向指向港口,而且数量巨大,改走北汊或不改走北汊对黄河海港的回淤都是严重的和非常不利的,对此应予以高度的重视。

(二)入海泥沙对黄河海港影响分析

1.清水沟流路改走北汊前的影响问题

　　上述分析表明,清水沟流路除1977~1979年尾闾口门向左摆动到最北端的五号桩附近,淤积边缘约在18断面,距黄河海港不足10 km时,入海泥沙对黄河海港海域有明显直接影响外,其他时段的影响一般均较小。特别是1985年开始建港以后到1996年改汊造陆采油工程实施前,由于清水沟沙嘴南偏和淤积部位均在23断面以南,淤积边缘距黄河海港约50 km,虽然清水沟沙嘴北侧海域的余流、落潮流和岸滩冲蚀过程的顺时针环流的方向是指向西北经过海港海域,但因入海泥沙淤积和扩散的主方向是向东南,故入海泥沙直接影响的比重是很小的,完全可以忽略不计。黄河海港淤积的泥沙主要是风浪和潮流侵蚀岸滩形成的高含沙浑水体随潮流往复运移于该海区或大面积的厚层浮泥的推移所致。

此情况表明,在淤泥质岸滩特别是在新淤积物组成的岸滩建港,即使无黄河新入海泥沙的直接影响和岸滩处于冲刷侵蚀状态,巨大的潮流日输沙量和经常发生的风浪与潮流综合形成的高浓度流以及浮泥的推移,均可造成该海区的港口和航道的严重淤积。实践表明,应该转变侵蚀性海岸适于建港和黄河河口暂时远离港口即可建大港的概念,以免显而易见的被动及造成不必要的浪费和损失。

2. 改走北汊后的影响问题

北汊是清水沟流路唯一有一定走河能力的汊河流路,其海域介于清水沟大沙嘴和三角洲中部老神仙沟口之间,海域相对较深,海洋动力较强。依据清水沟流路发展趋势和分析计算知,改走北汊后,在不同来水来沙条件以西河口站 10 000 m³/s 水位不超过 12 m 作为改道标准时可保证行河 8～11 年。清水沟流路改走北汊后,由于改走北汊流路既具有自然出汊的特征,又有人工干预进行流路改道的性质,1996 年清 7 断面以下实施人工出汊造陆采油工程后,虽然出汊点位于清 8 断面附近,较原规划出汊点稍偏下,由 1996 年 9 月形势看,该改汊工程实际上可以认为已经改走北汊了。原规划的清 7 改汊的沙嘴发展主方向和已实施的清 8 造陆采油工程沙嘴发展主方向(垂直于 1992 年地形等深线),二者相差仅 8.3 km,分别距黄河海港断面轴线为 33.3 km 和 41.6 km,如图 6-22 所示。在一般水沙条件下其出汊点以下尾闾河段的演变过程一般仍将遵循游荡散乱—归股—单一顺直—出汊—出汊点上提大出汊的演变过程,即同样将经历初、中、后期三个演变阶段。水位变化亦将相应表现为改汊当年水位下降,而后回升,中期水位持续下降,至后期又开始淤升的发展特征。

1996 年清 7 断面以下实施人工出汊造陆采油工程前,利津站 1995 年 3 000 m³/s 水位已达到 14.26 m,相应西河口站 10 000 m³/s 水位已超过 12 m,清水沟流路北汊的使用年限主要是以低于西河口站 10 000 m³/s 水位 12 m 的标准为依据的。因此,当北汊需要改道时,西河口上下河段的水位将大体与 1995 年时的水位相当,因而北汊的走河年限受到限制。此时如决定再次使用清 7 以下老清水沟流路故道,虽然老沙嘴有所蚀退,但主要是水上部分,起控制作用的 0 m 线一般变化不大。由于老沙嘴口门海域的条件相对最差,断流后老河槽萎缩严重,加之破口不彻底等,届时的过流条件可能还不如改汊前的老流路。显然近期和远期均无使水位进一步稳定冲刷下降的条件,人为归故后水位在改汊前的基础上势必继续升高是容易理解的。

鉴于改走北汊流路后,新尾闾经过三大演变阶段充分走河,水位再次回升到 12 m 时,该海域相应 12 m 以下的容沙体积的绝大部分将被淤满,已无改走北汊 2 流路的条件和可能。只有当改道水位标准提高到 13 m,并采取工程措施保持北汊 1 流路相对稳定发展,使其流路长度在进行改汊时缩短的距离足以形成明显的溯源冲刷和水位下降时,改走北汊 2 方有意义。考虑到改道水位标准提高到 13 m 时黄河下游河道需全面加高大堤、改建沿河引黄和穿黄设施等,实施的难度很大,且为时较远,此将在河口三角洲未来流路安排总体规划时分析论证,近期难予考虑。

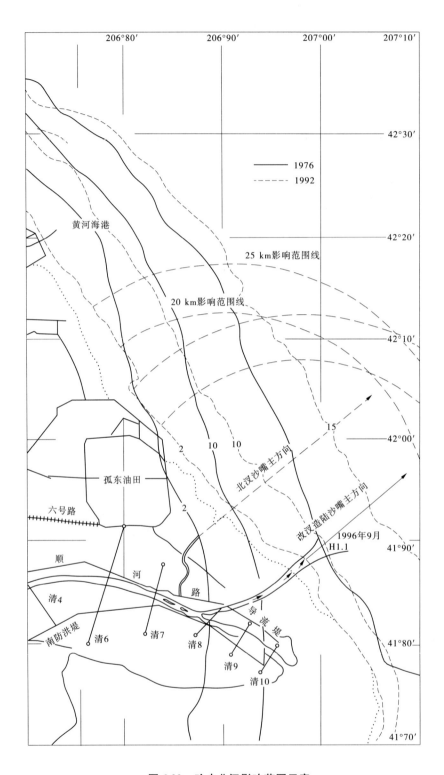

图 6-22　改走北汉影响范围示意

考虑到改汊后,新尾闾流路走河初期仍将游荡摆动,依刁口河和清水沟流路较粗泥沙淤积影响范围一侧 20～25 km 计,绘得影响范围(见图 6-22)。由图知,按目前 1996 年清 8 改汊考虑,25 km 最大影响范围边缘和 20 km 影响范围边缘距黄河海港轴线分别约为 17.1 km 和 22.1 km。显然,向北摆动过程淤积的较粗泥沙不会直接淤积影响到黄河海港海区。该时段入海的细颗粒泥沙将会扩散到海港海区,但时段不长,与该海区当地因风浪和潮流掀沙及浮泥量相比,直接淤积量和影响都是相对有限的。

若按规划近期人为使改道点上提到清 7 原北汊部位,沙嘴延伸的主方向将向左移 8.3 km,直接淤积影响边缘距黄河海港轴线分别约为 8.8 km 和 13.8 km,鉴于落潮流和余流自东南向西北的不利作用,此时的淤积影响较前者将有所增加。但考虑到摆动到最北边缘的时段不会很长,汊河流路仍将以走中部主流路为主,故此影响与岸滩掀沙比同样是次要的、短时段的和有限度的,不会造成永久性的严重淤积。

假若清水沟流路使用水平提高到西河口站 10 000 m³/s 水位 13 m 的标准再行改道,汊河流路水位将在现使用条件下上升到一个新的台阶,届时河口沙嘴延伸的长度和汊河尾闾摆动的幅度与范围均将相应明显加大,可以想象其影响将是相对严重的。考虑到改道水位标准提高到 13 m 时实施的难度很大,且为时较远,故其影响问题未予考虑,有待下一步分析研究落实。

第五节　河口断流尾闾回淤影响分析

一、断流情况及回淤泥沙来源

黄河河口断流期主要发生在汛前的 3～6 月,据统计,自 1972 年出现断流到 1995 年的 24 年间,河口有 18 年发生断流,累计断流天数共计 522 d,平均每年断流约 22 d。1991年后断流情况明显加剧,年均多在两个月以上,而且此期间发生了极少见的汛期 8 月断流的情况。东营市现有引黄涵闸 9 处 13 座,虹吸管 24 条,抽水站、船 29 处,灌溉面积 14.3 万 hm²,无疑断流不仅影响东营市的工农业正常供水,而且将造成尾闾近口河段的回淤。各年断流情况如表 6-16 所示。

表 6-16　黄河河口(利津站)各年断流情况统计

年份	1972	1973	1974	1975	1976	1977	1978	1979	1980	1981	1982	1983
断流天数(d)	18	0	18	12	5	0	6	19	8	32	9	4
年份	1984	1985	1986	1987	1988	1989	1990	1991	1992	1993	1994	1995
断流天数(d)	0	0	0	15	4	19	0	13	83	64	71	122

断流期间,河口回淤的泥沙不外乎是河口附近海域潮流挟带的泥沙在潮汐的作用下进入尾闾河段落淤,或者是尾闾两侧岸滩上的泥沙在风力作用下堆积。由于三角洲口门附近低洼,在咸水的浸渍下淤积物多板结,海水不易浸渍的高处又多为耐碱植物所被覆,所以风沙的作用相对是很微弱的。显然形成回淤的泥沙主要来源于滨海潮流潮汐所挟带

的泥沙,即以海域来沙为主,故回淤影响分析和计算应以此为依据。

二、回淤的一般过程和规律

河口断流期间的回淤与淤泥质海岸少径流和未建挡潮闸的河口淤积情况相似,主要是海域来沙回淤,其影响范围是潮流潮汐所及的河段。回淤的一般过程是潮流和风浪掀扬挟带的细颗粒泥沙,随着涨潮流上溯过程中水深和流速逐渐减小,挟沙能力减弱,特别是经过平潮憩流期产生明显沉积。潮流末端的水深、流速和流量较小,落潮换流后无法使沉积下来的泥沙随潮流外排,所以无闸河口的淤积多自潮流上溯的末端开始逐渐向下游口门发展。由于落潮流退潮的流速是逐渐加大的,故愈近口门淤积的情况相对愈轻,在一定的条件下有时出现上淤下冲的情况。

实践表明,断流河口的回淤一般具有以下特性和规律:

(1)滨海需有 <0.01 mm 的细颗粒泥沙来源,如河口位于淤积质海岸或入海径流含有足够的细颗粒物质。

(2)潮差或单宽潮量愈大,涨落潮历时比值愈小,一般淤积越严重。

(3)断流的历时愈长,河口河段比降愈缓,淤积相对愈严重。

(4)回淤主要发生在大风掀沙后的高浓度含沙期。

黄河河口断流期的回淤将同样遵循上述一般过程和规律。与海河流域和苏北入海河口相比,黄河河口有利的方面是潮差小、河槽比降陡、断流的时间相对短,但不利的条件是沙嘴多为新淤积物,泥沙易于侵蚀掀扬,两侧烂泥湾有大量细颗粒的沙源。

三、河口尾闾的形态

欲搞清回淤的情况,有必要先对河口回淤的边界条件进行了解和认识。黄河河口系弱潮多沙强烈堆积演变激烈的陆相河口。在河口演变过程中,淤积和摆动是主导的过程,故口门多呈游荡多汊入海的情况,即使在单一河槽入海的阶段,其口门附近也是散乱多变的。由于水沙和边界条件以及潮流潮汐的状况因地而异,所以短期的局部演变过程十分复杂。但大体的演变模式是每一股入海口门均有淤积延伸现象,一些输沙多的主汊因淤积延伸快相应河床升高亦快,故泄流不畅后出现摆动而衰亡,另一些短陡的支汊则发展为主汊,随之其又向衰亡转化。此演变过程在沙多水大的汛期十分迅速多变,在非汛期相对稳定。由于河口口门附近具有多股的条件,入海方向和宽深亦不同,故各支汊回淤的数量和状况不同,一些支汊回淤多些,另一些支汊相对少些,但回淤是不可避免的。另外,清水沟流路尾闾河段断面滩槽差相对较大,据清3、清4、清6三个断面1983年汛后及1984年汛前资料知,滩唇高程与深泓点的高差平均为 3.72 m,2 000 m³/s 水位与 200 m³/s 水位三个断面水位差平均为 1.51 m。此表明河槽相对比较窄深,河槽比降也比较陡;相反,现河口附近的潮差一般仅为 1 m 左右,这样就使得淤积的范围不大,潮位以下的淤积在河槽过水能力中所占比重很小。此情况表明回淤对泄流的影响相对不大。但在处于游荡散乱阶段时,淤积状况和影响均将相对要大。

四、清水沟流路回淤影响范围及回淤量的粗算

依据有关资料知,黄河河口尾闾河段比降陡、滨海区潮差小,感潮段即使在非汛期时一般亦很短。距口门 30 km 的各流路尾闾河段水

位站如刁口河流路的刁口站、神仙沟流路的小沙站、清水沟流路的十八公里站等,在一般来水来沙条件下,除较大风暴潮外,均属河流特性,不受潮汐影响。至于潮流段则更短,一般仅几千米。由 1984 年 5 月非汛期黄河口观测资料(见图 6-23)知,在下泄 200 m³/s 流量情况下位于十八公里水位站以下约 24.7 km 的 Q_2 站其流向是单向流,流速与含沙量关系基本相应,水深变化趋势基本上与 Q_2 断面以上的河流特性一致;而位于拦门沙上的 Q_3 站则表现出明显的潮汐特性,一天内两次高潮两次低潮,符合以往分析的近于涨 5 h 落 7 h 的半日潮型。含沙量与流速基本上是涨潮小、落潮大,落潮后期含沙量可达 1 kg/m³,而涨潮期则不足 0.2 kg/m³,涨淤落冲特性十分突出。由图 6-24 知,Q_3 站流向矢量呈明显的往复流特性,余流方向为东南方向。显然,上述的资料证明,清水沟流路的感潮段是不

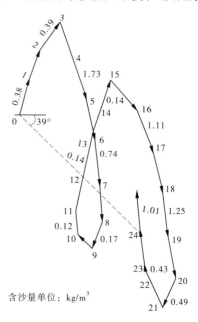

含沙量单位:kg/m³

图 6-23　河口 Q_3 站流向矢量

长的,位于口门以上约 13 km 的 Q_2 站基本不受潮流影响,距口门约 18 km 的 Q_1、Q_2 站则完全显现不出潮汐的影响。此结果与以往的资料和 1987 年拦门沙观测资料均是一致的。断流期间无流量下泄,感潮段的影响范围将有所上延,但由于流量仅 200 m³/s 且变化幅度不大,故可以粗略地认为,断流期潮汐回淤的主要影响范围一般不超过口门以上 20 km。

黄河口滨海区潮流挟沙的资料很少,亦无回淤观测资料,但它基本属于黄河细泥沙颗粒组成的淤泥质海岸。因此,暂以与此相类似的海河流域沿海和苏北海岸及连云港等地资料加以初步估算与判断。

粗估回淤量由公式计算、根据河北省沿海引潮沟和排水沟河实测的淤积速度及淤积平衡断面的状况对比三个方面进行。

(1)在预估连云港港内扩建工程和赤湾港泥沙淤积的情况时,曾提出计算港内淤积强度的如下半理论半经验公式:

$$P = \frac{K \cdot m}{\gamma_0} a \cdot \sin\theta \cdot \omega \cdot \bar{s} \cdot \left[1 - \left(\frac{H_1}{H_2} \right)^3 \right] \exp\left(\frac{1}{2} \frac{A}{A_0} \right)^{\frac{1}{3}}$$

式中　P——港池年平均淤积强度,m/a;

K——经验系数,等于 0.04;

m——淤积时间,s,黄河河口断流的时间按 70 d 计;

γ_0——淤积物乆重,对于黄河河口取用滨海乆重平均值 840 kg/m³;

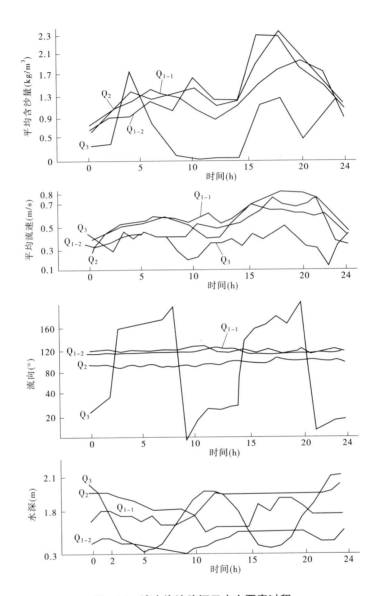

图 6-24　清水沟流路河口水文要素过程

ω——细颗粒泥沙的絮凝速度,依据 d_{50} 粗定为 0.000 3 m/s;

$a \cdot \sin\theta$——与入港水流形态等因素有关的数值,依连云港港池和赤湾港淤积资料
　　　　反算该值为 0.42,本计算暂用该值;

$\bar{s}$——进港水体平均含沙量,依据黄河河口 1984 年 5 月一天全潮测验取 0.21 ~
　　0.66 kg/m³;

H_1——港外浅滩水深,依据黄河河口条件可按 0.5 ~ 1.2 m 计;

H_2——港内水深,依据黄河河口河道条件可按 1.8 m 计;

A/A_0——港内浅滩水域面积与总水域面积比,粗略地取该比值趋近于 1。

航道回淤的计算,按下列公式进行计算,符号及数值同上。

$$P = \frac{K \cdot m}{\gamma_0} a \cdot \sin\theta \cdot \omega \cdot \bar{s} \cdot \left[1 - \left(\frac{H_1}{H_2} \right)^3 \right]$$

黄河河口断流期河口的淤积上段与封闭式的港口相似,而近口门河段则近于航道淤积情况,故可认为淤积介于港池和航道淤积的情况之间。考虑到黄河河口的具体条件,选取了有关数值,并计算点绘了以 H_1/H_2 作参数的时段平均含沙量($\bar{s}$)与平均断流期淤积强度(P)之间的关系(如图 6-25 所示)。考虑到黄河河口外现有含沙量的资料,黄河河口的测验和《五号桩码头海区自然环境资料汇编》中提供的靠近海岸地带一般悬移质含沙量均在 0.2 kg/m³ 左右,以及河口浅滩及河槽水深的情况,我们可以粗略认为断流期淤积强度是很小的,一般情况仅为 0.13 m。

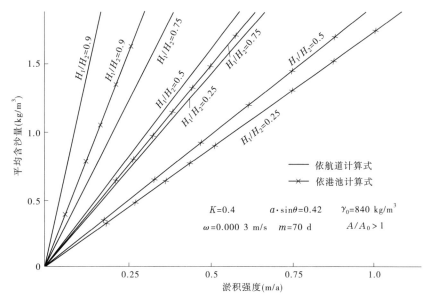

图 6-25　平均含沙量与淤积强度关系

(2)河北省沿海引潮沟和排水沟河口及挡潮闸下游的淤积问题,早已引起人们的注意,为此曾进行过不少观测和分析工作。由有关的实测调查知,短时段的淤积速度相对较大,历时愈长淤积速度相对愈小,历时几个月的淤积速度多在 0.33 ~ 0.55 cm/d,如表 6-17 所示。

表 6-17　引潮沟淤积情况调查

工程名称	测量时段(年·月)	历时(d)	淤积厚度(m)	淤积速度(cm/d)
高沙岭盐场引潮沟	1966.06 ~ 1967.03	288	1.0	0.35
高沙岭盐场引潮沟	1967.06 ~ 1968.03	288	1.4	0.49
白水头引潮沟	1960.12 ~ 1961.04	151	0.5	0.33
河北省青静黄闸下引河	1974.09 ~ 1975.06	273	1.5	0.55
河北省青静黄闸下引河	1975.08 ~ 1976.06	290	1.3 ~ 1.4	0.45 ~ 0.48

上述调查岸段均位于渤海湾湾顶附近,潮差较清水沟大了近1倍,考虑到黄河河口的断流天数较短,但前期淤积率较大,此外淤积率除与含沙量密切相关外,尚与河槽边界状况和进潮量有关,而进潮量又取决于河槽的宽度、比降和潮差的大小等因素,一般情况下潮差愈大,淤积率愈大,粗算淤积厚度约为37 cm。

(3)在探讨飞云江河口建闸后河道淤积的情况时曾进行平衡断面的分析,得到不同运用方式淤后平衡断面与原断面的过水面积、河宽和水深要素比例关系,如表6-18所示。由表知,此分析计算结果与实测闸下淤积严重口门河段淤积相对较轻的规律是一致的,不同的运用方式淤积的状况不同,长期关闸明显严重得多,一般均损失50%以上。此外,面积和宽度淤积前后减小严重,水深则相对减小得少,一般为10%~26%。黄河河口的淤积情况可以认为近于旱季关闸状况,按口河槽水深1.7 m计,则水深损失0.17~0.36 m,由于黄河河口断流的时间相对短些,故淤积还要小些。

表6-18　淤后断面要素占原断面各要素的百分比统计　　　　　　　　　　（%）

断面要素	面积		河宽		水深	
时段	旱季	长期	旱季	长期	旱季	长期
口门附近河段	82.5	27.2	88.0	42.3	90.3	63.7
闸下河段	76.6	11.5	98.3	26.0	73.8	42.6

不难得知,三种不同方法粗估的回淤结果大体上是相近的,故可认为黄河河口断流期清水沟河口淤积厚度为0.15~0.4 m。依潮差和河口段比降粗略估算,潮流段长度约7 km,河槽平均宽度按300 m计,则总淤积量为31.5万~84万 m³,此淤积厚度和淤积量与过水断面相比不大,加之口门附近汊流较多,故不会对泄流产生明显影响。

五、对回淤影响的认识及结语

黄河河口的断流期主要发生在汛前的3~6月,1972~1995年年平均断流22 d左右。90年代后断流情况明显加重,年均多达70 d,此情况对河口演变影响亦应引起关注。

断流期回淤的泥沙主要来自河口附近潮间带。其在风浪和潮流的掀扬与挟带下随涨潮流进入河口河段,在平潮憩流期泥沙沉降淤积,淤积多由潮流上溯的末端开始逐渐向下游口门发展,故愈近口门淤积愈轻,有时出现上淤下冲的情况,此淤积情况较建闸后闸下河口的淤积明显要轻。

黄河河口河段滩槽较大,一般为多股入海,河槽相对窄深,同时比降较陡,而滨海区潮差小,一般仅1 m左右。据1984年5月非汛期黄河河口实测资料,感潮段约20 km,潮流段仅几千米。显然,对于河口突出、汊流较多的黄河河口来说,断流期的回淤影响是相对较弱的。

黄河河口无回淤观测资料,借鉴类似海岸河口及港池的回淤情况,通过公式计算、河北省引潮沟与排水沟实测的淤积速度和淤积平衡断面状况对比等三个方面进行粗估,均得到清水沟河口断流回淤厚度为0.10~0.30 m,此淤积厚度与过水断面相比影响不大。

综上所述,清水沟流路河口在断流期间将产生回淤,但是,由于黄河河口平面形态平

衍开阔、纵横断面陡深多股以及断流期相对较短等有利条件,故断流期回淤的数量不大,
预计不会对泄流和河口形态产生影响。

参 考 资 料

[1] 王恺忱,王开荣.清水沟流路演变特点及发展趋势分析.黄委水科院,1997.

[2] 洪尚池,吴致尧.黄河河口地区海岸线变迁情况分析.黄委设计院,1982.

[3] 胜利油田建港指挥部.胜利油田五号桩油码头海区自然环境资料汇编.1985.

[4] 王恺忱.潮汐河口分类的探讨[C]//海洋工程学术会议论文集(上).北京:海洋出版社,1982.

[5] 王恺忱.黄河河口情况与演变规律.黄委水科所,1980.

[6] 王恺忱,张止端.河口基面问题的初步研究[J].海洋工程,1985(2).

[7] 山东海洋学院.普通海洋学.1961.

[8] 前左站.黄河滨海区潮汐潮流特性.1961.

[9] 国家海洋局北海分局.河北省及海岸带综合调查报告.1985.

[10] 山东省海岸办公室.黄河口1984年海岸带调查资料分析.1987.

[11] 海洋工程公司.渤海潮位、潮流计算研究报告[C]//海洋开发工程技术论文集.北京:海洋出版社,
     1987.

[12] 国家海洋局一所.河北省海岸浅滩水文调查报告.1986.

[13] 李泽刚.黄河径流扩散问题初步探讨.黄委水科所,1983.

[14] 恽才兴,等.黄骅港扩建3.5万t级深水港海域条件综合评述.华东师大河口海岸所,1987.

[15] 中国科学院海洋所.渤海湾调查报告(摘要).1959.

[16] 侍茂崇,等.黄河口附近水文特性分析[J].山东海洋学院学报,1985,15(2).

[17] 王恺忱,刘月兰,韩少发,等.黄河口清水沟流路规划方案计算报告.黄委水科所,1986.

[18] 刘智深,侍茂崇,等.黄河口泥沙分布遥感分析.山东海洋学院,1984.

[19] 刘家驹.连云港外航道的回淤分析及预报[J].水利水运科学研究,1980(4).

[20] 刘家驹,张镜湖.连云港扩建工程港口回淤问题的研究[J].水利水运科学研究,1982(4).

[21] 张镜湖,沈莹.赤湾港泥沙淤积预报.1983.

[22] 范家骅.淤积质海滩电厂引潮沟淤积问题的研究.1984.

[23] 周文波.飞云江河口建闸后闸下河道淤积面貌的计算分析.浙江省河口海岸研究所,1984.

第七章　黄河河口延伸改道对
下游河道的影响分析

第一节　黄河河口淤积延伸反馈影响
研究的现状与总结

黄河以水少沙多、暴涨陡落、经常决口漫溢著称于世。自古其泛滥于淮河和海河下游广大地区,黄河入海河口随之时入黄海,时入渤海。只有当社会政治稳定,国家有能力系统治河,使流路相对稳定时,黄河河口的治理和研究问题方能显现与提上日程。

一、黄河河口淤积延伸反馈影响的历史研究

北宋定都开封,当时黄河以走北路入渤海为主,宋王朝为避京城水害和防御北方新崛起的辽、金政权的侵犯以及稳定社会发展经济,因而对治理黄河十分重视。当时在堤、埽的修筑技术、裁弯和拖淤等治河措施方面均有较大发展,除利用黄河水系发展漕运和灌溉农田外,还依据黄河沙多的特点,进行了较大面积的放淤,并第一次论述了河口的淤积及其影响问题。欧阳修在其疏奏中曾记述:"河本泥沙,无不淤之理,淤常先下流,下游淤高,水行渐壅,乃决于上流之低处,此势之常也……。横陇(埽名,在澶州,今濮阳)即决,水流就下,所以十余年间河水无患,至庆历三四年,横陇之水又自海口先淤,凡一百四十余里,其后游、金、赤三河相次又淤,下流既梗,乃决于上流之商胡(埽名,亦在今濮阳境)。"可见他对海口先淤,淤到一定程度后,乃在上游低处形成摆动或改道,待游、金、赤三河均相次淤积后,摆动改道点继而向上游发展的规律已有明确的认识和总结。此外,苏辙在其疏奏中亦言:"黄河性急则通,缓则淤淀,即无东西皆急之势,安有两河并行之理。"此非常清楚地总结了黄河形不成稳定江心洲分汊河型和黄河口在淤积状态下不可能形成网状河口的缘由。这些来自于实践的经典论述至今对我们认识黄河下游河道和河口间的关系,以及下游河道和河口的演变规律仍有着重要的现实意义。

明、清两代定都北京,统治时间较长,又均以维护漕运为国家大计,治河不单纯避其害,而且设法资其利以济漕运,故对黄河下游和河口的治理极为重视,在长期的实践中积累了十分丰富宝贵的经验和教训。黄河与其他江河本质上的差别是黄河泥沙过多,沙多则淤,淤则河高,高则决溢,从而淹田亩,毁宅园,溺人民,阻运道,为患孽深。事实上,治黄史乃是一部围绕着研究解决黄河洪水泥沙这一关键问题的斗争史。

黄河自1194年河决阳武故堤较长时期南注入淮起到1855年铜瓦厢决口改入渤海止的661年中,前314年主流以走颍、涡为主,分数支南泄入淮,淤积和河患主要在河南境内。当时黄河下游既无明确的治河方针,亦无统一的修管机构,虽永乐九年(1411年)曾分设部司督理,并命部院大臣往视,但多为随宜浚筑,事完辄罢。据查,自明初到弘治初期

间,治河主要是各州、县分散修治出孟津峡谷附近的武陟、阳武、荥泽、中牟和开封等处的河堤、汴堤或城堤。荥泽、原武等县为避水患曾被迫迁移县城,形成河无定路、患无常处、治无善策的被动局面。弘治五年（1492 年）设河南总河,正德四年（1509 年）议专设河道总理,方开始走向系统的治河。在流路固定以前,黄河纵横于汴、归、亳、徐之郊,漫溢于陈、睢、宿、清之境,黄、淮之水皆经清口由云梯关入海。此时泥沙主要淤在清口（今淮阴市）以上,"浊沙所及上游受其病",海口和尾闾河段未闻有淤患。正如吴桂芳上书所云,"黄河自淮入海而不壅塞海口者,以黄河至河南即会淮河同行,循颍、寿、凤、睢至清,以涤浊泥,沙得以不停,故数百载无患也。盖是时黄水循颍、寿者十七,其分支流入徐州小浮桥才十三耳"。当时清口以下的黄河尾闾河道"河泓深广,水由地中,两岸浦渠沟港与射阳湖诸水互络交流","滨淮之海亦渊深澄澈,足以容纳巨流,二渎并行未相轧也"。此表明当时河口为地下河,属网状三角洲,此期间未闻海口和尾闾存在问题。正德三年（1508年）大河北徙至徐州小浮桥会泗入淮,其上游向南分流的各口门逐渐浅塞,全河大势尽趋徐州,经统筹权衡认为此流路位置最佳,既便于调控黄河洪水,又有利于通漕,故尽力使此流路稳定。而后堤防日臻完善和下延,黄河河口泥沙问题随之逐渐突出。嘉靖初,泥沙淤积河、淮交汇口（清口）的奏文渐多,嘉靖十三年（1534 年）,总河朱裳等曾言:"往时淮水独流入海,而海口又有套流,安东上下又有涧河、马逻港等以分水入海,今黄河汇入于淮,水势已非其旧,而涧河、马逻港及海口诸套已湮塞,不能速泄,下壅上溢梗塞通道。"此后海口沙壅问题众说纷纭,随着河口淤积延伸的日益严重,河口尾闾由地下河变成地上河,自然演变规律和河口反馈的影响逐渐显露,一些治理措施的经验教训,逐步在实践中为人们所认识和总结。明代后期人们对河口的认识和治理逐渐提到了一个高水平的新阶段。

清王朝建立后,依赖漕运和黄河的流路以及对黄河治理的要求基本没变,因而基本全面地继承了明代的管理体制和治河方针策略。顺治十六年（1659 年）,总河朱之锡在《两河利害疏》中明确提出"我朝因明之旧,数百万京储,仰给东南,……凡所以筹河者岂能与前明有异",并开始了系统的治河。侯后屡加河南和宿、清间堤防,泥沙下排,海口淤积问题相应加重。康熙十年（1671 年）八月题报:"安东（今涟水）苈良口堵塞,然黄河故道愈淤,正东云梯关海口积沙成滩,亘二十余里,黄河迂回从东北入海,清口黄水灌入,裴家场悉起油沙,天妃闸底淤垫,本年回空漕船不能进口。"此表明,清代系统治河开始不久,海口问题即成为治河的关键。在治河的过程中清代加强了对河口的查勘,在河口的淤积延伸及其影响,拖淤、疏浚和河口人为改道等方面,又有了进一步的认识和提高。

海口淤积延伸后,不仅使尾闾河段淤积日益严重,而且逐渐向上游发展,此影响过程开始为人们所认识。明赵思诚疏言:"黄河挟百川万壑之势,益以伏秋潢潦之水,拔木扬沙,排山倒海……所赖以容纳者海,而输泄之路则海口也,海口梗塞一夕则无淮安,再夕则无清河,无桃源,运道冲决伤天下之大计,人民昏垫损一方之生灵,关系诚不浅小……"

清靳辅亦疏曰:"臣闻治水者必先从下流治起,下流即通则上流自不饱涨,故臣切切以云梯关外为重……。下口俱淤势必渐而决于上,从此而桃、宿溃,邳、徐溃,曹、单、开封溃,奔腾四溢。"又如清戴均元等奏中也谈到:"正河愈远愈平,渐失建瓴之势,河底之易淤,险工之叠出,糜费之日多,大率由此。"因此,海口淤积延伸的影响是通过尾闾河段淤积,比降变缓,同流量水位升高,并自下而上反馈影响发展,堤防和防护工程防洪能力降低,从而形成决口危害的。此外,清代阮元于道光七年（1827 年）在其"海口日远清口日高图说"中(见图7-1),利用勾股弦的关系清晰地指出黄河与运河洪泽湖交汇的清口淤积抬高是黄河海口淤积延伸和黄河为输沙入海需保持一定比降的必然结果。

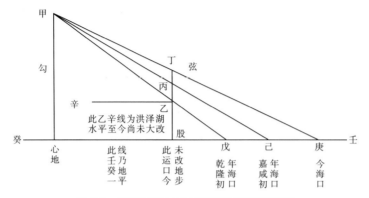

图 7-1 阮元"海口日远清口日高图说"附图

上述的实践和论述表明:①在黄河系统治黄堤防未自上而下形成较完善的体系时,其灾害主要发生在系统堤防的下口,这样就迫使堤防不断向下游延伸发展,堤防决口的主要部位相应下移,直至无较大城镇和人烟稀少的河口地区。此时大量黄河泥沙下排入海,河口淤积延伸加剧,尾闾开始频繁摆动改道。此前下游河道的淤积和平衡受制于决口处或分流口处局部冲积扇的侵蚀基准面,堤防完善、大量泥沙下排入海后下游河道的淤积和平衡则主要受制于黄河河口总侵蚀基准面的状况。认识此淤积和平衡影响因素在性质上的转化,对预测下游河道的淤积和发展具有特别重要的意义。②在黄河下游堤防系统完善和巩固并修筑至河口地区后,黄河下游河道与黄河河口即成为一个统一体,二者相互依存、相互影响。小浪底水库以下河道开始形成受来水来沙状况和纵横边界输沙能力以及河口基准面综合影响的冲积性河流。三个主要影响因素中任一因素的变化均将引发整个河段的反应和调整,而不可能局限于局部河段。此正如宋欧阳修和清靳辅等所言。

二、黄河河口淤积延伸反馈影响的近期研究

1855 年河决河南兰封铜瓦厢,经陶城铺以上泛区的调节,夺大清河故道入渤海后,在《续行水金鉴》和《再续行水金鉴》以及有关水利的众多志书中,对现黄河当时新河道的演变、堤防兴建以及大清河故道在决口改道初期冲深展宽,大量泥沙下排入海后,在不长的时间内由地下河淤升为地上河,深阔稳定的河口在淤积延伸过程开始摆动改道的演变过程以及仿效废黄河采用过的治理措施进行试验的情况等都有一定的论述,但仅就河口问题的研究论述相对很少。除筑堤束水减小了两岸受灾的概率和影响范围,新中国成立前在河口大三角洲范围内有意无意地允许尾闾进行了 7 次改道,延缓了河床和水位的抬升速率外,其他措施如购置挖泥船疏浚海口等均未见有获得成效的实例记载。

清末和"民国"初期,因社会动荡,军阀混战,而后日本帝国主义侵占,均无暇治理黄河,对黄河河口的研究几乎没有开展。仅李仪祉、张含英、美国人安立森以及日本侵占时期第二调查委员会等曾谈及河口的情况和有关河口治理设想,但概念议论多,资料数据少,对此时段尚缺乏系统总结。

中华人民共和国成立后,黄河河口的观测研究工作逐步得到重视和加强。1952 年设

立前左水位站,开始对河口进行调查和观测,1957年改为河口实验站,1964年成立河口水文测验队,增加了三角洲滨海区的观测工作,大量的观测资料为黄河河口的深入研究提供了依据。随着河口地区石油大规模的勘采对河口治理提出新的要求和河口自然演变客观规律的逐渐暴露,河口分析研究工作相应日益深入。据河口研究成果资料统计知,河口研究工作的发展过程具有明显的阶段性,表现出由浅到深、由局部到全面以及社会生产经济发展推动科学研究发展的历程。20世纪50年代主要是收集和整理已有资料,进行现场调查,开展观测资料的初步分析。60年代黄河流域补充规划的开展和石油在河口地区的开发,推动了黄河河口规划和科研工作的发展,对河口演变规律和延伸改道影响的认识有了明显的提高。70年代开展了改道清水沟流路的时机、方式和改道后的效果研究,明确提出河口对下游河道影响,在河口治理等方面均取得了较大的进展。80年代初胜利油田勘采量提高,在建设第二个大庆和兴建河口大港方案的带动下以及国家"八五"攻关河口专题的开展等,使河口研究工作的广度进入了一个新的阶段。

20世纪70年代以前研究黄河下游河道的一般分析均止于利津站,研究河口的则多局限于利津以下资料的调研和分析,同时均以近期观测资料为主。限于20世纪50、60年代当时黄河下游河道和黄河河口的研究均处于各自研究的状态,研究下游河道者,如钱宁教授,特别是谢鉴衡教授等,从挟沙能力和河流平衡纵剖面影响因素及形成机理等理论研究过程提出,河流纵剖面始终随来水来沙和横向边界条件不断调整,当来水来沙条件不利时,纵剖面将发生淤积,使比降变陡、挟沙能力增大;反之,来水来沙条件相对有利时,纵剖面将发生冲刷,使比降变缓、挟沙能力减小,河道主要淤积部位相应不断变化,此冲淤演变过程是十分错综复杂的,但其发展的趋势是始终趋向于河流的平衡纵剖面。在黄河下游来水来沙和边界状况变化不大,并处于不断淤积的条件下,其纵剖面将是近于平行升高的。此依据实际资料结合理论分析得到的认识,虽着重于理论探讨,没有涉及平行升高的影响范围和下游河道不断淤积的主因,但此成果为其后下游河道和河口综合深入研究提供了十分重要的理论依据。

20世纪60年代初由武汉水利电力学院、黄委前左站和黄委水科所(现黄科院)共同开展的黄河河口研究工作取得了丰硕的成果。其代表作《黄河河口的基本情况和基本规律》,对河口滨海区地形特点及海岸淤进后退现象,潮汐、潮流、余流等以及河口河段的水位、比降和潮汐影响进行了详细的总结;分析总结了河口三角洲历史演变、尾闾改道情况和规律,三角洲形态和泥沙淤积分布等资料;初步探讨了河口发展对下游河道的影响问题,指出"黄河为获得输沙能力对大清河所进行的改造工作,到1889年改道前后已大体完成,河口发展对下游河道的影响已开始显现",并提出了大、小循环的概念。限于当时刚刚改道刁口河流路不久,观测的时间较短,河口演变的客观规律如河型演变由游荡散乱到单一顺直再到出汊摆动三大演变阶段等尚未充分揭露,故概念不十分完善,但该时段的研究为黄河河口以后的进一步深入研究奠定了基础。

钱宁教授负责的北科院和黄科院黄河下游研究组1960年提出的成果"1855年铜瓦厢决口以后黄河下游历史演变过程的若干问题"中,首次点绘了下游河道决口地点及决口年份关系(见图7-2)。图中表明了决口先自上而下,而后又自下而上发展的规律。该成果指出"泥沙落淤、河床堆积抬高是造成险情的主要原因。河流的改道之初,口门以上的河道将自堆积性的河流转为侵蚀性的河流,发生冲决和溃决的可能性有显著的降低。

就一条改道后的新河流来说,河床的堆积是从河口向上游发展的,反映在决口位置上,也有由下而上的发展趋势"。

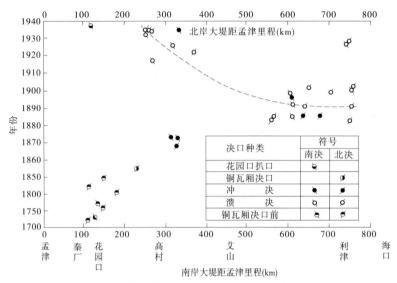

图7-2 铜瓦厢决口前后下游河道决口地点及决口年份关系

其后,笔者依据历史资料进一步点绘了明、清两代废黄河决溢部位与决溢时间相关图,其中明代决溢部位与决溢时间相关图如图7-3所示。由图不难看出,尽管堤防的决溢受社会和人为因素影响很大,但其演变发展趋势同样受自然规律的制约。堤防自上而下修建和淤积决口相应自上而下,待堤防基本完善、泥沙大量下排入海后自下而上,呈两个阶段发展的特性是十分明确的。清代和现黄河决溢部位与决溢时间相关图同样明确地反映出两个阶段发展的特性。资料表明,废黄河自明嘉靖中期,现黄河自清光绪初期,黄河下游与水沙条件和边界条件基本适应的纵剖面已塑造完成,黄河下游河道淤积的速率和演变发展趋势,即已逐步转化为在相应的水沙条件下主要取决于河口的状况。

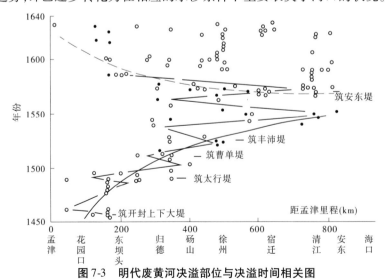

图7-3 明代废黄河决溢部位与决溢时间相关图

随着时间增长和河口演变客观规律的逐渐揭露,人们从实测资料分析中直观地认识到:河口改道,即黄河尾闾入海流路的缩短,一般情况下将引起改道点以上河流近口段的溯源冲刷、水位下降;在两次改道期间,除尾闾河型由散乱游荡向单一顺直演变的中期阶段的初期,尾闾河段和近口段同时发生冲刷、水位下降外,随着河口的淤积延伸,改道点上下两河段将同步发生溯源淤积,水位相应升高,并逐步向上游发展。此不仅总结出了黄河河口遵循淤积延伸摆动改道循环演变发展的基本规律,同时明确了河口基准面的变化对黄河下游有着必须考虑的决定性影响。

20世纪70年代初,徐福龄发表了《黄河下游明清时代河道与现行河道演变的对比研究》后,在王化云主任授意下黄科院对明清故道废黄河徐州以下河段的演变和治理经验进行了较为系统的总结。在废黄河淮阴清口以下口门河段如何由地下河演变发展为地上河的过程和机理以及有关历史论述的启发下,结合现黄河铜瓦厢决口后夺大清河入渤海,大清河先冲后淤并很快由地下河变成地上河的记述和研究,明确地认识到在黄河系统治理、堤防自上而下形成较完善体系的前后,黄河下游河道的演变和冲淤影响因素有着本质的差别。同时考虑到河南河段和位山以下窄河段长时段从宏观上看主要河段比降变化不大,冲淤和水位基本同步发展,汛期和非汛期的冲淤幅度有时高达1~2 m,而年均淤积仅几厘米,在收集和分析大量资料对观点进行较全面的验证后,提出现阶段黄河下游河道淤积的幅度受制于河口的状况。但这也并不意味着否认黄河大量来沙是下游淤积的根本原因和症结所在。显然,没有大量泥沙下排入海形成河口显著的淤积延伸,当然也就不存在河口淤积、基准面相对升高的问题。从这个角度上讲,归根结底黄河下游来沙量过大是黄河下游河道淤积的主导因素。基于此,王恺忱教授在1979年"黄河中下游治理规划学术讨论会"上,提出《黄河河口演变规律及其对下游河道的影响》报告,明确了黄河下游河道纵剖面现阶段已处于相对平衡阶段,在来水来沙变化不大的条件下黄河下游淤积的幅度受制于河口延伸状况的观点。1982年,在其发表的《黄河河口与下游河道的关系及治理问题》的论文中,通过实测资料分析了下游河道和河口的塑造过程以及黄河下游长期不能平衡的原因,从河口延伸与下游淤积的关系及河道与低水头枢纽溯源淤积形态的对比等方面,又较全面地阐述了这一观点。

随后对河口影响问题出现不同认识,最早的见于周文浩、范昭发表于《泥沙研究》1983年第4期《黄河下游河床近代纵剖面的变化》一文。尔后不同的认识主要来自于北京水科院的研究成果,并集中反映在尹学良教授《黄河口的河床演变》一书和"八五"攻关《黄河口演变规律及整治研究》中。他们主要的论点是:①黄河下游不存在平行抬高的条件,理论上,自然河流都处于夷平过程,纵剖面不断变平,比降不断变小,没有什么平行淤高可言;未能发现有哪个时段黄河纵剖面是平行抬高的。②黄河下游河道持续淤积的原因是比降小和断面宽浅,两者控制的输沙能力不足以输走全部来沙。③黄河下游河道的淤积从总体上讲是沿程淤积的性质。④近40年来确实黄河下游普遍升高了2 m(3 000 m³/s水位)左右。但是,这个结果是三门峡水库运用方式的变动,是黄河下游河道淤积沿程调整造成的。黄河下游水位升高变化与河口淤积延伸并无明显关系。期间沿程水位大幅度升高,应另有主导因素。⑤溯源淤积或溯源冲刷的影响范围是有限度的。清水沟流路实际的河口变动、河口淤积延伸反馈影响范围,也就是在 80～150 km。从 1965 年到 1976 年刁口河流路淤积延伸还未达到使罗 4 断面遭受淤积的地步。⑥黄河下游的不淤平衡纵比降铁谢到花园口段现比降大,向下游稍许递减,它处处均大于目前的河道比降。据约估,即使河口不再淤积,河道还可淤高几十米之多。

中国科学院地理研究所的陆中臣和叶青超教授等研究人员,他们从地理地貌学角度进行了研究支持并肯定了河口影响的观点。如陆中臣教授 1980 年以后提出数篇研究成果,其中在 1982 年《黄河下游河流地貌的几个理论问题》中即明确提出:"从黄河下游的发育阶段看,目前黄河下游已发展到以侵蚀基准面控制的老年阶段,这是治黄当中不可忽视的重要问题⋯⋯。至目前为止,黄河下游已是一条加积性准平原化的老年期河流,它具有河床加积,侧蚀加强,河床比降逐渐变小,纵剖面以平行方式调整和基准面影响范围大等特点。"1992 年在其与贾绍凤合作发表于《地理学报》的论文中指出:在分析较短时间尺度冲淤问题时需考虑局部基准面的影响,溯源淤积具有相对性,其可以发生在下游河道的各个部位。同时通过数模分析认为,"由于黄河下游多年平均来水来沙变化不大,可以断定,黄河下游河床的持续抬升主要是因为河口延伸、基准面抬升引起的溯源淤积造成的"。此外,中国科学院地理研究所叶青超教授在《流域环境演变与水沙运行规律研究》一书中,表述了与黄委水科院基本一致的观点。

清华大学张仁和谢树楠教授 1985 年发表的《废黄河的淤积形态和黄河下游持续淤积的主要原因》论文中,用翔实的沿程决口密度分布资料论证了废黄河纵剖面调整不同性质的两大阶段,即随着筑堤淤积向下发展,决口重心移到河口地区前,以沿程淤积为主塑造平衡纵剖面,此为第一阶段;第二阶段的特点是河口以较大速率延伸,泥沙淤积自下而上发展,为溯源淤积特点,河道的堆积抬高取决于河口延伸而引起的相对基准面的抬高。另外,还验证了不同时段洪泽湖汛前水位、高家堰加高和东坝头以下废黄河此 3 个方面的抬高速率均与同期河口的延伸速率相应,并从 5 个方面分析比较了废黄河和现今黄河不断抬高的原因。①由图 7-4 知,二者滩地纵剖面是十分相似的,据此可以判断现今黄河下游已经处于纵剖面调整的第二阶段。②从 20 世纪 30 年代到现在的时期中,水位资料表明,河道纵剖面没有变陡的迹象,故可以认为黄河下游的纵剖面是接近平衡的。③黄河下游河道纵剖面的平衡状态是一种特殊的动态平衡,即一方面沿程有泥沙淤积,另一方面河道的挟沙力又是和各河段的来水来沙相适应的,两者都处于沿程递减的状态之中。就像废黄河的后期那样,河道的淤积抬高主要是为了抵消河口延伸的影响而产生的。④一般地说,来水来沙过程和河流边界条件决定了河流的纵剖面形态,而河口的侵蚀基准面则决定了河流纵剖面的绝对高程。⑤从废黄河的淤积形态来看,河口延伸造成的溯源淤积的影响距离是很远的。此外,从长时期来说,下面河段水位的抬高必然会影响其上河段的水位流量关系和造成泥沙的淤积。有人认为艾山河段的卡口会限制溯源淤积向上发展,但从废黄河纵向淤积形态来看,并没有出现任何不连续的现象。废黄河徐州卡口没有限制溯源淤积向上发展的作用。同样,现黄河位山卡口也不会限制溯源淤积向上游的发展。

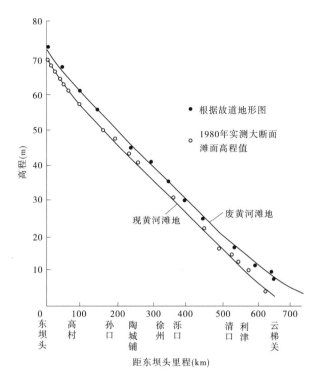

图7-4 现黄河与废黄河滩地高程比较

为了进一步搞清影响河流纵剖面的因素和演变机理,黄科院曾开展了河流平衡纵剖面的分析和水槽试验。资料表明,潮汐、河口尾闾河段的摆动改道与淤积延伸,以及短期的水沙和河床边界状况的变化等只对短时段的演变影响显著,但从长时段上看其各自的影响本身是相互抵消的,唯有三角洲岸线全面淤进的影响才具有长远意义。冲积性河流平衡纵剖面受多种因素的影响,一般情况下冲积性河流平衡纵剖面的形式和陡缓,主要取决于来水来沙特性。试验得到了纵剖面随着基准面的升降而相应调整的结果。不仅动态平衡纵剖面随着三角洲前坡的淤进相应地近于平行升高,而且输沙平衡纵剖面在其他条件不变时,同样亦相应于基准面的升高而等值升高,如图7-5所示。总之,从宏观上看,水沙和边界条件(包括工程影响)制约着平衡纵剖面的陡缓和形式,而河口基准面决定着平衡纵剖面稳定升降的趋势和高程。

为深入探讨河口基准面的影响问题,1985年笔者在《河口基准面问题的初步研究》一文中指出,影响入海河口相对侵蚀基准面的因素有四点:潮汐状况、尾闾河型状态、来水流量的大小和三角洲扇面轴点到入海口门河段的长度。入海河口的侵蚀基准面不应是单纯固定不变的平均海平面的概念,它具有相对性,受制于上述多种因素的综合作用,在时间和空间上都在不停地变化着,情况和影响错综复杂。河口激烈的演变多发生在河流产生较大洪水或海洋出现较大风海潮,特别是二者相遭遇的过程。因而,探讨具体河口演变和近口段冲淤问题时,必须以短时段的相对侵蚀基准面的变化和影响为依据。

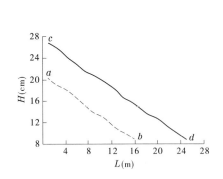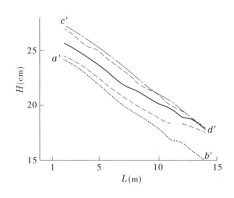

图 7-5　输沙平衡纵剖面平行升高图

试验条件: $Q = 12 \ \text{m}^3/\text{s}, W's = 50 \ \text{g/s}, d_{50} = 0.47 \ \text{mm}$

ab—延伸前剖面, cd—延伸后剖面, $a'b'$—水位升高前剖面, $c'd'$—水位升高后剖面

潮汐、来水来沙和尾闾河型的状况,三者均属周期性地相对变化,波动的幅度和时段长短不同,它们对短时段的冲淤演变有着决定性的影响,但从长时段角度看,它们属于波动平稳时间序列,不产生单向的趋势性变化,也就是说,其影响是可以自身相互抵消的。三角洲尾闾河段的长短随着河型和流路的改变,同样存在着淤长和缩短的周期性变化,对河口和河流近口段短时段的冲淤演变同样有着明显的影响。但由于河道来沙源源不断入海,所以三角洲岸线相应淤长的趋势不可避免,由此引起的河口及其以上冲积性河段河床淤积和水位升高的趋势是不可避免的。在探讨长时段的有关演变时,此趋向性影响具有重要意义。尽管各河口升高率因河口淤积量不同而差别较大,但其影响性质是一致的。冲积性河流局部河段的升降可以引起河道短时段的调整,但当来水来沙条件和河口侵蚀基准面变化不大时,升降将不会引起河道纵剖面基本条件的改变。只有在河口侵蚀基准面或来水来沙条件发生趋向性也就是性质上变化时,才能引起冲积性河段纵剖面不复归的明显调整。

三、黄河河口淤积延伸反馈影响分析总结

当黄河下游河道的冲淤演变发展除受来水来沙条件影响外,尚受制于黄河河口基准面演变状况的论点提出以后,引发了不同认识和争论。茹玉英提出目前存在 3 种不同认识,即:①平行抬高论;②沿程淤积为主论;③指数型抬高论。经深入对比分析知,平行抬高论的平行抬高范围是有限度的,其淤积形态同样是指数型的。而指数型抬高论者同样认为河口平均延伸速度与水位抬升速度是完全相应的。显然,二者的观点基本上是一致的,因此目前在河口反馈影响问题上,大体仅有河口影响论和河口没有影响或影响甚微论两派。

两派论点主要的认识分歧有 6 点,具体如下。

(一)宏观影响与短时段影响问题

影响冲积性河流冲淤的因素众多,加之条件的随机性,致使短时段的冲淤过程十分错综复杂,对于黄河下游来说更是如此。黄河下游的水沙特点是水少沙多,水沙集中于汛

期,来沙主要依附于洪水。洪水有时涨冲落淤,有时相反,冲淤部位每次洪水各不相同。我们依靠目前的观测技术手段还不能全面如实掌握此过程。依断面法观测得到的年内汛期冲非汛期淤的概念,是河流短时段自身调节的过程,实际上下游的冲淤取决于汛期水沙条件。至于年际间的变化如丰水枯水,水沙异源,三门峡水库等人为工程均在影响着冲淤的过程和趋势。尽管上述短时段的冲淤十分错综复杂,但所有各短时段的冲淤均始终遵循冲淤相互转化,并趋向于水沙、边界和基准面三要素平均值的综合平衡演变发展的自然规律。要认识此规律只能从长时段宏观的角度进行。

河口延伸对下游河道反馈影响即黄河下游纵剖面演变发展问题,是探讨黄河下游较长时段较大尺度长距离综合平均情况的宏观课题。谢鉴衡、张仁、笔者和陆中臣等在其研究成果中均明确指出了这一点。"探讨水流纵剖面,在空间上是较长距离的,节点等局部影响不考虑,在时间上是较长时段的平均纵剖面,忽略了年内、汛期内、一个洪峰过程瞬时的变化"。"任何条件的变化均将引起纵剖面相关的调整。滞后性和偶然性使短期的冲淤调整非常复杂,难以得出二者间的明确关系,需较大尺度来分析"。这些学者早已认识到短时段和短距离不相应的客观存在,如20世纪50年代水沙偏丰,游荡性河段淤积明显,河口1953年改道神仙沟使洤口以下河段水位显著下降,三门峡水库先泄清水显著冲刷后排沙又很快回淤的差异和影响。他们得出河口淤积延伸制约着下游淤积幅度和平行抬升的认识与概念,是由废黄河和现黄河由地下河变成地上河,两河河型和纵剖面的对比与较长时段相对稳定的客观现实,并依据河流动力学和河床演变学的理论经众多实践资料验证得到的。这是在理论指导下用辩证法探讨短时段演变的共性和规律的结果。

由反对此观点的资料[16]知,其批驳"平行抬升"主要是依据短时段水位升降不相应的资料。如将1954~1979年分为1954~1959年、1959~1964年、1964~1969年、1969~1974年和1974~1979年5个时段,依1 500 m³/s水位资料分析下游各站的分段升降变化,从而得出"各时段升降值的沿程分布极不均衡,根本找不到什么近似的规律和趋向"和"各时段上下各站的冲淤量差别都不小,实在没有什么平行淤高的迹象"的结论。另外,还用1980~1985年和1973~1983年两时段水位变化的差异得出"可看到各时段的冲淤,受短期、局部因素影响很大,而且找不到哪一时段有平行淤高的现象和趋势"的结论。

资料[16]批驳资料[26]的内容是:"该文作者于1959年提出黄河纵剖面平行抬升的假说,1978年进一步就来水来沙条件对黄河下游纵剖面的影响作了探讨。同时提出黄河下游各站1950~1974年3 000 m³/s流量的水位上升如表11-4(即本书表7-1)所示。因而得出结论:经历较长时期,例如1950~1974年整整25年之后,总的水位抬升值各水文站是很接近的,这里看不到水流为了增大比降而出现的进口段相对抬升较快的现象,也看不到水流为了调平比降而出现的出口段相对抬升较快的现象。基本情况是,纵剖面形态维持不变而平行抬升。"兹对这些论断讨论如下:资料[26]表11-4(即本书表7-1)中分了三个时段。仅有第一时段是唯一的自然状态。如果要讨论黄河的自然演变特性,只能以这一时段为根据,那就会得出中段淤得多、上段淤得少、下段淤得更少的结论,而非平行抬升了。显然这时段仅10年,还难以准确描绘黄河淤积态势。第二时段是三门峡枢纽下泄清水,河床强烈冲刷时期,上段冲得多,下段冲得少,甚至淤积,比降调平。第三时段是三门峡大量排沙,河床强烈淤积时期。第二、三时段变化性质正好相反,但都是人力所为,而且连时段长度,亦即总冲淤量都是人为决定的。设若当时使下泄清水的时段短些或长些,排沙时间短些或长些,表7-1中的总计结果都将发生质的变化。例如按资料[26]的处理法,仅计第一时段和第三时段,而把第二时段略掉,则由表7-1得出并非平行上升的结论。其数值如表7-2所示,水位上升以高村附近为最大,自此向上向下都逐渐减小。利津水位上升仅为高村的一半稍多。因此,该文献把1950~1974年三个时段的水位上升笼统地加起来,得出"纵剖面形态维持不变而平行抬升"的结果,只不过是偶合,而非必然。

表7-1　各站历年 3 000 m^3/s 流量汛期平均水位升降情况　　　　（单位:m）

站名	1950~1960	1960~1964	1964~1974	1950~1974
花园口	0.96	-1.28	1.10	0.83
夹河滩	1.20	-1.14	2.15	2.21
高村	1.47	-1.15	2.07	2.39
孙口	1.69	-1.07	1.77	2.39
艾山	0.66	-0.67	2.06	2.05
泺口	0.38	-0.51	2.46	2.33
利津	0.30	0.25	1.53	2.08

表7-2　1950~1959年和1965~1974年共20年黄河下游各站水位上升情况

水文站	花园口	夹河滩	高村	孙口	艾山	泺口	利津
水位差(m)	2.11	3.35	3.54	3.46	2.72	2.84	1.83

显然,将本来是连续演变发展的事物人为地分割取舍,孤立地单纯依据短时段的特性分析来否定长时段宏观共性问题的做法是不恰当的。表7-1中三个时段的特性是人所共知的,短时段的冲淤否定不了1950~1974年夹河滩以下河段近于平行抬升的客观事实,因为这是特性和共性两个不同性质的问题。

总之,分析探讨较短时段的冲淤是认识短期演变和各影响因素间的关系必不可少的,而宏观的问题是研究探讨较短时段的冲淤在较长过程的共性和规律,是理论性的问题。显然,不用事物的连续性和相互转化的辩证观点,单纯地用较短时段的资料孤立地进行分析是认识和解释不了不同性质的宏观问题的。

(二)黄河下游现阶段纵剖面是否已相对平衡问题

黄河下游纵剖面随着水沙、边界和基准面的变化,时时刻刻都在进行着调整,是否达到相对平衡是指黄河下游纵剖面从长时段看是存在变陡或变缓的趋势,还是变化不大而近于一个常值上下波动。如果为后者,则可认为已经达到相对平衡纵剖面。

目前主要有两种观点,以谢鉴衡、王恺忱、张仁、徐福龄和陆中臣等为代表的主要观点认为:现黄河下游河道纵剖面自堤防自上而下延续到河口地区和日益巩固完善后,陶城铺以下大清河故道由地下河变成地上河,并在河口三角洲轴点第一次发生尾闾流路大改道(1989 年 3 月)以后,黄河下游河道的纵剖面即基本进入了相对平衡时期,也就是资料[12]和[13]中所述的第二阶段。

资料[12]认为:"黄河河口并不是始终对下游河道起制约作用,而是发生在流路逐步固定,堤防自上向下筑守,大量来沙下排并形成河口显著淤积延伸之后。……据此,我们可将下游河道和河口塑造演变过程分为两个大阶段。

第一阶段下游河道淤积主要自铜瓦厢向下发展,以沿程淤积形式为主,也就是塑造与黄河来水来沙特性相适应的纵横断面阶段。此时局部基准面起作用,且部位不断下移,河口基准面对下游淤积暂时尚不起控制作用。淤积的结果使河道纵比降变陡。随着河道流路的固定和堤防的完善,泥沙大量下排入海,当河口显著淤积延伸并形成尾闾改道时则标志着塑造演变过程第一阶段的结束。

第二阶段演变的特征是河口尾闾不停地处于淤积延伸摆动改道循环演变之中,河口段水位在升升降降过程中升高,河口基准面不断升高,并引起河流近口段的溯源淤积。考虑到事物发展的连续性,此淤积影响必然将逐次向上发展,此时下游河道纵比降值虽随来水来沙条件有短期的波动,但总的看各河段变化不大而近于一个常值。……废黄河自嘉靖中,现黄河自光绪初,黄河下游河道淤积的速率和演变的趋势即逐步转化为主要取决于河口基准面的状况。"

资料[13]依据废黄河的资料也同样得到了下游河道演变发展存在两大阶段的认识:决口密度分布图表明废黄河的纵剖面调整大致经历了两大阶段。在第一阶段,黄河刚入淮,泥沙淤积在上游广大地区,随堤防修筑决口和淤积部位下移,主要发生沿程淤积,使纵剖面变陡。决口重心移到河口地区后,第一阶段结束。第二阶段的特点是河口以较大速率延伸,泥沙淤积自下而上发展为溯源淤积。河道的堆积抬高取决于河口延伸而引起的相对基准面的抬高。

黄河下游纵剖面相对平衡是指相对于水沙、横向边界和基准面等要素均值条件下的平衡。任何影响因素的变化,均将引起纵剖面的调整。水沙条件不好,高于均值时发生淤积,反之冲刷。主槽游荡时淤积,单一归顺时冲刷。河口改道基准面相对降低时冲刷,河口延伸时淤积。但是该演变调整始终向其均值条件制约的纵剖面发展,并形成形态变化不大的相对平衡纵剖面。

现阶段黄河下游已经形成相对平衡纵剖面的主要理由是:

(1)现黄河与废黄河分河段和较长河段对比在河型与纵横剖面形态等方面均十分相似,二者演变发展的阶段性具有同一规律。

(2)现黄河下游河道无论是整个下游河道长河段,还是分河段的水面比降,从有观测资料以来较长时段看,虽有波动,但变化不大,无变陡的趋势,而是处于微微变缓夷平的状态,如图 7-6 和图 7-7 所示。

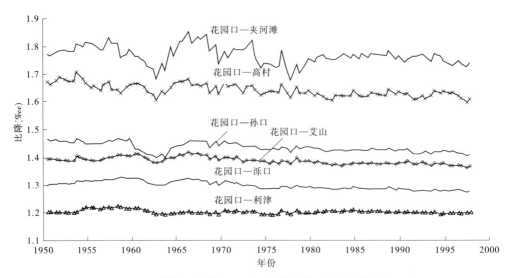

图 7-6　黄河下游花园口以下河段年水面比降变化过程

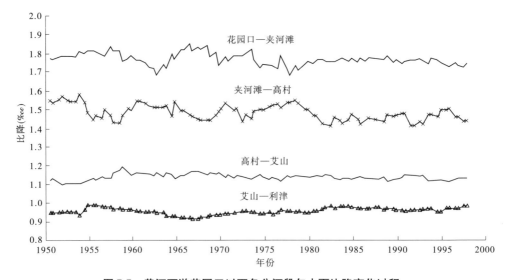

图 7-7　黄河下游花园口以下各分河段年水面比降变化过程

（3）值得注意的是,此变化不大和趋于变缓的比降,是在水位和河床极其错综复杂的冲淤过程及 50 年来年际间升升降降中近于平行普遍抬升了约 3 m 的情况下发生的。这决不是偶然或巧合。

（4）新中国成立前无完整水文资料,依山东和河南河道滩地淤高的情况比证,由山东河段左右两岸 20 处滩地淤积资料知,年平均升高速度为 4.5 cm;河南河段除去 1855 年以前以外的 9 处资料,亦得到年平均淤厚为 4.5 cm,此充分表明黄河下游的滩地也是平行抬升和比降变化不大的。同时此与河口延伸引起的平均升高值 4.6 cm 也是相应的。

（5）黄河下游平均每年来沙约 16 亿 t,最大年份达 30 亿 t,一次洪水冲淤的幅度即可达 2 m 左右,如山东河道由地下河发展成地上河亦不过 10 余年的时间。50 年来进入艾山以下的沙量约 460 亿 t,艾山—渔洼河段累计淤积量仅 7.2 亿 m^3,不到同期来沙量的

2%。显然,若无河口基准面不断升高的影响,在如此巨大调整能力情况下,黄河下游百余年来一直还达不到相对平衡是难以解释和理解的。

(6)现阶段黄河下游河道并不是一直处于淤积状态,在来水来沙和河口基准面条件较好的共同作用下,整个下游各河段同步发生冲刷、水位下降的情况表明,目前下游已经形成了相对平衡纵剖面,正在围绕均值条件相应调整。

不同意见者认为,"黄河原经徐州、淮阴入海。1855 年铜瓦厢决口改道后,黄河下游河道纵剖面的变化可分如下几个阶段:第一阶段,决口以上河道发生强烈的溯源冲刷,影响约到沁河口。决口以下为广阔的泛区,泥沙到处淤积,河无定路,犹如水库淤积三角洲顶以上的地带;再下为泛水汇集之处,泥沙进一步落淤,犹如水库淤积三角洲顶到坝前一段;澄清或部分澄清的黄河水流,夺张秋以下的大清河入海,使大清河河身刷深拓宽。第二阶段,泛区逐渐出现主河,堤防逐渐修起;泛区上缘逐渐下移,泛区下缘即泛水汇集区的上缘逐渐下移到张秋、梁山一带;进入大清河的沙量逐渐增大,使大清河从冲深拓宽转入淤高同时继续拓宽;由于泛区已淤高较多,铜瓦厢以上的河道也从溯源冲刷转入回淤阶段。不过,这里所说的三个方面的转变,在时间上不一定正好同步。第三阶段,泛区继续淤高、下延,三角洲顶点逐渐移至关山、鱼山一带,泛水汇集区逐渐淤死。第四阶段,决口以上、决口以下至鱼山、鱼山以下至海口,各段逐渐分别调整,直至形成定性统一的纵剖面。第五阶段,各河段的河相包括纵横断面、河性、河型进一步调整,直至上下各河段的河相、河性及输水输沙特性密切地相互联系、相互制约。这就形成了平衡纵剖面,或淤积平衡纵剖面"。

"黄河现在处于哪一阶段呢? 50 年代初有这样的说法:上游来洪不管多大,艾山只能过六千($6\,000\ \mathrm{m^3/s}$)。这是鱼山、艾山等山崖限制和东平湖调蓄能力很强造成的,上段堤防强度不足也是个因素。1958 年以前,东平湖和黄河还是湖河不分,成为黄河洪水的自然调蓄池。这些情况说明,当时黄河可能是处于第三阶段前期。1958 年大洪水后,人工将东平湖分离开来,在平面上消除了泛水汇集区,纵剖面的塑造则并未完成这个阶段。另外,在东坝头以上,1855 年以前,河道游荡范围直达南北两堤,宽十余公里;目前游荡范围还不到一半,远未恢复到原有情况"。还有资料[15]认为,"东坝头以下冲积扇前坡的前缘在孙口附近,按此说法,黄河下游纵剖面的发展还处在第二阶段中期"。

"未能发现现代黄河已经形成平衡纵剖面的证据、理论依据和旁证资料。1855 年铜瓦厢决口改道后,黄河下游分成几个特性迥异的区段。至今各区段尚未形成,或者刚刚形成统一的纵剖面,离形成平衡纵剖面还很远。未形成平衡纵剖面,就谈不上河床纵剖面平行淤积抬升,谈不上河道淤积由河口淤积延伸决定等"。

资料[16]认为:黄河下游的平衡比降是不淤平衡比降,并给出了黄河下游纵剖面和不淤平衡纵剖面(见图 7-8)。据此得出,"要使河道不淤积,一个办法是将纵剖面挖深成 C 线那样,使各地方的比降都增大到足够输送铁谢的来沙,这当然是不现实的。另一个办法是使河道淤高到 B 线那样,使各地的比降都足以输送铁谢断面的来沙,而且河口断面不淤积。否则黄河下游总是要发生淤积的。B 线与 C 线相似,都是不淤平衡剖面。因此,说黄河下游的淤积是河口淤积延伸造成,河口不淤积延伸,河道也就不会淤积,是没有根据的。还可以这样理解:设河口不再淤高,河南段也不再淤积,则原来要淤在河南段的泥沙都要排入山东,山东段能不迅速淤高么?按约估,要使目前黄河不淤积,海岸须退到艾山附近才行"。

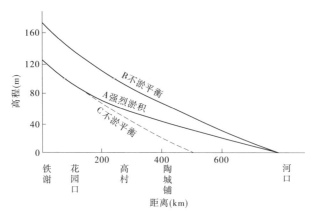

图 7-8　黄河下游纵剖面和不淤平衡纵剖面

"黄河下游的不淤平衡纵比降应比铁谢到花园口段现比降大,向下游稍许递减。它处处大于目前的河道比降。因此,即使河口不再淤积抬高,黄河河床还要继续大量淤积,直到不淤平衡纵剖面塑造完成为止。据约估,即使河口不再淤积,河道还可淤高几十米之多"。"按粗估的不淤平衡比降计算得到各河段的不淤平衡纵剖面;得到各处还可淤高的数值列于表 7-3,数值是很大的。……80 年代中,本书著者(尹学良,《黄河口的河床演变》)简略谈及此事时,听着咋舌不已,认为大谬不经。人力的确不能维持黄河再淤高那么多,人力不能维持那么大的比降,于是经常决口改道,也就使淤积不能停止。上面的估算也很粗糙,可能误差很大。但是淤积比降比不淤平衡比降小是肯定的,不管河口淤积不淤积,黄河下游总要大量淤积抬高,也是肯定的"。

表 7-3　粗估的黄河下游不淤平衡比降和纵剖面

项目	铁谢	花园口	高村	陶城铺	河口	说明
间距(km)	103	173	146	385		
不淤比降(‰)	2.8	2.6	2.2	1.8		
高差(m)	29	45	32	69		黄河水位比海拔高约 1.5 m
平衡剖面海拔(m)	175	146	101	69	0	
1960 年 7 月 3 000 m³/s 水位	120.98	92.25	60.77	42.5	1.5*	
还可淤高(m)	55	55	42	28	0	

上述结论的问题出在没有实际资料的验证。不淤平衡比降是假设的概念,在实践中并不存在,同时将比降很陡泥沙一般不淤积的侵蚀性河段与性质完全不同的受挟沙能力制约的冲积性河段相混淆了。作者在资料[16]中曾多处指出小浪底水位可以认为是不变的,并在上述论证的第一部分河道纵剖面的流水地貌过程中明确指出,"小浪底附近可认为较长期不淤积抬高;以下直到河口河长不断加大,纵剖面不断夷平,平均比降逐渐减

小,没有什么平行淤高可言"。不知为何又得出表7-3的河口不淤积抬高,铁谢和花园口仍需抬高55 m方能平衡的结论。

(三)河口淤积延伸影响问题

中国科学院地理所叶青超教授在其《流域环境演变与水沙运行规律研究》中指出,"从1953年改走神仙沟至1976年刁口河流路结束,黄河河口平均延伸速度为1.1 km/年,共延伸25 km左右;该时段利津站(含以下河段)水位相应以0.11 m/年的平均速度抬高,共抬升约2.5 m,两者完全相应。清水沟流路期间的河长变化与利津站水位变化也是相应的,充分表明利津站水位抬高与其到河口段河长的延伸密切相关,后者起到前者侵蚀基准面相应抬高的作用。现河长仍未超过刁口河流路时的最长河长,利津站现在同流量水位仍未超过改道前的最高水位"。

清华大学宋根培教授在其文章结论中亦明确指出,"河口的延伸对下游河道起到侵蚀基准面的作用,直接影响到利津以下水位的升降,同时也将影响到整个下游河道。河口平稳的延伸造成下游河道指数型曲线抬高。从1950年到1990年40年间,同流量(3 000 m³/s)水位升高2.0~2.8 m,与河口平稳延伸20余km基本是一致的"。

资料[12]指出,由于河流来沙源源不断,河口沙嘴和三角洲岸线淤积延伸的趋势不可避免,这必然会引起河口以上堆积性河段河床和同流量水位相应调整升高;黄河河口来沙量巨大,颗粒粗,堆积严重,近期资料表明,每年大沽0 m线范围平均造陆约50 km²,一条流路影响范围内岸线的平均延伸每年约1.5 km,沙嘴延伸速率还要大些。黄河口的实测资料表明,一条流路的延伸长度 ΔL 与近口段水位升高值 ΔH,存在着 $\Delta H = Ja \cdot \Delta L$ (均以 m 计)的关系,Ja 为近口段淤积平衡比降。资料[2]统计1855年以来资料,河口累计延伸61 km,依据延伸距离与升高的关系 $\Delta h = \Delta L/15$(ΔL 以 km 计)计算,$\Delta h = 4$ m,按实际走河年限87年计,年均升高4.6 cm;实测为年均4.5 cm。两者基本一致。

资料[13]利用1741年到1831年间91年的洪泽湖汛前最低水位资料,推算出清口(洪泽湖水入黄处)附近黄河河床抬高的速度,为平均4.1 cm/年。在同一时期中,河口的平均延伸速度是670 m/年,考虑到清口以下河道平均比降为0.65‰,两者相乘,清口处黄河河床抬高速度应该是4.3 cm/年。由此可见,河口延伸速率和清口以下的河床抬高速度存在着良好的相关关系。

对于废黄河整个下游来说,在第二阶段中(1645~1875年)河床的淤积抬高值为15~16 m,考虑到废黄河东坝头以下的平均纵比降约为1‰,河口延伸为180多km,相应抬升值为18 m左右,两者也是比较接近的。

资料[14]分析认为:黄河口摆动改道的第二次(1926~1953年)、第三次(1953年至今)大循环,其间河长延伸分别为16 km(1926~1938年)和32 km(1953~1975年),按比降0.67‰计得罗家屋子水位应各上升1.07 m和2.13 m。第二次大循环仅添口站有断续的资料,由该站的水位变化知,此期间3 000 m³/s平均水位由1919~1921年的26.42 m升高到1934~1937年的27.49 m,即升高1.07 m,此与循环后延伸(16 km)引起的水位升高值是一致的。第三次大循环期间水位的变化资料较为充足,高村以下到利津各站1950~1975年改道清水沟前的3 000 m³/s水位升高值在2.07~2.38 m,此与河口延伸引起的水位升高值2.13 m也是基本相应的。

综上所述,河口影响论者认为:黄河大量泥沙下排入海,形成黄河河口的淤积延伸,延伸意味着河口基准面的相对升高,河口段比降变缓,从宏观上看其必然引发淤积,并逐步向上游影响整个冲积性河段。显然,无论是现黄河还是废黄河,由长时段宏观资料分析均不难得知,河口延伸与河口河段及下游主要河段的水位升高基本是相应的,二者存在着明确的对应关系。

反对的意见主要有以下方面。

根据资料[17]:1855年黄河注入渤海,可以粗略地看一下海岸外延与水位升高关系。1855～1953年,三角洲岸线外延约14 km,水位从1919年开始观测,还是断断续续的,根据资料即使从宏观上也很难看出河口延伸对下游河道的影响关系,更何况水位升高与河口延伸在时间上不一致。因此,黄河下游水位升高变化情况与河口淤积直接挂钩,很难置信。例如图7-9中黄河下游沿程几大站3 000 m³/s水位变化过程,花园口、高村、艾山、泺口、利津五大站,上下站相距长达650 km,年季的水位升降变化如此同步,这种现象用河口淤积延伸反馈影响解释很难理解。因为实际上不可能河口延伸或缩短2 km,当年(或当季)溯源影响到整个下游水位普遍升高或下降。1953～1991年三角洲淤积扩展,海岸线外延平均约13 km。从图7-9看,水位在1965～1975年大幅度升高约2 m。比较近期三条流路河道长度变化,1953年改道神仙沟前河长93 km,到1963年底河长102 km,河道长度增大9 km,利津水位升高0.05 m,前左站水位反而有所下降;1964～1975年为刁口河时期,河道又延长9 km,利津水位升高1.43 m,一号坝水位升高1.29 m,罗家屋子又升高1.03 m;1976～1993年汛前清水沟行河期,河道长度延长1 km,利津水位升高0.72 m,一号坝升高0.45 m,西河口水位升高0.94 m。可见,近40年来黄河下游水位升高变化与河口淤积延伸并无明显关系。期间沿程水位的大幅度升高,应另有主导因素。

图7-9　黄河下游各站同流量(3 000 m³/s)水位变化

"黄河下游河道冲淤历来是沿程与溯源双向共同作用的结果。关于河口变动的影响,近期三条流路改道引起的溯源性冲刷上界在道旭至刘家园之间,而河口淤积延伸影响,清水沟时期,从累计冲淤沿程分布看,溯源淤积反馈上界在一号坝附近。利津站以上都是沿程淤积结果,同时沿程冲淤作用可直到河口口门"。"改道点上下河段比降总是上小下大,这种形式,按照河口淤积延伸、比降减小,溯源性淤积向上游发展是十分困难的。以上分析的近期三条流路,河口淤积延伸影响都是在改道点以下"。

资料[16]在其小结中指出,从1964年到1976年整个刁口河历史内,河口淤积延伸的影响均未能超过罗4断面,距河口不足60 km。其理由是:1968年汛后到1975年汛前共6年多的枯水系列中,艾山到泺口平均淤高2.2 m,泺口到杨房淤高2.2 m,杨房到利津淤2.1 m,利津到罗家屋子淤高1.3 m,罗4到罗12淤高0.9 m。另外,这6年多时间里罗4断面深泓高程并无冲淤变化,1968年汛前、汛后深泓高程分别为4.34 m、4.40 m,1974年汛后、1975年汛前分别为4.13 m、4.29 m,并未有淤高现象。综合这些资料可以认为,1968年汛后到1975年汛前,艾山到利津各段平均淤高都在2.2 m上下,利津以下淤积沿程减小。罗4断面一带没有淤高,该处的胶泥坎成了冲不动、淤不起的侵蚀基准面。自此向下到罗12又平均淤高0.9 m。可见艾山到罗4的淤积应是以罗4作为基准点的沿程淤积。罗4以下的淤积中才含有河口淤积延伸引起的溯源淤积成分,而沿程淤积仍占不小的比例。其实,从刁口河改道的1964年起,一直到1976年,罗4、罗5、罗6的深泓高程都没有淤高。因此,在刁口河的整个历程中,河口淤积延伸的影响始终限制在罗4、罗5断面以下。自此以上的冲淤变化全部由来水来沙条件和罗4胶泥坎控制,与河口演变无关;自此以下到河口则由来水来沙条件与海域条件共同制约,长度不足60 km。

综上所述反对者认为,河口淤积延伸影响都是在改道点以下。40年来黄河下游水位升高变化与河口淤积延伸并无明显关系,期间沿程水位的大幅度升高应另有主导因素。在刁口河的整个历程中,河口淤积延伸的影响始终限制在罗4、罗5断面以下;自此以下到河口则由来水来沙条件与海域条件共同制约,长度不足60 km。

二者的分歧点或者问题在于:

(1)前者是由较长时段较长河段进行宏观的研究得到的认识,而后者多是依据短时段的资料研究直接的影响问题。

(2)后者在探讨河口河段冲淤时没有与河口的演变发展及延伸改道的具体情况和过程紧密联系。

(3)用罗4、罗5个别断面短时段(1968~1975年)的深泓点没有变化得出河口淤积延伸的影响始终限制在罗4、罗5断面以下是不妥的。一方面控制和表达河流纵剖面与冲淤的是水位,而不是局部的断面及其深泓点(此将在下节基准面问题中深入论述);另一方面研究延伸影响没有与同时段河口的淤积延伸情况相联系,而且没有解释同时段罗4—罗12断面之间淤积了0.9亿 m^3 和罗4断面下首刁口水位站同3 000 m^3/s水位同时段何以升高了1.45 m。利津以下河段同期平均河底高程具体升高的情况如图7-10所示。诚然罗家屋子以下较长的胶泥坎河段在改道刁口河流路初期,由于地势高和耐冲,确实起到了局部基准面的作用,并使改道当年1964年极好的水沙条件下,没有发生预期的溯源冲刷、水位下降。但其作用很快即为河口的淤积延伸所抵消和掩盖,尾闾和近口段的冲淤相应转化为被河口基准面的状况所制约。图7-10充分表明,罗4—罗5河段没有影响其上下河段整体淤积的性质和幅度,此淤积幅度与同期河口淤积延伸的情况是基本相应的。

显然,形成上述水位的升高乃是河口的淤积延伸影响所致。罗 4 和罗 5 断面平均淤积厚度相对较小,是与该两断面宽度达 11 km 多、主槽的宽度也较宽有关。

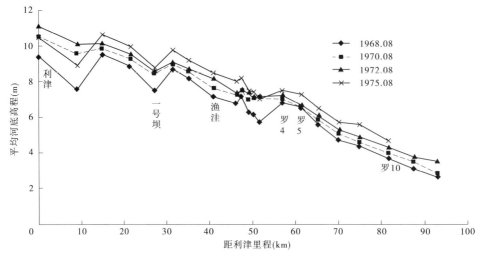

图 7-10　利津以下河段 1968～1975 年平均河底高程变化

此外,改道点上下比降上小下大只发生在改道初期阶段,一旦经取直摆动形成单一顺直河槽进入中期演变阶段后,先冲后淤改道点上下比降即完全趋于一致。由拦门沙观测资料知,即使在受潮汐影响的口门河段,同样不存在比降下大上小的情况。此时的冲淤完全取决于河口基准面的状况,任何局部条件的变化均改变不了此冲淤的宏观趋势。

(四) 平行抬升问题

平行抬升最早是由地貌学研究者提出的。平行抬升的概念和演变过程是在河流水沙与边界条件变化不大的情况下,河流纵剖面宏观的较长时段较长距离的河床演变发展的趋势。它不意味着河床纵剖面(或水位)在整个河段和任何时段均是绝对的平行抬升。目前对此存在着一些误解。

(1)认为平行抬升应该是整个河段均平行抬升,否则就不是平行抬升。河口影响论者始终认为黄河下游纵剖面是指数型的,因为冲积性河流的进口段多是卵石河床,该河段不受挟沙能力所制约,故不可能与其下游河段一样抬升。黄河下游和其他旁证资料均表明,平行抬升河段一般只占整个冲积性河段长度的2/3多些。平行抬升只限于此河段,往上抬高值递减至出峡谷处趋近于零。

(2)由河床演变学知,依水流连续方程、阻力公式和挟沙力方程推导的河流纵剖面与各影响因素间存在如下关系: $J = f\left(n \cdot \dfrac{\sqrt{B}}{H} \cdot \rho \cdot \dfrac{\omega}{Q}\right)$, 显然,河床阻力愈大、断面愈宽浅、含沙量愈高、来沙愈粗和流量愈小时,要求比降愈陡。只有所有的条件近于均值不变时,方可得到稳定的纵剖面形态和绝对的平行抬升,这在天然的河流中是不可能存在的,但在不少能控制影响条件下的水槽试验中均得到了很好的证实。由于实际的河流在出峡谷的附近河段为卵石河床,不属于受挟沙能力制约的细沙冲积性河流,加上各种影响因素随时都在变化中,人为的影响和河口基准面不断相对升降变化及抬升的趋势,使纵剖面的演变更加错综复杂,因而不可能出现绝对稳定不变的纵剖面和绝对平行抬升的情况。我们所谓的平行抬升在河长上是有一定范围的,在某一时段冲淤升降的幅度上是允许有一定差别的。显然,依较短时段或较短距离不相应资料和因不是绝对平行抬升而否定平行抬升的理论概念和趋势是不妥的。

(五)直接影响与间接影响问题

目前在分析黄河下游冲淤问题时,一般只关注较短时段冲淤的直接影响过程和影响范围,这是十分必要的。但利用此资料来批驳不同性质的宏观的冲淤规律和影响问题则是不合适的。黄河下游纵剖面的形成和冲淤调整是各种影响因素综合作用的结果,任何一个条件的改变均将引起河道的冲淤调整。实践表明,不连续的接近于均值的条件变化,在整个下游能够得到较迅速的反应和调整,但是对于条件的较大变化或者年际间连续的变化,此冲淤调整不可能在800余 km 的全河段和在短时段内完成调整,它需要一个过程。如三门峡水库连续几年下泄清水和而后的大量排沙对纵剖面的冲淤调整是自上而下逐步发展的,并主要是在艾山以上河段。同样,1953 年和1976 年两次河口改道,按冲淤性质判别指标知,1976年改道清水沟流路期间,一次洪峰过程直接产生溯源冲刷的影响范围在泺口上下,而因改道初期破口不足产生壅水的影响范围仅在一号坝—利津之间,影响范围相对更短,如图 7-11所示。由于冲淤影响具有连续性和滞后性,因此上述的影响决不会仅仅限于一次洪水过程,必然存在着滞后的间接影响问题。在探讨短时段的冲淤问题和各影响因素间的关系时,了解和掌握直接影响的情况是正确的和不可替代的。但不能简单地引用于宏观问题上,或据此否定宏观的溯源淤积影响,因为这是两个不同性质的问题。实际上,间接影响的宏观结果对于河道纵剖面的形成和演变发展预测更具有重要意义,短时段的直接影响是宏观演变过程的组成部分,二者是事物的统一体,分别表述着事物的不同过程。

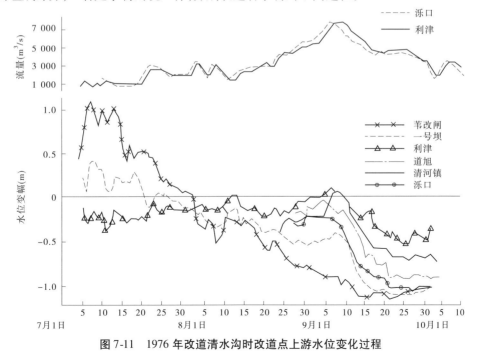

图 7-11　1976 年改道清水沟时改道点上游水位变化过程

（六）沿程冲淤与溯源冲淤问题

从河流动力学的角度而言,河床的冲淤演变不外沿程冲淤和溯源冲淤两大类型,目前两种冲淤性质的判别依据如表7-4所示。显然,沿程淤积是指河段边界条件与来水来沙条件不相适应,不能全部挟带输移来的泥沙,而发生的自上而下的淤积,其结果是比降变陡。沿程冲刷是水沙条件相对较好或比降相对较陡时发生的自上而下的冲刷,冲刷使比降变缓。由于局部基准面(如节点、卡口、枢纽或前期淤积等)或河口基准面相对升高或降低引发的自下而上的冲淤称为溯源冲淤,冲淤的结果与沿程冲淤相反,溯源淤积使比降变缓,溯源冲刷使比降变陡。在黄河下游利津上下河段受河口延伸和改道,即基准面相对升降影响引发的溯源冲淤是显著的。而花园口上下河段因来水来沙条件的变化引发的沿程冲淤也是显而易见的和明确的。黄河下游目前的观测条件尚难以如实全面反映此冲淤过程,但50年来黄河下游宏观上在冲冲淤淤中不断抬升的趋势是客观现实。如何解释此客观现实,只能依据理论和冲淤判别指标。如果黄河下游纵剖面不适应来水来沙条件,不能输走来沙,其必然产生沿程淤积,使纵剖面比降变陡;反之,如果下游纵剖面已基本与来水来沙条件相适应,绝大部分的泥沙下排入海,使河口延伸基准面相对升高而形成淤积,其特点是使纵剖面比降变缓,也就是通常所谓的夷平趋势。显然,黄河下游现阶段的淤积应属于溯源淤积的性质。但这并不意味着否认下游纵剖面的调整过程是沿程冲淤为主和与溯源冲淤叠加共同作用的结果,因为这是两个不同性质的问题。极端地认为整个黄河下游纵剖面的调整都是沿程冲淤形式所致,同样也由于纵剖面比降没有变陡和夷平,而改变不了河口基准面起制约作用和黄河下游的淤积宏观上属于溯源淤积的性质。

表7-4 冲淤性质判别

冲淤类别	冲淤原因	冲淤发展方向	冲淤幅度情况	冲淤时间先后	冲淤的结果
溯源淤积	基准面相对升高	自下向上	下大上小	下早上迟	比降变缓
溯源冲刷	基准面相对降低	自下向上	下大上小	下早上迟	比降变陡
沿程淤积	相对水少沙多	自上向下	上大下小	上早下迟	比降变陡
沿程冲刷	相对水多沙少	自上向下	上大下小	上早下迟	比降变缓

第二节　冲积性河流纵剖面演变与形态分析

一、河流纵剖面调整演变主要影响因素分析

河流纵剖面是指河流沿水流方向的几何形态,通常包括河谷纵剖面、水面纵剖面及河床纵剖面,后者又包括主槽、滩地和深泓点的纵剖面。其基本几何形态有下凹型、直线型、上凸型和阶梯型。多数河流尤其是天然冲积性河流都是下凹型的。黄河从河源至海口凹度约为1.73,黄河下游的凹度约为1.35。

由中国水利学会泥沙专业委员会编撰的《泥沙手册》指出:冲积性河流的纵剖面是挟沙水流与河床长期相互作用的结果。纵剖面的形态取决于来水来沙及边界条件,而纵剖

面的绝对高程及位置则受制于侵蚀基准面。

谢鉴衡认为:黄河下游由于来沙量大,淤积量大,河口延伸快,河床自动调整作用进行得十分迅速,河床纵剖面作为一个整体,能较快地随着水沙条件调整自己的状况以达到相对稳定状态。此时,河床纵剖面在多年平均情况下将接近平行抬升。这种平行抬升并不是同步进行的,而是在较长时间内你追我赶的累积结果,其具体抬升过程则是错综复杂的。其所以如此,是因为影响因素复杂多变,并具有一定的偶然性。要想完整地追索这种过程几乎是不可能的。来水来沙条件对河流纵剖面的形成和发展影响很大,它和侵蚀基点条件结合在一起,决定着纵剖面的形态、高程及变化过程。而侵蚀基点本身的变化也受到来水来沙条件的影响。因此,可以认为,来水来沙条件对纵剖面的影响是具有决定性作用的。

总之,有关冲积性河流平衡纵剖面主要的影响因素不外乎流域的来水来沙、河床的横向边界和河口侵蚀基准面三个大的方面,其中来水来沙的主要因素有流量大小、来沙数量和粗细,横向边界方面有断面的宽度和水深、河床糙率和河相系数,侵蚀基准面则体现在河口尾闾的淤积延伸摆动改道和尾闾河型的状态的变化上。此外,近年来人为的影响有日益加重的趋势。将三大影响因素细分的话,其各个影响因素不仅多,而且组合的随机性很大,当河流在三大因素叠加综合影响时,可以想象其纵剖面调整演变的过程该是多么的错综复杂。

关于冲积性河流平衡纵剖面的基本影响因素一般可在平衡纵剖面的表达式中体现,下面分别予以论述。

二、冲积性河流平衡纵剖面形式

(一)冲积性河流平衡纵剖面的表达式

通常的冲积性河流平衡纵剖面的表达式是联解水流连续方程、均匀流阻力方程、挟沙力方程和河相公式等得到的。其关系如下公式所示:

$$J = \frac{n^2 \cdot \left(\dfrac{\sqrt{B}}{H}\right)^{0.4} \cdot S^{\frac{0.73}{m}} \cdot \omega^{0.73} \cdot g^{0.73}}{K^{\frac{0.73}{m}} \cdot Q^{0.2}}$$

式中 J——冲淤平衡比降;

     Q——造床流量,m^3/s;

     S——挟沙力,kg/m^3;

     ω——造床质泥沙平均沉速,m/s;

     n——曼宁糙率系数;

     B——平均河宽,m;

     H——平均水深,m;

     K、m——挟沙力系数与指数;

     g——重力加速度,m/s^2。

由公式知:冲淤平衡比降与河床阻力、河宽、含沙量、来沙粗细成正比,与河槽的深度和流量成反比。显然,河床阻力愈大,河宽愈大或者河相系数愈大,含沙量或挟沙力愈大,来沙愈粗时平衡比降愈大,流量愈大平衡比降愈小。

此公式是依据一般冲积性河流推导的,因为一般河流沿程均有支流汇入,流量愈往下游愈大,比降愈小。由于黄河下游是地上河,流量向下游是递减的,故与上式存在一定误差。

为此,王恺忱引入黄河下游来沙系数经验公式 $Q_s = KQ^2$,并与阻力方程、挟沙力方程等联解得到下式:

$$J = \left(\frac{C}{K}\right)^{\frac{5}{6}} \cdot n^2 \cdot Q^{\frac{1}{3}} \cdot \omega^{\frac{5}{6}} \cdot g^{\frac{5}{6}}$$

式中　C——来沙系数,$Q_s = CQ^2$;

　　　Q——年最大平均流量,$\mathrm{m^3/s}$;

　　　其他符号意义同前。

此式解决了流量与平衡比降 J 不成正比的问题,使其符合了黄河下游的情况,即上段流量大比降亦大、下段流量小比降亦小的实际情况。初步验证结果还是满意的。

谢鉴衡教授等基于黄河下游的特殊性有如下的认识:"任何一段的淤积,将为减少本身淤积,增加上、下游淤积创造条件。为此,谷口段的淤积将促使淤积向下游发展,而河口段的淤积则将促使淤积向上游发展。其结果将使得整个河段全面抬升。黄河下游由于来沙量大,淤积量大,河口延伸快,河床自动调整作用进行得十分迅速,河床纵剖面作为一个整体,能较快地适应自己的边界条件而达到相对稳定状态",从泥沙连续公式出发进行分析:

$$\partial QS/\partial l + \gamma' B \partial y/\partial t = 0$$

式中　Q——造床流量;

　　　S——与造床流量相应的含沙量;

　　　B——河宽;

　　　y——河床高程;

　　　γ'——淤积物干容重;

　　　l——距离,自进口断面起算;

　　　t——时间。

进一步联解水流连续公式、河相公式及水流阻力公式,经分离变量,并积分,最后得:

$$- J^{18/11} = Ml + C$$

其中,$M = 6K_2^{b/11} \gamma' \partial \omega V_y/(5K_1 K_3^{36/11} g^{7/11} \gamma_s d^{2/11} Q^{5/11})$,称为纵剖面形态系数。

由于黄河下游河型的不同,故可以区分为三段,即高村以上为游荡性河段、高村至陶城铺为过渡性河段和陶城铺以下为受约束的蜿蜒性河段。三段的 M 值各不相同,纵剖面形态公式不可能简单地统一在一起,故应分别推求。

根据具体条件及资料情况,取花园口作为游荡性河段起点,高村作为过渡性河段起点,孙口作为蜿蜒性河段起点,应用进口边界条件,分别推得三个不同河段的纵剖面形态方程式为:

游荡段　　　　　　　　　　　$J_0^{18/11} - J^{18/11} = M_1 l$

过渡段　　　　　　　　　　　$J_0^{18/11} - J^{18/11} = A + M_2 l$

蜿蜒段 $$J_0^{18/11} - J^{18/11} = B + M_3 l$$

式中 J_0——河段进口断面比降值;

J——全河段比降值;

M_1——游荡段纵剖面形态系数;

A——$A = (M_1 - M_2)l_{c1}$, l_{c1} 为过渡段进口至花园口距离;

M_2——过渡段纵剖面形态系数;

B——$B = (M_1 - M_2)l_{c1} + (M_2 - M_3)l_{cII}$;

M_3——蜿蜒段纵剖面形态系数;

l_{cII}——蜿蜒段进口即孙口至花园口距离。

根据上述方程式点绘的黄河下游相对理论纵剖面,实测点据与理论曲线二者还是比较符合的。

上述公式均体现了黄河下游纵剖面上陡下缓的指数形式,同时反映出影响平衡纵剖面因素的复杂性,方程式只能给出黄河下游某一时刻一定条件下的纵剖面形态,尚不能反映错综复杂的冲淤对纵剖面的调整过程和总侵蚀基准面对纵剖面宏观的影响过程。我们不难得知,当影响平衡纵剖面的主要因素和条件宏观上变化不大时,纵剖面的形态一般不会有较大变化,并理应始终趋向于相对平衡纵剖面。

此外,关于冲积性河流平衡纵比降和侵蚀基准面升高对比降变化影响的研究,前人也做过大量工作,一般多建立 J/J_0(淤积比降/原河床比降)与各因素之间的关系,如水科院河渠所在研究位山枢纽壅水段时曾提出:

$$\lambda_J = \frac{J}{J_0} = \left(\frac{K_0}{K}\right)^{\frac{5}{6}m}$$

依资料[35]有: $$\lambda_J = \left(\frac{n}{n_0}\right)^{1.7} \cdot \left(\frac{V^3}{V_0^3}\right)^{0.62} \cdot \left(\frac{H_0}{H}\right)^{0.62} \cdot \left(\frac{Q_0}{Q}\right)^{0.085}$$

伍尔海斯提出: $$\lambda_J = \left(\frac{G}{G_0}\right)^{\frac{5}{7}} \cdot \left(\frac{\psi_0}{\psi}\right)^{\frac{5}{7}} \cdot \left(\frac{Q_0}{Q}\right)^{\frac{6}{7}} \cdot \left(\frac{n_0}{n}\right)^{\frac{6}{7}} \cdot \left(\frac{B}{B_0}\right)^{\frac{1}{7}}$$

清华大学提出: $$\lambda_J = K(HJ_0^{0.2})^{-C}$$

$2 < HJ_0^{0.2} < 15$ 时 $K = 1.2, C = 0.24$

$15 < HJ_0^{0.2} < 75$ 时 $K = 4.4, C = 0.75$

其中:脚标"0"表示原河床的数值,无脚标则为淤积后的数值;n 为糙率;V 为流速;Q 为流量;H 为侵蚀基准面抬升值;G 为河床质总输沙率;B 为河宽;ψ 为杜波依斯方程系数;K、m 分别为挟沙力系数、指数。

这些公式表明:在侵蚀基准面抬高而其他条件变化不大时,新的平衡纵剖面是变缓的,抬高值愈大,原平衡纵剖面与新的平衡纵剖面的差异愈大,如在侵蚀性山区河流修建水库即是。但一旦新的冲积性平衡纵剖面基本形成后,则大部分河段又以平行抬高的形式发展。具体资料详见下节分析。上述的研究工作,多是将各种类型的水库或拦沙堰不加区别地进行统一分析。由于水库一般壅高值较大,原河床多属侵蚀性的,纵剖面较陡,运用后多处于淤积过程而未近于相对平衡,故淤积前后的纵剖面相差较大,λ_J 值较小。

对于冲积性的河床亦只取淤积前后首末两点间的高差比降,以此得出 $\lambda_J < 1$ 的结果,不能反映出两点间河床淤积的具体形式和主要河段近于平行升高的趋势。但上述资料均表明"原纵剖面愈大,纵剖面比值有愈小的趋势",亦即当壅高值愈小,原河床纵剖面愈缓时,淤积前后的纵剖面愈近于相等。对于一些冲积性河流低水头枢纽抬高引起的新老纵剖面的变化相对不大,其比值一般均在0.9以上。如图7-12所示为建库后原比降与相对平衡比降关系。黄河下游纵剖面较缓,一般不大于2‰,壅高值不大,一般在2 m左右,这种含沙量大泥沙颗粒细的强冲积性河道,显然是近于相等,亦即大部分河段属于平行升高的范畴。

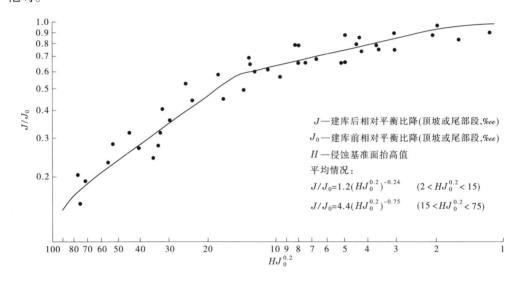

图7-12 建库后原比降与相对平衡比降关系

(二)冲积性河流平衡纵剖面的试验资料

1. 黄科院试验

为了探讨和验证平衡纵剖面及其影响因素间的关系等问题,黄科院在长40 m、宽60 cm、高75 cm,底坡为6 ‰的玻璃水槽内进行了初步试验,流量由程序控制流量计和量水堰双重控制,经消力池和静水栅进入水槽。试验沙由水槽进口处的漏斗加入,加沙量由漏斗底部刻有凹槽的转轴的转动速度控制,水槽中设有三处截沙槽,到达截沙槽的试验沙可以根据需要驱入旁侧贮沙池。末端水位由设在截沙槽下游的平板多孔程序控制闸门控制。试验沙用0.15~0.92 mm间的粗沙,分三级,中数粒径分别为0.47 mm、0.35 mm和0.20 mm,每组试验固定流量和加沙量,初步进行了三角洲淤进和不淤进、升降尾部基准面和变换定流量及加沙量等情况下有关纵剖面调整的试验,得到了如下几点认识。

1)动态平衡纵剖面

在水沙和边界条件不变、三角洲前沿不断淤积延伸即河口基准面相对升高的情况下,河段为了维持来沙不间断地平衡下输,其纵剖面必将相应进行冲淤调整而近于平行升高,试验资料证实了这一点,如图7-13所示。严格而言,此纵剖面是在不平衡输沙条件下形成的,即通过该纵剖面下输到三角洲前沿形成堆积的泥沙不是上游的全部来沙。这是因为下输的泥沙形成河口三角洲淤进后,使得原纵剖面变缓,输沙能力减弱,为了维持来沙在原来水条件下不间断地往下输送,河流只能通过河床自身不间断地近于平行升高的加积方式来满足。这样则有一部分来沙滞淤于河道内,从而形成来沙不完全下输的相对平衡纵剖面。由于此平衡纵剖面宏观上处于不断淤升状态,故暂称之为动态平衡纵剖面。这里所指的动态,不是指一般由于水沙条件和河口相对基准面短时段周期性变化所引起的局部及暂时冲淤而形成的波动变化,而是指整个纵剖面较长时段的变动。当然,这种近于平行抬升是以自下而上的溯源淤积和自上而下的沿程淤积交替进行的复杂方式完成的,同时也不是严格意义的绝对平行抬升;在较短的水槽中这种过程进行得较快和表现出明显的平行抬升,但在长达数百里的天然河道上,此抬升过程相对缓慢且错综复杂。

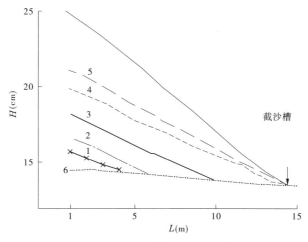

图 7-13　三角洲延伸与纵剖面升高关系

试验条件:$Q = 12\ \mathrm{m^3/s}, W's = 50\ \mathrm{g/s}, d_{50} = 0.47\ \mathrm{mm}$

1、2、3、4—动态平衡纵剖面;5—输沙平衡纵剖面;6—加沙 65 g/s 输沙平衡纵剖面

三角洲岸线推进的状况,显然与来沙量的多寡和粗细组成、三角洲堆积的范围、海域的深浅、海洋动力的强弱、堆积性河段的长度、河宽和比降的陡缓等有关。海洋动力的强弱和入海泥沙组成状况,可以通过参加河口堆积作用的泥沙占全部入海泥沙的比例来体现,此可用时段平均淤沙量 $W'_s\,(\mathrm{m^3})$ 表示;设三角洲前沿的起始深度为 $H\,(\mathrm{m})$,海底底坡为 i,三角洲堆积范围的平均宽度为 $B\,(\mathrm{m})$,淤积河段的比降为 Ja,洪水平均河宽为 $b\,(\mathrm{m})$,计算段河长为 $L\,(\mathrm{m})$,依据图 7-14 的几何关系可导出单位时段延伸长度的近似式为:

$$\Delta L = \sqrt{\frac{2\overline{W'_s}}{B(Ja + i)} + \left[\frac{BH + JaLb}{B(Ja + i)}\right]^2} - \frac{BH + JaLb}{B(Ja + i)}$$

假定河口或三角洲延伸,即 $\Delta L = 0$ 时,由上式知,要求 $\dfrac{2\overline{W'_s}}{B(Ja + i)} = 0$,也就是说,淤沙量 $\overline{W'_s} = 0$,或淤沙堆积范围无限宽,或海域无限深。此外,由公式亦知,当 H、L 和 b 愈大时,ΔL 愈小,即淤进的速率愈小。

图 7-14　河口淤积延伸示意

试验资料还证明了延伸长度 ΔL 与由其引起的基准面相对升高值 ΔH 间的关系同实测资料一致,均遵循 $\Delta H = Ja \cdot \Delta L$ 的同一规律。

显然,对于黄河来说,欲减少河道淤积,则需减缓河口三角洲的推进速度。为此,在 J、i、b 和 L 等条件基本不变的情况下,则只能减少入海的沙量,尤其是粗沙量,或者增大输往三角洲范围以外的沙量,再者即是尽量扩大河口三角洲堆积的范围。这与有关研究成果的结论是完全一致的。

2) 输沙平衡纵剖面

试验过程中我们保持尾水位(可视为海平面)不变,当三角洲前坡推进到一定位置后(设有截沙槽处),将输至该槽的泥沙全部驱出,让三角洲前坡停止延伸推进,也就是说维持河口基准面完全不变,则会发现在原来淤升动态平衡纵剖面的基础上,河床在稍有所变陡后即趋近于一个新的稳定不变纵剖面,见图 7-13。此后纵剖面不再产生淤积,河段完全变成为输沙通道。此稳定的纵剖面即为输沙平衡纵剖面。由动态平衡纵剖面发展到相对较陡的输沙平衡纵剖面,是在河口基准面、水沙和边界条件不变的情况下,河道由存在淤积的不平衡输沙到不存在淤积的完全平衡输沙调整适应的必然结果。

当输沙平衡纵剖面形成后,如不改变其他条件,仅停止往外驱沙,继续让三角洲前坡向前淤进到另一截沙槽处,再次向外驱沙使之停止淤进,经进一步调整后重新达到输沙平衡纵剖面,此剖面与淤进前的剖面二者基本一致。此表明输沙平衡比降的大小主要受水沙和边界条件的制约,与基准面的绝对高程无关。显然,来水来沙条件决定着纵剖面的形态,而基准面的状况制约着纵剖面的高程。

由于入海沙量源源不断,各河口的相对基准面在不停的波动中升高,所以输沙平衡纵剖面一般是一个理论剖面,可以认为是地貌学中通常所谓的极限纵剖面。对于入海沙量很少、海洋动力输沙作用较强和冲淤强度较弱的河流,此两种纵剖面十分接近,对于入海沙量巨大、堆积淤进强烈的黄河来说,则多表现为动态平衡纵剖面的特性。

3) 基准面对纵剖面的影响

上述分析表明,基准面与冲积河流平衡纵剖面之间存在着密切的依存关系。一方面天然河流短时段来水来沙的波动变化相应引起河段的冲淤调整,另一方面河口三角洲入海流路在长短交替中增长,又使得河口相对基准面在升升降降中升高,所以冲积性河流纵剖面的变化,从短时段的角度看是十分复杂的,既取决于来水来沙状况,又受制于河口基准面或河道暂时、局部基准面的变化。

天然堆积性河流长时段的平均情况和水沙条件为定量时的水槽试验,都得到了纵剖面随着基准面的升降而相应调整的结果。不仅动态平衡纵剖面随着三角洲前坡的淤进相应地升高且近于平行升高，而且输沙平衡纵剖面在其他条件不变时，同样亦相应于基准面的升高而等值升高，如图7-5所示。

不少研究成果表明，冲积性河流平衡纵剖面受多种因素的影响。一般情况冲积性平衡纵剖面的形式和陡缓，主要取决于来水来沙特性（如 Q、S、ω 等）和边界条件（如 n、D、$\sqrt{B/H}$ 等），其中水沙条件是主导因素。水槽试验资料也表明，平衡纵剖面的陡缓与流量的大小、加沙率的大小及加沙的粗细有关。流量愈小，加沙率愈大和加沙的颗粒愈粗时平衡纵剖面愈陡。

显然，基准面的状况对纵剖面短时段的影响是众所周知和不可忽视的，但对相对平衡纵剖面陡缓和形式的影响甚微，其影响主要表现在它决定着堆积性平衡纵剖面的绝对高程。水槽试验进一步证实了上述的认识。

2. 中国科学院地理所试验

由中国科学院地理所"地壳升降运动对河型的影响"有关试验知，在局部河段下降和间歇升高的情况下，将引起升降河段及其上下游短时段的重新调整，如果来水来沙条件和尾部侵蚀基准面不变的话，则全河段的平均比降亦基本不变，而近于一常值0.25%，如图7-15所示。另外，由5断面水位在试验过程中变化很小，以及水、沙面高程试验初始和终结时二者变化也不大的情况（见图7-16）不难得知，地壳局部运动或者冲积性河道局部河段的升降变化，将引起河道的强烈调整，或局部河段河型变化，但不会形成长河段基本条件的改变；相反，尾部侵蚀基准面（可以认为是河口侵蚀基准面）的升降则对全河段产生相应的影响。显然，河口侵蚀基准面作为总侵蚀基准面是具有永久作用性质的。总之，有关试验表明，在来水来沙和河口基准面（即水槽尾部水位基面）不变的情况下，局部河段的升降可以引起该河段及其上下游河段的剧烈冲淤调整和河床演变，但调整的最终结果不会改变由水沙基本条件决定的河流纵剖面的陡缓和演变。在不考虑工程影响的情况下，水沙和边界条件制约着平衡纵剖面的陡缓和形式，而河口基准面决定着相对平衡纵剖面稳定升降的趋势和高程。

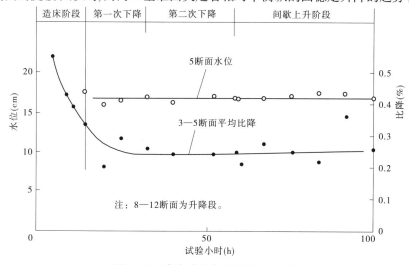

图7-15　试验过程中比降和水位变化

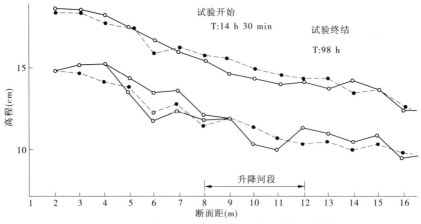

图 7-16　试验开始和终结时水面与河床高程比较

(三) 典型河流平衡纵剖面资料分析总结

黄河下游河道属于典型的冲积性河流,比降相对平缓,河口基准面抬升的幅度较小,与坝高较大的水库型的淤积差别较大。为此,我们藉以旁证的资料应与黄河下游的性质相近。图 7-17 为永定河下游河床与堤防纵剖面高程。由图 7-17 知,1920~1950 年河床

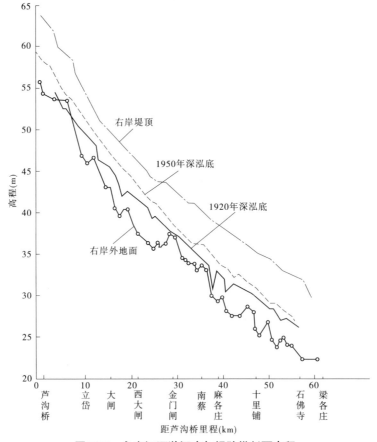

图 7-17　永定河下游河床与堤防纵剖面高程

是近于平行淤高的,堤防与地面的高差有下大上小的趋势,一般情况下表明淤积性质为侵蚀基准面升高所致。图 7-18、图 7-19、图 7-20 分别为北洛河口、渭惠渠枢纽和沣惠渠渠首淤积纵剖面。由图知,淤积后的比降一般可分为 3 段:一段为坝前变动段,此段比降较陡且不稳定,但河段不长,占全河段的比例不大,可忽略不计;一段为近于平行淤高段,此段相对较长,一般占整个冲积性河段的 2/3 多些,比降相对平缓,为主要的淤积段;一段为过渡段(或称尾部段),比降相对较陡,为山区性河流向冲积性河流转化的过渡段,淤积后的比降集中于此段变缓并与原河床衔接。

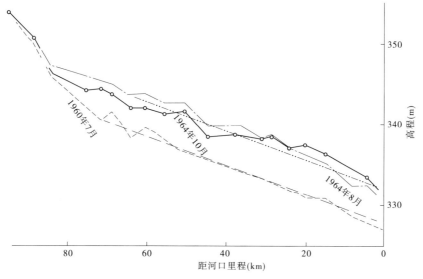

图 7-18　北洛河口淤积纵剖面

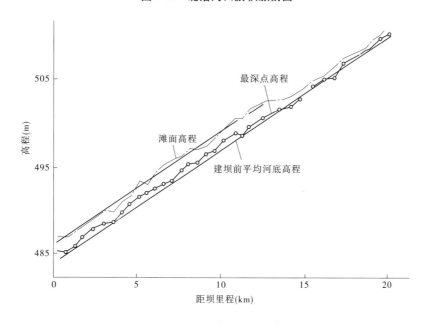

图 7-19　渭惠渠枢纽淤积纵剖面

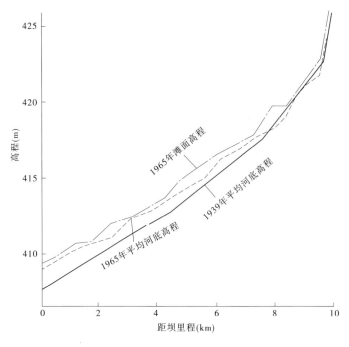

图 7-20　沣惠渠渠首淤积纵剖面

渭河下游在三门峡水库建库前长期以来处于相对平衡和微淤状态,三门峡水库建库后,明显地随着潼关断面的淤积升高而淤高,它是由侵蚀基准面升高引起的,与黄河口淤积延伸的性质相同,了解其淤积状况具有更直接的意义。以往的资料分析结果表明,渭河的冲淤和水位升降除随水沙变化做短期的调整外,较长时期的发展趋势受潼关高程和渭河口的变化所制约。我们比较了三门峡水库建库后潼关和华县两站 3～5 月平均河底高程过程(见图 7-21),由图知,虽然潼关、华县两站存在着滞后影响和三门峡水库蓄水运用时的不规律现象使点群较为分散,但两者同步的关系仍是明确的。1973 年为两站河底

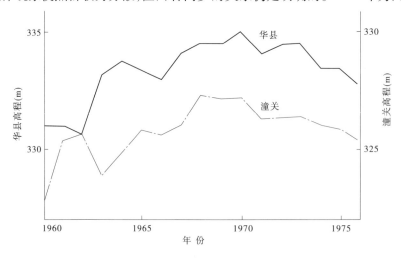

图 7-21　三门峡水库建库后潼关、华县两站 3～5 月平均河底高程

下降明显的转折点,以此作为淤积的比较阶段,此时段的淤积纵剖面如图7-22所示,由图7-21和表7-5同样得到了近于上述淤积的形式。渭河下游冲积性河段的转折点,据有关资料分析自古以来即在雨金附近。此外,由潼关、华县、詹家等站的常水位变化的情况知,1960~1978年或1960~1972年水位升高的情况,詹家以下河段大体上也是近于平行升高的,如表7-6所示,得到了与河底变化一致的结果,以上为壅水不高、比降较缓、含沙量较大的冲积性河道的情况。

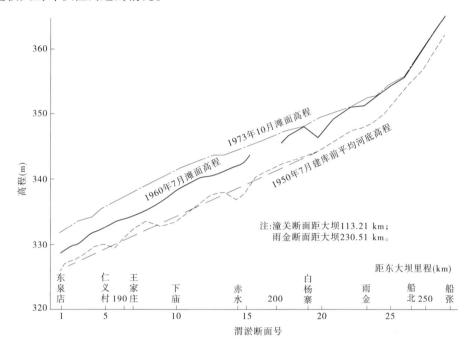

图7-22 三门峡水库建库前后渭河下游淤积纵剖面

表7-5 冲积性河段低壅水淤积形态

河段名称	壅高淤厚(m)	冲积性河段				平行淤高段					过渡段				
		全长(km)	原比降(‰)	淤后比降(‰)	淤后比降/原比降	长度(km)	占全长(%)	原比降(‰)	淤后比降(‰)	淤后比降/原比降	长度(km)	占全长(%)	原比降(‰)	淤后比降(‰)	淤后比降/原比降
渭河下游	3.0	122	2.14	1.99	0.93	87	71.3	2.08	2.07	0.99	35	28.7	2.14	1.83	0.86
北洛河口	4.3	87.5	2.53	2.15	0.85	66	75.4	1.83	1.82	0.99	21.5	24.6	4.06	2.87	0.71
渭惠渠渠首	2.4	17	13.8	12.0	0.86	12	70.6	13.7	13.6	0.99	5	29.4	14.0	11.4	0.81
沣惠渠渠首	1.1	9	14.9	13.6	0.91	6	66.7	12.3	12.0	0.98	3	33.3	20.0	16.0	0.80

表 7-6　三门峡水库建库后渭河下游水位升高情况

测站	雨金	交口	渭南	詹家	华县	潼关
距潼关里程(km)	117	107	91	72	53	0
潼关以上河长占全长(%)	100	91.5	77.8	61.5	45.3	0
1960~1978 年升高值(m)	+0.90	+0.69	+1.22	+2.90	+2.44	+2.89
1960~1972 年升高值(m)	+0.90	+1.20	+1.59	+3.05	+3.03	+3.59

对于一些含沙量较高的大型水库如巴家嘴水库和新桥水库等,除水库建成初期的淤积比降改变较大外,当淤积物形成冲积性新河槽后,汛期水库又自然滞洪时,则此后的历次比降即相差不大,比降同样形成明显的 3 段,即坝前漏斗段、平行淤积段和尾部减缓段,其中主要的淤积形态为平行淤积段,亦显示出冲积性河段的特性,如图 7-23 所示。由图 7-23 知,巴家嘴水库纵横剖面均表现出平行淤高的特性。

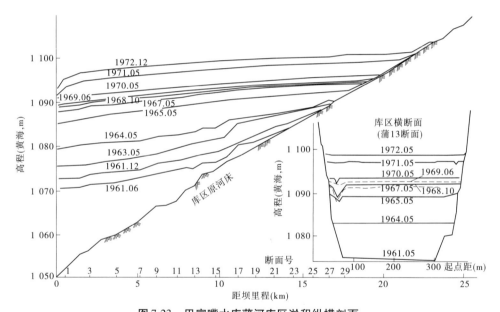

图 7-23　巴家嘴水库蒲河库区淤积纵横剖面

综上所述,冲积性河段在来水来沙变化不大,同时横向边界亦较为稳定且侵蚀基准面升高值不大时,则纵剖面将显示出近于平行淤高的趋势。一般的情况下单纯的首尾高差比降的变化多为淤积后变缓,具体的淤积形式可分为 3 段,坝前漏斗段较短,可忽略不计,主要的淤积形式为平行淤高段,此段约占整个冲积性河段的 70%,尾部减缓段长约占 30%。

三、黄河下游平衡纵剖面的形式与不平衡的原因

黄河下游河道是典型的沙质冲积性河道,大量泥沙下排入海使河口显著淤积延伸,河口基准面相对升高。由此引发的黄河下游河道的淤积理应与低水头枢纽型的淤积形式相似。由黄河下游各主要水文站 1950~1975 年(改道清水沟前)、1975~1996 年(清 8 改汉

前），同 3 000 m³/s 流量水面线比较（见图 7-24）知，黄河下游水位纵剖面为指数型剖面。1950～1975 年和 1975～1996 年两大时段水位升高的数值如表 7-7 所示。由图、表不难得知，在夹河滩以下均近于平行抬升状态。此淤积形态与上节其他类似河流因基准面抬升产生的淤积形态是一致的，同样可分为 3 个大的河段，即出峡谷的上首过渡段、中部的平行升高段和三角洲轴点以下的尾闾段，即一般所谓的坝前段。黄河下游三大河段占河长的比例与类似河流的比例十分相近。如表 7-8 和表 7-5 所示。表 7-8 不仅表明河长分段比例相似，而且淤积前后比降的比例和比降变缓的趋势都是相似的。此充分表明黄河下游纵剖面近期的淤积形态，从宏观上看是属于溯源淤积的性质。但这并不意味着形成此淤积形态过程的短时段的冲淤均是溯源性质的。实践已表明，黄河下游上下两河段制约冲淤的主导因素是不同的，花园口上下河段依附于来水来沙条件以沿程冲淤为主，利津上下河段则依附于河口基准面的状况以溯源冲淤为主。中部河段显然受上下两河段的综合影响，其冲淤演变过程相对更加复杂。但黄河下游纵剖面的演变始终遵循以下规律：来水来沙条件决定着黄河下游纵剖面的形态，而黄河河口基准面的状况制约着黄河下游河道的冲淤趋势和淤积抬升的速率与幅度。

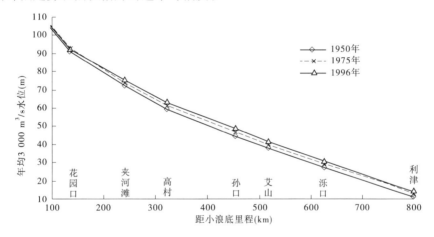

图 7-24　黄河下游时段同流量水位比较

表 7-7　黄河下游各站时段水位升高情况

站别	花园口	夹河滩	高村	孙口	艾山	泺口	利津
距小浪底里程(km)	135	236	309	430	490	592	764
占全河长(%)	15.6	27.3	35.8	49.8	56.7	68.5	88.4
1950～1975 年水位升高值(m)	1.56	1.92	2.14	2.60	2.08	2.35	2.14
1975～1996 年水位升高值(m)	1.19	1.11	1.57	1.66	1.57	1.40	0.89
1950～1996 年水位升高值(m)	2.75	3.03	3.71	4.26	3.65	3.75	3.03
1954～1975 年水位升高值(m)	0.79	1.55	1.53	1.50	1.33	2.12	2.27
1954～1996 年水位升高值(m)	1.98	2.66	3.10	3.16	2.90	3.52	3.16

注：利津以下河长按 100 km 计。

表 7-8　黄河下游与低基准面抬升河流淤积形态对比

河段名称	壅高淤厚(m)	冲积性河段				平行淤高段					过渡段				
		全长(km)	原比降(‰)	淤后比降(‰)	淤后比降/原比降	长度(km)	占全长(%)	原比降(‰)	淤后比降(‰)	淤后比降/原比降	长度(km)	占全长(%)	原比降(‰)	淤后比降(‰)	淤后比降/原比降
渭河下游	3.0	122	2.14	1.99	0.93	87	71.3	2.08	2.07	0.99	35	28.7	2.14	1.83	0.86
北洛河口	4.3	87.5	2.53	2.15	0.85	66	75.4	1.83	1.82	0.99	21.5	24.6	4.06	2.87	0.71
黄河(1950~1975)	2.14	764	1.65	1.62	0.98	528	69.1	1.16	1.15	0.99	236	30.9	2.76	2.67	0.97
黄河(1950~1996)	3.03	764	1.65	1.61	0.98	528	69.1	1.16	1.16	1.0	236	30.9	2.76	2.63	0.95

为了证明黄河下游与其他冲积性河段淤积形态的相似性及高村以下河段近于平行淤高的特性绝不是偶然的巧合,而是黄河下游长时期以来来水来沙无明显变化,横向边界亦相差不大情况下的必然结果,有必要从纵剖面主要影响因素方面做进一步的分析论证。

来水来沙条件首先是进入黄河下游的流域水沙状况,对此已在第二章中进行了讨论。花园口和利津两站年水沙过程(见图2-2、图2-3、图2-5)表明进入黄河下游的年水沙量多是大小相间,20世纪90年代以后来水来沙相对偏枯以及有三门峡和小浪底水库人为运用的影响,但是黄河下游的水沙集中于汛期几次洪水、水少沙多和含沙量高等特性并没有改变。从较长时段看流域降水和产流产沙将进入相对丰水丰沙期,小浪底水库亦将实施汛期排沙运用,此时黄河下游将基本恢复自然来水来沙状态。显然,黄河下游来水来沙的根本特性,从长时段宏观上看还不会有大的变化。

来水来沙条件的好坏,早期至今多用来沙系数即含沙量与流量的比值(S/Q)进行判别,因为其比较直观和容易获取资料,但因其难以区别大水大沙和小水小沙,故判别不够理想。虽然不少人曾用各种水沙关系来表达和判别水沙条件的好坏,但由于来水来沙条件是一个相对于平均情况的概念,平均的情况不断在变化,同一水沙条件对于不同前期冲淤的基础其冲淤的结果不同,同时好的水沙条件引起河床相应调整后,其后同样的水沙条件引起的调整作用将大大降低,故短期的判别式均不十分理想。我们在研究河口问题时曾采用如下关系的水沙系数: $K = \dfrac{Q_{多年}}{Q_{年均}} \cdot \dfrac{Q_{年最大}}{Q_{年均最大}} \cdot \dfrac{S_{年均}}{S_{多年}}$, K值愈小水沙条件相对愈好。以此计算的水沙系数 K 如图7-25所示。由图知,花园口和利津两站的水沙条件同样是好坏相间,除20世纪90年代外一般变化不大。

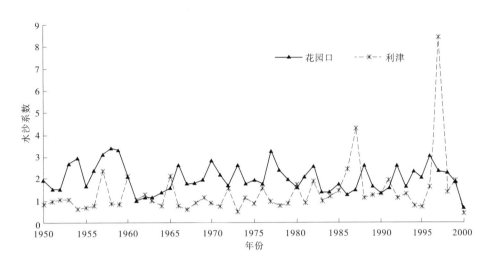

图 7-25　黄河下游水沙系数 K 变化过程

横向边界条件如下:黄河下游山东窄河段利津、泺口和艾山站以及整个河段的河宽和河相系数($\sqrt{B}/H$)自有记录以来,其摆幅一直很小。河南宽河段的情况以花园口和高村两站为代表,年 3 000 m^3/s 流量平均河宽和河相系数分别如图 7-26 及图 7-27 所示。由图知,两站 20 世纪 70 年代以前河宽和河相系数变化较大,但其也是围绕均值波动,70 年代以后随着河道整治作用的发挥,河势相对稳定,河宽和河相系数基本相应稳定,花园口在 500 ~ 2 000 m,1975 年以前平均宽度约为 1 300 m,1975 年以后由于河道整治河宽缩窄至约 900 m。高村 1975 年以后基本稳定在 600 m 左右,高村以下的横向边界同样是相对变化不大的。

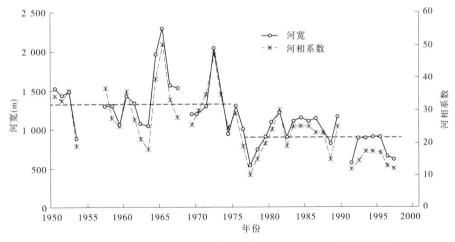

图 7-26　花园口站年 3 000 m^3/s 流量平均河宽、河相系数过程线

综上所述,黄河下游水沙条件和特性以及横向边界条件,从长时段宏观上看无本质的变化。显然,黄河下游纵剖面表现为近于平行升高形式演变发展绝不是偶然的巧合。同时,在制约黄河下游纵剖面形成和演变的三大主导因素即流域来水来沙条件、河床边界条

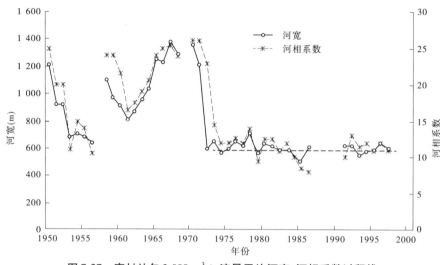

图 7-27　高村站年 3 000 m³/s 流量平均河宽、河相系数过程线

件和河口总侵蚀基准面中,在水沙条件和边界条件均无本质上改变的情况下,黄河下游在淤淤冲冲中,表现出不断淤积升高的趋势,即始终不能平衡的原因只能是河口总侵蚀基准面的影响和作用。

第三节　河口基准面影响机理分析

一、河口基准面影响分析

在研究河床演变过程和河流纵剖面的发展与其特征以及某些地貌问题时,必然会遇到作为主要影响因素的侵蚀基准面问题。关于侵蚀基准面的概念,早在 1857 年首先由 J. W. 鲍威尔提出:"海平面就是侵蚀基准面……在水流切过不同岩性河段时,硬岩就构成了…… 一系列暂时侵蚀基准面。"在此基础上,近期一般仍把侵蚀基准面分成两大类。第一类是将海平面作为总侵蚀基准面,这是因为地球上绝大多数河流注入海洋,海平面大致为这些河流的共同侵蚀基准面。第二类为局部侵蚀基准面和暂时侵蚀基准面,如支流注入主流的主流河面、人工修筑的拦河堤坝、河流注入湖泊的湖面、河床中不易冲蚀的基岩,以及黄河下游的节点和卡口、临时截水工程和改道初期泄流不畅等均属于这一类。这些侵蚀基准面不仅本身在不断变化,如河床冲蚀、湖河淤积,而且一般存在的时间有限,影响范围是较局部的。近年来在研究黄河河口与下游河道的关系、河流纵剖面的调整和有关河口治理等问题时,则经常涉及侵蚀基准面的一些问题。例如,是水面高程起控制作用还是河底高程起控制作用,为什么短时段、尾闾河段的长短变化与水位的升降有时不相对应,侵蚀基准面如何对河床演变过程产生影响,对于变化很小的平均海面是否就不存在河口侵蚀基准面变动的问题,以及侵蚀基准面受制于哪些因素等。为此,我们曾采用河流动力学和地貌学两门科学知识的结合,以黄河河口资料为主,对河口侵蚀基准面问题进行了研究。

入海河流河口平均海平面作为河流的侵蚀基准面是一个宏观的地貌问题,短时段潮汐使海面波动,入海河流水面和河底时高时低,河流与海面二者的交汇点位置受多种因素影响,各因素随机性影响在不停地变动着,因而使之侵蚀基准面在短时段内只具有相对性,它不仅在时间上,而且在空间上不断地变化着,其过程十分错综复杂。

初步分析影响入海河口相对侵蚀基准面状况的因素主要有四个方面。

(一)河口三角洲附近海域潮汐的状况

影响潮汐的主导因素是天体的吸引力,特别是月球的引力,但地形、风浪、气象、河流径流等均对潮汐有所影响,从而使得潮汐不仅因地点部位不同而各异,而且在年内、月内和日内也是不均称的。黄河河口地处渤海湾与莱州湾分界的湾口,三角洲附近海域的潮波是大洋前进波传入与本地区自由潮波叠加形成的复合潮波,情况比较复杂。在湾口附近属于不正规全日潮性质,两侧则具有不正规半日潮的特点,波形差别很大。年内月平均潮位亦具有周期性,一般1月最低,8月最高,但历年各月相差不大。由于入海河口的特性和河床演变过程受制于河道径流泥沙与海洋潮汐动力间相互作用的对比状况,所以短期的潮汐状况将引起河道径流泥沙下排入海条件的改变,特别是受潮汐影响存在往复流的河口更是如此,致使短时段的冲淤演变十分复杂。实践表明,黄河河口尾闾平面河型演变过程由游荡的初期向单一顺直的中期和由中期向以发生出汊摆动为标志的后期转化等河口激烈演变,均与河流发生洪水或海洋出现较大风海潮,尤其是二者相遭遇有关。因此,在探讨短期的河口演变规律时,则不能忽略潮汐过程暂时相对侵蚀基准面变动的影响。

但是,由于潮汐升降具有双向性,其波动相对是短时段的,故从长时段的角度看可以认为潮汐的影响是相互抵消的。至于绝对海平面的变化,一般是很微小的,例如塘沽20余年来,年平均海平面下降率仅0.003 5 m/a。从长系列看其变化不会是单向下降的,故在探讨长时段的问题时,平均海平面也可以认为是不变的。认识河口侵蚀基准面短时段既是变动的,对于长时段又是不变的辩证关系,在解决不同的问题时是十分必要的。

(二)三角洲扇面轴点到入海口门间尾闾河段的长度

近期资料表明,黄河平均每年约有9亿t泥沙进入河口地区,其中约2/3的泥沙淤积在河口三角洲洲面上和滨海区。因而,河口沙嘴和三角洲岸线不断向海里推进,新中国成立后各流路平均每年造陆约50 km²,一条流路入海过程中,在30余km宽的范围内每年岸线平均向外推进约1.5 km。河口沙嘴和三角洲岸线的淤进,即尾闾河段的增长,在绝对平均海平面不变的情况下,意味着河口侵蚀基准面的相对升高,如图7-28所示。

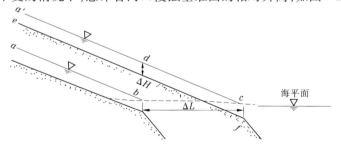

ab—延伸前尾闾水面; ΔL—河口延伸长度;
a'c—延伸后尾闾水面; ΔH—基准面相对升高值

图7-28 河口延伸与基准面相对升高示意

由于黄河入海泥沙量大，颗粒粗，堆积严重，河口向外推进显著，此必然引起河口以上冲积性河道河底高程和同流量水位的相应升高。正如前述，我国宋代的欧阳修和明代的赵思诚等即提出了河口延伸引起河口附近河段淤积并逐步向上发展的论述；1827 年(清道光七年)阮元更进一步用勾股弦的原理阐述了河口淤积延伸向海域推进造成河道淤积升高的必然性，比国外 1878 年第一个注意到近口段因"河口加长"而产生逐渐升高的 B.B. 道杜库恰耶夫要早得多。在黄河河口一条流路的淤进长度与近口段水位升高间存在着一定的关系，其表达式为 $\Delta H = A \cdot \Delta L$，式中，$\Delta H$ 为年 3 000 m³/s 水位升高值，以 m 计；ΔL 为河口沙嘴推进长度，当此量以 km 计时，A 为 1/15～1/12。若 ΔH 与 ΔL 均以 m 计，实质上 A 具有比降的意义，也就是河段的淤积平衡比降。此时 $A = J_{淤} = 0.67‰～0.83‰$，此数值与废黄河 1855 年改道现黄河前清江市上下河段的比降约 0.7‰ 和现黄河改道前夕河口河段比降约 0.8‰ 是相近的。有关水槽试验的结果也证实了在来水来沙和边界条件不变时，水位升高值或河床淤高值与延伸长度之间的比值即是淤积平衡比降的关系，同时局部河段的升高或下降可引起河床的强烈调整，但若基本条件变化不大最终全河段的平均比降也基本不变。

由于河流来沙源源不断，河口三角洲淤长推进的趋势不可避免，但是具体的延伸过程却相当复杂。在目前的水沙条件下黄河河口遵循着淤积延伸摆动改道的循环演变规律。河口口门的摆动和尾闾流路的改道都是尾闾河段自寻捷径入海的表现，每次摆动和改道均意味着入海流路的缩短，也就是河口侵蚀基准面的相对降低。显然，黄河河口相对侵蚀基准面是随时而异的，它随着河口的短期延伸和长时段的三角洲岸线淤进的趋势而升高，又伴随着摆动，特别是改道而下降。因此，近口段水位变化趋势是在升升降降中升高的，下降是暂时的、相对的；由淤长推进趋势决定的升高是主导的、绝对的。如位于三角洲轴点以上近口段的罗家屋子和一号坝两水位站年 3 000 m³/s 水位的过程(见图 7-29)所示。侵蚀基准面相对的升降必然要引起改道点以上河段的溯源性质的冲淤变化，对于黄河口来说，完全由河口相对基准面升降引起的溯源冲淤的直接影响范围可以达到河口以上二三百千米的泺口水文站上下，如图 7-30 所示。在与来水来沙引起的沿程性质的冲淤相互交错综合作用下，便构成了黄河下游河道极其复杂的冲淤过程和不断淤积升高的趋势。

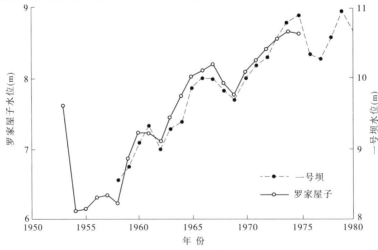

图 7-29　黄河近口段 3 000 m³/s 年均水位过程

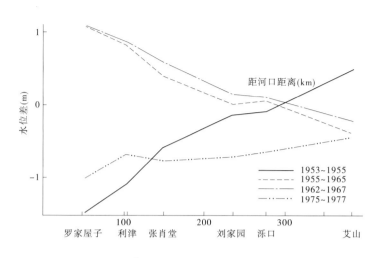

图 7-30　黄河口短时段溯源冲淤直接影响范围

必须指出的是,河口三角洲尾闾流路长短对河流纵剖面的影响可以区分为两种不同的情况:一种是在一次大循环过程中的各流路延伸和改道,将引起河口及其以上河段和下游河道纵剖面发生上升—下降—再上升的复归性变化,变化幅度在河口区较大,愈向上游愈小,短时段的直接影响范围一般在泺口以下,不会上溯到河南河段。尽管这种变化的幅度、范围会因遭遇来水来沙条件及改道点以下尾闾河段条件的不同而存在差异,但这种变化不会使河流纵剖面出现稳定性的抬高或下降。另一种是在完成一次大循环之后的河床变化,此时河口延伸将在岸线普遍外移的基础上进行,纵剖面虽然仍具有上升—下降—再上升的变化,但相对于上一次大循环而言,是在已延伸不复缩短的新水平上进行,不会再复归到原来的河口相对基准面。另外,所产生稳定抬高的影响范围将远远超过泺口,并一直向上游冲积性河段发展,此影响和自上而下的沿程淤积结合起来,共同作用使下游河床近于相对平行抬高,从而体现出侵蚀基点对河床纵剖面的制约作用。在黄河下游具体条件下,侵蚀基点的前述变化特点,不仅和来水来沙条件结合在一起,决定着纵剖面的形态,而且制约着纵剖面的高程及其变化过程。简言之,就是一条河口尾闾入海流路随着尾闾河型小循环三大演变阶段的变化河口河段水位相应升降,但当尾闾流路未在三角洲内横扫一遍,即完成一次大循环之前,由于每次改道新流路水位会因流路缩短而下降,并随新尾闾河型的状况而升降,即尾闾河段的水位是在该大循环的长度内升升降降,所以一般不会发生绝对的升高。从理论上讲,只有当三角洲岸线普遍推进大约同一长度后,方可形成河口河段和黄河下游水位不复下降的单向稳定抬升,并继续依据淤积延伸摆动改道基本规律和遵循大、小循环演变方式,在新的条件下进一步演变发展。显然,三角洲的面积和入海流路的滨海范围愈小,河口和下游河道的水位升高的速率愈大。

上述分析表明,在探讨河口演变与近口段冲淤问题时,应与三角洲尾闾河段长短变化相联系,在研究长时段发展趋势时,则必须以三角洲岸线全面淤长状况为依据。对于少沙河流同样具有三角洲淤长和近口段相应升高的趋势,只不过由于各个河口陆相来沙量的多寡和海洋输沙动力的不同,河口淤长的速度不同,如波河为 20 m/a,顿河为 10 m/a,多瑙河基里三角洲为 27 m/a,珠江磨刀门为 100 m/a。显然,河口淤积延伸侵蚀基准面不断相对升高是一般河口的共性。河口基准面的相对升高,必然对河道产生影响,并逐步向上引起整个冲积性河段的连锁反应。因此,河口三角洲不断淤进和河口尾闾的改道,即侵蚀基准面相对升高和下降引起的冲淤变化趋势,对河口短时段演变和河道长时段的发展均具有重要意义,但更值得关注的是河口大循环后的绝对淤长问题。

（三）三角洲上尾闾河段的河槽形态

河流近口段水位的显著下降与河口改道和尾闾由散乱游荡进入单一顺直初期阶段主槽冲刷有关,河口的不断堆积决定着水位相应升高的总趋势。但短时段有时尾闾河长状况与近口段水位升降二者并不完全相应,除了滞后作用影响,有时尾闾流程变化不大,也曾出现过侵蚀基准面相对降低引起明显溯源冲刷的情况。如 1967 年 9 月洪峰期间,河口出现取直摆动,尾闾河槽变为顺直窄深,流程缩短仅 2 km 多,但峰后发生溯源性质的冲刷,1968 年继续向上有所发展,3 000 m³/s 年平均水位最大下降幅度 0.4 m,影响范围达河口以上 160 多 km。但也有流程缩短很大,而未发生明显溯源冲刷的情况,如 1964 年元月由神仙沟改走刁口河流路时,当年水沙条件十分优越,由于新尾闾上段土质坚硬和植被较好,水流散乱,无明显河槽,形成局部基准面,虽流程缩短较大,但未出现预期的改道水位下降的情况。清水沟流路 1980 年取直摆动后,由于入海流程的缩短和建林村遗址局部基准面影响的消失,当年滩槽差增加 1 m 左右,平滩流量由 1 000 多 m³/s 增加到约 6 000 m³/s,从而使刘家园以下发生 0.7～0.24 m 下大上小的溯源冲刷。这充分说明,尾闾河长作为影响河口侵蚀基准面的主导因素,并决定长时段的不断淤长升高趋势是正确的,但它不是唯一影响侵蚀基准面和河口冲淤的因素,因为影响冲淤的河口相对侵蚀基准面尚与河型状况和入海流量大小以及局部基准面等情况有关。

黄河河口的演变规律表明,随着河口三角洲上一条流路改道后的淤积发展,尾闾河段平面河型一般要经历如下小循环的演变过程,即初期的游荡散乱—归并合股—中期的单一顺直—弯曲—后期的出汊摆动—出汊点上提—再改道游荡。尾闾河型的不同阶段,河口排洪输沙的状况不同,淤积的形态和部位不同,对相对侵蚀基准面的影响也不同。改道初期新尾闾流路一般都流经低洼地带(刁口河和清水沟),堆积强烈,河槽宽浅,河型游荡,河床和水位淤积升高率最大。单一河槽的中期阶段,河槽窄深,一般洪水不漫滩,入海水流集中,平均河底高程在取直初期冲刷下降,洪枯水位差加大,同流量水位明显下降,潮汐上溯影响相对加长。由图 7-31 得知,这意味着河口相对侵蚀基准面下降了,加上输沙能力增大,排洪要求的比降缓,亦有助于侵蚀基准面的相对降低,致使此阶段初期三角洲尾闾和河流近口段均发生相应的水位降落,上溯的直接影响范围一般为 100 多 km。但事物总是向相反方向转化和一分为二的,单一河槽又使得一般洪水不漫滩,三角洲陆上淤积量显著减少,泥沙集中排至河口,加之海域较浅、海洋动力相对较弱,输往深海的泥沙有限,大量泥沙便在口门附近堆积,从而使得河口沙嘴迅速向前延伸,一般年份达 3～5 km,河口侵蚀基准面相对升高加快。此一方面使此阶段的近口段水位仍然表现出升高的趋势(如图 7-32 所示),另一方面又使尾闾河槽形成自然悬河的程度日益加剧,当河口沙嘴突出平均海岸线近 20 km,在洪水或遇较大海潮的顶托时,一般将发生出汊摆动,从而进入尾闾河型小循环演变的后期。出汊摆动后,入海流程虽有所缩短,但由于新流路宽浅,河型游荡分散,海域凹浅,淤积延伸快速和初期水流不畅,因此尾闾水位在摆动前后的变化一般不大。

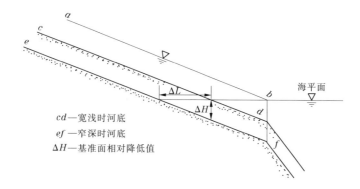

cd—宽浅时河底
ef—窄深时河底
ΔH—基准面相对降低值

图 7-31　河床降低基准面相对下降示意图

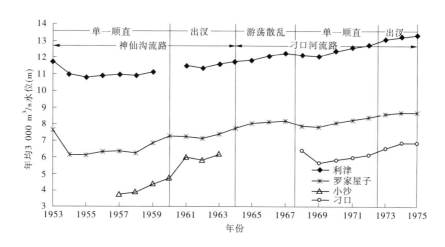

图 7-32　河口尾闾不同演变阶段水位升降情况

上述分析和实践表明,河槽单一,水流集中,有利于侵蚀基准面相对降低,形成河道冲刷和加大输往三角洲范围以外的泥沙比例。但是对于来沙量巨大的黄河河口来说,按其自然规律演变,不可能自然稳定维持单一河槽,尾闾河槽深浅交替是尾闾自然演变的规律,具有循环性。演变的主导方面是河槽的浅散摆动,这是来沙在河口大量堆积的必然结果。因此,窄深河槽不可能形成长时段稳定的趋向性影响,水流集中基准面相对降低,仅发生在黄河口一条流路小循环演变过程中期的有限时段,它与淤积延伸引起的升高趋势不能相提并论。

总之,河型的影响是相对的、暂时的,只不过其波动循环周期较潮汐相对长得多,它能产生短时段的影响,但改变不了目前水沙条件下河口的基本演变规律和河口淤积延伸河道相应淤积升高的趋势。

(四)河道入海流量的大小

流量大小与侵蚀基准面的关系是容易理解的。因为在一般的潮汐河口,枯水季节的感潮段和潮流段要比洪水季节同潮位情况下长得多,特别是在比降缓、河槽窄深的河口更为突出。在枢纽和水库中,同壅水高程下小流量时的回水长度要比大流量时的回水长度同样要大得多。这是由于比降缓单位升高率影响的距离长,河床窄深时洪枯水位差大。图 7-33 表明,同基准面下流量大小使得水位和基准面的交汇点位置不同,也就是相对基准面不同。不同流量交汇点长度相差 ΔL,意味着海平面对河流的影响范围,大流量较小流量时缩短了 ΔL,若按同一交汇点位置考虑,也可以认为是小流量较大流量要求基准面降低一个 ΔH 值,而实际上基准面是固定不变的,所以在相同条件下,小流量较大流量的相对侵蚀基准面要升高一个 ΔH 值。河流水面与海水水面二者衔接的情况由于潮汐和潮流的影响实际上是极为复杂的,为了便于理解和考虑到潮汐为基本均衡的波动,我们在这里把海平面简单地作了概化。水库或低水头枢纽的一些情况和冲淤过程与河口问题有类似之处。图 7-34 是四女寺枢纽不同水位情况下流量与回水影响长度关系,它表明在同一壅水位的情况下,随着流量的增加,回水影响的长度明显地缩小。此特性使得洪水期侵蚀基准面的壅水作用大为减弱,加上洪水期挟沙能力显著增加,阻力减小,从而突出了一般情况下洪冲枯淤的特点。在研究河口短时段的演变和冲淤问题时,不能忽略此特性的影响和洪水过程河口拦门沙不起控制作用的情况。此外,四女寺枢纽资料还表明在同流量水位不壅高的情况下,河底或枢纽底坎高程不起控制作用,即水位制约着河道冲淤的状况。但是,由于来水洪枯相间,对侵蚀基准面的影响不是单向性的,洪峰过程与平水期、汛期与非汛期以及年际间的丰枯,都在不断地围绕着多年平均值上下波动。在平均海平面不变的情况下,此影响具有周期性,故从长时段的角度看,来水来沙状况对相对侵蚀基准面的影响也可以认为是相互抵消的,同样具有相对性和周期性,除非来水来沙出现长系列的趋向性变化,否则其不产生趋向性的影响。

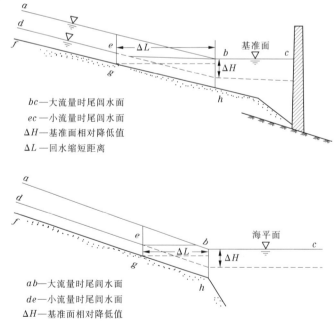

bc—大流量时尾闾水面
ec—小流量时尾闾水面
ΔH—基准面相对降低值
ΔL—回水缩短距离

ab—大流量时尾闾水面
de—小流量时尾闾水面
ΔH—基准面相对降低值

图 7-33　同基准面不同流量下影响长度示意

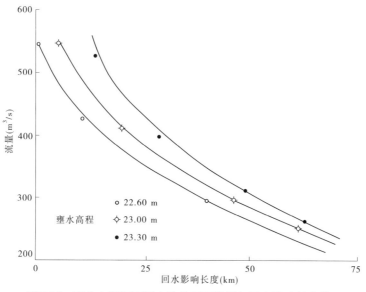

图 7-34　四女寺枢纽不同水位情况下流量与回水影响长度关系

综上所述,影响入海河口相对侵蚀基准面的因素有四点,即潮汐状况、尾闾河型状态、来水流量的大小和三角洲扇面轴点到入海口门尾闾河段的长度。入海河口的侵蚀基准面不应是单纯固定不变的平均海平面的概念,它具有相对性,受制于上述多种因素的综合作用,在时间和空间上都在不停地变化着,情况和影响错综复杂。河口激烈的演变多发生在河流产生较大洪水或海洋出现较大风海潮,特别是二者相遭遇的过程。因而,探讨具体河口演变和近口段冲淤问题时,必须以短时段的相对侵蚀基准面的变化和影响为依据。潮汐、来水来沙和尾闾河型的状况,三者均属周期性的相对变化,波动的幅度和时段长短不同,它们对短时段的冲淤演变有着决定性的影响,但从长时段角度看,它们属于波动平稳时间序列,不产生单向的趋势性变化,也就是说其影响是可以自身相互抵消的。三角洲尾闾河段的长短随着河型和流路的改变,同样存在着淤长和缩短的周期性变化,对河口和河流近口段短时段的冲淤演变有着明显的影响。但由于河道来沙源源不断入海,所以三角洲岸线相应淤长的趋势不可避免,由此引起的河口及其以上冲积性河段河床和水位的淤积升高的趋势同样不可避免。在探讨黄河河口长时段的有关演变时,此趋向性影响具有重要意义。

二、局部和暂时侵蚀基准面影响问题

在河床演变过程中经常会遇到局部(地方)或暂时侵蚀基准面等问题。有些教材中,将暂时侵蚀基准面也称为地方(或局部)侵蚀基准面。我们认为二者不能混为一谈,顾名思义,暂时是相对于永久的,是表明侵蚀基准面影响时限的,而地方侵蚀基准面是相对总侵蚀基准面海平面而言的,地方或局部侵蚀基准面和总侵蚀基准面是表示侵蚀基准面的部位的,其一般含有暂时性和永久性侵蚀基准面的双重性。地方侵蚀基准面如修建卡口工程或枢纽,黄河中游高含沙支流洪水汇入使其下河段淤积形成拦河沙坝,黄土沟壑坍岸形成天然的"聚湫"和个别河段因地壳变动的升降等,其中枢纽或水库以及卡口工程的修建,将形成某一定范围条件下的永久性的影响,但是其也有暂时性影响。如卡口工程可能只在一定较大洪水时产生壅阻作用而形成局部侵蚀基准面影响,但小水时期则不起壅阻控制作用。这与弯曲性河道洪水时段弯道起控制作用,而枯水期直河段起壅阻控制作用的规律是类似的,但是此影响具有永久的性质。泥石流、山崩等引起的局部河段的淤塞,以及冲积性河段的局部大冲大淤引起的升降等,一般只具有暂时性,经水流的冲淤的调整过程,此种影响在一定的时段后将会自动调整消失,不再起局部侵蚀基准面的作用。局部和暂时基准面的影响对宏观影响不起决定性的作用,但在探讨短时段冲淤过程或影响时则必须充分考虑和认真进行分析。河口总侵蚀基准面同样具有双重性,其在短时段的微观演变过程中属局部和暂时影响,但是从长时段宏观过程影响和时限上看其又具有长久作用的性质。

对黄河河口来说,局部或暂时侵蚀基准面在河口地区和河口演变发展过程中不仅经常遇到,而且影响十分显著。修建临时截水工程的有:1960年3月4日~7月22日为打渔张灌区引水在渠首闸下首曾修建临时拦河坝。但更多的和影响较大的局部或暂时侵蚀基准面问题主要发生在尾闾河段有较大变动时,即尾闾河段河型小循环演变三大阶段(改道后游荡散乱—形成单一顺直—发生出汊摆动)的初期。如神仙沟、刁口河和清水沟三条流路改道初期,均经历了刚改道时因新流路断面不足、泄流不畅而出现壅水的情况。1953年由甜水沟流路改道神仙沟,曾在两流路的弯顶最近处,人工开挖75m长的引河,初期产生壅水,而后神仙沟冲深展宽。1954年方出现大幅度水位下降,这是由于尾闾河段入海流程缩短11km和尾闾河型直接进入单一顺直阶段,两个条件共同影响使水位显著下降,加上1954年以后来水来沙条件相对较好和神仙沟海域相对最深、海洋动力最强等因素的综合作用,改道效果十分显著,河口河段低水位一直持续到1957年。1958年河口在大水大沙大淤积延伸后,汛后尾闾河段淤高展宽边界条件明显恶化。1964年改道刁口河和1976年改道清水沟两者改道初期新老河高程差的条件相差较大,如图3-41和图3-42所示。由图知,1964年改道刁口河时新河河底与相对窄深的神仙沟河底基本持平无落差,加上罗家屋子以下新河无河型,水面宽达数千米,土质以胶泥质为主,植被好,抗冲性强,形成了稳固的局部侵蚀基准面,其影响时限一直到河口淤积延伸引起的淤积影响将其覆盖的1969年。尽管1964年的水沙条件是近50年来最好的一年,水大沙少,大于5 000 m³/s的大流量持续了3个多月,8~10月三个月月平均流量分别达到5 930、7 060 m³/s和5 900 m³/s,但此有利的水沙条件未能使河口河段发生明显的水位下降。罗4—罗5断面河段始终未能形成单一窄深河槽,同时影响了1967年取直摆动尾闾水位下降的幅度和效果。此表明在探讨短时段冲淤演变问题时局部基准面在一定条件下其影响还是较大的和不容忽视的。

1976年改道清水沟流路前,鉴于刁口河新尾闾改道初期泄流不畅的情况,为减少局部影响,设计时在改道点下首开挖了引河,更主要的是新老河高差较大,加之当年水沙条件相对较好,改道效果也十分显著。截流改道后由于破口较小,7月3日第一次约1 000 m³/s小洪峰到来时曾明显出现局部暂时壅水影响,苇改闸较1975年同流量水位壅高1 m多,影响上界在一号坝和利津之间。随着破口口门的冲深展宽,局部壅水影响于8月2日消失,历时1个月。而后改道点以上河段转化为溯源冲刷,此次大洪峰过程依目前冲淤判别指标知溯源冲刷的性质十分明确,其直接影响范围达到刘家园以上。

此外,在尾闾河段由第一阶段游荡散乱向第二阶段单一顺直转化时,一般也因新河槽不适应来水来沙,表现出局部暂时壅水的情况,随后由于入海流程缩短和形成单一窄深河槽,摆动点上下河段明显出现溯源冲刷现象。例如1967年9月刁口河流路发生取直摆动,近7 000 m³/s水位罗家屋子站摆动前达到9.47 m,较1966年的9.00 m升高了0.47 m,摆动后10月4日同流量水位下降到9.09 m。随后进入冲刷时段,一直持续到1969年。

改道清水沟流路后,改道点以下尾闾河段散乱游荡,主槽摆动不定、淤积严重,随着河型演变归股和向单一顺直发展,在主槽流经的局部河段很可能遇到耐冲的地段,阻遏单一窄深河槽的形成而成为局部基准面。清水沟建林村附近河段即由于原村庄道路和宅基等坚硬土质的影响,河槽一直居高不下。1997年以后利津上下河段回淤严重,到1980年汛前清水沟清4断面以上淤高2~3 m,已完成淤滩,具备刷槽的条件。1979年汛期清水沟尾闾由最北端五号桩附近摆动到最南端的甜水沟大嘴附近,流程明显缩短,加之1980年汛期建林局部河段逐渐冲深展宽,局部基准面作用消失,尾闾河段和利津上下河段随之发生溯源冲刷,但由于该年流量较小,溯源冲刷的效果未能充分显现。1981年水沙条件相对较好,出现明显冲刷,随后进入持续冲刷时段直到1985年。

总之,局部侵蚀基准面的影响在河口尾闾小循环演变过程中经常发生,特别是在剧烈演变的初期阶段。但由于此局部影响有一定的时限,一般在短时段内或者消失,或者受河口的淤积延伸影响被覆盖而失去作用。因此,局部基准面的影响在研究短时段的问题时应予以充分重视和认真分析,但它对河口演变的规律和发展趋势不起决定性的作用。

三、不同水沙条件河口侵蚀基准面对下游影响问题

(一)概论

众所周知,流域水沙条件、河床边界状况和河口侵蚀基准面是影响冲积性河流演变发展的三大主要因素,其中水沙条件是主导因素。本章前述和众多研究成果与试验资料均表明,从宏观长时段上看,流域水沙条件和河床边界状况决定着冲积性河流纵剖面的形式和陡缓程度,河口侵蚀基准面制约着冲积性河流纵剖面的绝对高程。也就是说,除短时段流量的大小对河口相对基准面有暂时影响外,水沙条件对河口基准面的影响主要体现在入海沙量在河口滨海区淤积导致的三角洲岸线淤积延伸的状况,正是此状况决定着河口以上黄河下游冲积性河段冲淤升降的幅度和速率。

河口是河流泥沙的承泻区,世界上入海的大江大河输至河口泥沙的数量和组成相差悬殊,河口滨海区海域状况和海洋动力条件不尽相同,在河流和海洋动力的综合作用下输往外海和淤积在三角洲的泥沙数量与比例差异很大。但由于入海泥沙日积月累、源源不断,特别是洪汛期,总会有相当大一部分入海泥沙沉积在三角洲滨海前沿,形成河口三角洲岸线的淤积延伸。此延伸意味着河口侵蚀基准面的相对抬高,从而使河流河口段和河流近口段的河床抬升,抬升的幅度值是岸线延伸长度与该河流近口河段淤积比降的乘积。黄河入海泥沙数量巨大,年均近10亿t,加之颗粒粗,海域浅缓和海洋动力相对较弱,致使滨海区淤沙的比例大和岸线延伸的速率快,黄河河口一条流路在宽约30 km范围年均延伸1 km多,50余年来黄河下游3 000 m³/s年均水位平均约升高6 cm。其他的少沙河流

和海域条件好的河口则相对要小得多,如珠江磨刀门口门年均淤积延伸约100 m,埃及尼罗河和印度恒河等河口一般年均仅有几米和数十米。显然,尽管各河流的水沙条件和海域条件不同,河口淤积延伸的速率和判别的尺度差异很大,但宏观上各河口淤积延伸、侵蚀基准面相对抬高的共性和规律是一致的。

世界上大多数入海的大江大河河口三角洲地区是富饶的,航运的有利条件和广袤富庶的冲积平原,促成了城市的形成和发展。河口淤积延伸,河床相应升高,也就是意味着三角洲地面的相对降低和洪水泛滥概率的增加。为防止洪水泛滥、确保三角洲区域生产生活稳定,筑堤是首选的工程措施。筑堤的结果使洪水灾害减轻,但入海沙量相对集中输至河口沙嘴前沿,加快了河口的延伸和河床的相应抬升,从而使河口的冲积平原城市逐渐变得相对低洼了。我国的上海、广州和天津等城市即是如此,世界上大江大河河口城市如密西西比河的新奥尔良、埃及尼罗河的开罗、印度恒河的加尔各答等亦均是如此。只不过各河流由于入海泥沙特性和数量、海岸海域状况和位置不同,各城市相对降低的速率不同。此实践规律充分表明,水沙条件显著不同的入海河流,河口的淤积延伸使侵蚀基准面相对升高,并对其上游冲积性河流产生相应升高的影响是普遍的和绝对的。黄河河口三角洲形不成较大城市和不具有通航和港口之利,关键均在于黄河入海的沙量巨大,洪枯水相差悬殊,河口延伸速率过快,河口总侵蚀基准面相对抬升得过快,河口地区决口泛滥特别频繁。此一方面使尾闾流路摆动改道十分频繁,没有稳定的入海通道和不淤积的岸线,故历来为芦苇杂草丛生荒芜的沼泽湿地,未能形成中心城市;另一方面河口和下游河道如此大的抬升速率,如果堤防工程不能以更大的速率全面加高和巩固的话,一遇较大洪水,决口泛滥实属难免。人民治黄以来,黄河下游三次加高大堤和防洪、防护工程史无前例的兴建与巩固,是确保黄河下游60多年来岁岁安澜的基础。黄河河口地区石油工业的勘采和开发,改变了河口地区贫困落后面貌,使社会经济有了飞速发展,但任何发展规划必须以黄河河口的客观条件为依据。在黄河水沙基本特性和河口淤积延伸摆动改道基本规律没有彻底改变的情况下,建设大型港口和通航城市的规划和设想,不符合黄河河口的客观条件。现阶段黄河河口的治理应以尽量减少三角洲岸线延伸和由此反馈影响引发的下游河道淤升的大局,以及确保河口地区防洪防凌安全与促进石油勘采等经济的发展为核心。

河口侵蚀基准面宏观的影响取决于尾闾入海流路的长度,而此长度的形成过程受众多条件的制约。首先是流域来沙入海的数量和粗细,来沙量愈大愈粗,在其他条件相同的情况下,河口淤积延伸的速率愈大,即尾闾河长增长的速率愈大;其次与河口三角洲滨海海域的深浅和海洋动力的强弱有关,显然同一水沙条件下海域愈浅、海洋动力愈弱,尾闾河长增长的速率愈大;另外,河口三角洲范围的大小同样关系着尾闾流路的绝对长度,一条尾闾流路的长度固然决定着河口侵蚀基准面的高低,但它是暂时的,因为一旦自然或人为改道改汊后,尾闾流路长度和河口基准面将视改道后新流路的状况相应地缩短和降低。研究成果和实践均表明,黄河河口在目前水沙条件下遵循着淤积延伸摆动改道的基本演变规律:淤积延伸,河床和水位相应抬升,尾闾摆动改道特别是改道,改道点以上河段的河床和水位一般相应冲刷下降,而后随着尾闾河段的淤积延伸,河床和水位再次抬升。只有尾闾流路在三角洲洲面上普遍行河,三角洲改道点距滨海岸线的尾闾河段长度均达到大体相等的长度时,也就是尾闾流路在三角洲洲面上完成一次大循环以后,河口河段和黄河下游方出现河床和水位不复下降的稳定抬升。

由于黄河河口三角洲两侧主要排水干河如徒骇河、支脉沟和小清河等一般不容许侵占淤堵,加上三角洲范围内工业、城镇的建立,河口三角洲的范围和入海流路的安排受到很大限制,从而加大了河口总侵蚀基准面的抬升速率。为减小河口河段和黄河下游河床淤积水位抬升速率,除尽力减少进入下游的流域来沙外,尽量扩大三角洲的走河范围和堆沙区域是目前唯一经济和行之有效的措施。

流域来水来沙条件的变化可以区别为宏观基本水沙特性的变化,短时段产流区域和洪峰形式等不同引发的变化,以及流域来水来沙条件由于人为或工程等原因如大范围植被的破坏或拦沙工程的长期稳定的生效等引发的变化两种情况。在宏观基本水沙特性不变和黄河下游已形成相对平衡纵剖面的条件下,短时段流域水沙条件的变化能引起黄河下游河道部分河段,特别是处于上游的河南河段,围绕其业已形成的相对平衡纵剖面发生冲淤调整,水沙条件相对好时冲刷,水沙条件相对不利时淤积。与此同时,短时段河口侵蚀基准面也在不停地变化,其主要取决于尾闾入海流路的长度,与短时段水沙条件好坏和尾闾河型的状况关系不大。短时段水沙条件的变化可引起河口河段短时段的显著冲淤,但很快即为河口基准面的状况所制约,即冲淤主要取决于尾闾入海流路长度的状况,河口淤积延伸,尾闾入海流路长度增加,河口河段淤积,尾闾入海流路发生摆动或三角洲轴点附近的改道,以及发生标志着进入尾闾河型小循环演变中期的取直摆动并形成单一河槽时,随着尾闾入海流路的缩短和尾闾变为单一窄深河口河段相应形成冲刷。水沙条件和河口基准面二者引发的冲淤调整以及二者的相互衔接受众多因素的综合影响,是河道和河口统一体之间极其复杂的塑造演变过程,但其始终围绕依黄河基本水沙条件形成的相对平衡纵剖面时冲时淤上下波动的规律是不变的。从理论上讲,只有当尾闾流路在三角洲洲面普遍行河完成一次大循环以后,方出现河口河段和黄河下游河道不复下降的稳定升高,对于黄河下游其中约2/3靠下的河段近于平行升高,升高的幅度为两次大循环间三角洲岸线平均延伸的长度与河口河段淤积比降的乘积。

如果流域来水来沙条件产生质的变化,如长时段稳定的减沙,此必然要引发冲积性河流一定范围河段相对平衡纵剖面的调平,河床较目前相应有所下降,并趋向于形成一个新的与新水沙和边界条件相适应的相对平衡纵剖面。但是河口侵蚀基准面的高程不会因此而降低。进入下游河道流域来沙量的减少,使入海的沙量相应有所减少,但只要有一定数量的泥沙入海,现黄河河口仍淤积延伸、侵蚀基准面相应升高的趋势不会改变,只不过升高的速率相对有所降低,更不会影响和改变河口基准面制约整个下游河道的绝对高程和淤升速率的规律。此为世界上所有冲积性河口所证实。

河口侵蚀基准面宏观的影响主要取决于河口三角洲岸线的淤积延伸,此淤积延伸是河流入海水沙条件与滨海地形和海洋动力共同作用最大限度输沙后的"余沙"所致。一般情况下,黄河下游有"多来、多淤、多排"的特性,即进入下游河道的沙量愈大,河道淤积得愈多,入海的沙量也愈大。花园口站与利津站年沙量相关图(见图2-4)和利津站1962~1984年不同粒径沙量与年沙量相关图(见图7-35),充分证实了流域来沙愈大入海泥沙愈大且粗颗粒的泥沙愈多的特性。入海的沙量中颗粒较粗的泥沙形成河口沙嘴及附近滨海岸线的淤积延伸,相对较细的泥沙则主要在现行河口沙嘴和故道沙嘴两侧的凹岸潮汐往复流的缓滞流区集聚沉积,部分细颗粒的泥沙在洪峰过程以底层或表层异重流的形式输往深海,或随潮流形成的"余流"和沿岸流以输移—沉降—再输移—再沉降的方式输至河口滨海测验区以外。由滨海测验资料知,一条流路改道初期三角洲陆上洲面和河口滨海前沿的淤沙占来沙量的比例最大,一般在90%以上;尾闾河槽窄深单一顺直的演变中期阶段,输往深海的泥沙比例相对最大,最大可超过入海沙量的50%;尾闾出汊后的演变后期输往深海的泥沙比例又有所减小,但较演变初期相对要大些。整个一条流路陆上和滨海区二者的淤沙量约占入海沙量的2/3。显然,此数量是相当可观的。为减少河口淤积延伸和黄河下游河道的相应抬升,减少和控制流域产沙与进入下游河道泥沙的数量是首要的治本方策。

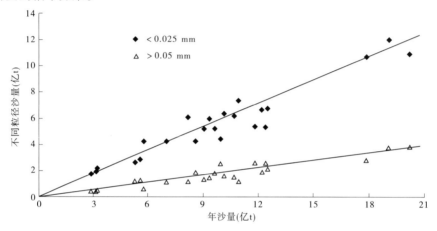

图 7-35　利津站不同粒径沙量与年沙量相关图

(二) 水沙条件的指标与评价

水沙条件是一个相对的概念,它包含着流域地形地貌、降水、产流汇流、洪峰大小和形式、含沙量高低和粗细、河床边界和前期冲淤状况以及人为和工程影响等所有的各种因素。限于降水、产流汇流的随机性和观测条件的不足,以及水沙条件的相对性,因此在确定水沙条件优劣指标时十分困难。

为了探讨来水来沙条件的好坏和来水来沙与河道冲淤间的关系,早在20世纪50年代就提出了来沙系数的概念和指标,其指标是某时段的含沙量除以相同时段的相应流量,因为其比较直观和资料容易获取,故至今仍多用此来沙系数(S/Q)进行判别。即相同条件下,含沙量愈高或流量愈小河道愈易于淤积,故来沙系数愈大水沙条件愈不利,反之来沙系数愈小水沙条件愈好。由于其相对性,难以区别和反映大水大沙与小水小沙的不同以及前期河床的冲淤状况;同时它可以是一次洪峰、某一时段,也可以是一年或多年,故判别一般不够理想。虽然不少人曾企图用各种水沙关系来表达和判别水沙条件的好坏,但由于流域来水来沙差异较大,指标是一个相对于平均情况的概念,而平均的情况不断在变化,相近的水沙条件对于不同前期冲淤的基础其冲淤的结果也不同,同时好的水沙条件引起河床相应冲刷调整后,其后同样的水沙条件引起的调整作用将大大降低,并向相反的方向转化,因而短时段水沙条件的判别均不理想。我们在研究黄河河口冲淤方法问题时曾引进均值的条件,以此计得的水沙系数 K 如图 7-25 所示。由图知,两站的水沙条件同样是好坏相间,除20世纪90年代外一般变化不大,而且与S/Q指标或其他指标的趋势和规律差别不大。50余年来,花园口站和利津站年来沙系数1987年以前基本是相应的(如图2-7所示),此后由于入海水量相对减少,而含沙量变化不大,故利津站水沙条件相对不利,但下游河道上下两站水沙状况基本相应的特性依然是明确的。水沙条件较好的时段为三门峡水库下泄清水期和20世纪80年代中期。但由于河口基准面状况不同,两时段河口河段的冲淤表现出截然不同的特点。显然,河口河段的冲淤与水沙条件的好坏关系不明确,而是主要受制于河口侵蚀基准面的状况,因为水沙条件直接的作用和影响必须与河口基准面的相对降低相结合方能显现。三次尾闾改道的情况和效果充分证实了此相关的关系。

来水来沙条件首先是进入黄河下游的流域水沙状况,对此在第二章中进行了讨论。花园口和利津两站年水沙过程,表明进入黄河下游的年水沙量多是大小相间,20世纪90年代以后来水来沙相对偏枯和有三门峡、小浪底水库人为运用的影响,但是黄河下游的水沙集中于汛期几次洪水、水少沙多和含沙量高等特性并没有改变。从较长时段看,流域降水和产流产沙的趋势将进入相对丰水丰沙期,小浪底水库亦将实施汛期排沙运用,此时黄河下游将逐渐基本恢复自然来水来沙状态。显然黄河下游来水来沙的基本特性,从长时段宏观上看不会有本质的变化。

由通用判别指标不难得知,水沙条件是一个相对的概念,它始终在其均值上下波动,好坏一直相互转化。由花园口站和利津站两站水沙系数相关图(见图7-36)不难得知,除了90年代以后个别枯水干旱年份水少含沙量高两站不相对应,其他年份基本分布于均值线两侧,二者基本是相应的。点群稍偏于上方表明利津站的水沙条件相对较差,这是黄河下游削峰和耗水作用使抵达利津的水量削减率较含沙量削减率明显要大所致。如1950~2000年到利津站年水量削减率为花园口站的16.78%,而同条件的含沙量削减率仅为花园口站的2.01%,此必然使来沙系数偏大。

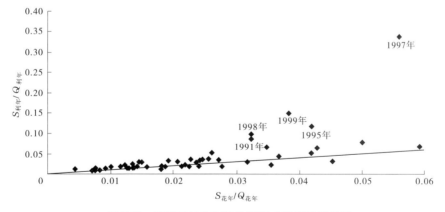

图7-36　花园口站和利津站两站水沙系数相关图

短时段一般认为有利的水沙条件,如含沙量相对小流量大的洪水或者年份,可能形成下游河道的冲刷,似乎对下游河道有利。但从下游河道与河口是统一体以及减少入海泥沙是减缓河口三角洲淤积延伸和下游河道抬升的主导因素的角度看,此有利的水沙条件并不是有利的,因为此水沙过程将使大量河道淤积物(较粗的床沙质)随水沙条件相对有利的洪水冲刷下排入海,从而形成河口和三角洲岸线相对快速的淤积延伸,如 1964 年和 1975 年等,或者塌滩展宽变浅破坏了单一窄深的尾闾河槽,如 1958 年大水,此有利的水沙条件大大缩短了尾闾小循环演变的周期,加速了河口侵蚀基准面的相对升高和对下游河道反馈影响的速率。另外,下游河道特别是艾山以下窄河段,素有大冲以后必大淤的特性,这是冲淤相互转化,并始终趋向于相对平衡纵剖面的必然结果。由此看来,短时段所谓有利的水沙条件只对下游河道有暂时的好处,若单从河口的角度来看,此有利的水沙条件挟带大量粗沙入海,对河口来说则是十分不利的。显然,对水沙条件的评价,必须是辩证的和既考虑下游河道也考虑河口全方位的评价,任何短时段、片面孤立地评价水沙条件均可能带来错误的认识和结论。

(三)水沙条件与河口侵蚀基准面的关系

河口侵蚀基准面的影响一般可分为短时段局部基准面的影响和长时段宏观的河口总侵蚀基准面的影响。前者的影响受制于由黄河基本水沙条件决定的黄河河口基本演变规律——淤积延伸摆动改道,此短时段的影响是暂时的和错综复杂的,它是宏观总基准面影响过程的组成部分,但不存在趋势性的影响。而后者总基准面宏观的影响对黄河河口和黄河下游河道淤积发展起主导作用,并体现在河口三角洲岸线不断淤积延伸的趋势制约着黄河下游的升高趋势和幅度上。

影响河口侵蚀基准面的因素问题,在河口基准面影响机理分析中进行了较为详细的分析。不难得知,影响入海河口相对侵蚀基准面的因素主要有四个:

(1)河口三角洲附近海域潮汐的状况。

(2)三角洲扇面轴点到入海口门间尾闾河段的长度。

(3)三角洲上尾闾河段的河槽形态。

(4)河道入海流量的大小。

入海河口的侵蚀基准面从微观上看不是单纯固定不变的平均海平面的概念,它具有相对性,受制于上述因素的综合作用,在时间和空间上都在不停变化着,情况和影响十分错综复杂。探讨具体河口演变和近口段短时段冲淤问题时,必须以短时段相对基准面的变化和影响为依据。潮汐、来水来沙和尾闾河型的状况,三者均属周期性的相对变化,波动的幅度和时段长短不同,它们对短时段的冲淤演变有着决定性的影响。但从长时段角度看,它们属于波动平稳时间序列,不产生单向的趋向性变化,也就是说其影响是可以自身相互抵消的。三角洲尾闾河段的长短随着河型和流路的改变,同样存在着淤长和缩短的周期性变化,对河口和河流近口段短时段的冲淤演变有着明显的影响。但由于河道来沙源源不断入海,所以四个主要影响因素中唯有河口和三角洲岸线淤积延伸影响具有不断持续增长的趋势性,由此淤长趋势引起的河口河段及其以上冲积性河段河床和水位相应升高的趋势同样是不可避免的。在探讨河口和下游河道长时段的宏观演变时,此趋向性影响具有十分重要的意义。

由前述影响入海河口相对侵蚀基准面的主要因素知,水沙条件直接影响河口基准面主要表现在短时段的入海流量的大小和长时段宏观的入海泥沙的数量。流量大小与侵蚀基准面的关系是容易理解的,因为在一般的潮汐河口,枯水季节的感潮段和潮流段要比洪水季节同潮位情况下长得多,特别是在比降缓、河槽窄深的河口更为突出。水库或低水头枢纽的一些情况和冲淤过程与河口问题有类似之处。在枢纽和水库中，同壅水高程下小流量时的回水长度要比大流量时的回水长度同样要大得多。此特性在比降比较缓、河床窄深和洪枯流量相差较大的条件下更为明显与突出。在研究河口短时段的演变和冲淤问题时，不能忽略此特性的影响。黄河河口尾闾河段由于比降较陡，非汛期小流量时几乎没有潮流段，感潮段一般也不足 20 km，黄河较大洪水入海过程完全没有感潮段的特性，此决定了对黄河河口洪水入海前的拦门沙基本不起控制作用的情况应予以特别的关注。黄河下游来水来沙主要集中于汛期几次洪水的特性，决定着黄河下游河道和河口冲淤演变的基本特性与规律，也即河口拦门沙形成和演变的主导条件与过程。单纯依靠只有非汛期小流量时在拦门沙上才能开展观测，并以此资料的分析来论证拦门沙的影响和演变问题，显然是不恰当的，因为它只能表述小水小沙时段的演变，而没有掌握和综合分析决定黄河水沙和演变特性的洪水过程的影响与演变。由于来水洪枯相间，对侵蚀基准面的影响不是单向性的，洪峰过程与平水期、汛期与非汛期以及年际间的丰枯，都是在不断地围绕着各自的多年平均值上下波动。来水来沙状况对相对侵蚀基准面的影响同样具有相对性和周期性，尽管小浪底水库目前发挥着减少进入下游河道和入海泥沙的作用与影响，但是它是有时限的，从长时段的角度看，目前尚难以得出黄河水沙条件存在着趋向性变化的结论。因此，一旦死库容淤满，大量来沙继续进入下游河道和下排入海时，黄河下游仍将恢复原有的水沙特性和与此相应的相对平衡纵剖面，如同三门峡水库修建和运用过程表现出的规律一样，此恢复过程相对是较快的，显然对当前黄河下游的冲刷和河口淤积延伸速率相对较低，不要寄予过高的期望和评价。

水沙条件对河口侵蚀基准面的影响不是短时段水沙条件的好坏，实践已表明好的水沙条件如无河口局部或河口总侵蚀基准面的相对降低，不可能形成河口河段的冲刷。由于入海泥沙源源不断，水沙条件宏观的长期影响主要体现在入海泥沙数量引发的河口沙嘴和三角洲滨海岸线的淤积延伸。在四个影响河口侵蚀基准面的主要因素中，唯有此影响是趋向性的。这正是黄河下游河道不断淤升的症结所在。

由于河流入海泥沙源源不断，河口三角洲淤积延伸的趋势不可避免，但是具体的延伸过程却相当复杂。在目前的水沙条件下黄河河口遵循着淤积延伸摆动改道的基本演变规律。河口口门的摆动和尾闾流路的改道都是尾闾河段自寻捷径入海的表现，每次摆动和改道均意味着入海流路的缩短，也就是河口侵蚀基准面的相对降低，加上潮涨潮落，入海流量大小的变换和尾闾河型小循环演变阶段的不同等，显然黄河河口短时段的相对侵蚀基准面是随时而异的，随机性很大。由于潮汐、流量和尾闾河型演变属长时段平稳波动序列，无趋向性影响，只有河口基准面随着河口沙嘴的短期延伸和长时段的三角洲岸线淤积延伸的趋势而升高，又伴随着尾闾河段的摆动，特别是改道而下降，此相对显而易见和具有规律。因此，在黄河来水来沙条件得到根本改变前，河流近口段仍将表现为随着上述基准面的变化，河床和水位在升升降降中升高。值得注意的是，河口河段和下游河道的冲刷下降是暂时的、相对的；由河口三角洲岸线淤积延伸趋势决定的升高是主导的、绝对的。

（四）由尾闾改道情况看水沙条件的影响

河口淤积延伸使比降变缓，挟沙能力降低，引起河流近口段淤积；相反河口改道使尾闾入海流路缩短，比降变陡，从而形成河口河段溯源冲刷。改道是指发生在三角洲轴点附近的入海流路的变动,1855 年铜瓦厢决口改入渤海现河口以来,总计有 10 次改道,其中人民治黄以来有 3 次,即 1953 年由甜水沟改道神仙沟、1964 年由神仙沟改道刁口河和1976 年改道清水沟。3 次改道的情况不同,改道的效果亦不同,具体改道情况如表 3-4 所示。资料分析表明,影响改道效果的因素可归纳为三个主要方面,即:①河口基准面落差的大小,此主要由三角洲尾闾入海流程缩短的长度来体现,一般缩短的流程愈大产生的落差愈大,改道后溯源冲刷的效果愈好;②入海的水沙条件,主要指来水来沙量的大小、洪峰沙峰的形式和时机等,通常流量愈大,含沙量愈小,产生的冲刷强度和水位下降的幅度愈大;③尾闾流路边界状况,改道点以下新河的状况,如有无河槽、植被程度、土质抗冲性能和阻水障碍物的情况等。

近期的 3 次改道中,1976 年缩短的流程最大,1964 年次之;而水沙条件以 1964 年最优,1976 年次之;从边界状况上看 1953 年因有神仙沟顺直窄深旧槽条件最好,1976 年次之,1964 年最差。3 次改道各有一个条件明显优越。从改道后同流量水位下降的效果上看,1976 年和 1953 年相对较好,1976 年当年河口段水位最大下降均在 0.8 m 左右,改道效果突出主要与入海流程缩短大、前期淤积为历史最高、新老河河槽与水位高差大、有引河导水和来水由小到大等有关。1964 年的水沙条件最好,当年利津水量 973.1 亿 m³,是有记录以来的最大值,日平均流量大于 5 000 m³/s 的天数有 102 d,8 ~ 10 月三个月的日平均流量高达 6 258 m³/s,但由于边界条件差、新河地势高、植被茂密、土质耐冲和水流散漫,流程缩短的作用未能显现。1953 年虽然缩短流程不大,但因有神仙沟窄深河槽水流集中,河口相对基准面降低和入海水量相对较大,均有利于河口河段的冲刷和显现落差作用,所以效果亦十分显著。

改道的效果和作用是由改道后溯源冲刷的直接影响范围和河口段水位下降的幅度来衡量的。一般情况下改道初期由于改道部位堤防破口不足或新流路局部阻力大,故多出现壅水现象,随着破口口门冲刷扩大和新河的拓宽,落差作用逐渐显现,改道点以上河道发生溯源冲刷并逐渐向上发展,影响的范围及冲刷发展的速率与落差和流量的大小成正比,与河床的抗冲性成反比。1976 年改道清水沟流路时改道点以上各站水位相对变化的过程,很好地显示了改道初期壅水的影响幅度和范围,此次改道的直接影响范围在距口门约 200 km 的刘家园上下,此显著效果是河口基准面相对降低和有利的水沙条件共同作用的结果。1964 年改道刁口河流路时水大含沙量低,水沙条件是最好的,但由于尾闾改道后没有形成基准面的相对降低,故当年水位没有明显下降,反而至 1967 年汛前一直是升高的,3 000 m³/s 水位较改道前累计升高了 0.68 m。此充分表明,与下游河道冲淤规律不同,单纯的有利水沙条件在河口河段必须有基准面的相对降低,才能显现有利水沙条件的作用和影响。

河口改道的主要作用在于抵消和减缓河口淤积延伸升高引起防洪能力的降低,以确保河口地区的安全。1950 年以来河口河段年平均水位共有 5 次明显下降,此均与河口改道或摆动,即河口侵蚀基准面的相对下降有关,单纯有利的水沙条件如 1964 年和 1975 年等可以造成局部河段暂时明显的冲刷,但大冲之后随之大淤,形不成持久有效的冲刷下降影响。只有较大幅度缩短尾闾入海流路的改道和尾闾小循环演变进入中期,发生缩短流程的取直摆动,并形成单一顺直河槽,河口基准面双重明显下降阶段,方能保持由此产生的河口河段的溯源冲刷和下游河道在水沙条件配合下的沿程冲刷共同作用下的低水位状态,从而有效地延缓河口河段水位升高和下游防护工程相应加高的速率。

黄河河口的实践表明改道的效果取决于三个因素的综合影响,三者缺一不可,其中缩短流程形成的落差大小是基础,但此落差的作用也需要有利的水沙条件和水流相对较集中与易冲刷的新河槽相配合方能显现。单纯的有利水沙条件,在河口河段如果没有基准面的相对降低的配合,是显现不出有利水沙条件的作用和影响的。

(五)由下游首尾两头河段冲淤特性看水沙条件的影响

黄河下游首尾两头河段的冲淤特性,在本书第四章第四节中曾进行了分析论述。首尾两头河段是指花园口上下河段和利津以下至河口三角洲轴点(渔洼)两河段。由该节水沙特性分析知,首尾两头两河段的水沙特性基本是一致的,由年来沙系数与首尾上下两河段年冲淤量相关图(见图4-16和图4-17)知,首尾两头河段冲淤特性和影响冲淤的主导因素则差异很大。分析表明,花园口河段的冲淤与水沙条件存在着相对较好的相关关系,即一般情况下水沙条件好时河段冲刷,反之水沙条件不利时河段淤积。也就是说,花园口上下河段的冲淤主要取决于流域的来水来沙条件,因其距河口最远,河口的作用在短时间内不可能对其产生直接影响,河口的影响是滞后的、间接的和宏观的。而利津以下河段的冲淤与水沙条件好坏没有直接关系,主要是受制于河口尾闾演变状况决定的基准面的相对高低。由比较知,黄河下游上下两河段因制约冲淤的主导因素不同,故冲淤规律不同。上段以来水来沙条件好坏为主,河口河段则是以河口基准面的状况为主。下游的有利水沙条件可以延续到河口,但此有利的水沙条件能否产生冲刷,正如前文所述,则必须与河口基准面的有利条件相结合方能显现。河口基准面的有利条件是指河口基准面出现相对降低,实践表明,河口基准面相对降低一般主要发生在尾闾小循环演变的改道初期和由散乱游荡形成单一窄深河槽进入演变中期阶段的头几年两大时段。具体地说,基准面降低河槽冲刷主要是发生在河口尾闾1953年改道神仙沟入海流程缩短和1954~1958年改道神仙沟后已存在单一顺直窄深河槽,刁口河流路1967年汛期发生大流量取直摆动形成单一顺直河槽后到1969年,1976年改道清水沟的初期,以及1979年汛期发生尾闾取直摆动,尾闾河口由最北端的五号桩附近大范围地向南摆到甜水沟大嘴北侧,缩短流程约5 km,同时尾闾河型进入单一顺直的初期(1980~1984年)阶段。花园口和利津上下两河段年3 000 m³/s水位与多年相对水位差升降的过程如图7-37所示。由图知,1950~1953年上下两站同步升高了约1 m,升高速率偏高,上段由于花园口站以上河段1938年扒口后发生影响到铁谢上下的溯源冲刷,1947年堵口后需要较大幅度的淤积调整,下段则是此时段入海沙量相对显著增加,甜水沟流路沙嘴淤积延伸加速的结果。1953年7月河口尾闾实施了人民治黄以来的第一次改道,由甜水沟改走神仙沟,尾闾流程缩短11 km,加之神仙沟流路新河为单一顺直窄深河槽,此双重降低基准面的作用使得河口河段1954年后产生显著冲刷,利津站同3 000 m³/s年均水位1955年汛后较1953年汛后下降了1 m以上。溯源冲刷直接影响到泺口,低水位持续到1958年汛后。由于1958年大水大沙,大水使尾闾河槽冲刷展宽,特别是处于弯道的自然形成的高滩坎因大水塌失滩唇高程大大降低,21亿t的大量入海泥沙又使河口沙嘴迅速外伸,比降显著变缓。随之1959年水沙条件相对较差,尾闾河槽和河口河段迅速淤高,从而造成神仙沟多处弯道弯顶漫水溢流,致使 1960 年尾闾于四号桩处发生不可挽回的出汊摆动。随后神仙沟流路进入尾闾河型小循环演变的后期,到 1961 年汛前同流量水位迅速回升了约 1 m。由此看来,单纯的大水大沙对河口来说是十分不利的。20 世纪 50 年代中后期到 1961 年下泄清水,花园口站与利津站的冲淤趋势完全不同,花园口站 20 世纪 50 年中期同流量水位虽下降了约 0.4 m,但是整个 20 世纪 50 年代基本保持了淤积升高的趋势。与此不同的是位于河流近口段的利津站的水位,则因改道神仙沟的作用和影响,改道后直到 1959 年基本保持了低水位状态。此表明在基本相同的水沙条件下黄河下游首尾上下两河段,由于冲淤主导影响因素的不同,两河段的冲淤特性和演变趋势也不同。此明显地反映出河口基准面的状况对利津上下河段的冲淤有着决定性的影响,而花园口站上下河段的冲淤则主要受制于来水来沙条件。

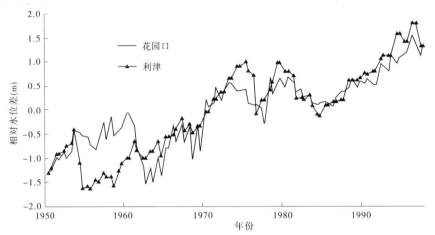

图 7-37　下游首尾两站年水位与多年相对水位差过程

　　黄河下游河道和河口在水沙、边界和基准面三大要素发生较大幅度或趋势性的变化时,均需要一定的时段进行调整,正如 20 世纪 50 年代首尾两头河段演变过程出现明显差异,其后三门峡水库建成初期下泄清水连续冲刷,而后排沙期持续淤积,以及河口尾闾发生改道或取直摆动后,河口河段显著冲刷那样。一般情况下的调整是比较快速的。由图 7-37 知,20 世纪 60 年代以后,直到 1996 年清水沟改汊,尽管首尾上下两河段各时段冲淤量和水位升高值及冲淤的先后时间不完全相应,各有提前滞后,此正是水沙和基准面条件分别主导影响各自河段的结果,但两河段始终趋向于与水沙条件和河口基准面相适应的河床相对平衡纵剖面,同时受制于河口总侵蚀基准面状况的规律也是十分明确的。此下游河道冲淤演变基本一致的冲淤过程表明,它不是偶然的现象或者是"期间沿程水位的大幅度升高,应另有主导因素",而是在水沙、边界和基准面三大要素没有大幅度或趋势性变化的条件下,黄河下游冲淤演变的必然结果。黄河下游河道相对平衡纵剖面早已形成,年均有约 10 亿 t 的泥沙进入下游河道,河床可动性大,除一般年份汛期淤滩刷槽河床水位相对降低,非汛期淤槽水位相对升高外,不少年份也出现汛期依然继续淤积升高的情况,如花园口站 1953 年、1956 年,1971 年、1972 年、1979 年和 1980 年,夹河滩站 1970 ~ 1973 年,利津站 1978 年、1989 年和 1992 年等。此大大加速了黄河下游河道各河段冲淤调整的速度和过程,此冲淤相互转化调整始终是趋向于下游各河段相应的相对平衡纵剖面,同时此相对平衡纵剖面基本随着河口总侵蚀基准面的升降而滞后地相应升降。

综上所述,河口基准面对其上游冲积性河流的制约作用是普遍的。水沙条件对河口基准面短时段的直接影响是入海流量的大小。下游河道和河口对水沙条件好坏的评价是相反的。单纯好的水沙条件形不成河口基准面的降低,相反大水大沙的入海大大加速了河口沙嘴的淤积延伸和尾闾河型小循环演变的周期,也就是加速了河口和下游河道的淤升速率。从下游河道与河口是统一体以及减少入海泥沙是减缓河口三角洲淤积延伸和下游河道抬升的主导因素的角度看,对水沙条件的评价,必须是辩证的和既考虑下游河道也考虑河口全方位的评价,任何短时段、片面孤立地评价水沙条件均可能带来错误的认识和结论。

黄河河口在目前水沙条件下遵循着淤积延伸摆动改道的基本演变规律,利津以下河段的短时段冲淤和水位升降与来水来沙条件好坏的关系不明确,单纯较好的水沙条件如1958 年、1964 年和 1975 年等,因无河口基准面相对降低的配合,均没有造成河口河段的持续冲刷和基准面的相对下降。该河段的冲淤主要与河口尾闾的淤积延伸摆动改道演变的状况,即河口相对基准面的升降密切相应。

黄河下游宏观的冲淤趋势在边界条件变化不大时主要受水沙条件和河口基准面共同相互作用的制约,来水来沙条件是形成和调整下游河道相对平衡纵剖面的陡缓与形态的主导条件,而河口基准面的状况则制约着下游河道河床和水位升降的幅度与趋势。综合演变发展的过程,整个下游河道始终是趋向于形成与水沙和边界条件以及河口基准面状况相适应的相对平衡纵剖面。

水沙条件直接影响河口基准面主要表现在短时段的入海流量的大小,宏观长时段影响则主要体现在入海泥沙数量引发的河口沙嘴和三角洲滨海岸线的淤积延伸。而此长度的形成过程受入海泥沙的数量和特性、滨海区海域和海洋动力及尾闾河段演变阶段等众多条件的影响,其中主要是入海泥沙的数量。在影响河口侵蚀基准面的主要因素中,潮汐、来水来沙和尾闾河型的状况,三者均属周期性平稳序列相对变化,波动的幅度和时段长短不同,但它们只对短时段的冲淤演变有着决定性的影响,从长时段角度看,此三项波动平稳时间序列,不产生单向的趋势性变化,也就是说其影响是可以自身相互抵消的。由于河流入海泥沙源源不断,河口三角洲淤积延伸的趋势不可避免,故唯有河口侵蚀基准面相应升高的影响是趋向性的。这正是黄河下游河道不断淤升的症结所在。

第四节　河口基准面对下游河道影响的范围

一、河口基准面的直接影响范围

由上述分析知,河口尾闾入海流路的长短决定着河口的相对基准面高程,它是影响河道冲淤的主导因素,但不是唯一影响因素,尾闾河型的状态是散乱宽浅或是窄深顺直以及流量的大小等均影响着相对基准面的高低。另外,前述和分析还表明了河口基准面的影响有直接影响和间接影响之分。直接影响范围是指短时段一次洪峰过程河段的冲淤幅度大小和冲淤时间先后次序符合冲淤判别指标的影响范围。间接影响范围是指在直接影响的基础上在其后的较长时段内继续向上下游发展的影响范围。

随着黄河河口淤积延伸摆动改道的基本演变过程,河口尾闾和河口河段的水位始终相应于河口相对基准面的状况而升降。一般情况下,尾闾淤积延伸,水位升高,尾闾取直摆动形成单一顺直窄深河槽和改道后尾闾入海里程缩短时,水位将发生明显的持续下降,由此引发的冲淤属于自下而上的溯源性质。

由于改道缩短的流程较大,相对基准面降低得多,一般溯源冲刷的直接影响范围相对较大。新中国成立后黄河河口三次改道中1953年效果和影响最大,1976年次之,1964年最小。以1976年为例,由改道后相对水位变化过程知,改道后河口段水位先壅高,后冲刷下降,按目前判别指标,此次改道溯源冲刷的直接影响范围为刘家园。值得进一步探讨的是,由于刘家园断面为明显的宽浅断面,其同流量水位的升降值较其上游窄深断面的升降值明显要小,按目前判别指标,溯源冲刷的直接影响范围止于水位的下小上大,故直接影响范围永远逾越不了刘家园断面。可以设想,如果刘家园没有设站,则判别直接影响的范围将会超过刘家园而达到泺口了。1953年改道同样存在此问题,为此建议对目前判别指标的正确性进行模型试验和进一步深入分析。

溯源淤积的直接影响范围相对要短得多。在清水或少沙河流短时段的壅水直接影响范围是其回水范围。回水影响范围除受壅水高程制约外,同样与流量大小、河槽宽深形态和纵剖面的陡缓有关。同一壅水高程,流量愈小时回水的长度愈大,河槽愈窄深和纵剖面愈缓时回水影响的长度愈大。由于黄河的比降较陡,加之淤积延伸的影响是渐变的,与改道基准面突变的显著下降相比,溯源淤积直接影响的空间长度相对要短得多,不如溯源冲刷显著和直观。1976年改道初期在改道点处相对壅高1 m的情况下,其溯源影响范围在一号坝至利津之间,长约30 km。

河口潮汐的影响,由1987年河口拦门沙测验资料知,在汛后利津站入海流量896~995 m^3/s、尾闾河槽单一、潮差近2 m的条件下,其影响范围在H06断面以下,距河口约20 km,如图7-38和图7-39所示。

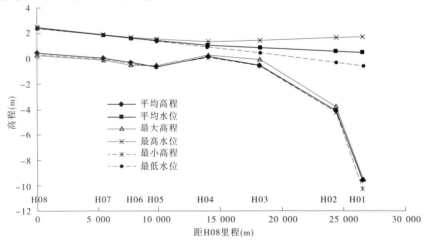

图7-38 1987年黄河河口拦门沙测验各站水位和河底高程情况

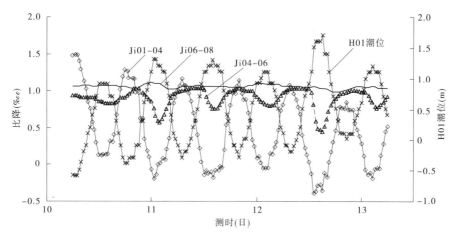

图 7-39　1987 年黄河河口拦门沙测验潮位及各站间比降变化过程

由图知,拦门沙顶部纵向的长度在 10 km 以上,拦门沙坎顶以内,已基本不受潮汐的影响,H06—H08 河段的水面比降在 1.0‰~1.1‰,与西河口—十八公里站和利津上下河段的比降已基本相应。值得注意的是,此影响是暂时的直接的影响范围,一旦洪水挟带大量泥沙下排入海形成河口沙嘴明显向外淤积延伸后,此暂时的直接的影响范围在新的部位上虽仍然大体如此,但是河口延伸引起的基准面相对的升高,以及尾闾比降变缓引起的淤积,则不受此影响范围的制约,而是在洪水过后的小水期逐步向上淤积发展。潮汐的影响只是大淤积体上局部短河段短时段的调整,其改变不了河口延伸基准面相对升高的大局。河口延伸引起的淤积调整过程是十分错综复杂的,它是目前条件下尚难以全面掌握的沿程淤积和溯源影响叠加的过程,但此冲淤的结果属于溯源淤积的性质是改变不了的。因为从长时段宏观上看,黄河下游的淤积水面比降是变缓的,此与冲积性河流因基准面抬高引发的淤积形式和性质是完全一致的。

局部基准面可以影响河口相对基准面作用的发挥,特别是在河口改道或尾闾摆动的初期,如 1964 年改道刁口河流路时罗家屋子以下的胶泥河段及 1976 年改道清水沟流路初期破口不足的壅水和建林村宅基局部地段曾阻碍窄深河槽的形成等。但是,此影响是有时限的,后者当破口冲大或形成窄深河槽后,其影响即刻消失。1964 年改道后罗 4—罗 5 河段一直没有形成单一窄深河槽,但是河口淤积延伸达到一定长度,使河床抬高的幅度超过局部河段的影响时,此局部影响也即随之消失。1967 年罗 4—罗 5 河段以下发生取直摆动形成单一顺直河槽即标志着此局部基准面影响的消失。该次取直摆动使利津上下河段发生溯源性质的冲刷,利津年 3 000 m³/s 水位最大下降幅度仅 0.17 m,历时 2 年,即恢复到摆动前水平,这可能与罗 4—罗 5 河段形不成窄深河槽的影响有关。清水沟和神仙沟摆动后水位恢复到摆动前水平历时在 10 年左右,该两条流路低水位持续时间较长,主要与神仙沟改道后海域条件较好和尾闾河槽窄深顺直,清水沟流路流程缩短较大和来沙量相对偏低,河口淤积延伸速率相对较低有关。

二、河口基准面的宏观影响范围

由黄河下游纵剖面的淤积形态分析知,黄河下游的纵剖面处于不断夷平的过程中,即小浪底断面高程基本不变,而河口河段和整个下游河道处于不断淤积升高的状态。1950年以来至1975年改道清水沟流路和1950年至1996年清8改汊两个大时段夹河滩以下至河口约2/3的河段基本处于平行抬升的状态。此与其他类似水流因基准面升高引起的淤积形态是一致的。如果我们能够证实河口河段水位抬升是河口淤积延伸使基准面相对升高造成的,也就是说河口淤积延伸与河口河段水位升高存在着较好的对应关系,那么,河口制约着黄河下游河道淤积的幅度和发展趋势的问题就迎刃而解了;同时也进一步证实了河口宏观的间接影响波及黄河下游整个冲积性河段。据此,我们将可以更确切地对黄河下游的冲淤发展趋势进行正确的预测和预估。

(一)无完整水文资料时段河口延伸与河道淤积关系分析

黄河下游近代水文观测开始于1919年,当时曾在山东泺口设站(1921年停测)。南桥等站1921年虽有水位资料,但位置不详,难以使用。1934年后,曾一度多处设站,但站位变动很大,加之1938~1947年黄河花园口扒口后南注,故资料很不系统。目前可以参考使用的仅有花园口(秦厂)、高村、泺口和利津少数几站资料。新中国成立后始得大规模的发展,在研究长时段的变化时深感年限过短缺乏资料。

黄河自1855年改由山东利津入海以来,已如前述,尾闾河段已完成近3次大循环。我们依据河口地图粗略量得1855~1926年第一次大循环结束时三角洲岸线由距三角洲扇面轴点宁海村约40 km处,平均向外延伸到61 km处,实际延伸21 km。1926~1953年为第二次大循环,其中经历了花园口扒口后黄河入淮断流9年。由黄河下游主要站水位变化资料知,20世纪30年代和50年代初的水位相近,故第二次大循环河口延伸长度可以认为实际上即是1926~1938年的情况。此期间海岸线在原来的基础上向外推进到距宁海77 km处,实际延伸了16 km。1953年后河口进入第三次大循环过程,三角洲扇面轴点下移到四段渔洼以下,到1975年此期间小三角洲北部岸线推进到距宁海101 km处,实测资料表明又向外延伸了约32 km。依据水位升高值 ΔZ 与口门延伸长度 ΔL($\Delta Z = \Delta L / J_{淤}$)的关系,得到上述3次大循环对河口附近水位升高的影响分别为1.41 m、1.10 m和2.13 m。

河口延伸引起罗家屋子站的水位升高后又如何向上影响呢? 我们点绘了罗家屋子站和利津站(间距52 km)年平均水位升降关系,见图7-40。由图7-40知,由于溯源冲刷要求比降较陡,二站水位下降幅度不相等,但淤积时水位升高是基本相等的,点群分散主要是冲淤滞后和断面形态的影响,然而从长时期来看可以认为上升的幅度二者是一致的。第一次大循环后水位升高的情况无资料可证,第二次大循环仅泺口站有断续的资料,由该站的水位变化知,此期间3 000 m^3/s 平均水位由1919~1921年的26.42 m升高到1934~1937年的27.49 m,即升高1.07 m,此与循环后延伸引起的水位升高值1.10 m是相近的。

由图7-41知,陶城铺以下不仅水面的升高是近于平行的趋势,而且堤外地面与堤顶的高差同样是近于平行升高的,不存在上大下小的情况,此表明长时段的淤积无上厚下薄沿程淤积性质。依据黄河下游长时段滩面的淤高统计资料知,1891~1972年(处于下游演变的第二阶段)滩面淤高均在3 m左右,年平均淤高近5 cm,厚薄虽有参差,但相差不大,无上大下小的趋势。若依据原泺口枢纽北岸滩地地面下7~8 m处挖出咸丰六年石

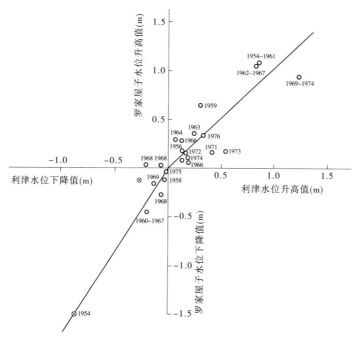

图 7-40　罗家屋子站与利津站年平均水位升降关系

碑,以及王旺庄枢纽北岸滩面以下 7 m 处挖出光绪年间石碑来估算,泺口附近滩面平均每年淤高 6.72 cm,王旺庄附近为 8.32 cm,上小下大。总的看来,整个山东河段滩面长时段的淤高状况同样是近于平行升高的。中、下段尚偏厚些,位山以上河段滩面的淤高情况较为复杂,但亦无明显的上厚下薄的情况,大体上亦是近于平行淤高的。

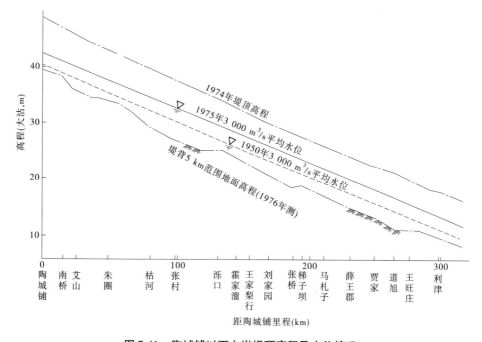

图 7-41　陶城铺以下左岸堤顶高程及水位情况

总之,在无完整水文资料时段,河口延伸与水位或滩面的淤积升高二者间的关系基本上是相应的。

(二)有较完整水文资料以来河口延伸与河道淤积关系分析

黄河下游较完整的水文资料始于 1950 年,河口观测 20 世纪 60 年代以后始有相对较完整的资料和较深入的分析研究。黄河自 1947 年花园口堵口仍改由渤海湾入海以后,黄河下游河道继续处于以 1889 年为分界的其淤积发展受制于河口相对基准面的第二大演变阶段;调整最大的河段是花园口以上,即 1938 年扒口后产生溯源冲刷的河段回淤;此时黄河河口的演变仍处于第二次大循环的演变过程。黄河归故后,河口分三股入海,甜水沟、神仙沟和宋春荣沟,其中以甜水沟为主,到 1953 年改道神仙沟之前,甜水沟流路大嘴年年淤积延伸,河口河段 3 000 m³/s 水位每年约以 0.2 m 的速率相应升高。改道前河口入海流路长度和水位均达到了相对最大,河口距利津约为 93 km,利津 3 000 m³/s 水位为 11.85 m。此改道神仙沟前的甜水沟大嘴的流路长度成了第三次大循环演变的起始基点。黄河下游两头河段花园口和利津两站 3 000 m³/s 水位升降过程如图 7-42 所示。

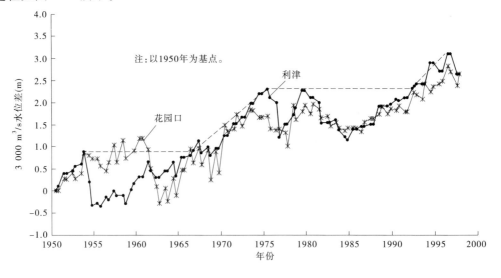

图 7-42　黄河下游花园口、利津两站历年 3 000 m³/s 水位升降过程

由图知,自 1950 年以来,河口河段水位升降经历了归故后甜水沟流路的淤积抬升时段和改道神仙沟流路后的冲刷及低水位时段,60 年代中期以后随着刁口河流路的淤积延伸进入相对稳定升高时段,1975 年改道清水沟流路前夕水位和河床均达到最高。而后随着改道清水沟流路流程的显著缩短和单一顺直河槽的形成,二者的共同作用使清水沟流路直到 1992 年水位方恢复到改道前的水平。而后又进入微淤升状态,1996 年实施了清 8 改汊,相对基准面再一次降低,水位相应有所下降。此水位升降过程充分表明河口河段的水位升降均与河口延伸改道基准面相对升降和河口淤积延伸基准面相应升高密切相关。单纯的有利水沙条件没有形成河口河段水位的持续下降,相反还可能加速河口的延伸和使尾闾变坏。如 1958 年大水大沙,20.9 亿 t 相对较粗的泥沙入

海,10 400 m³/s 的流量,一方面大大加速了河口沙嘴的淤积延伸,另一方面破坏了窄深顺直河槽,大流量造成塌滩展宽和弯道更加弯曲,随后的淤积使尾闾变得宽浅,滩槽差大大降低,最后导致了1959年汛后和1960年的出汊摆动,神仙沟流路开始进入小循环演变三大阶段的后期阶段,水位明显回升。实践表明,河口河段水位持续下降形成较长时段的低水位状态,取决于河口流路改道缩短入海流程和形成单一顺直河槽,特别是二者综合的作用。

水位的升降必然是河槽冲淤的结果。我们点绘了黄河下游两头河段,即小浪底—花园口河段和利津—渔洼河段单长单宽累计冲淤量过程,如图 7-43 所示。由图知,虽然 20世纪 70 年代前由于两头河段冲淤的主导因素不同和三门峡水库运用的影响,二者的冲淤过程不尽相同,但 70 年代以后二者基本同步,此表明,在一般水沙条件下和河口基准面无较大变动时二者的同步性还是明确的,这是由黄河来沙量巨大、河床组成松散、冲淤剧烈、纵横比降调整迅速特性决定的。图中河口河段单长单宽淤积量较小浪底—花园口河段的淤积量大,此下大上小的淤积形态表明,不是黄河下游纵剖面不适应来水来沙条件使纵剖面淤积变陡,而是河口基准面的升高为下游河道淤积的主因。此外,由图还不难得知,1953 年前淤积,1953 年至 20 世纪 60 年代中期冲淤相当,而后又淤积直到 1975 年,改道清水沟流路后以冲刷为主,到 1992 年恢复到 1975 年水平,以后处于微淤状态直到 1996年清 8 改汊。值得注意得是,对比图 7-42 和图 7-43 知,从宏观的角度看,河口河段水位的升降和河段冲淤过程以及各时段的转折点二者都是十分相应的,此充分表明河口河段水位的升降是相应河段河槽冲淤的反应。

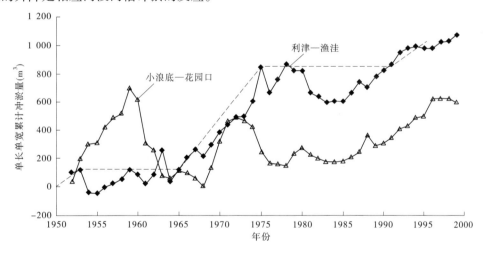

图 7-43 黄河下游上下两头河段单长单宽累计冲淤量过程

何以造成河口河段的淤积和水位升高? 唯有河口基准面的影响。正如前文所论述,影响河口基准面的因素是多方面的,主要有四,影响较大的是尾闾流路的延伸、改道和尾闾断面的形态。其中最主导的因素是入海流路的长度。在清华大学宋根培教授《黄河河口延伸与下游纵剖面变化规律的研究》报告的基础上补充了山东黄河水文水资源局的资料绘得图 7-44,由图知,随着河口大、小循环规律演变过程,河口尾闾始终处于淤积延伸摆动改道的过程,尾闾入海流路相应在伸伸缩缩中保持着不断淤长的趋势。这是黄河入海沙量巨大,海洋动力相对较弱不能全部输移来沙,在河口滨海区不断产生淤积的必然结果。一般情况下尾闾改道时多发生入海流路大幅度突变的缩短,而后依来沙量大小、尾闾河型散乱或单一和海域深浅及动力状况以渐变的形式相应淤长,当淤长超过原尾闾河长一定程度后,将发生出汊摆动,出汊点逐渐上提,在一定条件下再次发生改道,流路长度再次明显缩短,周而复始,螺旋发展。由图7-43知,河长的转折点为1953年、1975年和1996年。此与利津—渔洼单长单宽累计冲淤量的转折点以及利津站水位升降的转折点基本上是一致的。1953年改道神仙沟前甜水沟流路的河长,60年代中恢复到1953年水平,1964年改道刁口河流路,由于刁口河流路与神仙沟流路二者的高程基本一样,加之罗4—罗5耐冲河段局部基准面的影响,河口淤积延伸十分迅速,致使河口河段水位和尾闾河长保持了持续增长的趋势。虽经1967年取直摆动河长和水位有所下降,但幅度不大,没能影响稳定增长的趋势。自1966~1972年发生出汊摆动前河口沙嘴突出平均海岸线约20 km,河长虽长,但由于沙嘴河槽单一顺直,河口基准面相对较低。1972年两次向右侧出汊摆动河由神仙沟大嘴前入海,1974年两次向左侧出汊摆动到1975年汛后入海流路长度基本维持在1972年的水平。此时刁口河流路的河长已超过原神仙沟流路河长10 km多,如图7-45所示。由于出汊摆动后的海域受1972年刁口河大嘴、神仙沟大嘴和车子沟嘴的影响,海域浅缓,河型散乱,河口淤积延伸很快,基准面始终相对较高,因此水位一直处于升高状态直至1976年改道清水沟;刁口河流路的河长达到新中国成立以来的最大长度,因此成为小三角洲内河口尾闾大循环演变的一个新的基点。正是由于刁口河流路河长较1953年甜水沟流路河长增长约18 km,方使得河口河段利津站3 000 m³/s水位相应升高了1.35 m。对比图7-42与图7-44不难得知河长的增长与水位升高二者基本同样是相应的。

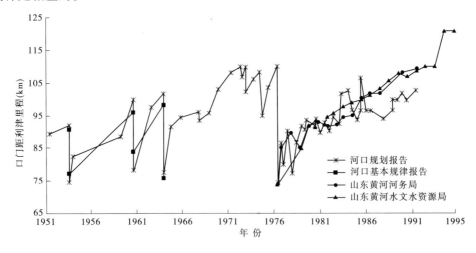

图7-44 黄河河口1951~1995年口门距利津里程

依理论可以认为,只有当入海流路河长超过刁口河流路河长时河口河段水位方能在新的基点之上抬升,实践表明正是如此。改道清水沟后,由于入海流程缩短较大,河口河

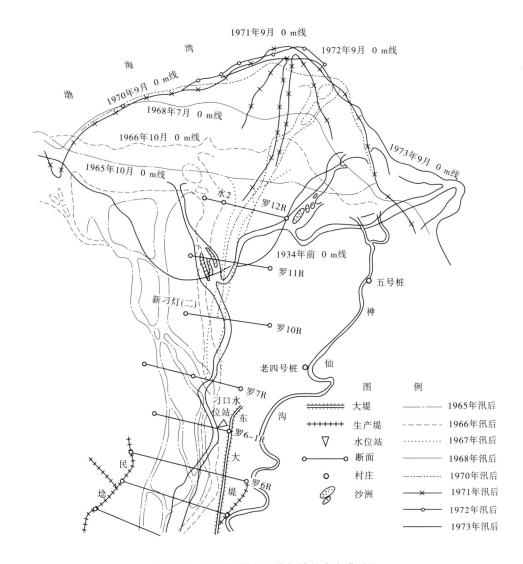

图 7-45　刁口河淤积延伸与神仙沟大嘴对比

段水位发生明显下降。1977 年高含沙量洪水和改道点以下河型散乱,改道点以上淤积严重,河口河段很快回淤,当 1980 年建林村基局部基准面因形成窄深河槽阻水影响消失后,加之水沙条件相对较好,在尾闾流程依然较短和形成单一顺直窄深断面使河口基准面相对降低的共同作用下,河口河段水位又持续下降到 1985 年。由图 7-42 知,而后随着河口的淤积延伸水位相应升高,到 1992 年利津站年 3 000 m³/s 水位达到 13.48 m,刚好超过 1975 年同 3 000 m³/s 水位 13.30 m 的高程。与图 7-44 比较知,此时清水沟流路的河长正好与 1975 年刁口河流路的河长相当。此外,由 1992 年河口三角洲卫片(见图 7-46)知,清水沟流路的河长亦正好与以渔洼为轴点至 1976 年河口三角洲卫片的岸线为半径的河长相当。此十分明确地显示了河口水位与入海流路河长相应的关系。

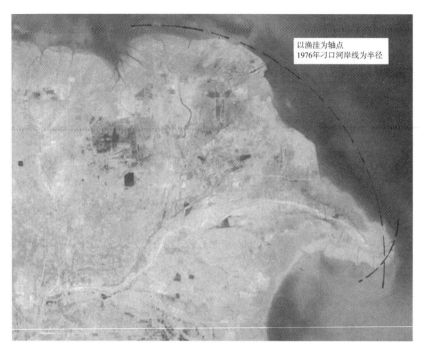

以渔洼为轴点
1976年刁口河岸线为半径

图7-46　1992年4月2日黄河河口三角洲卫片

　　1992年后由于入海水沙量处于枯水系列,未能形成大规模的出汊摆动,河口尾闾基本保持单一河槽。尽管此时段来水来沙量相对较小,年均约180亿 m^3 水,5.6亿 t 沙,河口长度仍保持了增长状态,河口河段水位相应以平均每年0.18 m 的速度升高,直至1996年清8改汊,入海流路缩短,水位再一次明显下降。

　　由黄河下游主要水位站年 3 000 m^3/s 水位升降过程(见图4-10)和图7-42不难看出,黄河下游各站由于下游上下河段主导影响因素不同和水沙与河口基准面的状况的差异较大,下游各站水位升降过程不尽完全相应,但自20世纪70年代以后水位升降的先后次序和年际间冲淤升降的变化基本相应。这正是水沙条件和河口基准面两大影响因素相互作用的差异,经过60年代以前大幅度的调整,在水沙条件和河口基准面无激烈变化的条件下,二者共同塑造相对平衡纵剖面的体现。因此,黄河下游纵剖面的淤积形态、升降趋势和升高幅度不仅受制于来水来沙条件,而且与河口基准面的状况有关。对比图7-42、图7-43和图7-44不难得知三者演变发展过程的转折点均位于与河口改道改汊相关的1953年、1975年和1996年,同时神仙沟和清水沟两流路低水位时段的结束,水位在此基础上继续抬升的起点均分别位于20世纪60年代中期和1992年亦基本是一致的。即河口河段及下游河道的淤积和水位升高均基本与河口尾闾入海流路的长度相应,只有当尾闾入海流路的长度超过原改道前流路长度时,河口河段和下游河道水位方出现不复下降的稳定升高。

　　依据上述资料三个转折点的利津站以下流路河长、同期水位和据此计算的三个转折点之间的流路增长长度与相应的水位抬升值以及依据 $J_{淤} = \Delta Z / \Delta L$ 关系计算的淤积比降均列于表7-8。由表知,此两时段的河段淤积比降十分相近,而且与刁口河和清水沟两流路利津——一号坝—西河口的水面比降 0.8‰~0.9‰是一致的。此结果第一次用近期实测资料证实了河口相对基准面对黄河下游河道冲淤的制约作用。

表 7-8　利津站水位与尾闾河长相关表

年份	利津 3 000 m³/s 水位(大沽,m)	时段水位差（m）	河口距利津里程（km）	时段河长差（km）	河段淤积比降（‰）
1953	11.85		92		
		1.45		18	0.81
1975	13.30		110		
		0.89		10.7	0.83
1996	14.19		120.7		

上述分析研究的结果充分证明了河口影响论的正确性和可靠性,同时进一步证实了河口尾闾入海流路的绝对长度是河口河段和下游河道冲淤幅度及发展趋势的制约因素,黄河下游宏观的淤积趋势属于溯源淤积的性质和河口基准面的影响是波及整个黄河下游冲积性河段的。但这并不意味着否认此冲淤升降过程是水沙条件与河口基准面共同作用和二者中水沙条件是主导因素的结果,以及此冲淤过程是短时段沿程冲淤和溯源冲淤相互复杂叠加的过程和二者中以沿程冲淤形式为主溯源冲淤为辅的事实。黄河下游的水位演变趋势受制于河口相对基准面状况是客观存在的现实。短时段微观的冲淤特性和长时段宏观的规律,二者是辩证统一的,是分别表述和反映同一过程的两个不同性质的问题。二者是相辅相成的统一过程,任何相互否定都是片面的。

第五节　河口对下游河道影响的趋势分析

上述宏观的河床冲淤、水位升降与尾闾河长之间明确的相关关系,为我们预测黄河下游冲淤的发展趋势提供了可靠的科学依据。结合 1950 年有系统观测资料以来黄河下游和河口演变的过程知,目前黄河下游河道已形成了相对平衡稳定的纵剖面。此纵剖面在横向边界变化不大的情况下将主要随着来水来沙条件和河口相对基准面的状况进行基本同步的调整。当水沙和河口基准面两个主要条件发生较大改变时,势将引起黄河下游上下两头河段的激烈调整,从而表现出上下两头河段依据各自主导影响因素相应变化的特点和二者的不同步性;但其二者最终将较快地趋向于相对稳定的平衡纵剖面,并同步地相应于河口相对基准面的状况而演变发展,其总的趋势是下游河道在不断抬升中纵剖面相应变缓。

1953 年改道神仙沟流路后河口河段水位持续处于低水位状态,而花园口上下河段则由于花园口堵口后回淤,加之来水来沙偏丰、漫滩淤积和水沙条件相对不利,因而继续保持了淤积升高趋势,如图 7-42 所示。三门峡水库建成初期下泄清水自上而下发生明显冲刷,水位相应下降,但同期河口河段的冲刷则表现得不明显,而是相应于河口基准面的状况基本处于淤积升高趋势。随着三门峡水库运用方式的改变和改建扩建的完成,上段经历了明显回淤到相对平衡时段。尔后由于来水来沙条件基本恢复了建库前的自然状态,同时河口亦处于刁口河入海流路稳步增长时段,尽管上下两头河段和下游各河段的冲淤在年际间略有先后,但宏观上的冲淤基本保持了同步状态。

花园口附近河段到 1973 年已较 20 世纪 50 年代 3 000 m³/s 水位升高了 1 m 以上,比降增大到 1.8‰以上,恢复到 50 年代的最大值,输沙能力显著增加,此为花园口河段达到相对平衡纵剖面和一般相对稍好的水沙条件下转化为冲刷创造了条件。而河口河段水位仍保持淤长状态直到 1976 年改道清水沟流路,这是尾闾入海流路不断淤长的必然结果。由于改道清水沟流路以后,来水来沙条件无本质的趋势性变异,河口三角洲尾闾依然遵循小循环演变规律发展,因此整个下游河道的冲淤在围绕下游河道相对平衡纵剖面的波动中而大体同步发展。其发展趋势在一般水沙条件下同样将基本取决于入海流路的长度,即取决于河口相对基准面升降趋势的规律。

依据上述演变过程和规律不难推断:由于小浪底水库处于运用初期蓄水拦沙,近期一定时段内小浪底水库以下泄清水为主,而河口清水沟流路 1996 年实施了清 8 改汊工程,暂时缩短了入海流路的长度,河口基准面相对下降,黄河下游特别是上下两头河段均将出现冲刷、水位下降的态势,其中部河段在上下河段的影响下亦将相应处于微冲状态,并趋向于与小浪底水库拦沙期水沙条件和河口清 8 改汊的新基准面共同塑造制约着高程与 20 世纪 90 年代相比相对较低的新的相对平衡纵剖面。此演变时段的长短主要视流域降水产流产沙的状况、小浪底水库的运用方式和尾闾河段长度何时达到 1996 年程度而定。

在小浪底水库拦沙期,花园口上下河段将因下泄沙量显著减少、含沙量降低而处于冲刷状态,其冲刷和水位下降的速率将逐步降低;同时随着流域来水来沙可能出现丰水丰沙系列和水库排沙量的增加而转入回淤时段,由三门峡水库的经验知,将很快恢复到原相对平衡纵剖面的状态。而利津上下河口河段近期由于清 8 改汊基准面相对降低将处于微冲微淤状态,直到改汊新河流路淤积延伸的河长与 1996 年原流路河长相当时,而后将进入河口河段回淤水位相对持续升高的时段。由 1996 年改汊后河口三角洲卫片(见图 7-47)知,改汊新河缩短的流程与 1996 年故道的河长相差不大,因此从基准面相对降低的角度看河口河段低水位的时段不会很长。由于目前黄河下游正处于枯水枯沙系列和小浪底水库的拦沙,因而此低水位时段要比平均情况长一些。一旦出现大水大沙年份将很快超过 1996 年河长,当河口淤积延伸达到一定程度后,势将在目前河口沙嘴与孤岛油田之间海域发生出汊摆动。此流路将成为河口第三次大循环演变中制约黄河下游淤积幅度的一个新的基点。在小浪底水库大量排沙之前,以及黄河河口清 8 改汊新河河长尚未达到 1996 年河长之前,整个黄河下游将处于微冲状态,水位普遍下降,特别是上下两头河段下降的幅度相对偏大,比降进一步调平变缓。随着入海沙量的日积月累,河口淤积延伸,尾闾河长增加,河口河段河床和水位势将首先进入回淤升高阶段,并逐渐缓慢向上发展。抬升的速率主要取决于黄河入海的沙量、海域条件和河口延伸的速度。在小浪底水库拦沙期间,黄河下游河道纵剖面将以自上而下冲刷、比降逐渐调平的方式趋向于新的相对平衡。直到小浪底水库大规模排沙,整个下游河道与三门峡水库演变过程相似将进入淤积回升阶段,回升的速率主要取决于流域来沙的状况。此时段下游上下两头河段回淤的速率相对较大,特别是上头河段抬升相对更快,并再次趋向于恢复原自然状态下的相对平衡纵剖面的形态。值得注意的是,此回升阶段的速度要比下泄清水期的调整速度快得多,也就是说,如果流域来沙量较大,在较短的时段内下游纵剖面就可以完成来水来沙接近自然状态条件下的相对平衡。其最终抬升的幅度将视黄河流域来水来沙和清 8 改汉后尾闾河段小循环演变发展的状况以及河口入海流路河长的相对基准面的状况而定。

以渔洼为轴点
1976年刁口河岸线为半径

图 7-47　1996 年 9 月 20 日黄河河口三角洲卫片

目前莱州湾海域相对浅缓、海洋动力较弱,不利于入海泥沙外输,同入海沙量河口淤积延伸和水位抬升速度相对较快。因此,如遇相对丰水丰沙系列,河口延伸的速率亦将是较快的。1996 年一号坝站 10 000 m³/s 防洪水位已接近河口规划规定的改道标准大沽 12 m 高程。显然,对清水沟流路未来的走河年限不宜过分乐观。

限于小浪底水库建库后河口近期演变资料未进行系统分析,具体各河段长、短时段冲淤演变过程的预测,尚有待进一步深入研究。但河口和下游河道宏观演变发展的趋势是清晰的和相对准确的。

第六节　黄河河口发展影响预估计算方法

一、概述

河口是河流与其受水体相衔接的部分,二者构成统一整体并相互影响。实践经验和上述分析研究试验等资料均表明,黄河的水沙特性决定着黄河河口特定的演变规律,黄河河口的状况对河流近口段及其以上河道存在着显而易见的短时段影响。如一般情况下河口淤积延伸将引起尾闾及其以上河道相应的淤积升高;而河口尾闾流路的改道则多形成明显的溯源冲刷。河口发展趋势关系着河口地区的安危和下游河道淤积抬升的速率,因而研究河口发展预估计算方法具有重要的现实意义。

由于河口问题较河道问题不仅增加了海洋动力和海域状况等影响因素,且因测验资料较少和可资借鉴的成果不多,以及对河口的影响认识不足,因此如何考虑河口影响的预估计算方法问题一直处于探索阶段。最早提出了"海域容沙体积法",该方法首先计算流路可能波及范围的海域容沙体积,然后依据规划设计的来水来沙系列和海域海洋动力状况选定合理的淤排比,最后估算行河年限。此方法虽然较粗,但以实测资料为依据,故比较接近实际。由于黄河河口洪水陡涨陡落,入海泥沙集中,含沙量差异较大,河型演变激烈,加之潮流潮汐复杂,随机性大,输沙过程和短时段淤排比等无实测资料进行对比和验证,因此利用输沙公式计算的方法目前尚不成熟,难以反映实际淤排过程。但是,黄河河口水少沙多、延伸快、演变激烈且周期短,这又为我们认识和掌握黄河河口近30年来的淤积延伸摆动改道的基本规律和大循环与尾闾河型小循环等演变规律提供了客观依据,加上已有河道和滨海的测验资料以及有关延伸造陆及淤沙比例等分析成果,基本上为我们依据实测资料探讨发展趋势和提出预估计算方法创造了条件。

　　20世纪80年代初期为回答和验证小浪底和龙门等水库工程修建后对山东河段的减淤作用,提供河口50年的发展趋势和山东河段防洪水位标准等参考数据,我们以河口改道流路安排规划为依据,考虑了水沙条件变化,依据河口演变的规律及延伸改道对水位影响的实测资料,提出本预估计算方法,基本满足了规划设计的需要。由于问题复杂,资料不足,故预估计算方法仅是初步的,有待进一步修正补充。

二、预估计算方法

(一) 影响因素分析

1. 河口三角洲尾闾河段入海流路的长短

　　河口对河流近口段的影响表现在三角洲岸线和河口沙嘴的淤积延伸,将引起河流近口段水位和河床相应的淤积升高,一条流路尾闾河段的资料和水槽试验结果都给出了如下的关系:

$$\Delta H = Ja\Delta L$$

式中　ΔH——同流量水位升高值,m;

　　　ΔL——岸线或沙嘴延伸长度,m;

　　　Ja——尾闾河段淤积比降(‰)。

　　上述关系与水库三角洲前坡向坝前推进将引起回水末端上延的机制是相似的。由于引起水位升降的原因不单纯是入海流路的长短,故该关系不是短时段冲淤过程的体现,而是冲淤过程发展趋势的结果。

　　与延伸相反,河口尾闾短时间内入海流路大幅度缩短的改道,一般情况下将引起河流近口段河床明显的溯源冲刷和水位下降。由新中国成立后三次改道的资料知,影响改道效果的因素有三个方面,即:①落差状况,改道后尾闾流路的缩短程度;②水沙条件,水沙量的大小和洪峰形式及时机等;③边界条件,改道点以下新尾闾流路内有无河槽、植被状况、土质抗冲性及阻水障碍等。三次改道的实践表明,改道效果是三者综合作用的反应,但形成溯源冲刷效果的主导因素是落差,而落差的作用又需要有利的水沙条件和通畅的新尾闾边界条件相配合方能体现。

河口段水位的升降不完全取决于流路长度,尚与河型和局部基准面等有关。但由利津站3 000 m³/s汛前汛后水位和河口平均岸线距利津站的里程过程(见图7-48)不难得知,利津站的水位与河口岸线的淤积延伸及改道后缩状况密切相关。水位随着入海流路的增长有明显的升高趋势,短期的水位明显下降均与河口改道或摆动有关;单纯水沙条件有利的年份并没有产生明显和持久水位下降的效果。显然,在预估河口较长时段发展趋势时必须与河口改道规划中入海流路延伸和改道后缩的状况相结合。

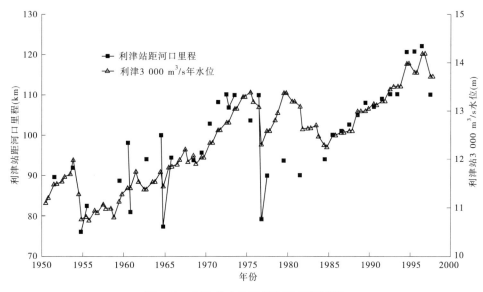

图7-48　利津站水位及距河口里程过程

2.河口三角洲尾闾河段的边界状况

河口三角洲尾闾河段的边界状况不仅影响着大循环过程各条入海流路改道初期溯源冲刷的效果,而且与海域条件一起(海域的深浅、隐蔽程度和海洋动力的强弱等)在河口每一条流路小循环演变的全过程中始终具有影响。

改道后初、中、后三个不同演变阶段的边界状况及其影响表现不一,一般改道最初两年,改道点以上河段冲,以下三角洲尾闾河段大淤,河型游荡散乱,水位明显升高。待淤积到相当程度,三角洲河段的下段在一定来水作用下通过冲槽淤滩形成单一顺直河型,水流明显集中,水位短期下降,此标志着尾闾河型小循环演变进入中期。而后滩槽差增大,一般洪水不再漫滩,河口沙嘴迅速外延,海洋动力和外输泥沙量相对增强,延伸造陆速率相对减弱。上述河型特性加速了河口沙嘴外突和河床的淤积升高,尾闾河段自然悬河状态和河段弯曲程度日益加剧,当突出到一定程度,一般将发生出汊摆动,此标志着小循环演变进入后期。边界条件又向散乱转化,待大嘴两侧均发生出汊后,如遇较大洪水,将可能在三角洲上改道新的流路,如不及时采取措施,则可能对工农业生产造成危害。

显然,河口演变阶段边界条件的改变,影响着河口淤积的部位和范围、淤沙比例和造陆速率、河段的冲淤和水位升降等,此小循环演变过程每条流路各有特点,又有共同点,本文在分析各条流路实际演变情况和共性规律的基础上,提出了具有普遍意义的淤积延伸的预估计算方法,可作为规划设计时的计算依据。

3. 水沙条件

水沙条件是决定河流河口特性和冲淤演变的主导因素,它的影响贯穿着整个河口的演变过程,尽管其影响程度各个阶段有所不同。如何判别和比较水沙条件的优劣,目前尚无确切的指标,一般的概念是流量大和含沙量小时优越。前人多用来沙系数 $K = S/Q$ 来加以判别,K 值愈大愈不利。依据黄河口情况曾提出了考虑条件较全面的判别式:

$$\Psi = (S_年/Q_年)(Q_{多年}/Q_年)(S_年/S_{多年})(1/J_{艾—利})P$$

Ψ 值愈小条件愈好。式中 $Q_{多年}/Q_年$ 与 $S_年/S_{多年}$ 是考虑当年较多年平均情况来水愈大来沙愈小时条件相对优越,鉴于山东河段一般具有流量大于 1 800 m^3/s 时冲、小则淤和比降陡缓影响冲淤的特性,从而引入小于 1 800 m^3/s 天数占全年天数的百分数(P)和艾山—利津河段比降的倒数两项。单纯选用 K 指标过于简单,而 Ψ 指标在分析一般问题和预估计算时又显得过繁,考虑到开展计算时可提供的资料情况和各判别式的影响趋势基本一致,故本计算方法暂以 $M' = (S_年/Q_年)(Q_{多年}/Q_年)$ 的指标作为判别水沙条件的系数。

(二)计算方法步骤

综上所述,不难得知河流近口段的冲淤与相应的水位升降状况(ΔH)取决于河口岸线淤积延伸和改道退缩($\pm\Delta L$)的状况、河流来水来沙条件(M)、三角洲边界及海域状况的综合作用,假设边界条件系数以 A 表示,则可写为:

$$\Delta H = f(Ja, \Delta L, M, A)$$

在来水来沙和边界条件不变的情况下,上式为 $\Delta H = Ja \cdot \Delta L$,此与水槽试验资料得到的关系一致。但在天然实际中,水沙和边界条件都变化着,为此需要考虑和确定 M 和 A 值。由量纲分析知,上述函数式中右侧以仅具有长度量纲为宜,因为 ΔL 为长度量纲,为此要求 M 和 A 为无量纲数。前述水沙条件的指标 $S_年/Q_年$、$Q_{多年}/Q_年$ 中,后一项为相对值,无量纲,来沙系数 K 具有 $\text{kg} \cdot \text{s}/\text{m}^6$ 的量纲,为此引入相对来沙系数的概念,即 $K' = K_年/K_{多年}$。由 1950 ~ 1981 年资料知,利津站 K 年值在 0.006 8 ~ 0.091 7,32 年平均 K 值为 0.024 6,相对来沙系数范围为 0.267 ~ 3.72;水沙条件愈不利时 M 值愈大,水位升高相应亦大,反之则小,即:

$$M = \frac{K_年}{K_{多年}} \cdot \frac{Q_{多年}}{Q_年} = K' \cdot \frac{Q_{多年}}{Q_年}$$

已如前述,影响边界条件系数 A 的因素很多,又很复杂,目前尚难以用具体指标表示。但由基本关系式 $\Delta H = Ja \cdot \Delta L \cdot M \cdot A$ 知,ΔH、M 和 Ja 可以依据已有 32 年实测资料计算确定,ΔL 可以通过滨海测验资料和淤积延伸造陆的研究成果推求,故我们可以得到各种边界条件下相应的 A 值,此可供预估计算时参考选用。

河流近口段同流量水位的时段升降值 ΔH,或平均河底高程升降值 ΔZ,可由利津站或其他站年水位流量关系或断面测验资料求得,考虑到资料的连续性和便于与河道分析成果相联系,决定选用利津站资料。利津站 3 000 m^3/s 年际间水位升降范围介于 -0.87 ~ 0.5 m,如表 7-9 所示。

河流近口段淤积比降 Ja 的变化亦很复杂,通过已有资料分析知,各条流路不尽相同,利津至河口的长河段的比降缓些,在 0.7‰ ~ 1.3‰,改道点以下尾闾河段陡些,变差也大得多,一般在 0.8‰ ~ 1.8‰,但总的趋势是随着一条流路演变阶段的发展愈来愈平缓。

依据三条流路实测确定,除改道当年为 1.2‰外,初、中、后期分别选用 1.00‰、0.94‰、0.88‰。

表 7-9　历年实测资料 ΔH、ΔL、Ja、M 值及验算成果

年份	(1) ΔH (m)	(2) $\Delta L_{测}$ (m)	(3) Ja (‰)	(4) M	(5) $Ja \cdot \Delta L_{测} \cdot M$	(6) A	(7) $\Delta L_{计}$ (m)	(8) $Ja \cdot \Delta L_{计} \cdot M$	(9) $\Delta H_{计}$ (m)	(10) $Zh_{计}$ (大沽,m)	(11) $Zh_{测}$ (大沽,m)
1953	0.21									11.85	11.85
1954	-0.87	-7 000	1.20	1.820	-1.53	0.57	-7 000	-1.53	-0.87	10.98	10.98
1955	-0.20	3 160	0.94	2.260	0.670	-0.30	3 264	0.693	-0.21	10.77	10.78
1956	0.16	2 100	0.94	0.661	0.130	1.23	2 156	0.134	0.165	10.94	10.94
1957	-0.04	960	0.94	1.462	0.132	-0.30	915	0.126	-0.04	10.90	10.90
1958	-0.04	3 140	0.94	1.852	0.547	-0.07	3 208	0.558	-0.04	10.86	10.86
1959	0.31	2 140	0.94	2.925	0.588	0.53	2 201	0.605	0.32	11.18	11.17
1960	0.33	-1 500	0.88	17.26	-2.278	-0.15	-1 500	-2.278	0.34	11.52	11.50
1961	0.14	900	0.88	0.348	0.028	5.00	738	0.023	0.113	11.63	11.64
1962	-0.27	2 050	0.88	2.941	0.531	-0.51	1 813	0.469	-0.24	11.39	11.37
1963	0.26	2 550	0.88	0.228	0.051	5.10	2 387	0.048	0.244	11.63	11.63
1964	0.12	-9 800	1.20	0.123	-0.145	-0.83	10 217	0.151	0.125	11.76	11.75
1965	0.14	3 920	1.00	0.442	0.173	0.85	3 461	0.153	0.124	11.88	11.89
1966	0.19	2 160	1.00	1.226	0.265	0.72	1 961	0.240	0.173	12.05	12.08
1967	0.14	2 430	1.00	0.353	0.086	1.63	2 393	0.084	0.138	12.19	12.22
1968	-0.07	1 590	0.94	2.439	0.365	-0.19	1 799	0.412	-0.09	12.11	12.15
1969	-0.07	720	0.94	0.756	0.051	-1.37	822	0.058	-0.08	12.03	12.08
1970	0.29	1 360	0.94	1.344	0.172	1.69	1 406	0.178	0.30	12.33	12.37
1971	0.22	1 350	0.94	1.543	0.196	1.12	1 421	0.206	0.23	12.56	12.59
1972	0.16	-960	0.88	2.014	-0.170	-0.94	-865	-0.153	0.144	12.70	12.75
1973	0.35	1 140	0.88	2.190	0.220	1.20	1 192	0.230	0.366	13.10	13.10
1974	0.17	1 010	0.88	2.198	0.195	0.87	1 058	0.205	0.148	13.25	13.27
1975	0.05	2 500	0.88	0.616	0.136	0.62	2 615	0.148	0.054	13.30	13.32
1976	-0.57	-19 620	1.20	1.866	-4.393	0.13	-19 737	-4.42	-0.57	12.73	12.75
1977	-0.09	2 210	1.00	0.295	0.065	-1.38	2 513	0.074	-0.10	12.63	12.66
1978	0.16	1 260	1.00	3.179	0.401	0.40	1 291	0.410	0.17	12.80	12.82
1979	0.50	900	1.00	2.025	0.182	2.74	955	0.193	0.53	13.33	13.32
1980	-0.18	1280	0.94	0.400	0.048	-3.74	1 280	0.048	-0.18	13.15	13.14
1981	-0.30	2 080	0.94	1.500	0.293	-2.30	2 078				12.84
1982	-0.27	1 120		1.120	0.094	-2.87	1 119				12.57

河口延伸和退缩状况指标 $\pm\Delta L$ 值可依据淤积延伸造陆的分析成果和改道后新流路缩短流程的大小来推求。延伸值 ΔL 是指某时段(一般以年计)滨海区大沽 0 m 线的平均延伸长度,它等于延伸造陆面积 ω 除以平均淤积宽度 B,即 $\Delta L = \omega/B$,式中 ω 可依据两时段滨海地形大沽 0 m 等深线图量得,ΔL 和 B 均为未知数,但我们可以在量测面积的同时量得延伸造陆的边界周长 L,依据 $\omega = LB$,$L = 2\Delta L + 2B$,联解二式得到:

$$\Delta L = \frac{L - \sqrt{L^2 - 16\omega}}{4}$$

将量得的 ω 和 L 代入上式,则可求得 ΔL,将 ΔL 和 ω 代入 $B = \omega/\Delta L$,则可求得 B。对于个别没有测量资料的年份,为求出时段相对准确的延伸值,可按年入海沙量的多寡比例分配于各年。改道当年的缩短值按两条流路平均 0 m 线的差值加上改道当年延伸值的一半计,第二年按当年延伸值加前一年延伸值的一半计。此外,演变后期出汊时考虑缩短流路 $1.5 \sim 2$ km。以此计算的历年延伸值 $\Delta L_{测}$,列于表 7-9 的第(2)项,依据水沙资料计算的 M 值列于表 7-9 的第(4)项,除 1960 年水沙条件系数较大外,其余均介于 $0.123 \sim 3.179$。

依据上述各值求得相应的 A 值列于表 7-9 的第(6)项,由表知,A 值介于 $-3.74 \sim 5.1$,绝大多数在 ±1.2 范围内。对应于一条流路小循环过程年序的 A 值可以通过神仙沟、刁口河和清水沟三条流路相应三个演变阶段各序列年份的平均值近似求得。

显然,在给出了预报系列各年的来水来沙资料后,预估水位升降的关键问题在于如何计算出各系列年的年淤积延伸和改道的具体伸缩值。

(三)淤积延伸值的确定

1.淤沙量的确定

淤积延伸值 ΔL 一般来说与来沙量的多寡、来沙的粗细组成、流路改道的次数、流路入海部位、改道点位置、新尾闾的状况(宽度、坡降、植被和河槽形态等)、大沽 0 m 线距改道点的距离、河口淤沙量、淤积部位宽度、海域的深浅、海洋动力的强弱和起始河长等有关,其中,主要与河口淤沙量、淤积部位宽度、海域的深浅和起始河长有关。

河口淤沙量是来水来沙、边界和海域条件综合作用的反映,长时段的河口淤积量与来沙量成正比关系,但短时段的关系散乱,即淤积量占来沙量的百分比并不是一个常数,而是与河口流路演变阶段的边界条件和海域状况密切相关。改道初期由于新流路低洼、植被阻力大、海域隐蔽、海洋动力弱,几乎全部来沙都淤在三角洲洲面上和滨海区。如 1964 年改道刁口河和 1976 年改道清水沟时,分别来沙 20.3 亿 t 和 8.98 亿 t,尽管来沙量相差很大,但淤积量占来沙量的百分比却较相近;而处于沙嘴突出的演变中期阶段,不论是神仙沟流路(1958 ~ 1960 年),还是刁口河流路(1970 ~ 1972 年),各年入海水沙量同样相差悬殊,但淤积量占来沙量的百分比却多在 50% 左右;进入出汊的后期,由于边界条件的影响,淤沙比例又有所增加。因此,在一条流路的演变过程中,淤沙比例出现了两头大、中间小的马鞍形。同样,我们可以单独推得各流路年序滨海淤积量占来沙量的百分比,如图 7-49 所示,由图知规律性是明确的。据此选用的流路年序淤沙量占来沙量的百分比,结合为预估系列提供的水沙资料和计算年份所处的演变阶段,则可计算预估系列各年淤沙量 ΔW。

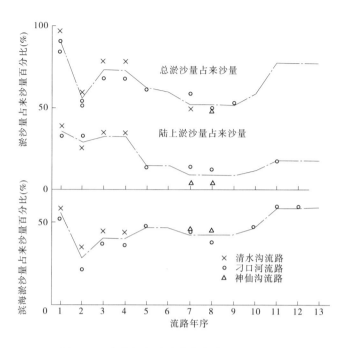

图 7-49　流路年序淤沙量占来沙量百分比关系

依据一般概念,来沙的粗细组成状况应该对淤沙量产生影响,即组成愈细淤积量愈少,反之则愈多。但 20 世纪 60 年代以来,粒径 <0.025 mm 部分占来沙量的比例变化不大,多在 40% ~50%,而淤沙量占来沙量的比例则变动在 50% ~90%,显然,两者无明确的关系。由图 7-49 知,淤沙比的大小更主要与演变阶段有关,这表明细颗粒除部分参加造床作用外,还在三角洲洲面上漫水范围广泛淤积,而且在河口沙嘴两侧和凹岸地带形成细颗粒的集聚区——烂泥湾,并在三角洲坡脚附近的深水区域沉积。在来沙中约 30% 的细沙输往观测区域以外的深海。

2. 淤积延伸的计算方法

河口三角洲岸线的延伸状况与来沙量和淤沙比、淤积比降大小、淤积范围的宽度、海域的深浅等有关。

1)陆上和滨海淤积统一考虑的公式

大量的实测资料表明河口淤沙向外海影响的范围一般在 20 km 左右,再往外海已近于平底,高程变化不大。此淤积终端部位的滨海水深不尽相同,总的来说是河口三角洲中部深、两侧浅,渤海湾车子沟附近约为 16 m,愈往中部愈深,最深可达 22 m。目前清水沟一带水深为 14 ~16 m,愈往湾内愈浅,十八户流路附近仅 10 m 左右,不同部位各纵剖面的型式均大体相似。河口口门附近一般的淤积形态如图 7-50 所示。

为了计算方便,我们将上述淤积形式简化为图 7-51 的模式,图中 H_1 为滨海水深,Ja 为淤积比降,ΔH 为由于淤积延伸引起的升高值,L_1 为尾闾摆动或改道轴点至三角洲前坡距离,L_2 为轴点以上至水沙控制断面利津站的距离,b 为稳定河段的平均淤积宽度,并假设水下和陆上淤积物的干容重分别为 γ_{s1} 和 γ_{s2},依据一般的几何关系我们可以得知滨海

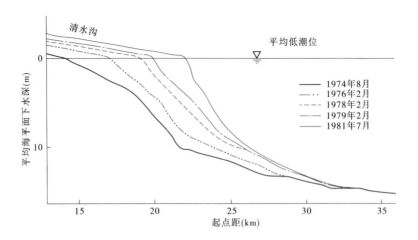

图 7-50　河口口门附近一般的淤积形态

淤积量 ΔW_{sb} 和陆上淤积量 ΔW_{sL} 的表达式分别为：

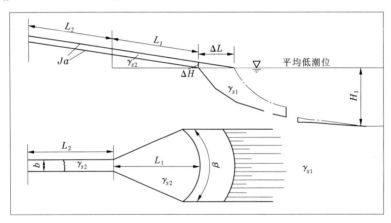

图 7-51　淤积延伸模式示意

$$\Delta W_{sb} = 1/2(\Delta L H_1 B \gamma_{s1}) + 1/2(\Delta L \Delta H B \gamma_{s2})$$
$$= 1/2(\Delta L H_1 B \gamma_{s1}) + 1/2(\Delta L^2 Ja B \gamma_{s2})$$
$$\Delta W_{sL} = [L_1 \Delta H (B + b/2) \gamma_{s2}] + L_2 \Delta H b \gamma_{s2}$$
$$= [Ja \Delta L L_1 (B + b/2) \gamma_{s2}] + Ja\Delta L L_2 b \gamma_{s2}$$
$$= Ja\gamma_{s2}[L_1 B + (L_1 b + 2L_2)b]\Delta L$$

其中，L 为平均淤积延伸长度；B 为淤积范围平均宽度。

　　总淤积量 $\Delta W_s = \Delta W_{sb} + \Delta W_{sL}$，将以上两式代入，移项，依二次方程求根公式则得到统一考虑计算淤积延伸值的公式为：

$$\Delta L_1 = \frac{-F + \sqrt{F^2 + 2JaB\gamma_{s2}\Delta W_s}}{JaB\gamma_{s2}}$$

$$F = \frac{1}{2}[H_1\gamma_{s1}B + Ja\gamma_{s2}(L_1 + 2L_2)b]$$

式中，γ_{s1} 和 γ_{s2} 依据黄河口实测干容重资料分别选取为 1.0 t/m³ 和 1.34 t/m³。

按前述的方法计算的各流路逐年的淤积影响宽度值，按流路年序点绘于图 7-52 中，由图知规律性是明确的。

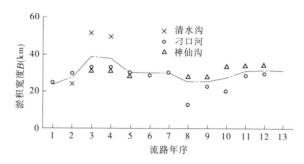

图 7-52　流路年序淤积宽度过程

将新中国成立后实测资料给定的各项数值代入上式计算各年的淤积延伸值 $\Delta L_{计}$，以此与实测延伸值 $\Delta L_{测}$ 比较（见图 7-53）得知，计算值较实测值有些年份明显偏大。这主要由于上述公式是在河海衔接相对平衡情况下建立的，而改道初期等激烈演变阶段尚未近于平衡，陆上部分淤积量相对要大，而计算值偏小，计算的延伸值亦相应偏大。为了避免此影响，我们单纯依据滨海淤积量公式进行了验算。

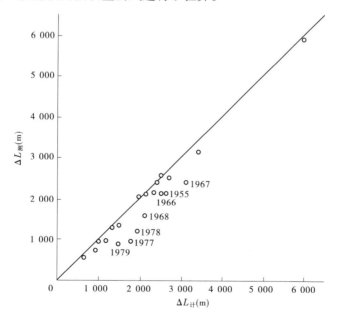

图 7-53　依总淤沙量公式计算的延伸值与实测值比较

2）滨海淤沙量计算公式

同样依据上述图式和条件,我们得知：

$$\Delta W_{sb} = \frac{1}{2}H_1 B\gamma_{s1}\Delta L + \frac{1}{2}JaB\gamma_{s2}\Delta L^2$$

移项、求根,则得到滨海淤积量延伸长度的公式：

$$\Delta L_2 = \frac{-\dfrac{H_1 B\gamma_{s1}}{2} + \sqrt{\left(\dfrac{H_1 B\gamma_{s1}}{2}\right)^2 + 2JaB\gamma_{s2}\Delta W_{sb}}}{JaB\gamma_{s2}}$$

据此式和同样的各项数值计算的延伸值与实测值的比较见图7-54,由图知关系是好的,在25个计算数据中,误差平均值25 m,误差绝对值平均$|X| = 108.8$ m,标准误差分别为$S_{|X|} = 78.2$ m,$S_X = 133.4$ m,误差长度绝大多数不超过实测延伸长度的 ±10%。显然,采用滨海区淤积量公式进行预估计算系列各年岸线淤积延伸值较为理想和精确。

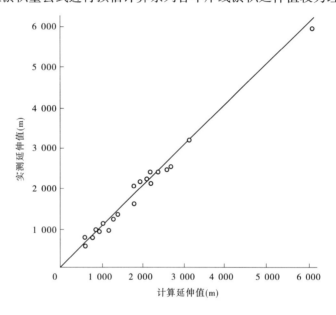

图 7-54　依滨海淤沙量公式计算的延伸值与实测值比较

三、计算方法的验证及结语

我们将依据滨海淤积量公式计算的淤积延伸值 $\Delta L_{\text{计}}$,代入预估计算水位升降基本公式 $\Delta H = Ja\Delta LMA$,求得计算延伸值下的水位升降值 $\Delta H_{\text{计}}$,比较 $\Delta H_{\text{计}}$ 和 $\Delta H_{\text{测}}$（见图7-55）知两者的结果是极其相近的,最大误差仅3 cm。在25个数据中,$X = 0.001$ m,$|X| = 0.01$ m,标准误差 $S_{|X|} = 0.009$ m,$S_X = 0.015$ m,由表7-9中第（10）与（11）项累计的水位值比较知,误差很小,此表明上述预估计算方法是可行的,结果是令人满意的。

依据上述的淤积延伸和河口影响近口段水位升降的计算方法,考虑到目前清水沟流路正处于演变的中期阶段,利用给定的规划来水来沙系列,我们曾对 1984～1995 年河口

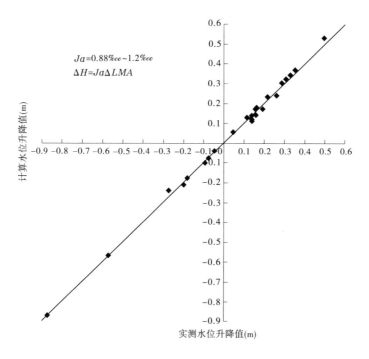

图 7-55　水位升高值验算比较

短期发展和小浪底水库修建后 50 年较长系列的发展进行了预估计算。结果表明本方法能体现河口逐年演变过程及与流路规划的结合,较好地反映了河口改道与不改道的作用和影响。同时,用本方法预估的利津水位升降过程与用其他方法预估的结果冲淤性质基本一致,表明了从不同途径所做的预估的可靠性。

在目前资料缺乏的情况下,上述的预估计算方法以实测资料和河口演变规律为依据,考虑到各种因素的影响,第一次给出了定量的预估计算淤积延伸和河口段水位升降的指标。通过验证和对短期和较长期的预估,我们认为计算方法是合理的,预估计算的成果是可信的,满足了规划的要求。

计算中的边界条件系数 A,由于条件复杂,变幅较大,水沙条件系数亦未与年内洪峰情况相联系,有待进一步研究。

在设计预估计算方法过程中,深感观测资料缺乏和精度不高,建议加强河口的观测工作,抓紧开展有关模型试验。

参 考 资 料

[1] 行水金鉴.卷三十二.

[2] 行水金鉴续行水金鉴分类索引.上册.

[3] 阜宁县志.光绪十二年刊.

[4] 扬州府志.

[5] 阮元.黄河海口日远运口日高图说//皇朝经世文续篇.

[6] 钱宁,周文浩.黄河下游河床演变[M].北京:科学出版社,1965.

[7] 谢鉴衡. 关于黄河下游河床演变问题[J]. 黄河建设,1957(6、7).

[8] 王恺忱. 废黄河尾闾演变及其规律问题. 黄委水科所,1978.

[9] 黄委水科所,河渠所,前左站. 黄河河口淤积延伸改道对下游河道的影响. 1964.

[10] 武汉水院,前左站,黄委水科所. 黄河河口基本情况和基本规律. 1965.

[11] 徐福龄. 黄河下游明清时代河道和现行河道演变的对比研究[J]. 人民黄河,1979(1).

[12] 王恺忱. 黄河河口与下游河道的关系及治理问题[J]. 泥沙研究,1982(2).

[13] 张仁,谢树楠. 废黄河的淤积形态和黄河下游持续淤积的主要原因[J]. 泥沙研究,1985(3).

[14] 王恺忱. 黄河河口演变规律及其对下游河道的影响//黄科院科学研究论文集第二集. 1990.

[15] 周文浩,范昭. 黄河下游河床近代纵剖面的变化[J]. 泥沙研究,1983(4).

[16] 尹学良. 黄河口的河床演变[M]. 北京:中国铁道出版社,1997.

[17] 曾庆华,张世奇,胡春宏,等. 黄河口演变规律及整治研究[M]. 郑州:黄河水利出版社,1997.

[18] 李泽刚. 黄河口近期演变规律及发展趋势预测[J]. 人民黄河,1996(9).

[19] 陆中臣. 黄河下游河流地貌的几个理论问题. 中科院地理所,1982.

[20] 贾绍凤,陆中臣. 沿程淤积与溯源淤积的概念与数学模型[J]. 地理学报,1992,47(2).

[21] 叶青超. 流域环境演变与水沙运行规律研究[M]. 济南:山东科学技术出版社,1994.

[22] 王恺忱,等. 河流平衡纵剖面问题的探讨//第二次河流泥沙国际学术讨论会论文集. 1983.

[23] 王恺忱. 河口基面问题的初步研究[J]. 海洋工程,1985(2).

[24] 茹玉英. 黄河口伸缩的黄河下游反馈影响研究现状综述. 黄河水利科学研究院,2004.

[25] 谢鉴衡,等. 论黄河下游纵剖面的形态与变化[J]. 人民黄河,1980(2).

[26] 谢鉴衡,等. 论黄河下游纵剖面形态及其变化. 武汉水利电力学院,1978.

[27] 赵业安,等. 黄河下游河道的基本情况. 黄委规设院,水科所,1978.

[28] 武同举,等. 再续行水金鉴. 卷一百三十六.

[29] 钱宁. 1855年铜瓦厢决口以后黄河下游历史演变过程中的若干问题[J]. 人民黄河,1986(5).

[30] 宋根培. 黄河河口延伸与下游纵剖面变化规律的研究. 清华大学,1992.

[31] 洪笑天,等. 地壳升降运动对河型的影响(试验研究报告). 中科院地理所,1980.

[32] 谭颖. 水库淤积平衡比降的确定. 水电部成都勘设院科所,1975.

[33] 谢鉴衡,等. 论黄河下游纵剖面形态及其变化[J]. 人民黄河,1986(6).

[34] 水科院河渠所. 黄河位山枢纽壅水河段的冲淤概况及其发展趋势. 1962.

[35] 严镜海,等. 位山枢纽淤积发展趋势的粗估. 1962.

[36] 黄委情报站. 拦河坝的淤积比降. 1975.

[37] 清华大学. 渭河下游纵剖面及淤积末端发展趋势初步研究. 1974.

[38] 水科院河渠所.官厅水库修建后永定河下游的河床演变. 1959.

[39] 黄委规划办公室.黄河下游淤积发展终极状态分析估算报告. 1967.

[40] 李保如,赵文林. 渭河下游河道冲淤情况初步分析. 1963.

[41] 中科院地理所.渭河下游河道地貌专题研究汇刊. 1976.

[42] 黄委.巴家嘴水库实测资料分析报告. 1973.

[43] 南京大学地理系. 地貌学[M]. 北京:人民教育出版社,1963.

[44] 王志豪. 平均海面的变化与沿海地壳的升降[J]. 海洋科技资料,1980(5).

[45] 萨莫依洛夫. 河口演变过程的理论及研究方法[M]. 北京:科学出版社,1958.

[46] 王恺忱,等.黄河河口1980~1981年资料分析. 黄委水科所,1981.

[47] 王恺忱.黄河河口的基本情况和河口整治问题//黄河泥沙研究报告选编. 第1集(下册). 1978.

[48] 王恺忱.四女寺枢纽资料分析. 北京水科院,1960.

［49］王恺忱,王开荣.清水沟流路演变特点及发展趋势分析.黄委水科院,1997.

［50］王恺忱.对黄河口几个问题的讨论∥黄河河口问题及治理对策研讨会专家论坛.2003.

［51］王恺忱.黄河河口与下游河道的关系及治理问题［J］.泥沙研究,1982(2).

［52］王恺忱,朱起茂,张止端.河流平衡纵剖面问题的探讨［C］∥第二次河流泥沙国际学术讨论会论文集.北京:水利电力出版社,1983.

［53］王恺忱.黄河河口演变规律［C］∥海岸河口区动力、地貌、沉积过程论文集.北京:科学出版社,1985.

第八章 河口治理问题

第一节 黄河明清故道海口治理概况

明清两代治河不唯避其害而且资其利以济漕运,故对海口的治理极为重视,在长期的实践中积累了十分丰富而宝贵的经验和教训。黄河与其他江河本质上的差别是黄河泥沙过多,沙多则淤,淤则河高,加以洪枯悬殊,暴涨无常,更加重了河道的决溢和变迁,从而淹田亩,毁宅园,溺人民,阻运道,为患孳深。事实上,治黄史乃是一部围绕着解决黄河洪水泥沙这一关键问题的斗争史。明清两代的治河过程表明,治理的重点随着黄河洪水泥沙为害的处所和程度而转移,同时具体方略和措施亦因时间地点不一、淤积和治理状况的不同而显示出相应明显的阶段性。表现在海口的治理上大体可分为四个阶段,现分述如下。

一、明正德以前

该时期水患主要在河南,尾闾和海口无问题。

黄河自 1194 年河决阳武故堤较长时期南注入淮起到 1855 年铜瓦厢决口改入渤海止的 661 年中,前 314 年主流以走颍、涡为主,分支南泄入淮,淤积和河患主要在河南境内。当时黄河下游既无明确的治河方针,亦无统一的修管机构,虽永乐九年(1411 年)即分设部司督理,并命部院大臣往视,但多为随宜浚筑,事完辄罢。据查,自明初(1400 年左右)到弘治初期间,治河主要是各州、县分散修治出孟津峡谷附近的武陟、阳武、荥泽、中牟和开封等处的河堤、汴堤或城堤。荥泽、原武等县为避水患曾被迫迁移县城,形成河无定路、患无常处、治无善策的被动局面。弘治五年(1492 年)设河南总河,正德四年(1509 年)专设河道总理,方开始走向系统的治河。在流路固定以前入海泥沙很少,清口以下的尾闾河道"河泓深广,水由地中,两岸浦渠沟港与射阳湖诸水互络交流","滨淮之海亦渊深澄澈,足以容纳巨流,二渎并行未相轧也"。此表明当时河口为地下河网状三角洲,此期间未闻海口和尾闾存在问题。

南流既久,河床淤高,分支湮塞,河乃北徙,北徙则犯张秋,决会通河,从而影响维持京畿和边防的漕粮运道,故元之贾鲁,明之白昂、刘大夏等都采取了疏南支,塞北流,疏塞并举挽河东行的治河策略。经先后修筑,北岸建成了一道上起河南祚城,经长垣、东明、曹、单直到徐州长 300 余 km 的太行堤。正德三年(1508 年)全黄尽趋徐州,夺泗河故道,淤清口会淮,经云梯关入海。徐州以下明清黄河流路如图 8-1 所示,清口以下尾闾如图 8-2、图 8-3 所示。此后曹、单、徐、沛一带连年决溢,清口沙淤,海口壅滞自此始矣。

二、明正德四年(1509 年)至明崇祯十七年(1644 年)

该时期堤防日臻完善,黄河流路逐渐固定,水患主要在徐州以下,海口和尾闾淤积日

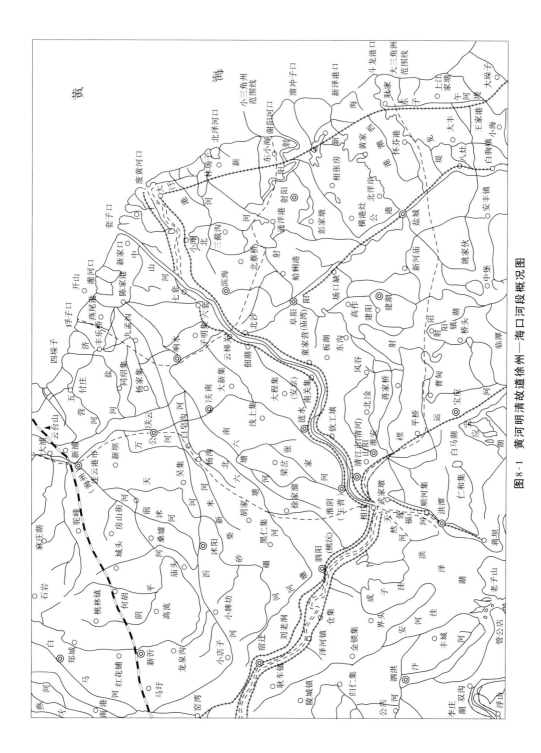

图 8-1 黄河明清故道徐州—海口河段概况图

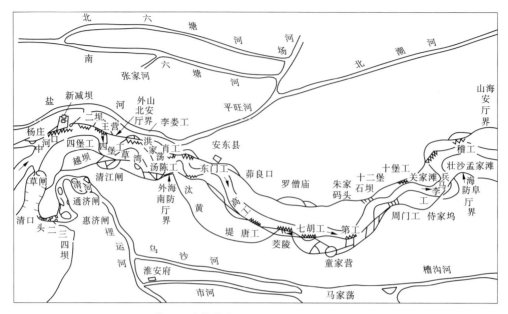

图 8-2　黄河明清故道清口—云梯关河段概况图(道光初)

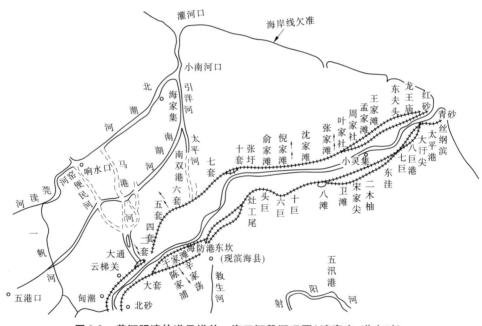

图 8-3　黄河明清故道云梯关—海口河段概况图(清嘉庆、道光时)

益严重。

　　有关黄淮海口治理的记载,始见于明弘治以后。这是黄河下游堤防自上而下日益兴建和巩固,泥沙大量下排,形成清口和海口淤积的必然结果。嘉靖年间问题开始突出,逐渐改变了下泄清水时多口网状三角洲海口的特性。嘉靖十三年(1534 年)朱裳等奏称:"黄河自古为患,惟我国朝则借之以济运济渠之利。故今之治河与古不同。……往时淮水独流入海,而海口又有套流,安东上下又有涧河、马逻港等以分水入海,今黄河汇入于淮,水势已非其旧,而涧河、马逻港及海口诸套俱已湮塞,不能速泄,下壅上溢梗塞运道。”因此,除继续在徐州以上疏梁靖口、赵皮寨等南流支河分杀水势,筑清口附近长堤防河南侵以外,对于海口治理则采取“沟港次第开浚,海口套沙多置龙爪船往来爬荡,以广入海之路”。当时海口淤塞,横决下流,海壅河高,形成频年决溢已逐渐为人们所公认,治理的措施主要是疏浚,拟维持和恢复原来多口分流入海的局面。这是容易理解的,因为泥沙下排,海口淤积,形成壅滞,所以若将淤沙疏浚,则壅滞可消,河患乃平。如隆庆六年(1572年),赵思诚疏言:“淮安旧有八口今止存其一,委即少则流必缓。”“故必疾使之泄,其害始息,必多为之委,其泄始易。”这在堤防不甚完备经常决溢、入海沙量有限时,尚可勉强维持。随着黄河流路的固定,泥沙大量下排入海以后,一方面单纯依靠疏浚措施疏不胜疏,另一方面自古无两河并行之理,故稳定多股的形势已为尾闾不断摆动所取代,堤防的完备和巩固更加速了海口的延伸和尾闾河段的淤积。为此,万历四年(1576年)吴桂芳上疏提出:“淮扬二郡,洪潦奔冲,灾民号泣,所在凄然,盖滨海汊港,岁久道湮,入海止持云梯一径,致海壅横沙,河流泛溢,……国家转运惟知急漕而不暇急民,故朝廷设官,亦主治河而不知治海。臣请另设水利佥事一员,专疏海道,而以淮安管河通判改为水利同知,令其审度地宜讲求捷径,如草湾及老黄河俱可趋海,何必专事云梯。”“淮扬水患在下流海口之塞,上游河身之高,欲浚河身,先阔海口,臣前开草湾入海渐有次第,至于河身之高,不过积淤不浚,曾见前辈文集中有以混江龙浚河者。”其建议“于桃花、伏秋水发即行拖浚,每岁将浚过河身丈尺年终奏报”,“下工部言,疏浚兼施,治河长策,宜令总河衙门一体推浚,从之”。这种寻捷径允许摆动改道加疏浚的办法,在当时单纯依靠疏浚不能恢复原状,同时海口延伸加速的情况下,是治理上的进一步发展。它有利于减缓河口的淤积延伸和尾闾河段相应的升高,但由于来沙量过大,淤积速度快,如不辅之以堤防约束,则摆动改道频繁,影响范围大,不利于防洪安全。

与此同时,以万恭和潘季驯为代表的筑堤防患、束水攻沙的意见,在实践中逐渐占了主导地位,因为堤防可以控制泛滥范围,减少灾害,固定流路,有利于漕运和生产。如隆庆四年(1570年),工部复翁大立奏中即称:“往时黄河自刘大夏设官布置而河南之患息,自嘉靖初年,曹、单筑长堤而山东之患息,自近年改成新河而丰、沛之患息,非必河自顺轨,由人力胜也。”另初筑徐、邳到清口遥堤时,“众哗,以为黄河必不可堤,笑之”。堤成后取得了“内束河流外捍民地,邳、睢之间波涛之地秋稼成云”的成绩。因此,万历二年(1574年),潘季驯三任总河时,除塞决口筑堤到安东(今涟水),复闸坝防河南侵,创造滚水坝以固堤岸外,有关海口治理方面则提出“止浚海工程以免糜费,寝老黄河之议以仍利涉”。也就是说,采取固定黄淮尾闾经云梯关入海的流路,停止疏浚海口改为固堤束水、导河浚海的办法。他认为另觅新路疏河入海,不仅无合适的地方,需新筑堤耗费大,同时仍不免淤积,“别凿一渠,与复浚草湾,徒费钱粮无济于事”。在挑浚上他认为,“河底深者六七丈,浅者三四丈,阔者一二里,隘者一百七八十丈,沙饱其中不知几千万斛,即以十里计之,不知用夫若干万名?为工若干月日?所挑之沙不知安顿何处?……而如饴之流遇坎复盈,何穷已耶”。“若夫扒捞挑浚之说,仅可施之于闸河耳,黄河河身广阔捞浚何时?捍激湍流,器具难下,前人屡试无功,徒费工料”。特别是“海口因潮汐之所以来往也,随浚随淤何可浚"。因而他提出"今日浚海之急务,必先塞决以导河,尤为固堤以杜决口","则以水治水,导河即以浚海也"。同时,他反对分洪和多口分流入海,认为"下流复或歧而分之,其趋于云梯关正海口者譬犹强弩之末耳,盖徒知分流以杀其怒,而不知水势益分,则其力益弱,水力即弱又安望其能导积沙以注于海乎"。此种主张是在实践中总结了来沙量过大,依靠疏浚无能为力,河不两行并经常摆动,筑堤束水有利于生产和输沙等正反经验的基础上提出的,具有进步的一面。但是,限于当时河口延伸的影响尚不十分突出,故对固堤慎守束水攻沙将使入海口淤积延伸加剧,从而反过来使河身日高,并不断向上游发展的规律没能有所认识,而单纯寄托于固堤导河浚海和深河上,显然亦有片面性,因而不能持久无弊。不久,"万历十七年(1589 年),草湾河忽大通分流十分之七,至晏赤庙仍入正河,而河面较正河仅三分之一,于是黄流哽噎,淮水逆壅,黄河溃裂四出,据此总河杨一魁提出'分黄导淮'之议"。

万历二十年(1592 年)潘季驯因议不合去任后,分疏改道的意见又占了上风,认为"淮水壅阻是黄河河身日高,黄河淤高在于海口不畅,分黄则下流日减,清口淮水无黄河阻遏,畅出刷沙,则泗州之积水自消,而祖陵方可永保无虞"。同时认为"治弱者利用合,治强者利用分,海口不可以人力浚,惟于清口上下多阔分流,以畅宣泄之势"。其主要的做法是开黄家坝(位于今泗阳县)新河分杀黄流以纵淮(见图8-4),别疏安东五港海口以导黄。以漕臣褚铁为代表者认为导淮功小易成,分黄功巨难就。部议复,标本不可偏废,次第举行,"及黄坝工完放水之日,黄水从新河入者十之五六,从清口出者十之三四,水势顿减四尺,兼之清口淤沙尽辟……淮水滔滔东流,会黄东注,祖陵积壅……一旦脱昏垫而登乐土",收到了一时之效。此表明适度的短期分洪是必要的;反之若过度分流形成主河淤积,则将得不偿失。

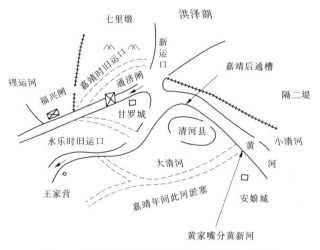

图8-4　明万历六年黄河与洪泽湖和运河交汇图

万历二十一年河自黄堌口(位于今单县境)南决由小河口复入河,漕臣意塞,河臣欲赖以分杀,竟未堵。万历二十八年决坚城集,万历二十九年决肖家口,徐邳浅阻,而后"治河者多尽力于漕艘通行之地,……苟且目前之计,海口通塞则以为无关运道而姑置之,……河患日深"。总河大臣或以罪去,或以忧死,加上近于明末政治腐败,社会动荡不安,使之河道和海口治理上无甚进展。当时黄淮合流由云梯关入海,"蓄清刷黄"之说尚未明确提出。但有关海口的主要治理措施,如疏浚、拖淤、寻捷径改道、分洪、分流减黄、筑堤束水攻沙等,均已经过初步实践的考验,此不仅为清代的河口治理奠定了基础,而且不少方法至今仍有着指导意义。

三、清顺治元年(1644 年)至清乾隆四十一年(1776 年)

该时期继明代治河方针,河患先自上向下,海口淤积又日益严重。

明末清初河屡决于徐州以上,黄河洪水多向南泛滥注入洪泽湖出清口,故尾闾河段尚深畅,"自(顺治)七年至十二年历五载余,河身日就渐澱高,只因彼时河尚深数丈,是以虽有淤沙,将河底逐渐澱高,而人不知其害也,然其下流之易决,实由于此也"。顺治九年(1652 年),杨世学提出"凡有海口之处尽行开浚",以免尾闾壅溢冲漂的疏陈。顺治十六年(1659 年),总河朱之锡在《两河利害疏》中明确提出:"我朝因明之旧,数百万京储,仰给东南,……凡所以筹河者岂能与前明有异。"其全面继承了明代治河策略的方针,并开始了系统的治河。侯后屡加河南和宿清间堤防,泥沙下排,海口问题相应加重。康熙十年(1671 年)八月题报:"安东茆良口堵塞,然黄河故道愈淤,正东云梯关海口积沙成滩,亘二十余里,黄河迁洄从东北入海,清口黄水灌入,裴家场悉起油沙,天妃闸底淤垫,本年回空漕船不能进口。"此表明,清代治河开始不久,海口问题即成为治河的关键。

康熙十六年(1677 年)命靳辅总河。靳辅首先肯定了"淮溃于东,黄决于北,运涸于中,半壁淮南与云梯海口沧桑互易"的原因是海口和尾闾淤塞,并第一次明确地指出黄河海口不断淤积延伸的事实,认为自潘季驯治河以来大体日淤一寸,淤积延伸是黄河沙多出海后有"余沙"所致。因此,他对河口的治理十分重视,曾疏称:"关外之底即垫,则关内之底必淤,不过数年,当复见今日之患矣,臣闻治水者,必先从下流治起,下流即通则上流自不饱涨,故臣切切以云梯关外为重。"于是一方面大挑清江浦以下到云梯关故道和云梯关以下海口,所挑之土用以筑两岸之堤,将缕堤延长到云梯关以下五十余里处;另一方面设浚船铁扫寻定期耙浚。此外,大筑清口以上堤防,修高堰蓄清助黄刷沙,并先后建造减水坝 20 余座,不仅藉其分洪保堤,而且有意识地令所泄之水回河或入湖,以增清减黄。其目的在于"使黄淮势均力敌,(靳)辅以为黄偏强则蹑淮,内灌之患立至,淮偏强则遏黄,上游停沙立见,于是建高堰减水坝以泄淮,又于徐睢山麓凿天然闸坝,遇黄独涨减归洪泽,去河即远,沙澈水驰,并作淮势,以敌黄流,二渎势均遏蹑并绝"。此时,"蓄清刷黄"较明代时又前进了一步,并成为治河和维持漕运不可缺少的措施之一。基于这一原则,洪泽湖堤堰,随着黄河海口延伸,河床不断淤高而相应不断加高,并使分黄助淮愈演愈烈,甚至后来发展到缓堵南决的地步。另外,他与潘季驯意见一样,认为浚河功力难施,挑浚海口无益,而主张固堤束水,导河浚海。靳辅是在黄淮大坏之际的第一次大规模治河,其主张基本符合当时的客观情况,故在维持漕运和减少决溢灾害上取得了一定的成效;但同样存在着加剧了海口延伸、尾闾和清口以上河道相应淤积河床淤高等问题,故决溢仍不时发生。

康熙三十五年(1696 年)总河董安国奏称:"查云梯关迤下为昔年海口,今则日淤日垫,距海二百余里(较靳辅总河时又延伸了约一百里),下流宣泄即迟,则上游之壅积愈甚,水势不能容受,小则倒灌,大则漫溢,断断不免矣。"因此,他一方面加高帮厚山阳(今淮安)安东(今涟水)黄河尾闾两岸缕堤等堤工,另一方面进行了清代以来第一次有计划的截流改道,于云梯关下马家港筑拦黄坝,挑挖引河一千二百余丈,导黄河之水循原漫溢河槽由南潮河入海。这一措施是吴桂芳寻捷径的继续,它有利于减缓尾闾河床的淤高。此后大力修建堤防闸堰,如康熙三十八年(1699年)有关修创堤堰的记载多达73处。后因清口以上决口,将其归罪于拦河壅水,康熙三十九年于成龙堵闭引河,并错误地责令董安国代罪赔修,致使以后的不少河臣宁可糜费万金加培堤坝,挑挖正河挽归故道,而避免因倡议改道万一有失,落个无事生工、个人受贬的现场。此不仅浪费了大量财力,同时大大地束缚了改道和创新治河的积极性。

张鹏翮于康熙三十九年任河道总督,在任9年唯旨而行,其治河主要的办法是"尽毁拦黄坝,大辟清口,坚筑唐埂六坝,使淮水悉出而会黄,淮黄相合流迅沙涤,海口深通使两河皆循故道"。此期间在徐州上下还采取了"逢弯取直"和"广筑挑坝"等固堤措施,再加上普筑大堤,直到雍正年间黄河相对无大患。

雍正后海口淤积问题又突出起来,于是又议论设犁船混江龙以疏积沙,后因"必水势可乘驶,若施之平流,则旋起旋沉,船户舞弊,水中无可稽查"未能奏效,而改为加高堤防的办法。如雍正七年(1729年),"南河始定黄河堤工岁加五寸之例",同时增筑清口以下尾闾堤防,为避免云梯关以下堤防设埽岸和抢护,多采取筑越堤(二道堤)、包护兜湾的办法,以御汛水旁泄,此在靠近海口和堤外人口不多的堤段用之较设埽工经济有效。

乾隆初年仍然采用固堤束水、蓄清敌黄的方案,在固堤上除继续裁弯取直外,还大规模地推行了放淤的办法,在海口尾闾河段真武庙、龚家营、大飞浦等10处均取得了实效。但由于海口延伸,如陈士恺奏称"今自关外到二木楼海口且二百八十余里,昔年只有六套者,今增到十套……河流十曲而后出海",较康熙三十七年董安国总河时又延伸了七八十里,从而使洪水"涌滩侵堤,尾闾各堤有仅低一二尺,有与堤顶相平,并有水高堤顶仅赖子堰挡护者"。同时常年预留口门(向北为马家港,向南为陈家浦)进行分洪,此表明海口和尾闾淤积又已十分严重了,于是疏辟海口、浚治河身之说又兴。乾隆二十年(1755年)前后又曾试验过拖淤,拟用混江龙治河,当时乾隆皇帝认为"前人虽有此法,恐亦纸上谈兵,未必实能奏效……此施之于支河,小港或易见功,非所论于挟沙奔注之黄河也"。后因糜费钱粮实效不大而停止。至此时尾闾大堤已加高多次,固堤束水使海口延伸加剧,河床淤高,被迫加堤的弊端逐渐暴露,为此陈士恺提出以堤束水之法不可施之于海口,应弃守关外缕堤以广入海通路和用他创制的翻泥车浚淤的主张。乾隆二十九年(1764年)高晋以关外堤防每遇伏秋盛涨或遇海潮相抵时即平堤拍岸,经常漫决,其外民舍村庄不多,无关紧要,自不应与水争地,无事生工,若筑越堤或修做埽工,不仅虚糜钱粮,而且海滩地面埽工难期稳固实属无益,不若让地与水,以顺其性为理由,奏准弃守云梯关外堤防。当时上谕称:"所见甚是,云梯关一带为黄河入海尾闾平沙漫衍,原不应该置堤岸与水争地,而无识者,好徇浮言……因有子堰堤防之议。"这样就明文规定了河口三角洲摆动的顶点又上提到云梯关附近。加上大辟清口引湖助黄,从而暂时缓和了一下海口问题。然事物是转化的,治黄无经久不弊之法。由于黄河来沙量过大,至乾隆四十一年(1776年),虽然此阶段河口延伸速率(每年约0.4km)较康熙十六年至乾隆二十一年的延伸速率每年1km为小,但仍然是相当可观的。因而,清口倒灌日重,尾闾堤防漫溢渗溃奏报日多,洪泽湖蓄水位过高,岌岌可危,连年修整高堰山盱等砖石各工。自此以后,整个河道进入了一个河床淤高产生决溢,决溢又进一步加重河道淤积,使之决溢频繁,尾闾问题更加严重的阶段。

四、乾隆四十二年(1777 年)至咸丰五年(1855 年)

该时期河口延伸过长,尾闾淤积严重,决溢频繁,黄高于清,黄淮被迫分流入海,漕运和海口更加恶化。

乾隆四十二年后,淤积和河患又发展到比较严重的地步。嘉庆十年,徐端奏称:"海口乃全河尾闾,通塞皆关全局,现在全河之病皆在海口不畅,河底垫高,盖自乾隆四十三年迄今历二十八年,其间漫溢频仍,得保安澜者仅八年。"其明确指出:"海口淤沙渐积,较康熙年间远出二百余里,致河溜归海不能畅利,无力刷沙,此全河积久受病之原也。"此时对河口延伸的影响有了更多的认识和记述,嘉庆十年(1805 年)左右对海口尾闾的治理又形成了一个高潮。吴敬提出:"欲使海口深通,惟有疏挑横沙及另筹去路两策。今细查情形,如能将横沙挑除自属大畅,但潮汐往来每日两次,人夫固不能立足,船只亦不能停留,若用混江龙,铁篦子系于大船尾抛入水中,潮长则涌之而上,潮落则掣之而下,险不可测,力无所施,白海口非人力所能挑浚断然无疑。至改道一说,北岸土性胶结,从前所挑之马港河,二套河俱未能成,旧绩具在,臣复从南岸查勘尽系平滩,亦无建瓴之势,且附近无通海港,又属难行。……实无善策,岂容虚掷金钱。……前人束水攻沙之说究属不易之论。"其又指出:培修大堤,裁黄泥嘴等兜湾,挑切吉家浦、倪家滩等滩嘴,严闭五坝,竭力蓄清使出清口全力敌黄,以收刷沙之益。徐端提出,筑堤束水和试行疏浚。铁保认为:"查桃汛期内黄河上游徐属各部长水二尺余寸,而扬属外河,山安等厅所长之水挨次递加,外河厅之顺河坝现存本年长水四尺三寸,其为海口去路不畅,已属然。……海口茫茫万顷,实非人力所能施展,惟有多蓄清水抵黄,并培堤束水以攻沙较为切实而有把握。"当时有关海口尾闾的治理主张不少,但都是过去实施过的,多数人认为,疏挑淤沙无益,只有筑堤束水和蓄清刷黄,此外则是"另筹去路"进行海口改道。

此阶段明确提出人为海口改道的主张和实践开始多起来,这是由于人们认识到海口延伸后,"距云梯关尚有三百余里,正河愈远愈平,渐失建瓴之势,河底之易淤,险工之叠出,糜费之日多,大率由此"和"新海口道里近捷泄水畅利"。乾隆五十一年(1786 年),阿桂提出:"疏通二套迤下引河,大汛开放,使多一分泄之路,上游自更畅达下注……若果黄水全掣由兹东注,该处较现在海口近二百余里,且并无淤沙,改作海口更可得久远之利。"嘉庆九年(1804 年)拟利用李工决口,因势利导,由盐河或安东入海。嘉庆十一年(1806年)王营减坝泄水掣溜,经六塘河出灌河口入海,较正河近百余里,去路畅达,如果形势已成,竟可更定海口,即是全河一大转机。后以新河散漫,不易筑堤束水,灌河口不够开阔和怕更改不成两有歧误而负罪等理由未能实现。当时"盱眙县知县黄嵋条陈海州近海一带本属沙碛不毛之地,较现在河身低至一二丈不等,今若改由宿迁境(皂河)横穿运河,经沭阳、海州至赣榆一路入海"的主张(具体路线如图8-1所示),后以工程大,影响大,不一定能成功而驳弃。在改道未能实施的情况下,筑堤之说又占了主导地位。于是,嘉庆十五年、十六年相继两次延长云梯关以下堤防,北至龙王庙计长 7 000 余 m,南岸至大淤尖计长 3 600 余 m;同时大修洪泽湖石工,仅嘉庆十、十一两年即兴工 30 余段。在筑堤过程和筑堤后,勒保和陈风翔曾奏称:"上年所筑新堤地势洼下,土性沙松,高宽丈尺又属卑薄,冰凌融化时两面均已漫滩,前经奏明,海滩上本难筑堤,且下游束窄不能容纳,则上游水满更为可虞,若欲使全河之水由一径归海,其势所不能,黄水趋向靡常,固不可导之使分,亦不能强之使合,因其自然之势,则下不致壅,上不致溃。""觉从前南河诸臣请筑海口新堤及堵合马港口等事皆非长策。……今年水势全归正河漫水侵涨,水势平而堤之高遂见,高处尚未平堤而矮处则已经漫溢,此海口新堤无益之实在情形也。……自新堤即筑,马港口堵合,束水攻沙之法,可谓极矣,而海口之淤如故,可见筑堤束水,以水攻沙之效实未能操胜。""五月初黄水增长较去年之水大至五尺一寸,积至二十三日不消,遂由王营减坝旁注,推原其故由海口逼紧,水无它路可行,生此漫溢之患。"此表明,单纯的筑堤束水,不辅以其他措施,不仅降低不了黄河水位,反而增加防洪的压力和泥沙的淤积。

关于蓄清刷黄问题,由于海口日益延伸,尾闾河床相应升高,据嘉庆十一年(1806年)戴均元等奏称,"验对老桩,稽查档案近年黄河水势较之乾隆初年已高至一丈余尺,盛涨水痕比旧日老堤相去悬绝",从而使得"洪湖清水,向年长至九尺以上即能外注,现长至一丈三尺六寸而清口黄高于清尚四尺余寸"。因此,欲蓄清刷黄,一方面需降低黄河水位,为此多利用闸堰向南分黄水入湖,分水过多,正河水势减弱,淤积更甚;另一方面需提高洪泽湖清水蓄水位,然"堰盱一线长堤所砌砖石各部不能如昔坚固,而蓄水倍于昔时,一经风浪则防守为艰,嘉庆十三年、十五年俱以清水过大,致有冲决头坝、临湖砖工及挚开山盱义坝之患,嗣后遂以蓄清为畏途,以借黄为长策,苟且偷安"。幸赖嘉庆"十八年豫省睢工失事,全黄澄清入湖畅出清口一载有余,将河底积淤刷涤深通",得以维持到道光初年(1823年左右)。道光五年(1825年)较道光元年清口附近河底淤高一丈,同时"湖水收至二丈始能建瓴而刷黄……上年湖水积到一丈七尺二寸即致失事,至今河漕两敝可为前鉴"。琦善、严谅等提出:"非仿照成法于洪湖石堤之外筑做碎石坦坡,即须择海口较近之处另导黄河入海。"经详慎妥筹后认为"通局受病,全在黄河","诚能使黄河之底一律深通,黄流迅驶归海,则淮水不蓄而自高,湖堤保固而不溃,黄治而淮无不治,自为治河之上策。无如现在黄河敝坏,全在中段淤高,淤非一时所积存,断非一时所能去,前者拟改海口,正欲避去积淤,挚深清口较之修砌坦坡收效自速,乃前人屡改不成。臣等复勘情形亦实,毫无把握,其事断不敢行。而接筑长堤,取直挑河虽于黄河下游设法疏通,而二百里以上清口之积淤断难期其一时跌透,则彼此皆无急效,治黄必得治淮,淮足则刷黄去淤,惟当求其不溃,则舍碎石坦坡更无保卫石工之他法矣。"由于碎石坦坡投资过大,一时难下决心。最后提出当时治黄"五则:一曰严守闸坝,二曰接筑海口长堤,三曰逢弯取直、切滩挑河,四曰修复浚船,五曰筑做平滩对坝"。

实践表明,大挑故道放水后不能畅泄,未能收效,数百万帑金竟成虚掷,后责令河臣戴罪自赎。"若筑对头坝,设耙沙船,牛犁导淤,锁船逼溜等法,以及混江龙、铁箅子、杏叶耙、扬泥车等器具,均经历任河督诸臣仿照成式设法试行,迄无功效。则缘大河纯以气胜,时长时消,溜激沙行,趋向不定,即将淤处挖净,水过复淤,即能将浅处挑深,不能禁它处又浅,盖黄河底淤实非人力所能强制"。浚船,对坝,亦未能奏效。

道光六年(1826年)张井曾提出照乾隆四十八年阿桂在河南省青龙冈决口后改河之法,由安东县东门工下在北面另做新堤,将原北堤改为南堤,中间抽挑引河约深一丈,导河至丝网浜以下,仍归原河口入海的三堤两河小改道的方案。当时此方案得到道光皇帝的支持,谕称:"朕思黄河受病已久,当此极敝之时,若仅拘守成法加高堤坝束水攻沙,一时断难遽收速效,自应改弦更张,因势利导,以遂其就下之性,且黄河淤垫即甚,与其有意外之虞,必致淹浸田庐被灾甚广,何如改河避险,先以人力变之,为一劳永逸之计,所谓穷则变,变则通矣。"后恐新河口门险工抛石不能启除,佃湖一带低洼筑堤困难,不如开放王营减坝省便而作罢。道光二十二年(1842 年)和咸丰元年(1851 年)两次计划另辟入海口进行尾闾改道,但同样未能实行。在议弃十套八滩听其溃泄的意见未能胜过延堤的主张后,又延筑海口长堤,尾闾淤积更趋严重。

尽管利用南决的机会和有意识地引黄入湖,以黄刷黄,无奈经常黄高于清,出水甚微无力刷沙,道光七年(1827 年),"三月初二日黄水倒漾复堵御坝,南漕至,藉倒塘灌运,锢疾愈甚⋯⋯糜帑六百万两,而御坝永不得放,清黄永不能会流⋯⋯,而县境海口专泄黄流亦自此始矣"。其后决溢频繁,而且主要在徐州以上。咸丰五年六月十五日黄河水势异涨,兰阳汛、铜瓦厢三堡以下无工处冲决,六月二十日正河断流,大河主要改由利津入海,从而结束了明清黄河流路的历史。这固然是一条流路行水过长淤积严重、防守困难的必然趋势,然于此时改道,尚与当时政治腐败,南有太平天国(咸丰元年至同治三年)、北有捻军起义(咸丰三年至同治七年),社会处于极度动乱,无暇无力堵口和修治有关。

第二节　明清故道海口治理的经验教训

一、治理措施综述

由明清黄河的演变历史和治理概况知,入海口淤积,清口倒灌是在下游流路固定,沿河堤防修建后,泥沙大量下排时出现的,并随着流路的日益巩固和入海口的不断淤积延伸而逐步加重。淤积初期人们直观地认为,解决入海口和清口的淤塞,主要依靠挑浚的办法。在来沙量大挑浚不能解决的情况下,人们进而提出寻找捷径另辟入海口的主张。如果无堤防相配合,则要经常摆动改道,否则漫溢横生,影响很大,于是筑堤束水攻沙之议为人们所接受。清口上下筑堤以后,入海口延伸和尾闾河床淤积升高加速,清口倒灌加重,于是河、湖被迫分隔,开始了蓄清刷黄。海口淤则尾闾淤,黄河淤高后,为保持漕运平交穿黄和藉清助黄,洪泽湖蓄水位亦随之升高,黄河大堤和湖堤相应不断加高。为此,分黄降低水位,导淮使出清口刷沙一直作为成法,贯穿在明清黄河海口治理的过程中。采取浚船混江龙、铁扫帚等拖淤的措施,先后多次试行,时兴时废,对于局部短河段在有水力等条件配合时具有实效,在较长河段和海口的试验过程迄今为止无成功实例。系统的筑堤束水以水攻沙自明嘉靖以后确定为治河的方针以后,在修守清口上下堤防的过程中,创造了修筑遥、缕、格、月(越)等堤和一套巩固堤防的工程措施,如分洪、放淤、裁弯、切滩、挑坝和木龙等。但在云梯关以下三角洲尾闾河床筑堤问题上,认识不一,议论迥异,时延时弃,直到清嘉庆中期延堤前,在明清黄河三角洲上基本是有控制地任其自由摆动改道。另辟入海口进行三角洲扇面顶点以上的较大改道,在各个阶段均提出过,特别是海口淤积严重的第四阶段,蓄清愈加困难时,曾频繁研讨和设想另筹去路问题。

归纳起来,明清黄河对海口治理的主要措施不外挑浚分洪、蓄清刷黄、筑堤束水和尾闾改道四个大的方面,但各个时期侧重点不同。由于黄河入海泥沙过多,淤积不断发展,故在治河上没有经久不弊的方法。往往是某一种措施在实施的一定时段内易见功效,但随着淤积的发展效果渐逊,又不得不在新的基础上再次采取其他措施或反复实施。例如海口筑堤束水和弃堤废守即是反复发展的,如靳辅延堤,高晋奏淮弃守,百龄再加堤,陈风翔又议弃守,道光中期又延堤等。同样,蓄清刷黄也是在黄河尾闾河道不断淤积升高的情况下实施的,因而同一措施在不同时段采取的具体做法亦不相同。疏浚和拖淤等措施则是多在海口淤积严重,其他措施作用不显著或投资过大时提出重复进行试验的。为了解各项措施的作用和问题,现分别总结如下。

二、挑浚和拖淤措施

挑浚是明清黄河尾闾出现淤积后最早采取的治理措施之一,其后随着淤积的加重和措施本身效果的限制而具有一定的局限性。挑浚措施细分可以分为人工挑浚和器具拖淤两大类。人工挑浚适于无水作业,而器具拖淤适于水下施工。实践表明,挑浚和拖淤解决局部河段的淤阻易见功效。拖淤尚需有一定的水力条件相配合,否则亦不能冲深展宽,或者旋拖旋淤无济于事。获得成功的实例仅限于清水畅出入黄时拖耙清口引河,裁弯取直所挖引河有较大比降等方面。欲解决较长河段淤积而进行的多次试行,无获得成效的实例。拖淤和长河段的挑浚均如此,如道光初年改道不成大规模挑浚正河挽河归故,放水后即形成淤淀,白白浪费了大量人力,数百万银两竟成虚掷。这是黄河河身宽阔,来沙过大而且集中,在很短的时间即可形成大幅度淤积所决定的。因而,有关"如饴之流,遇坎复盈,河身广阔,捞浚何期? 捍激湍流,器具难下,此疏彼淤,趋向无定"、"应筑对头坝,设耙沙船,牛犁导淤,锁船逼溜等法,以及混江龙、铁篦子、杏叶耙、扬泥车等器具,均经历任河督诸臣仿照成式设法试行,迄无功效。……盖黄河底淤实非人力所能强制"等记述屡见不鲜。总的看来,在长河段实施挑浚,事繁而效微,费多而功缓。

至于耙浚海口,嘉庆等年间亦曾在海口演试,因有海潮顶托,使之愈加不利,因素有二:一是只能落潮拖,然黄河来沙不停,落潮所拖不及涨潮所积,且较粗颗粒的泥沙根本无动力使之远移;二是海口演变十分激烈,朝东暮西,瞬深息浅,变化莫测,拖无定路,功从何见,且船只危险不安全,故较在河道内更难收效。可见,欲依靠挑浚与拖淤解决海口和长河段淤积问题,在沙量不显著减少的条件下,仅靠拖带耙具的动力改善,将同样收效甚微,徒费财力。

三、蓄清刷黄问题

蓄清刷黄是在黄河海口延伸,尾闾河段不断淤高,为冲刷尾闾河道、降低黄河水位以保证漕运穿黄畅通的特殊条件下,在实践中逐步发展成为明清黄河海口治理的主要措施之一。

黄河夺淮的初期病在河南,河、淮、湖、运相互交汇,尾闾未闻有灾患。待流路固定特别是束水攻沙以后,黄河尾闾淤积日重,黄水倒灌,淤湖淤漕,阻遏淮水会黄合力入海,尾闾淤积更甚。这不仅使淮、湖积水面积扩大,影响明祖陵和泗州城,而且经常形成河湖决溢使海州、淮安、扬州一带成为泽国。为此,远自潘季驯治河前后即提出蓄清敌黄问题,后又有分黄导淮之议,其目的均在引清刷黄。清靳辅治河时明确提出蓄清刷黄问题,在分导和调剂水量方面较明代又有所进步。由于蓄清刷黄改变不了海口的淤积延伸,因而黄河尾闾淤积升高的趋势不可避免。所以,蓄清刷黄的过程即是不断提高洪泽湖蓄水位的过程。仅康熙以后到道光初的100余年,洪泽湖蓄水位升高了约2 m,运河与河湖之间的闸坝愈建愈多,如图8-5所示。湖水位的升高,一方面要求清水量大大增加,而淮河之水日益加难以满足;另一方面使湖堤的安全问题愈来愈无保证,一遇风浪,则频频溃决。为解决清水来源,后来不得不依靠大量分黄入湖,最后到嘉庆、道光年间甚至发展到缓堵南决口门,甚至决黄湖隔堤导黄入湖再出清口的地步。为保证湖堤的安全,由于经济和技术条件的限制,加高是有限度的,故最后不免于道光七年出现了河湖永绝、黄淮分流的局面。

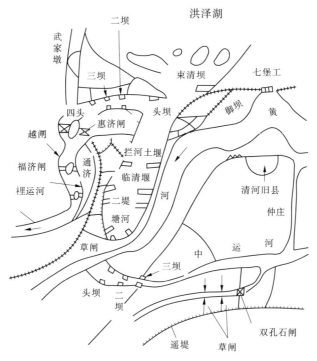

图8-5　清道光七年黄河与洪泽湖交汇图

尽管如此,蓄清刷黄在治河、治漕和保证明清黄河流路长期稳定中起到了特定的作用。这首先表现在保证漕运的畅通上。明清两代定都北京,每年几百万石的粮储赖以运河转输,潘季驯时利用清口—徐州一段黄河为运道,靳辅开中河后,河漕分家改为在清口穿黄。黄高于清则漕船受阻,黄不能减则只有蓄清敌黄方可使漕船通行,否则即需倒塘、盘剥或者车挽,这些都费钱而且效率低,或者开海运,由庙湾(今阜宁)出海,绕山东半岛入渤海,而此常常为风浪所损,相比之下蓄清有利。其次则是蓄清可藉所蓄清水冲刷黄河尾闾,以缓和淤积升高的速度。据载,每当淮水大涨,特别是黄河南决入湖之年,大量清水畅出清口,黄河尾闾则出现显著冲刷。如乾隆四十四年,李奉翰奏称:"豫工十六堡未堵,水归洪泽湖已及二年,变黄为清合并淘刷,清口以下直至海口一律深通……较往年冬刷深八九尺及一丈不等,两腮浮淤消除尽净,两岸埽工根底也被清水搜刷多有平蛰。"此表明,大量清水冲刷的作用是显著的。但当黄河泥沙大量下排后，回淤的速度一般也是十分迅速的。如吴敬曾奏称："桃源(今泗阳)以下至外河山安海防等厅河底较上两年淤高四、五、六尺不等……去秋黄水陡落停淤最厚，清水竟至阻断，河身干涸。嘉庆八年，存底一丈八尺，九年三月黄水归故之日存底水二丈三尺，是本年底水高于上年五尺，可见河底已垫高五尺。"一年约可回淤近 2 m，此往往造成被动局面。

蓄清刷黄是在明清黄河流路于清口会淮和明清两代均以漕运为国家大计特定条件下形成和发展的，其作用是肯定的，不仅有助于漕运的通畅，而且对维持一个较窄深的尾闾和减少海口自然摆动改道有利，但此不能改变黄河不断淤积升高的趋势。现黄河东平湖以下与原洪泽湖清口以下相类似。但由于东平湖以下至入海口河长 400 余 km，而清口以下至入海口仅 180 余 km，关键是洪泽湖有全淮的来水，平均年来水量约 300 亿 m³，而东平湖纳汶河来水平均年水量仅 14 亿 m³，以小水量刷长距离，效果相差悬殊；加上又无其他的清水来源，故现黄河目前难以借鉴和实施该措施。

四、筑堤束水问题

自明永乐初年自上而下筑堤后，在实践中修治堤防的措施逐渐为人们认识和接受，并结合黄河沙多流缓易淤的特点，从而提出了束水攻沙的理论。但这并不是一帆风顺的，如万恭在《治水筌蹄》中曾写到"徐邳顺水之堤其始役也，众哗，以谓黄河必不可堤，笑之；其中也，堤成三百七十里，以谓河堤必不可守，疑之；其终也，堤铺星列，堤夫珠贯。历隆庆六年(1572 年)、万历元年(1573 年)运舻行漕中若平地，河涨则三百里之堤，内束河流，外捍民地，邳睢之间波涛之地悉秋稼成云，民大悦，众乃翕然定矣"。万历三年(1575 年)潘季驯筑堤至安东，整个下游的河堤基本完成。但事物总是一分为二的，此措施也并不是完整无缺的。当时主张分流和疏挑的虽疏不胜疏，挑不胜挑，但其先辟入海口讲求捷径的指导思想是可取的。另外，他们认为束水则河易决，河决则淤，沙至海口必壅，河淤堤低，需不断加高堤防，也有一定的道理。但实践表明，在当时政治经济和技术条件下产生的以堤防系统治河稳定流路的措施是以人力变被动为主动，利多弊少，经济有效，具有进步作用的措施。

巩固堤防的具体措施亦在实践中不断创试发展。首先是创筑了遥、缕、格、月(越)等不同作用的堤防，其次则为分洪措施。"防水之功，莫大于堤，然水之消长不时，过障之虞其溢也，闸坝以减之，……次之以涵洞"。潘季驯即曾于桃源(今泗阳)建崔镇等四坝以泄异涨，靳辅任总河后上自徐州下至王营，先后建砀山、毛城铺、徐州十八里屯、睢宁峰山、宿迁朱家堂、清河王家营和安东茆良口等闸坝 10 余座，起到了"上既有以杀之于未溢之先，下复有以消之将溢之后，故自建闸堤以来，各堤得以保固而无冲决"的作用。明万历年间放淤固堤即有所用，当时潘氏曾论到人为淤积堤防临河一面的问题，清靳辅对涵闸与淤积堤防背面问题所论甚详。清雍正后大规模推行放淤，乾隆年间极盛，放淤堤段主要集中在徐州以下的窄堤距河段。此段河势稳定，引水有保证而且相对安全，在河南由于河势游荡、河面开阔多采用"挑沟疏消，分段筑坝"的办法以防夺串形成顺堤行河。此外，裁弯取直、挑沟切滩、筑挑坝等均在一定的条件下起到了固堤防险的作用。总之，此阶段在筑堤、固堤方面积累了极其丰富的实践经验。

明清之际对清口以上堤防的兴建,自明万历以后已无异议,但对黄河海口三角洲尾闾是否筑堤问题一直存在着不同的认识。主张筑堤之人,多以海口无疏浚之理,唯有束水攻沙,导河浚海,集中水流,以利于泥沙外输为根据。持不同看法的人,则以堤防不适于海口或引大禹治河入海时,播为九河之典故;或以束河其上游沙淤,海口愈远,淤滩愈长,堤防日高,防守日难;或以关外俱芦苇荡地,人烟稀少,汛发潮涨内外皆水无关紧要,不如顺水之性以畅其泄为理由。二者均有道理,显然海口尾闾筑堤有利有弊,利在可以相对减少洪水灾害范围和便于细颗粒泥沙外输,而弊在海口堆沙的范围受限,使海口延伸加速。据有关河口延伸的资料知,海口筑堤束水时段,如康熙十六年(1677年)靳辅延堤至康熙三十六年(1697年)20年期间延伸约80华里,若按计至乾隆二十一年(1756年)则平均每年延伸1 km,较其他时段一般每年小于0.5 km为快。海口延伸加快,意味着海口侵蚀基准面的相对升高,这样反过来必然引起尾闾河段的淤积升高和清口倒灌,增加决溢以及被迫加高加固大堤或大规模分洪等一系列问题。

黄河故道自潘季驯1575年筑堤至安东到1677年靳辅延海口堤,再到百龄1810年再次延堤,时间都在100年以上,此期间海口延伸虽相当长,但由于延堤后,仍预留马港等分洪口门和新堤卑薄经常漫溢的情况,实际上延堤的意义和作用是不大的,基本上是在三角洲的范围内任其自然摆动改道,此大大减缓了尾闾河段和下游河道淤积升高的速率。由于黄河来沙(除决口年份外)是源源不断的,因而海口淤积延伸和河道淤积仍然是不可避免的;堤防随之不断加高,下游河道因而加固堤防不是权宜之计,而是治黄的长期重要任务。

显然,在海口筑堤问题上应该取其利去其弊,即取筑堤约拦水势,适当集中水流之利,另外不固定尾闾流路,适当扩大摆动改道范围,则可去其弊。现黄河海口三角洲内石油工业和农业开发,使尾闾自然摆动改道已不可能,目前采用的筑堤约拦水势和实行有计划流路改道的方针是符合上述原则的。

五、对尾闾改道的认识

黄河大量泥沙排至海口淤积后,黄河近口河段开始变地下河为地上河,按河道的演变规律,尾闾和海口将发生自然摆动改道。远在明代黄河海口淤积初期,此规律即为人们所认识,当时即指出:"身与岸平河乃益弱,欲冲泥沙则势不得去,欲入于海则积滞不得疏,饱闷逼迫,然后择下地一决以快其势,此岂待上智而知哉。"针对此自然规律,当时吴桂芳等即提出另辟海口有计划改道的主张。但如果不加堤防约束任其自然摆动改道,由于黄河沙量巨大,摆动改道十分频繁,同时摆动改道出汊将不断在左右两岸交替中向上游发展,从而使影响的范围日广,不利于漕运和百姓的安全与生产。因此,筑堤束水在实践中渐为人们认识和接受。但筑堤束水后泥沙集中,海口延伸加剧,河床淤积相应加速;与此同时,黄高于清影响漕运,河身和堤防日高,决溢增多的弊病日益突出。因此,每当黄河在清口上下决口旁泄夺河,新旧河水位相差悬殊时,则多提出改道问题。

尽管清康熙三十五年董安国有计划的截流改道主张被否定后,无大的改道措施实施,但自明万历至清咸丰初,仍不时地提出改道措施,特别是乾隆四十一年以后海口淤积严重时更为频繁。这是因为此措施符合水流就下的规律,改道可以缩短尾闾入海的距离,从而相对降低海口侵蚀基准面,使尾闾河床降低。然多次改道未能实施,也表明此措施存在着阻碍难行的一面,当时提出的理由多为:①新河河势散漫,不易筑堤束水;②新海口亦不够开阔;③土质胶结,难以冲刷成河;④附近海口多被淤侵,无入海通路;⑤较大的改道需为其他水系入海问题另筹去路,投资过大;⑥改道流路所经地方站在本位立场反对;⑦更为主要的是怕万一更改不成落个无事生工而受贬斥。考虑到新尾闾河床主要是淤积成槽,改道的作用不主要依据冲刷,而是依据缩短尾闾入海流程,其中一些理由则不成理由了。但被占水系排水另筹去路问题应妥善解决,此也是影响目前黄河摆动改道的主导因素。

值得注意的是,上述的改道除董安国马港改正河位于黄河三角洲的轴点外,一般改道点均在清口上下,若不考虑百余年来风浪蚀退约 90 km 的情况,距目前大淤尖海口为 185 km,即相当于目前黄河滨县清河镇附近,如考虑蚀退情况,改道点则达到济南泺口附近。显然,此影响的面积较大。由堤防修建和决漫情况知,黄河三角洲扇面轴点位于二套陈家浦附近,此轴点距蚀后的现今大淤尖海口约 90 km,相当于现黄河新中国成立前大三角洲轴点宁海附近,故改道有利于减缓海口的淤积延伸。从上述分析得知,黄河允许摆动改道的范围远较现黄河为大。目前黄河三角洲范围较小,须考虑适当扩大改道范围以免延伸过速。

综上所述,明清黄河海口长期治理的实践表明,治河无经久无弊之法,任何措施都是一分为二的,所以获效,全在于掌握黄河水沙之特性与规律,因时、因地、因势而导之。黄河沙量过大、演变剧烈是决定事物性质的主导因素,它决定了长河段拖淤事繁功微,蓄清刷黄具有作用但需特殊条件,同时改变不了海口和尾闾淤积的趋势,因而筑堤慎守是治黄的长期重要任务。在三角洲内筑堤有利有弊,应取其利去其弊。尾闾改道可减缓下游河道淤积升高的速度,应积极慎重地实施。

第三节　现黄河河口近期治理概况

一、20 世纪 60 年代前治理概况

1855 年铜瓦厢决口黄河经张秋以上泛区夺大清河故道改入渤海湾以后,大清河故道在决口改道初期黄河大量来沙淤在泛区,以清水入海为主,大清河故道冲深展宽,河口稳定畅通,不存在治理问题。泛区筑堤大量泥沙下排入海后,在不长的时间内由地下河淤升为地上河,深阔稳定的河口尾闾在淤积延伸过程中开始受制于摆动改道的演变规律。由于河口地区人烟稀少、土地碱洼,多以低矮短小的民埝约拦水势,加之河口的淤积延伸、利津上下河段的迅速淤积抬高,故漫溢溃决情况几乎无岁不有,一旦尾闾河段决溢较大难以堵复,则任其自寻流路改道入海。山东巡抚陈士杰等奏称:“方今各处受灾,人人言因海口沙淤不能畅销所致。”河口淤积和山东河道灾情的加重,引起朝廷、河臣及各界人士的关注。为改善此局面,清同治六年(1867 年)以后,曾屡派大臣丁宝桢、游百川、陈士杰、张曜、李秉衡、李鸿章和周馥等亲赴河口勘察,寻求治理方策。依据废黄河治理的经验,从不同角度先后提出了许多议论和建议,主要的措施不外裁弯取直、截支疏干、筑堤入海和河口浚淤等。河口浚淤,仓场侍郎游百川、山东巡抚陈士杰和张曜等先后在光绪十年(1884

年)至光绪十三年主持试行,均以未取得实效而作罢。而后曾购置德国挖泥船两只在河口试挖,同样亦未取得实效而退货。其他措施多为议论,未见有成功实例记载。至清代末期河口尾闾始终处于不停淤积延伸摆动改道的不稳定状态,河口河段随着河口的状况在升升降降中升高。此期间除第一次改道外,亦曾发生两次较大改道,即1889年韩家垣漫决改道和1897年北岭、西滩漫决改道。由于自然规律和社会政治经济条件的限制,此前有效可行的主要措施唯有筑堤埝约拦水势、相对稳定尾闾流路以减少洪漫范围而矣。

民国七年(1918年)进行过河口地形测量,20世纪30年代初期,除在利津和泺口等处开展水文观测外,对河口亦进行了地形测量、查勘和乱井子裁弯取直,后因抗日战争的全面爆发而终止。总之,由于社会动荡,军阀混战,日本帝国主义的侵占,此时段均无暇治理黄河,对黄河河口的治理和研究也几乎没有开展。仅李仪祉、张含英、美国人安立森以及日本侵占时期第二调查委员会等谈及河口的情况和有关河口治理问题,但脱离实际的概念议论多,资料数据少,对此尚有待进行系统总结。

中华人民共和国成立后党和政府对黄河河口的观测研究工作十分重视,早在1952年即设立了前左水位站,开始对河口进行调查和观测。鉴于当时河口三角洲多为荒滩碱地,对尾闾流路走向无明确的限制和要求,河口治理处于探索阶段,基本继续延用筑堤埝控制洪凌影响范围和按其自然条件任其摆动改道的方略。至20世纪70年代有关河口治理问题主要有四个方面,即:①初期堤防的修复和加高延长;②1953年小口子改道神仙沟;③1964年罗家屋子凌汛改道刁口河;④60年代后期开展的河口治理规划。

(一)堤防建设

花园口堵口黄河复由利津入渤海前,河口右岸临黄堤(即官堤或公坝)止点在垦利县宁海村,其下为民坝民埝;左岸临黄堤止于利津县南岭村,其下民坝至崖东村。为迎接黄河归故,1946年中共渤海区委组织发动各县开展大复堤运动,当年右岸民坝接修至渔洼村,堤长17.2 km;左岸民坝由崖东村接修至一千二村,长14.9 km。1947年3月黄河归故,左右两岸堤防再度延续接长,至1953年改由神仙沟独流入海时,右岸临黄堤延至渔洼村,民坝延至付合村;左岸临黄堤延至四段村,民坝延至小沙村。而后,又先后两次复堤延堤,使河口利津以下河段防洪能力显著提高。

(二)1953年小口子改道

黄河复归山东故道后,尾闾仍沿1934年改道前的三股路线入海,即甜水沟、神仙沟和甜水沟分出的汊道宋春荣沟。据1952年7月观测,甜水沟过流量占70%,神仙沟占30%。两股河段在小口子村附近相向坐弯。由于神仙沟入海流路较甜水沟短约11 km,落差大,过流量比例逐渐增大。据1953年4月3日实测神仙沟流量已达387 m^3/s,超过甜水沟的381 m^3/s。水流明显有向神仙沟发展的趋势,同时两尾闾河段小口子附近弯道弯顶坍塌日益接近,最近处相距仅95 m,水位较神仙沟低0.71 m。鉴于上述情况,考虑改走神仙沟大、小孤岛可连成一片有利于农垦开发和航运。为此,中共垦利县委、县政府提出将两河弯顶处挖通的报告,以期黄河尾闾由神仙沟独流入海。5月5日黄委批复同意人工开挖引河。嗣后,垦利县政府组织勘测,调集民工220人,6月14日开始施工,3 d告竣。挑挖引河长119 m,上口宽17 m,底宽10 m,完成土方2 570 m^3。

7月8日引河过水,30日实测引河展宽至187 m,水深4～6.8 m,流量758 m^3/s,占总流量的64%。31日引河以下神仙沟罗家屋子站流量为1 075 m³/s,水面宽225 m,水深1.3~8.2 m,8月1日神仙沟过流量已占全河的74%。8月26日甜水沟流路完全淤塞断流,黄河尾闾改由神仙沟流路独流入海。改道初期神仙沟尾闾顺直窄深,口门通畅,载重30余t的船舶可自由入河出海。更重要的是,由于流路的缩短,改道后产生了明显的自下而上的溯源冲刷。山东河段水位普遍下降,利津上下河段下降最为明显,下降1 m以上。1956年溯源影响发展到泺口以上,低水位持续了10年左右,大大地减轻了山东河段和河口地区防洪防凌的压力。此充分表明人民治黄以后第一次对河口的治理,取得了圆满的成功和预期的效果。同时明确地显示了尾闾改道缩短入海流程是减缓山东河段淤积抬高的行之有效的措施,并为而后1964年神仙沟改道刁口河流路提供了启示。

改道神仙沟以后,山东河段和河口地区一直处于低水位状态,尾闾河段虽不断向弯曲发展,但单一稳定,石油工业尚未勘采开发,对河口无明确治理要求。神仙沟流路行河至1958年10 400 m³/s大水后,当年20多亿t的入海泥沙使河口沙嘴迅速淤积延伸,河口相对侵蚀基准面相应提高。同时大水使尾闾河段显著展宽,一方面使河槽变得宽浅,淤积加剧;另一方面使较高的滩唇塌失,洪水控制能力减弱,弯顶处漫流情况突出。1959年汛后于四号桩附近出现出汊摆动迹象,1960年汛期发生明显出汊摆动,出汊点以下河段废弃。1963年汛期在1960年的汊河上再一次向南出汊,经由甜水沟大嘴北侧入海,河势十分散乱,加重了河槽的淤积,严重影响了防凌排凌,致使1964年元旦罗家屋子分洪改道刁口河流路。

(三)1964年罗家屋子凌汛改道

1963年12月24日寒流入侵,河口气温骤降至零下13 ℃。河道下排冰凌数量剧增,因尾闾向南出汊口门泄流不畅,26日在四号桩卡冰封河。壅水漫溢防潮堤,淹及小沙村及其以下滩地。29日冰凌排插至同兴农场附近,罗家屋子站水位达8.40 m,漫溢影响范围进一步发展,马场五营、林场一分场、青年林场、军区牧场和保林二队等地相继被淹。1964年元旦,罗家屋子站水位涨至9.01 m,超过1958年大洪水最高水位0.30 m。张家圈以下河道全被堵塞,漫水扩展至清水沟以南地区,累计2 600余人被困,41万亩土地被淹,五营屋子一带水深1~1.5 m,人攀屋顶,处境危急。

惠民地委和专署针对灾情,提出河口分洪救灾意见,12月30日组织工作组分赴南北两岸调集船只,抢救安置。组织爆破队携带相关器材赶赴罗家屋子待命破堤分洪。山东省委派出飞机空中视察,调拨雷管炸药送往罗家屋子。31日山东黄河河务局副局长刘传朋前往河口会同各级领导和有关单位负责人现场勘察后决定:本着舍小救大、因势利导和争取时间尽快实施的原则,决定在罗家屋子1963年伏汛原生产堤因塌滩破口漫水,汛后修复处实施人工破堤;为可靠起见,在该口以上400 m处布设药室同时爆破。1月1日2时,一方面派人赴分洪区各地组织群众搬迁撤离;另一方面组织600人于拟破口处挖堤破口。待人工破堤和爆破布置完成,16时5分第一组药室起爆,23分第二、第三药室同时起爆,三个破口过水,至18时口门扩宽至100 m左右。下泄流量约150 m³/s,22时罗家屋子水位下降0.6~0.7 m。下泄流量增至250 m/s左右。2日10时口门下泄流量增至350 m³/s。3日下午凌汛威胁解除,右岸漫水地区和左岸分洪地区均无人员伤亡。分凌洪的预期目的圆满实现。当年5月口门分水流量已约占大河来水的70%。7月底原神仙沟流路淤塞断流,最终由分凌洪救灾形成了尾闾改道。

(四)1966~1968 年河口治理规划概况

20 世纪 60 年代初期河口地区发现石油,并逐步扩大勘采规模和形成以东营为中心的基地,考虑到人民治黄以来黄河下游在河口地区唯有的两次凌汛决口(1951 年王庄、1955 年五庄)均发生在利津窄河段的上下,为保证石油基地和勘采的安全,1966 年 6 月 10 日国务院在批转水电部《关于黄河下游防汛及保护油田问题的报告》中指出:"山东利津以下两岸油田建设正大规模进行,但当地堤防质量较差,河道淤积抬高较快,而且凌汛决口机会也多,今年汛期如南堤发生险情,可考虑在北岸五庄临时破堤分洪。为了准备万一,可在汛前修建部分避水台工程。"黄委于 6 月 18 日批复避水台投资 60 万元,由惠民修防处会同地方政府勘察落实,制定五庄分洪计划。分洪水流沿 1921 年宫家决口时的流路下泄由潮河入海,涉及利津、滨县和沾化三县 369 个村庄,其中约 1/5 拟予搬迁,其余筑避水台或围村埝。1967 年 11 月又组织人员进一步制定减凌分洪方案。1970 年 1 月制定出拟建分洪闸、防沙闸和筑堤的五庄分洪放淤工程规划。由于南展宽工程的确定立项开工,五庄分洪规划停议。

1967 年黄河丰水丰沙,刁口河流路出现高水位状态,引起各方的关注。加之三角洲范围内石油勘采的加速,如何保证石油开发安全,促进石油勘采问题提上日程,故黄河河口尾闾必须实施有计划的人工改道。为此,国家计委和水电部指示:以黄委为主,山东省参加,尽快搞出一个 10~20 年的河口治理规划。1968 年 1 月和 4 月先后在郑州和北镇召开了"黄河下游工作座谈会"及"黄河河口规划工作会议",确定了规划的指导思想、工作任务和规划范围。1968 年 4 月,由黄委主持,协同 30 余个科研等相关单位,250 余人组成规划工作队,深入现场,群策群力,经过两个多月的野外调查、一个多月的内业整理,于 7 月底提出了河口治理的初步意见。共计提出:①"黄河河口治理规划汇报提纲";②"黄河河口防凌防洪规划意见";③"黄河河口地区水利规划意见";④"黄河罗家屋子以下现行河道调查报告"等 4 个报告文件。报告提出了 7 条预备流路、3 个组合方案和推荐了南岸展宽防凌方案,同时规划了河口地区排涝、灌溉和防潮的方案,为以后黄河河口的治理方针和规划内容建立了模式及奠定了基础。

在规划上报待批之际,由于对刁口河流路的前景预测出现分歧:一种意见认为需要改道;另一种意见认为刁口河还有走河潜力,可继续使用。1968 年 10 月 19 日水电部、石油部转达国务院《关于黄河河口问题的批复》提出:在 1969 年汛期前集中力量将清水沟地区的油田勘探清楚,到 1969 年汛期前后将河口暂时改道清水沟,三五年后,根据该地区淤高情况及油田勘探情况和开发需要,再改回现河道。惠民地区河口治理指挥部按批复意见,积极制定改道方案和进行堤防加培设计,派遣人员赴工地筹集物料。1969 年 3 月 17 日山东省生产指挥部在上报水电部、国务院的《关于黄河河口工程施工意见的报告》中,提出"鉴于河口工程几经反复讨论,计划迄今没有批复,延误了施工的准备工作,加上去冬今春低气温持续时间长,黄河惠民地区冰凌尚未开通,都给截流工程带来一定困难。因此,我们建议,除截流工程推迟在七零年(1970 年)汛前完成外,其他工程包括南北大堤培修、延长清水沟疏通以及十八户引黄放淤工程仍按原计划于今年汛前完成",因而推迟了改道的实施。水电部于 3 月 27 日批复,同意施工意见。1969 年 7 月 29 日石油工业部九二三厂提出《关于黄河河口问题的报告》，提出：在国务院业务生产小组指示孤岛油田1971年要全面建成生产规模的新要求下，原定1970年汛前黄河截流改道清水沟，势必影响并推迟孤岛油田的建设和开发。并提出1973年之前暂不改道清水沟，修建东大堤等工程的8条意见。针对九二三厂报告的意见，1969年8月30日惠民地区向山东省革委会提出《关于目前黄河河口地区保油的建议报告》，依据黄河河口的自然规律和河口的现状报告提出"迅速开展近期河口规划，建议油田防护以采取油井筑台地下输油方式为好"等6条意见。双方的意见分歧和矛盾公开，致使下一步河口治理工程难以实施。

为了统一思想解决矛盾，落实河口近期治理工程，水电部钱正英于1970年5月亲赴河口调查研究，听取各方汇报。最后在山东省和各有关单位负责人参加的会议上表示：要给河流宽容的出口，特别是大江大河。暂不改道清水沟，今冬明春修筑东大堤，以保证孤岛油田的开发。何时改道清水沟以罗家屋子大沽10 m为控制水位。其次在窄河段兴建南展宽工程，以确保油田基地安全。以后再修綦家嘴北分工程，利用南展宽和北分洪工程延长河口尾闾流路使用年限。东大堤工程1971年动工，当年6月完成。南展宽工程1971年冬开工，至1977年先后完成南展宽大堤、分水闸、泄水闸、排灌闸、村台及迁移安置等项目。北分洪方案由于涉及群众迁移安置等问题未能落实，1972年亦曾进行过与南展宽工程结合的南分洪方案，亦因路线不顺和基地安全等问题而否定，故至今河口分洪问题一直没能解决。

在上述工程实施期间，在河口地区相继发现多处可供开采的储油地区，1972年山东省革委会再次进行了河口综合规划。除为保证埕东和渤南等油田开发，修建河口防潮堤、利埕公路和开挖挑河排水沟外，为改道清水沟续建的北大堤工程亦于1974年完成。至此改道清水沟流路的准备工作基本完成，为保证1976年顺利地实施有计划的人工改道清水沟流路奠定了基础。

二、20世纪70年代石油勘采后的治理概况

刁口河流路自1964年元旦改道以后，至1975年累计行河12年，利津站3 000 m³/s水位抬高了2 m，罗家屋子站断面平均河底高程亦抬高了约2 m。当年汛期入海水沙量相对较大，洪峰次数多，水位高，持续时间长，10月上中旬6 000 m³/s洪峰持续半月之久。四段以下洪水普遍漫滩，堤防多处生险，2 m多高的利埕公路37处漫顶，靠抢修子埝方免决溢影响堤外油田。河口防洪防凌出现紧张局面，最大洪峰6 500 m³/s时，西河口瞬时水位接近大沽10 m的改道清水沟的控制标准。1975年年底水电部在郑州召开石油化工部、铁道部、黄委、河南和山东两省负责人参加的黄河下游防洪座谈会，依据河口地区防洪的严峻形势，决定1976年汛前河口实施有计划的人工改道清水沟流路。

为了实施改道清水沟，在原已修建的南北防洪堤等前期工程的基础上，1976年汛前又进行了四项主要工程：①四段接北大堤复堤工程。总长16 km，按1976年10 000 m³/s洪水位超高1.5 m设计。②南防洪堤帮宽和补残工程，10～25 km一段，在后戗上帮宽堤顶到7 m。③东大堤和西河口破口工程。西河口破口4处，计划每口底宽80 m，实做约60余m，设计底高程6 m，因地下水水位高一般较设计高1 m，于中间2口各控10 m宽、底高6 m的子河一条。东大堤从生产村到北大堤共长7.55 km，计划破口4组，实做清水沟引

河处 1 组共破 3 口,各宽 80 m、120 m、80 m,底高近 6 m。右岸滩地上破 3 口,各宽 78 m、98 m、78 m,底高与滩面齐平,7 月 22 日清水沟以北东大堤上亦破 3 口。④河道截堵工程。为节省工程量,截堵的位置选于两端大堤接连处,滩唇上口宽 400 m,河底高程 2.5 m,设计堤顶高程 12.9 m,采用两侧进土碾压,在三门峡水库控制运用,沿黄涵闸积极引水配合下,5 月 20 日在断流情况下顺利合龙。5 月 27 日黄河入海水流改经清水沟入海,实现了史无前例的有计划的人工改道清水沟流路的壮举,创造了既有利于黄河安危大局,又有利于油田开采的解决河口矛盾的双赢模式。此为河口今后的治理提供了成功的范例。

20 世纪 60 年代后黄河河口地区和三角洲内石油工业的勘采与开发,大大地带动了当地经济的发展,并不断对河口和尾闾的整治提出了更高的要求。除为改道清水沟流路所进行的有关工程外,改道后对尾闾河段也进行了多项整治试验,现摘其要者简述如下。

（一）拖淤试验

在海河河口拖淤的推动下,为探讨在黄河河口拖淤的可能性,1977 年 11 月在利津水文站附近河段曾进行了拖淤试点。试验期间水沙平均情况为流量 623 m³/s,水深 2.33 m,流速 0.85 m/s,含沙量 48 kg/m³。使用耙式拖具,3 条船总计拖淤 81 h,在右岸滩地 300 m 长、150 m 宽的范围内总计拖耙 288 次。被拖部位前后对比稍有下降,但全断面和拖淤段以下 300 m 处断面是淤积的。因此,在拖淤影响幅度是否低于冲淤幅度和拖淤对全断面的作用以及被拖起的泥沙输移的距离不清楚的情况下,无法对拖淤效果进行评价。但不难得知,解决局部淤浅问题有可能见效,若欲藉此解决河段淤积和维持稳定深槽显然是不可能的。

（二）南防洪堤抢险

1976 年 8 月第二、三次洪峰过程,主流仍以走引河为主,向右漫口又分两股,较大的一股从旧建林东直向清 2 断面,另一股沿南防洪堤取土坑下泄,此两股水流与走索铲沟以南的主流分水,在南防洪堤堤号十八公里处附近相汇合,形成一股明显的集中水流,致使该堤段出险。当时动员解放军和民工用柳石枕抢护,同时在堤后做小月堤一道以防溃决。历时一个月,共用石料 6 000 余 m³,土方 5.45 万 m³,草袋 7.78 万条,麻袋 1.9 万条,木桩 5 400 余根,柳料草料 341 万 kg,实用 14.5 万工日,总投资 42.7 万元。经抢护安全度汛,但因原堤线选定不当,堤段近海人力和物料不足,抢险动用劳力使附近社队生产受到很大影响,防护所得之利不足所耗之资材,故不宜设工抢护,而应退守防洪堤。1977 年汛前建成 13.5 km 的后退新堤一道,如图 8-6 所示。

（三）尾闾疏导

为稳定尾闾散乱的河势,本着截支疏干的原则,1977 年开始修建老建林挑水坝,1978 年进一步接长。同时考虑到尾闾正处于游荡阶段,如在河口口门段拖淤存在安全和无法观测等问题,为取得经验,乃对清 1—清 2 之间的枯水河槽进行了爆破和人工疏挖。上下两段合长 2.4 km 多,共用炸药 34 t、雷管 4 000 个,爆破土方 6.3 万 m³,投资 12 万元。爆破后经汛前冲刷河槽展宽到 30 余 m,深约 3 m。当时认为效果很好,但 7 月第一次洪峰过后摸测的结果表明,原爆破和冲深的河槽已全部淤平,显然未达到预期的目的和效果,在河口口门进行拖淤试验的意见暂息。尽管如此,老建林挑水坝(即护林工程)基本起到了截支、保护南防洪堤和稳定其下流势的作用。

(四)控导工程

清水沟流路自改道点西河口至南防洪堤十八公里河段,河段长 15.8 km,目前共修建有控导工程 6 处,坝岸(垛)118 段,工程长度 13 682 m,护砌长度 6 620 m,工程长度占到河段长度的 86.6%,曲折系数达到 1.22。各工程部位见图 8-6。

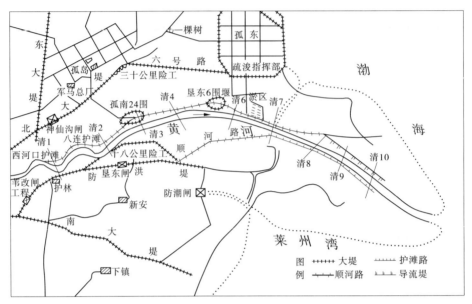

图 8-6 清水沟尾闾河段整治工程概况图

具体修建概况如下:

(1)十八公里工程。工程修建起因及抢险过程已如前述,1976 年后由于流势的上提下挫,自南防洪堤 12 + 400 ~ 19 + 400 堤段,先后抢修坝岸 37 段,砌护长度 5 520 m,由于西河口和八连工程的修建,近几年主流基本稳定在 13 + 000 ~ 15 + 000 堤段,其他坝岸均已脱流。

(2)护林工程。为防止主流冲刷南防洪堤,截支挑流外移,1977 年开始修建护林工程 2 ~ 5 号 4 道挑流坝,1978 年下接 6 号坝,1979 年上建 1 号坝。修后连年出险,至 1985 年基本稳固,起到了保护南防洪堤和稳定其下流势的作用。

(3)扬水船护岸工程。1979 年胜利油田为保证扬水船取水,在左岸东大堤破口以上800 m 处,整修护岸 500 m,1982 年上接 900 m,1988 年下延 200 m,防止了由于弯道的坍塌造成的流势不稳。

(4)苇改闸控导工程。为控制塌滩和扬水船护岸工程流势下延,1988 年修建苇改闸控导工程 15 段坝(垛),工程长度 1 700 m,稳定了流势,保证了取水。

(5)西河口工程。扬水船护岸工程比较顺直,挑流送流能力较差,为控导其下游河势变化,1988 年汛前于扬水船工程下首接修坝(垛)11 段,工程长度 1 420 m。此工程与苇改闸控导工程和扬水船护岸工程一起,在稳定尾闾河势上起到了节点的作用。

(6)八连工程。1986 ~ 1989 年护林工程下游对岸坍塌严重,引起其下游河势大变,为此 1989 年和 1990 年先后共修建坝(垛)20 段,工程长度 2 062 m。上述工程使清 3 断面以上的河势基本得到了控制。

(五)修导堤堵汊拖淤和挖沙

1986年底在清7断面以下500 m处疏挖北汊串沟,拟使主流口门由北汊入海,约缩短河长15 km。由于1987年黄河入海水量特枯,利津站全年水量不足100亿 m^3 ,汛期水量仅有50.6亿 m^3 ,约为汛期多年平均水量的22.1%,年平均含沙量仅9 kg/m^3 ,汛期平均含沙量只有15 kg/m^3 ,亦无较大洪峰,因此汊河冲刷夺流过程发展较慢,汊河和原故道的过流比例分别为80%与20%,原故道虽然淤积,但高程不高,当年未能形成夺流改道。由于东营市个别领导的"人工控制黄河入海流路,实施稳定河口工程"的意见开始占据了主导地位,故汛后10月将北汊人工堵塞,凌汛期间该堵口被冲开,并全部夺流。1988年6月再次人为将北汊串沟堵塞,同时大规模疏挖淤积严重的原河道,挽河继续由故道入海。此后至1992年在"工程导流,疏浚破门,巧用潮汐,定向入海"的综合措施治理河口的思想指导下,连续在清7断面以下河段实施修建导流堤、拖淤、堵截支汊、疏浚拦门沙等试验工程,共完成土方近500万 m^3 ,其中截堵较大串沟30余条,堵汊土方185万 m^3 。清7—清10断面之间累计修建导流堤44 km,其中左岸23.4 km,右岸20.6 km,工程土方97万 m^3 。1988年疏挖原河道归故土方165万 m^3 ,加上堵汊土方139万 m^3 和其他附属工程51万 m^3 ,该年一年堵汊挽故的土方量占到总土方量的2/3。拖淤试验共进行了4年,1988~1990年每年拖淤均在100 d以上,平均动用船只10艘,1992年动用船只2艘,拖淤49 d,拖淤效果无实测资料可考。上述工程总投资2 041万元。由于试验效果不明和对河口整治原则认识不一,1993年后除维护导流堤外,其他试验工程陆续停办。

(六)北大堤防护工程

为改道清水沟流路后,保证孤岛油田的生产安全和稳定开发建设,1976年汛前建成了长35.81 km的北大堤,1987年加培到四段以上临黄大堤标准。1988年培修加固六号路,使北大堤与孤东油田南围堤相连。为减轻漫滩洪水对北大堤的威胁,提高其抗洪能力,还考虑了淤临加固和修建险工工程。为防止洪水沿北大堤堤河顺堤行洪,现已修建险工4处23段坝(垛),合计工程长度3 436 m;淤临工程一般按宽150 m,顶高低于堤顶1 m标准设计,目前部分堤段正在实施中。

(七)清7断面以下出汊造陆采油工程

胜利油田为尽快勘采清水沟大沙嘴北侧浅海石油,提出在清7断面原北汊串沟口以下几百米处挖引河堵故道,导河向东北入海,提前填海造陆,为加速石油勘采和节省投资创造条件。在胜利油田、东营市和黄河有关部门取得共识的基础上,于1996年6月组织实施了人工截流改汊工程,从而使河口整治又回到了利用黄河入海的水沙资源,加速三角洲和浅海石油开发,同时有利于河口地区防洪防凌安全大局的正确而有效的途径。整治具体效果有待总结分析。

第四节　黄河河口治理措施分析

河口是河道径流泥沙的承泄区,也是河流受制的总侵蚀基准面,两者相互影响,既有差别,又是河流的统一体。任何入海河口的特性均取决于河流径流泥沙条件与潮汐、潮流、风浪等海洋要素两者动力之间强弱的对比状况,对于当前的黄河河口来说,它属于弱潮陆相型河口,也就是说它的演变特性主要取决于来自河流泥沙的显著堆积。废黄河和现黄河的治理历史充分表明,在黄河大量泥沙没有下排入海形成淤积延伸前,河口深阔、稳定,当时不存在河口治理的问题;只有当大量泥沙下排入海在河口形成大量堆积后,河口的问题方日益突出。据实测资料知,黄河多年平均入海沙量近 11 亿 t,其中约 3/4 淤积在河口三角洲上和滨海区前沿,形成约 30 km 宽的三角洲岸线且平均每年延伸 1 km 多,由此带来的影响主要表现在河口三角洲上入海尾闾流路的不停顿的摆动改道和因整个三角洲岸线普遍淤积延伸引起的河口河段相应的淤积以及进而整个下游冲积性河段的调整抬升。冲积性河段的抬升,使黄河的悬河程度日益加剧,设防工程防御能力相对降低,它是旧社会不断出现决溢险恶局面的根源和当前黄河治理关键环节所在。三角洲上尾闾流路的摆动改造,在三角洲范围内石油工业尚未大规模地开发之前,矛盾尚不突出,但在三角洲内已遍布油田的情况下,任其自然决口改道已不可能。为此,探讨黄河河口的治理方针,实施河口治理和规划,以确保黄河安危和石油工业的稳定发展以及综合开发利用黄河三角洲水土资源,实为当前的紧迫任务。以往有关治理措施的研究,虽然陆续做了一些工作,但是哪些治理措施可行、哪些治理措施在当前自然水沙和经济技术条件下难以实施或事繁功微,并没有认真进行过讨论和统一认识,众说纷纭。因此,有必要对河口治理措施进行总结和讨论,以便统一认识,协调治理,避免糜费钱财、徒劳工力。

一、当前河口治理的主要问题及要求

有关河口的历史经验证明,河口治理的原则与措施取决于当时社会政治和经济对河口的要求以及河口淤积延伸的发展程度。同时,这种要求不能超越当时的技术经济条件,否则不能实施或者必将遭受失败。

造成河口出现问题的原因是大量泥沙在河口的堆积,因而治理措施随着不同的淤积程度的发展及人们的认识在实践中不断地深化和提高,河口的治理措施相应是在正反经验总结中逐步发展和完善的。如废黄河河口的淤塞初期只知单纯疏挑,在人力无法与来沙抗衡时,则继而以单纯筑堤固堤为主,到中后期方总结出采取藉清刷黄、加堤和分洪以及扩大河口改道范围和局部疏挑等综合治理措施。但由于黄河入海沙量过大,河口三角洲淤积无法遏止,河口问题以及河道相应抬升问题亦无法解决,因而在河口治理上无经久不弊之法,只能求得相对的延缓而已。

废黄河当时对河口治理的主要问题或要求有三,依其重要性分别为:①大运河穿黄处的清口淤塞影响事关京都和北部边防的漕运正常运转;②淮扬地区连年决溢,洪涝灾害严重,威胁人民生命财产安全和正常生产;③使位于安徽凤阳的明祖陵受淹。1855 年改走现河道后,原来至关重要的漕运逐渐为铁路所代替,穿黄和浸陵问题不复存在,故仅有凌洪灾害这一主要问题了。凌汛问题在黄河由渤海湾入海后明显有所加重,这是由于河口纬度偏北,河槽上宽下窄,开河一般上早下迟所致。

新中国成立后,随着社会主义经济的发展,对河口治理不断提出新的课题和要求,现阶段黄河河口主要的问题和治理要求有四:①河口三角洲岸线的淤积延伸,使整个冲积性河段相应抬升,洪凌威胁日趋严重。为此,一方面,适时地进行尾闾改道入海,以减轻河口河段凌洪决溢的威胁,新中国成立后已改道 3 次;另一方面,黄河下游沿黄大堤已普遍加高了 3 次,平均每 10 年一次,从而使这一矛盾得以暂时缓和。②河流近口河段中的麻湾到王庄一段临黄大堤堤距过窄,一般不足 1 km,且堤防薄弱、基础差,滩少弯多,极易卡冰造成灾害,威胁以东营为中心的石油基地。为此,兴修了窄河段的南岸展宽工程,它由麻湾和曹店两座分凌放淤闸,章丘屋子退水闸,胜干、路干等 7 座灌排闸,以及南展堤和村台等组成,初步解决了窄河段的问题。③河口尾闾河段自然演变规律是不停地摆动改道,而石油工业开发要求尾闾河段相对稳定。资料表明,在目前水沙条件下一般尾闾河型自然演变循环的周期为 12 ~ 14 年,改道在所难免,近年来成功地进行了有计划的人工截流改道,为解决这一矛盾提供了宝贵的实践经验。④河口地区土地盐碱低产,农业生产发展缓慢。为解决此问题,新中国成立初期就兴修了打渔张大型灌溉设施,以后又陆续新修了十八户放淤工程,王庄、宫家、胜利等灌区及配套工程,以及挑河、马新河、沾利河等排水工程和部分防洪堤,使本地区的农业面貌得以不断改善,只是目前灌溉季节水源不足问题仍有待于逐步解决。

综上所述,现阶段黄河河口的问题和要求主要是①、③两问题,即山东河段不断淤积抬升和河口尾闾河段摆动改道不稳定,造成此两问题的根源是黄河入海的泥沙量巨大使河口三角洲岸线不停地淤积延伸。为此,现阶段黄河河口治理的中心,即在于解决河口的淤积延伸问题,以延长尾闾流路的使用年限和减缓下游河道的淤积抬升速率。

二、河口治理措施的分析

治理河口的根本措施,与治理黄河一样均在于解决泥沙问题。现阶段河口的主要治理要求是设法减缓河口淤积延伸的速率,以稳定流路,提高流路的使用年限和降低河道相应的抬升速率。具体的措施不外乎三个大的方面。

(一)千方百计减少进入河口地区的沙量

(1)大力推行黄河中上游的水土保持工作,从根本上减少进入下游河道和河口的泥沙量。

(2)引洪放淤。

(3)挖沙治理。

关于挖沙问题,清光绪年间,曾购置挖泥船在黄河河口试挖,限于当时政治环境和技术条件,未获任何成果,旋即停试退货。近期许多学者又提出在黄河河口挖沙,以收稳定流路、滨海建港和降河等多方之效益。挖沙对于少沙河流河口和维持局部航道深槽与港池水深是目前广为采用的切实有效的措施之一。但对于年平均来沙量近 11 亿 t,相当于 1 m^3 的泥沙体围绕地球赤道 20.5 圈的巨量来沙,采取挖沙措施显然存在着挖沙的部位和数量、堆放处所、挖沙的效果、挖沙的经济合理性和挖沙的技术可行性等问题。

挖沙的数量关系着挖沙的作用和效果,挖沙数量小,经济可行,但显示不出效果;挖沙数量大,可见实效,但又存在着一些难以解决的问题。侯国本先生提出每年挖沙 3 亿 ~ 7 亿 m^3,此数量同样是相当大的。据了解,我国目前河口港湾全部挖沙机具的挖沙能力居世界第二位,全国年挖沙约 8 000 万 m^3,长江口航槽年挖沙量仅 1 800 万 m^3,如欲每年挖除 4.5 亿 m^3,即 1 m^3 的土方围绕地球赤道 11 圈多的泥沙,恐全世界的挖沙设施集中作业亦难以满足。众多器具集中作业,则产生如何布置施工、堆放地点、经济合理、安全保障和后勤供应等一系列问题。黄河河口尾闾河床演变激烈,经常处于游荡散乱状态,水浅溜急,船大进不来,船小效率低。尾闾两侧滩地除留出与上游堤距相应的宽度约 4 km 外,一般平均还有约 4 km 的宽度,尾闾长度按 50 km 计,亦仅有 200 km^2 的面积,若将 4.5 亿 m^3 泥沙铺于此范围,则一年即要堆高 2.25 m,可以想象不可能向上堆积几年。显然,要将所挖之沙输送到几十千米以外的地区,长距离输送的技术设备、动力维修、管理运用等投资恐较近距离输送成倍增长,且如此数量的泥沙是目前条件下难以办到的,即使能输送,同样也存在着如何堆放的问题。至于挖沙对河道的水位影响问题,则较为复杂,但从宏观上看,造成河床抬升的原因是泥沙堆积使三角洲岸线淤积延伸,只有在全部来沙不参与岸线延伸时,河床抬升方有可能停止。显然,在水沙条件变化不大,平均每年近 11 亿 t 来沙,70% 左右淤积在三角洲和滨海区的条件下,即便挖沙 4.5 亿 m^3,每年还有 3 亿 m^3 多的泥沙要淤积。所以,挖沙只能减缓延伸和抬升的速率,而产生不了持久下降的条件。汛初由于挖沙产生的溯源冲刷是暂时的,在来沙量一般均大于挖沙量的条件下,它将随着挖沙坑的填满和河口的延伸而调整恢复,并继续淤积抬升。当然淤升的速度理论上将会有所减缓,但实际上无法显现。从对河道减淤的作用上看,同样的挖沙量一般愈靠上段挖,改善水沙条件的影响距离愈长,效果也愈好;从溯源冲刷比降较沿程冲刷比降为陡,溯源冲刷影响范围较沿程冲刷短上看,同样是在上挖较在下挖好。欲降千里黄河,彻底解决河口问题,在同样投资的情况下,还是在中、上游拦沙较在河口和下游挖沙更为现实和经济有效。犹如在明显的敌强我弱的条件下,采取阵地战速决取胜是不可能的和必然导致挫折与损失的道理一样。在入海沙量如此巨大而挖沙存在着能力、组织、堆放、安全、经济等问题的条件下,欲依靠挖沙解决河口和下游河道淤积问题,好似杯水车薪,是难以实现的。只有当入海沙量减少到相当程度后,辅之以河口挖沙方能日见功效。

分洪放淤与挖沙相结合的问题,作为单纯改土是可行的,但若赖以减缓延伸,延长流路使用寿命,由于放淤和挖沙数量受水沙条件与堆放地点所限,不可能数量很大,因而在减缓淤升上其作用同样是难以持久实现的。

挖沙治理河口拦门沙对于少沙大径流河流的河口维持局部航道深槽和港池水深是目前广为采用并具有实效的措施之一。但对于来沙量巨大,来水量相对很少,又无航运可能性,同时河口拦门沙一场洪水一个位置,演变极其迅速剧烈的黄河河口来说,挖沙数量小,显示不出效果;挖沙数量大,则存在着使用何种工具、如何布置施工、堆放地点、安全保障、是否经济合理、效果能否体现以及如何与石油开发相结合等一系列难以解决的问题。显然在入海沙量仍然巨大,远大于挖沙量,同时演变剧烈的条件下,欲依靠挖沙治理拦门沙解决河口稳定和下游河道淤积问题是难以实现的。1987 年水电部第十三工程局试挖拦门沙的失败教训,值得认真进行总结。

(二)加大泥沙外输问题

(1)修混凝土或石导堤以及导流袋等工程措施,集中水流、增加水深,用以解决少沙河口的航道问题是行之有效的。但对于一场洪水河口沙嘴即向前延伸数千米、口门经常游荡散乱和出汊摆动、新淤积物无法驻足的稀软基础且水流湍急的黄河河口来说,修筑导堤尚未实践过,以防波堤论之,导堤的结构形式、治导部位、施工条件、修建速度和维护管理等问题与困难是可以想象的。修单导堤不能保证控导以收集中水流之效,修双导堤又阻碍了三角洲洲面上的淤积,反而加速了河口的向外延伸,不仅经济上不合理,而且与减缓河口延伸速度的原则相违背,故修导堤单纯加大泥沙外输量在目前入海泥沙过大的条件下是无法实现的,在功效上是适得其反的。

(2)拖淤措施自宋代创试以来,明、清两代亦屡经试用,光绪年间还进行过小火轮拖淤试验,但由于黄河泥沙量过大,水流悍激,器具难下,特别是在河口又有潮汐顶托的情况下,迄无成功实例。在海河口拖淤的推动下,1977年11月在利津水文站附近河段右岸浅滩上曾进行过点,在300 m长、150 m宽的范围内总计拖耙288次,被拖部位稍有下降,但拖淤段下游300 m处断面和全断面是淤积的,故难以对此次拖淤进行评价。不过由试验的现象和影响的幅度以及有关黄河拖淤历史经验总结知,拖淤措施在一定水流和边界条件配合下解决局部淤浅段与有限沙量,有可能奏效,但欲藉此解决增加泥沙外输和维持稳定河口深槽是难以实现与不经济的。

(3)选择好的海域利用海洋动力加大外输泥沙量,可收事半功倍之利。入海泥沙除洪水期以异重流形式外输外,藉风浪潮流余流之动力日复一日在悬移沉积再悬移的形式下外输亦是主要的方面。现河口三角洲的中部老神仙沟口附近一带海域海洋动力最强,愈向两侧相对愈弱,最大潮流速可达150 cm/s以上,而湾顶附近仅为50 cm/s左右,且距离渤海湾和莱州湾深海最近,潮流、余流均趋向于两侧外海,在同样的条件下,外输泥沙比例明显偏大。但问题是有利的海域仅此一段,而且事物好坏相互转化,在入海沙量如此巨大的情况下,亦将很快外延突出,悬河程度加剧,正如神仙沟流路1960年和刁口河流路1972年发生出汊摆动那样而无法维持其稳定,故选择好的海域也只能起一时减缓延伸之效。

(4)"藉清刷黄"一直贯穿于废黄河尾闾治理的中后期,以此解决运河穿黄和减缓河道抬升速率等问题,由于淮河年平均水量近300亿m³,有时加上黄河南决入淮的水量共出清口刷黄,故起到了一定的作用。但实践表明,藉清同样解决不了河口泥沙淤积延伸问题,所以也无法避免黄高于清而最后导致黄淮分流的局面。现黄河引清济黄尚无成熟方案,引水量也十分有限,仅有大汶河经东平湖汇入,其水量多年平均仅有黄河同期水量的3.4%,可以预见其加大向外海输排能力的作用是难以显现的。但这并不意味着否定为解决黄河下游和华北平原干旱而进行的调水工作。

(5)疏挑尾闾沟槽以畅其流,自古曾多方试行,如潘季驯认为"前人屡试无功徒费工料",乃止浚海工程,清光绪年间,亦"先后造浚河船,均因不适用旋即废去"。为稳定尾闾散乱的河势,本着截支强干的原则,1977年在尾闾河段开始修建老建林挑水坝,1978年进一步接长,并对清1—清2断面间枯水河槽进行了爆破和人工疏挖,上下两段共长2.4 km多,用炸药34 t,爆破土方6.3万m³,投资12万元。经汛前枯水流量冲蚀,河槽展宽至30余m,深约3 m,当时认为效果明显。但7月,第一次洪峰过后,摸测的结果表明原爆破和冲深的小河槽全部淤平,显然未达到预期的结果,但老建林工程起到了控导溜势的作用。

(三)扩大三角洲堆沙范围及加高河道防护工程等

(1)淤积延伸摆动改道是黄河河口自然演变的基本规律,1855年以来,发生在三角洲扇面轴点附近的改道已有10次,它是河口入海流路自寻最小阻力途径的结果。显然,扩大三角洲的堆沙范围是由河口客观规律决定的。每次改道一般均产生溯源冲刷,河口河段水位发生明显下降,此情况充分表明,通过改道扩大堆沙范围,对于延缓水位升高速度的作用是显著的;因为决定河道水位淤升的不完全是一次流路的延伸的长度,更主要的是三角洲岸线的外延状况。堆沙岸线的范围愈小,在同样来沙、淤沙的条件下,其外延的速度就愈大。若单纯由治黄的角度出发,堆沙的范围愈大愈好,同时平均每年近 $50~km^2$ 的造陆面积的扩大,有利于变海上石油勘采为陆上石油勘采,大大节省投资。孤岛、桩西和孤东等油田高产区都是 20 世纪 70 年代才淤长出来的。新中国成立前和新中国成立初的几次改道多为自然演变,改道的社会影响和经济损失均很小,但在石油在三角洲上普遍开发、两侧排水骨干河道已大规模疏挖的情况下,任意改道将影响到两侧主要排水河道的泄洪排涝和部分油田的正常勘采。为此,需统筹兼顾、综合规划、权衡利弊以确定堆沙范围和有计划地安排流路。1976 年有计划地进行人工截流,由刁口河流路改走清水沟流路,并没有给石油开采造成任何损失和影响,相反却增加了大面积勘采范围,为解决黄河防洪和三角洲工农业正常生产,特别是石油的稳定开发,创造了成功的经验,使今后河口三角洲的治理在确保黄河安全的前提下,实现最小的投资和损失,获得最大经济效益成为可能。显然,有计划地安排流路,相机截流改道的措施是目前条件下,延缓河道淤升速率,有利于石油正常生产和开发的经济有效的措施。

(2)加高堤防和加固防护工程是解决由于三角洲岸线延伸与水沙条件变得不利时引起的河道淤积抬升的相对经济有效的被动措施。加高防护工程,不仅增加了洪凌灾害的可能性和危害程度,而且随着堤防的加高,改建的投资将成倍增长。同时河口三角洲岸线延伸影响的范围由长时段看,将波及整个冲积性河段,显然,投资和影响是比较大的,故尽可能不采取此措施为好。由于大量泥沙夜以继日、年复一年地入海堆积,在目前水沙条件下,采取任何措施都不能制止住三角洲岸线的延伸,所以河道的淤积抬升也是不可避免的,只是升高的速率有所不同而已。为此,在一定的时期内加高加固防护工程仍是治黄的必要措施,但是,只有在充分利用了三角洲走河能力,扩大改道范围带来的影响较加堤更为严重和更不经济时采用方为合理。如果以防护工程措施为主来解决河口三角洲内工农业的稳定生产,从短时段看似乎是可取的,但其潜在的危害和损失必须予以充分的认识与考虑。

(3)分洪放淤或分洪入海虽然不能解决大量泥沙在河口的堆积,但其具有多方面的效益。如分洪削峰可减轻窄河段和三角洲地区的洪凌威胁,同时尚可避免历时不长的特大洪水和河口尾闾不畅形成的暂时高水位引起三角洲尾闾的改道,从而达到分而不改、稳定流路和避免较大洪水期间破堤改道形成分流隔绝的被动局面,以及由此给三角洲地区工农业生产带来的经济损失。当一条尾闾走河处于后期阶段时,河口延伸较长,加上经常出汊摆动,河流近口段水位明显上升,防洪能力明显降低。如 1975 年时利津站断面防御 $11~000~m^3/s$,洪水标准的水位下仅能下泄流量 $8~000~m^3/s$ 左右。显然,如不及时改道和采取工程措施,若遇大水,则将危及河口地区和三角洲的安全,所以采取分洪措施是有益的。由于河口地区可以直接分流入海,且多为盐碱低产地区,此为实施分洪创造了有利条件,具体分洪地点和流路部位应慎重选择,既要不与尾闾改道流路冲突或相互干扰,又要与河口地区工农业生产供水改土相结合。目前,宜于十八户流路以南和潮河以西地区规划安排分洪道。

三、对河口治理措施的认识

黄河河口的治理不仅影响着河口地区和三角洲上工农业生产的综合开发,而且关系着黄河下游特别是山东河道的淤积抬升和防洪防凌安全。

黄河河口在没有大量泥沙入海堆积前深阔稳定,不存在治理问题,在三角洲没有大规模开发前对其治理也无明确要求,多以自然改道来缓和河口河段淤积抬升引起的防洪防凌压力。黄河大量泥沙在河口的堆积使得河口处于淤积延伸摆动改道的演变之中,河口的改道减缓了上游河道淤积抬升的速率。石油在河口三角洲大规模勘采后不断提出新的要求,如稳定流路、保证水源等。黄河要摆动改道、生产要稳定流路的矛盾成为河口当前的主要矛盾,20 世纪 60 年代后期以来有关的河口治理即主要围绕解决此矛盾。

其他治理措施多为设想和议论,论证实施的很少,综合各方面的意见,我们认为:

(1)大力推行水土保持、减少入黄泥沙是解决下游和河口淤积的根本措施,但水土保持效果非旦夕之功,近期减沙作用难以显现。引洪放淤具有多方效益,可减少入海沙量,但已有放淤工程表明年引沙量仅占年来沙量的百分之几,加以放淤部位、群众安置等限制,不可能大规模实施,故若藉此减沙延长流路寿命,恐难以显现其影响。至于挖沙,对于维持少沙河流的航道和港池水深以及疏通局部河段,目前广为采用且具有明显实效。对于黄河来说,由于入海沙量每年多达近 11 亿 t,按每年挖 4.5 亿 m³ 计,则要挖除 1 m³ 土方围绕地球赤道 11 圈多的泥沙,且需要做远距离的输送。可以想象,机械设备、施工组织、安全保障以及堆放场所等均无法落实,花如此投资和气力仅解决部分短期延长寿命问题,经济是否合理,技术是否可行有待落实,此外挖沙的效果亦需进一步论证。

显然,减沙措施具有多方的效益。应坚持不懈地大力推行水土保持和开展为其他效益如改土的放淤和局部挖沙等,但在目前来水来沙条件和放淤、挖沙数量有限的情况下,由于改变不了目前河口演变的基本规律和现状,故以此解决河口堆积延伸、延长流路使用年限以及河口的淤积抬升事繁功微,难以显效。

(2)采取工程措施加大入海泥沙的外输量,在入海泥沙无显著减少时,由于演变激烈,基础稀软,延伸迅速,不仅技术上有困难、经济上不合理,而且加速了河口的淤积延伸,在功效上适得其反。拖淤措施历代屡经试用,近期亦曾进行过试验和总结,实践表明,解决局部河段和有限沙量尚可奏效,但欲藉此增加泥沙外输量和维持河口稳定深槽是难以实现和不经济的;藉清刷黄限于水量小和沿黄两岸工农业用水日益紧张,现黄河与合淮的废黄河无法相比,可以预见作用甚微;选择好的海域亦仅起一时之效且目前此海域已相对突出,入海流路较长,近期无法实施。总之,目前以工程措施束水难以实施,以人力加大入海泥沙的外输量尚无善策和成功实例,疏挑尾闾沟槽截支强干以畅其流,在一定的条件下可以收一时之效,并有利于稳定溜势和便于防护,但若以此控制河势游荡和出汊摆动以及稳定河口入海的具体部位是无法实现的。

至于 1988 年后在堤防之内大力修建导流堤的利弊问题,与黄河下游河道内修建生产堤的情况相类似,但在河口尾闾的作用与意义远不如下游河道。堤内修堤有利有弊,但弊大于利毋庸置疑,为此才三令五申严加破除。导流堤的标准有限,小水作用不大,大水不起作用。由于清水沟流路近几年来入海水沙明显偏枯,冲毁和漫溢情况不多,且修护及时,方得以存留和似有成效。1985年后尾闾水位年年升高和河槽淤积使二级悬河程度日益加剧的事实表明,修建导流堤的利弊是显而易见的。

以往在尾闾河段很少修建控导工程,这是由当时无稳定经济开发和人口稀少等条件所决定的。实践表明,在尾闾改道的初期,河型处于散乱游荡的阶段、无相对稳定河槽时,不仅无从布设工程,而且一般也无必要布设工程。经淤滩造槽待单一顺直河槽形成后,尾闾下段及入海口门虽仍有不断地摆动改移,但上段一般由稳定向弯曲发展,然而河槽平面形态及河相关系却很少变化,故单纯为稳定河槽加大排沙能力而修建工程是不经济的,也无必要。至于为防止重要堤段出险或保证主要取水口或渡口稳定而修建的有限工程是可以理解和必要的。目前清水沟流路西河口至南防洪堤十八公里河段,河段长15.8 km,已修建控导工程6处,坝岸(垛)118段,工程长度13 682 m,占到河段长度的86.6%。与黄河下游河道的工程情况相比,该河段单位河长的工程长度为866 m,较陶城铺以下窄河段平均760 m,高村至陶城铺过渡段平均763.5 m,均长约100 m。对于不久将来因改道而失去作用的河段,修建如此规模的控导工程,技术上是否必要,经济上是否合理,投资与收益是否相称,预期目的能否达到,还是适得其反,有必要深入总结。

(3)解决河口延伸引起的防洪防凌能力减弱局面的办法主要是靠河口三角洲尾闾的改道;有计划地相机于非汛期人为截流改道或截流出汊造陆是三角洲地区石油工业生产发展的要求,也是黄河水沙特性和河口演变规律客观条件决定的。改道清水沟流路的实践表明,改道不仅截流投资省和破口搬迁清障彻底,有利于显现改道的作用和效果,而且没有影响三角洲内和新老流路之间孤岛等油田的正常生产与生活供应;更重要的是减缓了河口河段和下游河道水位升高的速度,清水沟流路使用15年后利津站3 000 m³/s水位才回升到1975年改道前的水平,相当于减少了一次黄河下游堤防的加高;同时扩大了变浅海勘采石油为陆上勘采的面积,改道后至1991年10月2 m等深线造陆面积587.4 km²,年平均造陆38.1 km²,新开发了孤东、孤南、长堤和新岛等油田,为黄河口除害兴利、确保黄河安危和促进河口地区经济发展提供了宝贵的成功范例。改道是河口走阻力最小流路的结果,每次改道一般均产生溯源冲刷和河口河段水位明显下降,对延缓河道水位升高作用是显著的,而几乎不用投资。石油大规模开发后,自然改道已不可行,近期改道清水沟的实践证明,有计划的人工截流改道则既可保证黄河安全,又有利于石油稳定开发生产。在目前水沙条件下与其他治理措施相比,适当扩大三角洲岸线堆沙范围,有计划地安排流路非汛期相机人工截流改道,并以土堤约束水势控制影响范围、相对集中水流是当前经济有效的措施。采取加高加固防洪工程的办法,可以起到稳定和延长尾闾流路使用年限和防止黄河决溢的作用。但防洪工程的加高不仅增加了洪凌灾害的可能性和危害程度,而且由于淤积影响波及整个冲积性河段,加堤和改建防护工程及引黄涵闸的投资将会成倍增长。为此,不宜以此作为河口治理的措施,仅在实施各种有效的河口治理措施后,河口河段仍不可避免地抬升时再采取此措施方为经济合理。

第五节 三门峡水库对黄河河口水沙条件及尾闾演变影响问题

一、黄河河口演变规律及其影响因素简述

黄河河口是弱潮多沙演变激烈的堆积性河口,与其他入海河流一样,同样包括河流近口段、三角洲和滨海区三大部分,它的主要特点是水少沙多、沙粗、洪枯悬殊、洪峰陡涨陡落、潮差相对小、潮流流速小、海洋动力弱等。影响河口演变的因素是多方面的,其中包括水沙条件、尾闾边界条件和淤积延伸状况、海洋动力特征等。这些因素之间的相互制约和作用,构成了黄河河口目前条件下复杂、激烈的演变形式和机理,其中水沙条件是决定河口演变特征的主导因素,但河口边界条件和总侵蚀基准面的作用同样是必不可少的重要影响因素。

自 1855 年黄河于铜瓦厢决口夺大清河入海以来,随着进入河口水沙条件的不同,山东河道和河口大体上经历了两个塑造演变阶段:决口改道初期,整个陶城铺以下河段出现冲深展宽,河口宽深稳定,河口地区不存在淤积和决溢问题;1889 年以后,由于沿黄堤防的完善和巩固,河床淤积比降变陡,巨量泥沙下排入海,海洋动力外输不及,形成河口严重淤积延伸,从而使黄河河口演变规律出现了性质上的变化,河床逐渐变成地上河,河口尾闾开始处于淤积延伸摆动改道的基本演变之中,决溢问题日趋严重。

黄河河口的淤积延伸摆动改道是黄河河口目前水沙条件下演变的基本规律,其中改道仅指发生在三角洲扇面轴点附近的较大范围的流路变迁,而摆动系为轴点以下范围内相对较小的尾闾口门的改移。摆动贯穿于河口演变的全过程,而改道则是一条流路的终结和新流路循环演变的开始。黄河三角洲轴点上下河段的演变特性显著不同,其中改道点以上河段平面形态由于受工程控导,一般相对稳定,而三角洲上的尾闾河段在每次改道后多经历游荡散乱不稳定—单一相对稳定—出汊摆动又散乱不稳定的初、中、后期三个大演变阶段,具体河型演变上则一般表现为初期的游荡散乱—归股、中期的单一顺直—弯曲、后期的出汊摆动—出汊点上提、大出汊—再改道散乱的循环过程;就垂向的冲淤及水位升降变化来说,河流近口段是随着河口岸线的淤积延伸、流路的改道和不同来水来沙而相应升降变化;轴点以下的尾闾河段则以淤积升高为主。

二、三门峡水库不同运用方式下的黄河河口水沙特征

根据三门峡水库修建前后及运用方式的不同,按通常划分阶段我们亦将进入河口地区(利津站)的水沙情况分为建库前、蓄水期、滞洪排沙期、蓄清排浑期四个大的阶段进行分析。各阶段相应的水沙特征值计算整理列于表 8-1。图 8-7、图 8-8 则分别表示河口利津站各年份来水来沙量及相应来沙系数的变化过程。

由图、表知,三门峡水库蓄水期 1960 年 10 月至 1962 年 3 月一年半的时间,进入河口利津站的年平均来水来沙与建库前多年平均值相比均有一定偏少,分别占建库前的 92% 和 52%,可见来沙量偏少更甚。与 1950～1988 年 39 年的长时段平均水沙值相比,则显示

来水量偏丰、来沙量偏少的状况,因此此期间来沙量的偏少甚大,年平均含沙量仅15.95 kg/m³,来沙系数为0.012 1,使得此期间的水沙条件处于相对有利的状态。

表8-1 三门峡水库不同运用方式下河口水沙特征值(利津站)

项目		建库前	蓄水期	滞洪排沙期				蓄清排浑期			总时段
				12深孔泄流	加2洞4管	加8孔	时段小计	I时段	II时段	时段小计	
年限		1950~1960	1961	1962~1965	1966~1969	1970~1973	1962~1973	1974~1979	1980~1988	1974~1988	1950~1988
年数(a)		10.75	1.50	4.25	4.00	3.50	11.75	5.83	9.17	15.00	39.00
天数(d)		3 125	547	1 552	1 461	1 280	4 293	2 130	3 378	5 508	13 473
汛期天数(d)		1 322	154	492	492	492	1 476	738	1 107	1 845	4 797
总量	总来水量(亿m³)	4 857.6	624.87	2 446.8	1 992.3	1 052.8	5 491.9	1 907.2	2 639.2	4 546.4	15 520.8
	汛期水量(亿m³)	3 052.4	290.4	1 385.0	1 174.9	622.9	3 182.8	1 251.9	1 752.3	3 004.2	9 529.8
	总来沙量(亿t)	136.11	9.97	41.38	56.49	35.14	133.01	53.74	58.12	111.86	390.95
	汛期沙量(亿t)	117.09	6.05	31.12	47.32	28.30	106.74	47.34	52.47	99.81	329.69
多年平均值	水量 年(亿m³)	451.87	416.58	575.73	498.08	300.81	467.4	321.13	287.81	303.09	397.97
	水量 汛期(亿m³)	283.95	232.28	346.24	293.72	155.74	265.23	208.65	194.70	200.28	244.35
	水量 汛期占年(%)	62.8	55.8	60.1	59.0	51.8	57.0	65.0	67.6	66.1	61.4
	沙量 年(亿t)	12.66	6.64	9.74	14.12	10.04	11.32	9.22	6.34	7.46	10.02
	沙量 汛期(亿t)	10.89	4.84	7.78	11.83	7.08	8.90	7.89	5.83	6.65	8.45
	沙量 汛期占年(%)	86.0	60.7	79.9	83.8	70.5	78.8	85.6	92.0	89.1	84.3
	流量(m³/s) 年	1 799	1 322	1 825	1 578	952	1 481	1 036	904	955	1 261
	流量(m³/s) 汛期	2 672	2 182	3 258	2 764	1 465	2 496	1 963	1 832	1 885	2 299
	含沙量(kg/m³) 年	28.02	15.95	16.91	28.35	33.38	24.22	28.18	22.02	24.60	25.19
	含沙量(kg/m³) 汛期	38.36	20.85	22.47	40.27	45.43	33.54	37.81	29.94	33.22	34.58
	来沙系数 年	0.015 6	0.012 1	0.009 3	0.018	0.035 1	0.016 4	0.027 2	0.024 4	0.025 8	0.02
	来沙系数 汛期	0.014 4	0.009 6	0.006 9	0.014 6	0.031	0.013 4	0.019 3	0.016 3	0.017 6	0.015

滞洪排沙运用期的第一时段1962年4月至1966年6月,三门峡水库采用12深孔泄流方式,河口来水来沙经历了一个由大到小的过程,其中1962~1964年共计来水来沙1 625.6亿m³和26.303亿t,与建库前同样3年的时间1954~1956年相比,来水量虽极为接近(1954~1956年来水量为1 629 m³),但来沙量却减少了21.849亿t;特别是1964年,来水量高达973.4亿m³,来沙量仅20.26亿t,与1958年来水596.7亿m³,来沙量也达20.97亿t形成鲜明的对照。此时段的以后两年1965年和1966年,尽管由于水量减少,水沙条件相对趋于变坏,但由总体上看,此时段4年多的时间,河口共来水2 447亿m³,来沙41.4亿t,年平均来水量达575.73亿m³,是1950年以来同样时段的最大值,再加上汛期水沙量所占比例偏低,年平均来沙量仅9.74亿t,来沙系数只有0.009 3,使得此

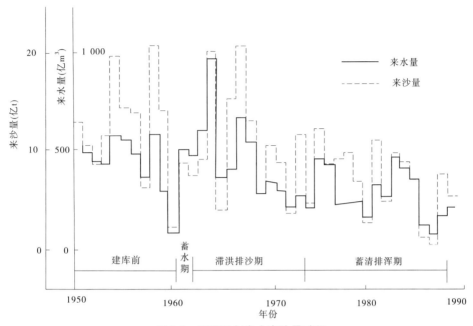

图 8-7 利津站年来水来沙量过程

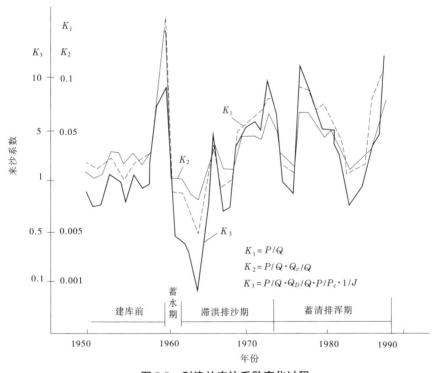

$$K_1 = P/Q$$
$$K_2 = P/Q \cdot Q_c/Q$$
$$K_3 = P/Q \cdot Q_D/Q \cdot P/P_c \cdot 1/J$$

图 8-8 利津站来沙系数变化过程

时段的水沙条件处于新中国成立以来河口地区最为有利的状态。滞洪排沙期的后两阶段,即 1966 年 7 月至 1973 年 12 月,在加 2 洞 4 管的 1967 年、1968 年两年,来沙量明显加大,但由于来水量也较大,分别为 684.0 亿 m³ 和 558.05 亿 m³,且有大流量洪峰作用,水沙条件尚较有利;此后特别是进入加 8 孔运用阶段后,河口来水量大幅度偏小,1970～1973 年 4 年平均来水量仅 295.64 亿 m³,但来沙量并未因此显著减少,平均来沙量仍接近 8 亿 t,使此阶段处于较其以前各时段更为不利的状态。综观整个滞洪排沙期的水沙条件与建库前 20 世纪 50 年代天然情况相比较,由总体上看两者的水沙状况极为相似,但由于来水来沙的过程有所差别,故水沙条件相对变得不利。

水库改为蓄清排浑运用之后,利津站的来水来沙均有较大幅度的减少,分别仅占多年平均值的 76% 和 74% 左右,汛期的来水来沙比重相对提高。单从来沙系数上看,此阶段的水沙条件处于相对不利的状态,与滞洪排沙期的后期相似,但年际间的变幅较大,出现了 1975 年、1976 年和 1983～1985 年优越,1977 年、1978 年不利和 1987 年以后愈加不利的波动状态。同时,由于绝对来沙量偏少,仅为 7.46 亿 t,占 1950～1972 年平均值的 64%,又相应减缓了河口的淤积延伸速率,使得清水沟流路的演变中期相对延长。因此,单纯从河口淤积延伸上看,此阶段的水沙条件还是较为有利的。

按照年来水量超过 600 亿 m³ 为丰水年、300 亿～600 亿 m³ 为中水年、小于 300 亿 m³ 为枯水年,年来沙量超过 14 亿 t 为多沙年、6 亿～14 亿 t 为中沙年、小于 6 亿 t 为少沙年的标准统计和计算三门峡水库各运用期间的河口来水来沙,可以看出,在 1950～1960 年的天然情况下,河口区来水来沙主要以中水中沙、中水多沙为主,所占比例达 81.8%,其中,中水中沙占 54.5%。在滞洪排沙期,河口区来水来沙比较均匀,但仍集中于中水中沙,丰水和枯水情况均占 25%。进入蓄清排浑期以后,河口区的来水来沙则以枯水少沙和枯水中沙为主,所占比例为 60%,但其年际变幅较大,亦如图 8-7、图 8-8 所示,丰水情况则没有出现。显然,蓄清排浑期是河口水沙条件相对最为不利的时期。

统计三门峡水库修建前后各时期利津站年平均各流量级天数及汛期各流量级水沙的组成情况(见表 8-2、表 8-3)知,虽然三门峡水库的不同运用时期汛期各流量级所占水沙量组成比例变化不大,但从大于 2 000 m³/s 流量的天数来看,1950～1960 年和 1962～1973 年两时段平均分别为 82.8 d 和 86.2 d,而 1974～1988 年仅为 48.7 d,相差较大,显然,蓄清排浑期的水沙条件从这一角度看也同样是相对不利的。

分析三门峡水库修建前后河口泥沙组成的变化,得知水库建成前,1956～1960 年平均大于 0.025 mm 的泥沙量只占到 44.6%;而在水库建成后的蓄水运用和滞洪排沙运用期较粗部分泥沙被冲起,从而导致进入河口的泥沙明显变粗,大于 0.025 mm 的泥沙输移量达到 55% 左右。此后,1970～1973 年,随着下泄水沙受三门峡水库调节作用的减弱,河口来沙中大于 0.025 mm 的比例又有较大幅度的下降,只有 40.8%;进入蓄清排浑运用之后,水库调节水沙的影响更小,截至 1985 年,大于 0.025 mm 的泥沙所占比例又逐步回升,达到 51%;但在 1986～1988 年间,由于来水来沙的大幅度减少,加上大流量不多,水流动力相对减弱,其比例又降至 37% 的最小值。目前入海泥沙组成状况已接近长时段的平均水平。

表 8-2　三门峡水库修建前后利津站年平均各流量级天数统计

运用方式	时段	不同流量级（m³/s）天数（d）						
		0~100	100~1 000	1 000~3 000	3 000~5 000	5 000~7 000	>7 000	>20 000
建库前	1950~1960	21.8	171.3	130.6	30.2	8.6	2.6	82.8
蓄水期	1961	45.0	91.0	191	22	16	0	145.0
滞洪排沙期	1962~1965	0	116.8	179.0	42.0	21.5	6.0	127.8
	1966~1969	10.3	165.3	135.5	40.8	13.5	0	92.8
	1970~1973	29.8	200.0	125.0	9.8	0.8	0	38.0
	1962~1973	13.3	160.7	146.5	30.8	11.9	2	86.2
蓄清排浑期	1974~1979	37.7	212.2	90.2	21.2	3.2	0.8	52.3
	1980~1988	56.8	207.8	73.1	23.3	4.3	0	46.2
	1974~1988	49.1	209.5	79.9	22.5	3.9	0.3	48.7
总时段	1950~1988	30.3	180.7	117.6	27.2	8.0	1.5	72.3

表 8-3　三门峡水库修建前后利津站汛期各流量级水沙组成统计

运用方式	时段	汛期年平均		各流量级（m³/s）水量、沙量所占百分数（%）									
		水量（亿 m³）	沙量（亿 t）	0~1 000		1 000~3 000		3 000~5 000		5 000~7 000		>7 000	
				水	沙	水	沙	水	沙	水	沙	水	沙
建库前	1950~1960	283.95	10.89	1.96	0.52	40.81	29.62	35.02	40.30	15.65	22.73	6.57	6.84
蓄水期	1961	232.28	4.84	0	0	63.54	60.88	22.27	24.85	14.19	14.17	0	0
滞洪排沙期	1962~1965	346.25	7.78	2.25	0.53	24.37	17.85	30.61	33.80	31.56	34.96	11.12	12.86
	1966~1969	293.72	11.83	4.31	1.77	26.61	22.95	44.43	48.09	24.02	27.12	0.64	0.10
	1970~1973	155.74	7.08	12.36	4.45	71.96	68.77	13.48	22.51	2.20	4.27	0	0
	1962~1973	265.23	8.90	4.99	2.11	34.50	33.60	32.38	37.14	23.03	23.35	5.11	3.79
蓄清排浑期	1974~1979	208.65	7.89	5.97	2.77	52.04	52.20	31.74	38.63	7.60	5.58	2.65	0.82
	1980~1988	194.70	5.83	10.01	4.00	39.40	39.46	39.64	43.92	10.95	12.63	0	0
	1974~1988	200.28	6.65	8.34	3.38	44.65	45.79	36.36	41.29	9.56	9.13	1.11	0.41
总时段	1950~1988	244.35	8.45	4.92	1.87	40.58	36.24	34.18	39.28	16.16	18.79	4.16	3.83

综上所述,单纯从来水来沙情况看,随着三门峡水库运用方式的不同,河口区水沙条件经历了蓄水期相对有利—滞洪排沙期前期愈加有利、中期渐显不利、后期不利—蓄清排浑期相对不利的变化过程。

三、三门峡水库调水调沙对河口来水来沙的影响

黄河河口地区的来水来沙量大小、组成状况及过程由于受诸多因素的影响显得十分复杂。事实上,经三门峡水库调节下泄的具有不同含沙量的水流,在汇合了伊、洛河及沁河等水系的来水来沙后,再加上整个黄河下游长达800多km河段的调蓄、冲淤演变以及两岸引水引沙等因素的影响,到达河口时水沙条件已改变了许多,但这并不说明三门峡水库的不同运用方式对河口来水来沙没有影响,只是影响的程度远较花园口河段为弱罢了。

三门峡水库修建前后各运用期的水库下泄水沙量和河口利津站相应年份的来水来沙发生了较大幅度的改变,详见图8-9。此期间,水库下泄清水,下游河段受其影响发生冲刷,含沙量沿程递增,至河口利津站时,日平均含沙量大都恢复到15 kg/m³ 左右,最高达27 kg/m³。即使如此,此阶段的时段平均含沙量与长时段相比仍有一定幅度的偏小,但对河口水沙条件的影响相对较小。1962 年4 月水库开始采用滞洪排沙运用之后,初期由于受泄流规模及运用方式的限制,上游大流量洪峰来水不能及时下泄,而使出库水流产生明显的水沙错位现象。以1964 年为例(详见图8-10),7 月中旬流量为1 600 m³/s 左右时,

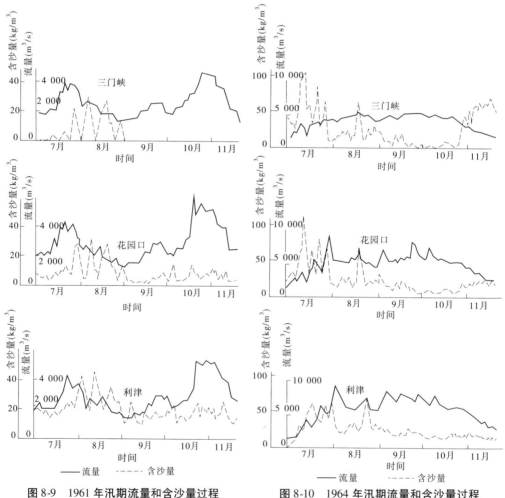

图 8-9　1961 年汛期流量和含沙量过程　　　　图 8-10　1964 年汛期流量和含沙量过程

含沙量高达 120 kg/m³,但随着流量的增大,在 7 月底至 3 800 m³/s 时,含沙量却骤降至 8 kg/m³ 左右;此后一直到 10 月下旬,流量均在 4 000～5 000 m³/s 变化,含沙量却有减无增,最小还不到 2 kg/m³。反观经下游影响后的利津站流量、含沙量变化过程,其流量值普遍较三门峡为大,含沙量则表现为三门峡出库含沙量很大时至河口则变小、反之则增大的性质;其水沙错位现象虽依然存在,但已不如上游明显。10 月下旬以后,水库下泄流量开始变小,但含沙量却由 2 kg/m³ 猛增至 70 kg/m³ 左右,而处于同时期的河口利津站含沙量并未因此出现增加的趋向,相反其含沙量在相对稳定的情况下还略有减小。此表明经下游河道的调节,入海水沙条件趋于相对稳定和近于自然状态。

此后,随着水库泄流规模的逐步加大,水库由滞洪排沙运用改为蓄清排浑运用,水库的拦沙作用基本消失,又加上自 1982 年以来无大流量洪峰出现,虽然上游来水来沙的年内分配状况有所改变,但水库调水调沙对河口水沙条件的作用和影响以及水沙错位现象已逐步减弱乃至消失。总之,河口区的来水来沙从某种程度上讲,是三门峡水库调水调沙和黄河下游冲淤演变综合作用的结果。值得注意的是,尽管黄河下游的排沙比随着水库的运用方式和来水来沙的不同呈现脉动式变化,但来沙多来多排的趋势是肯定的。

综上所述,三门峡水库对河口区来水来沙的影响主要表现在蓄水期和滞洪排沙期的初始阶段,此期间来水量大、含沙量较小,水沙条件相对有利。但由于此运用期时间较短,再加上受河口流路演变阶段的影响,影响作用未能得以充分显现。而其后随着水库的改建和泄流规模的加大,加上长达数百千米下游河道的调蓄和平衡作用,进入河口的水沙条件从总体上几乎近于天然水平,对河口的影响明显相对减小。

四、三门峡水库不同运用方式下的河口演变特征

(一)河口河段的冲淤变化特征

比较三门峡水库修建后不同运用方式下河口段(利津以下)及黄河下游河道的冲淤量(见表 8-4)知,三门峡水库蓄水期的 1960 年 11 月至 1962 年 5 月和滞洪排沙期的 1962 年 5 月至 1966 年 5 月,黄河全下游冲淤状况呈现为刷槽塌滩的特点,总的表现为冲刷的性质,两时段累计冲刷量达 75 626 万 m³,显然,这是水库基本下泄清水、水沙条件极为有利的结果。而河口河段则相反,由于河口尾闾处于小循环演变的后期和改道初期,虽然此时段水沙条件较为有利,但仍显示了槽、滩同淤的特性,共淤积 1 349 万 m³,同时河口尾闾河段仍然不断发生出汊摆动,并引发了 1963 年河口地区的严重凌汛和导致了 1964 年 1 月由神仙沟流路改走刁口河流路的改道。很明显,三门峡水库基本下泄清水,河口流路形势并没因此而变好,而是继续处于河型出汊散乱、水流不畅、排洪排沙能力降低,同时引起凌汛问题严重的不利状态,这也与下泄清水期较短,使下游河道沿程冲刷只发展到泺口附近即因运用方式的改变而未能在河口河段显现其作用和影响有关。在滞洪排沙期的 1966 年 5 月至 1970 年 5 月,河口河段的冲淤特征同样有别于黄河下游,其大体表现是下游淤、河口冲,显然,这与此阶段的前期 1967 年和 1968 年水沙条件相对有利、河口 1967 年发生大流量取直摆动、河型转变为单一顺直河槽、刁口河流路进入中期的初始阶段、尾闾边界条件较好和河口基准面相对降低有关。滞洪排沙期的最后时段 1970 年 5 月至 1973 年 9 月间,水沙条件相对不利,加之入海泥沙集中,河口沙嘴延伸较快,河床升高。

1972 年流路长度达到历史最长,利津以下到口门长达 110 km 以上,并在当年发生出汊摆动开始进入刁口河流路后期阶段,使河口同下游一样表现为明显的回淤态势,但河口河段的淤积量相对较小,仅为全下游淤积量的 4.41%。

表 8-4　三门峡水库修建后不同运用方式下河口段与下游冲淤比较

运用方式	时段	河口段水沙状况(利津)			年平均冲淤量(万 m³)						每亿吨沙淤体积(万 m³)	河口段占下游(%)
		年均水量(亿 m³)	年均沙量(亿 t)	含沙量(kg/m³)	利津以下河口段			全下游				
					滩	槽	合计	滩	槽	合计		
蓄水期	1961	433.9	6.94	16	331	228	569	-56 745	305	-56 440	81.66	-1.01
滞洪排沙期	1962~1965	600.9	10.24	17.05	626	154	780	-19 252	66	-19 186	76.17	-4.07
	1966~1969	490.9	14.00	28.53	338	-456	-118	18 944	-680	18 264	-8.47	-0.65
	1970~1973	283.5	8.77	30.93	2 022	116	2 138	48 007	511	48 518	243.8	4.41
	1962~1973	474.3	11.15	23.52	935	-72	863	14 011	-67	13 944	77.31	6.19
蓄清排浑期	1974~1979	331.1	9.24	27.75	1 826	3 053	4 879	4 493	13 094	17 587	527.7	27.7
	1980~1988	294.1	6.52	22.18	-267	-147	-414	1 278	1 465	2 743	-64.3	-15.1
	1974~1988	309.9	7.83	25.26	583	1 150	1 733	2 582	6 181	8 763	221.3	19.8
总时段	1961~1988	380.7	9.26	24.33	734	624	1 358	7 501	3 492	10 993	146.7	12.4

　　进入蓄清排浑期以后,1973 年 9 月至 1979 年 10 月,水库在汛期集中排沙、非汛期下泄清水,其结果是下游河道由汛期冲、非汛期淤变为汛期淤、非汛期冲;而河口河段则不然,不仅汛期淤,而且非汛期除个别年份外也表现为淤积的性质。虽有 1975 年、1976 年连续两年较好的水沙条件,但进入河口的每亿吨泥沙所淤积的体积数量仍然达到了最大值,其比值为 527.7 万 m³/亿 t,此时段的河口河段淤积比重明显增大,达到整个下游淤积量的 27.7%。这与 1975 年正处于刁口河改道前夕尾闾不畅,水面宽达几千米,滩槽普遍淤积和 1976 年改道清水沟流路后尾闾散乱、入海泥沙几乎全部淤在三角洲和滨海前沿有关。其后至 1988 年 9 月,清水沟流路处于小循环演变的中期阶段,在来水来沙条件较为不利,黄河下游发生一定淤积的情况下,河口河段发生冲刷,9 年累计冲刷量为 414 万 m³;此主要是发生在 1986 年以前,另外,此阶段的河口河段同黄河下游一样也表现为非汛期冲刷、汛期淤积的冲淤过程。综上所述,不难证实河口河段的冲淤变化特征更主要与河口流路演变的阶段密切相关。

　　为更充分说明水沙条件及流路演变阶段对河口河段冲淤影响的大小,我们比较计算了刁口河流路不同演变阶段的来水来沙条件和冲淤状况,详见表 8-5。从中不难发现河口河段的冲淤状况与其相应的演变阶段密切相关,相反,与来水来沙的好坏关系并不十分密切。当然,这并不是否认水沙条件对河口冲淤演变的影响和作用,只是其影响和作用需要与尾闾边界条件及河口基准面的状况相结合。

　　黄河下游及河口河段的淤积和冲刷,势必影响到河床纵比降的调整和变化。水槽试验和有关资料分析表明,在来水来沙和横向边界不变的情况下,若尾闾部侵蚀基准面高程亦不变,则最终将形成一个与水沙条件相适应的相对稳定纵剖面,当来沙减少或来水相对加大时,纵比降将调平,反之纵比降将变陡;恢复原水沙条件时,纵剖面亦相应调回原相对平衡的状态。当尾闾部侵蚀基准面升高,其他条件基本不变时,则淤积自尾闾部开始逐渐向上发展,最终形成一个与原比降一致,但已升高了的新纵剖面,如图7-5所示。因此,尽管河口及其以上部分河段的冲淤变化因受不同流路、演变阶段、边界条件、工程作用和水沙条件等的影响而出现时冲时淤的变化,但其淤积延伸相应引起侵蚀基准面相对升高的总趋势是肯定的。虽然三门峡水库采取了多种运用方式,除蓄水拦沙运用外,随着水库泄流规模的加大,水库拦沙作用相对减弱,但其无法从根本上改变和解决黄河河口不同于其他河口的巨量泥沙下排入海,形成河口岸线淤积延伸和侵蚀基准面相对升高这一至关重要的制约因素。因此,从宏观长时段上看,在黄河上游来水来沙及下游河道横向边界近似于常数的情况下,下游河道夹河滩站以下特别是山东河段河床在时冲时淤的过程中随着河口基准面的相对升高而相应近于平行抬高的态势将在所难免。

表8-5　刁口河流路不同演变阶段的来水来沙条件和冲淤状况

流路演变阶段		起止年限（年·月）	月数	来水来沙状况（年平均）					冲淤情况（万 m³）	
				来水量（亿 m³）	来沙量（亿 t）	流量（m³/s）	含沙量（kg/m³）	来沙系数	总冲淤量	年均冲淤量
刁口河	初期	1965.04 ~ 1968.05	37	492.21	13.569	1 808	25.57	0.015 2	2 865	929.2
	中期	1968.06 ~ 1972.05	48	383.42	9.743	1 214	25.41	0.020 9	1 924	481.0
	后期	1972.06 ~ 1976.06	49	297.16	8.172	941	27.5	0.029 2	5 196	1 272.4

(二)河口水位变化及水位比降特征

比较花园口以下各站 1950 ~ 1988 年 3 000 m³/s 年平均水位的变化过程(见图7-9 和表8-6)知,三门峡水库的运用方式对水位的影响在 20 世纪 60 年代初的蓄水拦沙期较为明显,下游河道水位普遍下降,但越近河口,这种影响越小。如利津以下河段,仅 1962 年的水位有所下降,但幅度较小,此不仅是水沙条件较好的影响,更主要与神仙沟流路出汊尾闾流路缩短有关;而其上河段至花园口,水位下降的幅度不仅较大,而且持续下降的时间也较长。很明显,黄河下游与河口河段在一定时期内水位变化的影响因素不尽相同,如 1967 年刁口河流路发生大流量取直摆动进入中期演变阶段时,利津以下河段水位有所下降,但同期刘家园以上河段的水位则保持持续升高的趋势。即使如此,从总趋势上看,下游各站水位的变化与河口利津站的变化均较为一致,特别是高村以下山东河段 39 年的升高速率更是接近于利津站数值,从而再次证明,三门峡水库虽采取了多种调水调沙的运用方式,使得短时段各河段冲淤发展不均衡,水位和比降有所波动,但下游河道水位同河道纵比降一样表现为近于普遍相应抬高的趋向。众所周知,由于受河口自身特殊的演变特性和多种制约因素的影响,再加上河口河段出现的诸如凌汛、假潮、风暴潮和局部阻力等原因而引起的异常高水位现象,河口河段的水位多呈现交替升降、复杂多变的形势,同时河口段水位除只有改道初期和进入中期的前几年才表现出下降外,其他时段年份均表现出升高的趋势。但从长时段上看,河口利津站的 3 000 m³/s 年平均水位升高速率与其河口岸线的淤积延伸长度有着密切的相关关系,见图8-11。因此,不论三门峡水库采取何种运用方式,如不有效减少和控制进入河口区的泥沙数量及适时进行河口入海流路改道,河口岸线的淤积延伸将不可避免地加快,河口河段乃至下游河道的水位升高也将相应加快。

表8-6   三门峡水库修建前后不同运用期河口与下游水位升降情况

运用方式	水位升降状况	站名					
		花园口	高村	艾山	利津	一号坝	罗家屋子
建库前	时段升降值(m)	0.96	1.47	0.66	0.30		
	升降率(m/a)	0.10	0.15	0.07	0.03		
蓄水期	时段升降值(m)	−1.31	−0.63	−0.33	−0.13	−0.08	−0.14
	升降率(m/a)	−0.65	−0.31	−0.16	−0.07	−0.04	−0.07
滞洪排沙期	时段升降值(m)	−1.87	1.41	1.73	1.73	1.56	1.47
	升降率(m/a)	−0.17	0.13	0.15	0.16	0.14	0.13
蓄清排浑期	时段升降值(m)	−0.6	0.06	0.28	−0.1	−0.13	
	升降率(m/a)	−0.04	0.004	0.02	−0.01	−0.01	
合计	时段升降值(m)	0.92	2.30	2.28	1.80		
	升降率(m/a)	0.02	0.06	0.06	0.05		

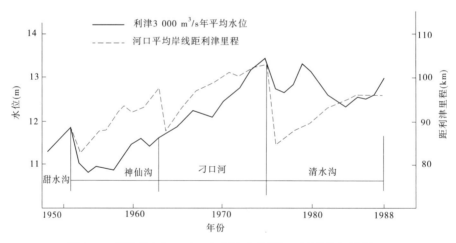

图8-11   利津站3 000 m³/s年平均水位及河口延伸状况过程

分析河口河段短时期的水位变化知,单纯有利的水沙条件只能形成河口河段暂时的局部冲刷,一般汛后即很快回淤,不能造成相对持久的水位下降。由表8-7可以看出,尽管1964年全年来水量达973.4亿m³,汛期及年来沙系数分别为0.004 7和0.006 8,水沙条件十分有利,但由于此时正值刚改走刁口河流路的第一年,尾闾河段游荡散乱,土质较硬,主流摆动不定,形不成固定河槽,从而导致除当年汛期水位短时下降外,其当年年平均水位仍较上年1963年升高了0.12 m。综观刁口河流路整个初期阶段1964～1967年的来水来沙条件,显然较长时段平均情况相对有利,但水位均表现为淤积升高的趋势,4年利

表 8-7　黄河河口水沙条件及水位变化特性比较

流路	年份	三门峡含沙量 (kg/m³)		水沙条件										利津 3 000 m³/s 水位 (m)
				汛期					全年					
		最大	最小	来水量 (亿 m³)	来沙量 (亿 t)	流量 (m³/s)	含沙量 (kg/m³)	来沙系数	来水量 (亿 m³)	来沙量 (亿 t)	流量 (m³/s)	含沙量 (kg/m³)	来沙系数	
刁口河初期	1964	19.6	3.8	601.3	15.92	5 659	26.5	0.004 7	973.4	20.27	3 087	20.8	0.006 8	11.73
	1965	134	19.6	163.8	2.68	1 542	16.4	0.010 6	381.0	4.34	1 208	11.4	0.009 4	11.89
	1966	279	39.8	290	14.83	2 729	51.1	0.018 7	410.7	15.56	1 302	37.9	0.029 2	12.08
	1967	226	22.0	443.1	17.44	4 169	39.4	0.009 4	684.5	20.83	2 171	30.4	0.014 1	12.22
	1964 ~ 1967	279	3.8	1 498.2	50.87	3 524	34.0	0.009 6	2 449.6	61	1 941	24.9	0.012 8	+0.59
清水沟中期	1981	251	30.9	287.1	11.25	2 702	39.2	0.014 5	345.9	11.52	1 097	33.3	0.030 3	12.86
	1982	228	23.9	207.6	4.8	1 953	23.1	0.011 8	297.1	9.43	942	18.3	0.019 3	12.60
	1983	171	23.7	316.8	8.19	2 981	25.8	0.009	490.7	50.24	1 556	20.9	0.013	12.46
	1984	154	5.4	326.6	8.77	3 073	14.0	0.005	446.8	9.34	1 417	20.9	0.015	12.33
	1981 ~ 1984	251	5.4	1 138.1	33.01	2 677	29.0	0.010 8	1 580.5	80.53	1 252	23.1	0.018 5	-0.81

注:1963 年水位为 11.63 m,1980 年水位为 13.14 m。

津站 3 000 m³/s 年平均水位累计升高值达 0.59 m。与此相比较,1981 年清水沟流路开始进入中期演变阶段,尾闾河段形成单一窄深河槽,入海口相对稳定,虽然 1981 年河口来水仅 345.9 亿 m³,来沙系数达到 0.030 3,水沙条件较为不利,但汛期仍发生较大幅度冲刷,水位下降达 0.47 m,年平均水位也比上年下降了 0.28 m,其后 3 年,水位一直保持着下降的趋势,到 1984 年后,水位已累计下降 0.81 m。尽管这 4 年的水沙条件与刁口河道初期的 4 年相比较为接近并稍显不利,但水位的变化特征却截然不同。由此不难看出,造成河口河段水位持久冲刷下降的主导因素,一般情况下与黄河下游河段有所不同,它不仅需要相对有利的水沙条件,而且需要相对有利的边界条件和河口基准面相对下降与之配合才能得以实现。也就是说,一般情况下,只有在流路演变的初期和中期的前几年,河口河段水位才有持久下降的可能。在流路演变的不同阶段,由于尾闾河段边界条件和河口基准面状况的不同,同样的来水来沙条件对河口冲淤及水位升降变化的影响大小和性质也就不同。此说明,三门峡水库的调水调沙运用对河口冲淤及水位的变化即使有所影响,也要受到河口尾闾河段演变阶段和边界条件的制约而使得其影响效果不甚明显或基本不起作用。

由花园口以下至河口各河段 3 000 m³/s 年平均水面比降来看(见图 7-7),其时空陡缓变化特征有较大的差异,但从比降大小上看是上陡下缓,从变化幅度上看则是上小下大。其中,花园口以下至泺口附近河段,其比降多依赖于上游来水来沙条件的不同而相应调整变化,如三门峡水库下泄清水期间,花园口—艾山河段比降明显变缓,在滞洪排沙期的初期几年,则又有一定幅度的变陡,此后随着三门峡水库泄流规模的加大和蓄清排浑方式的运用,花园口—泺口河段比降从总体上又出现明显的变缓趋势。泺口以下至河口段的比降变化则不然,一般其变化特征不受三门峡水库调水调沙的影响,而是与受河口河段所处的流路演变阶段制约的冲淤变化有着密切的关系。

由于黄河口经常改道,改道点以上河流近口段和改道点以下尾闾河段的比降变化也有着明显的差别。流路的改道使改道点上下两段比降由一条流路自然演变末期比降变缓趋于平衡并相近的情况,突然转化为改道点以下比降因流路改道入海流程的缩短而明显变陡的状态,但此河段比降将很快由于新尾闾河段的大量堆积和入海流程的迅速加长而逐渐淤积变缓;改道点以上河段的比降则正好相反,由于改道引起的溯源冲刷,河段比降有所变陡,但其变化幅度相对较小,一般由小于1‰逐渐增加到1‰,经上冲下淤的调整,改道点上下两河段比降逐渐趋于一致,从而使改道作用基本消失。以年为单位点绘的改道点上下河段的比降变化过程充分显现了上述的变化过程。尽管此两流路所处的三门峡水库运用的阶段有着明显的差别,但刁口河与清水沟两流路的比降变化趋势是一致的,只是改道点上下河段比降后者较前者均有所变陡,这与刁口河流路较清水沟流路尾闾地势较高有关,而与水沙条件关系不大。

显然,三门峡水库的运用及其相应来水来沙条件的改变,只对其上长河段产生明显影响,而对河口河段比降的影响相对很小,其比降变化主要取决于尾闾河型演变阶段的边界状况和河口及三角洲岸线淤积延伸的长度。

(三) 河口段河道形态特征及造陆情况

已如前述,黄河河口尾闾河段在一条流路的发育过程中,一般经历游荡散乱、归股顺直又出汊散乱的过程,其河道的横向和纵向形态特征也不断得到相应的调整,这种变化和调整不仅取决于进入河口河段的水沙条件,而且与尾闾长度和边界条件以及海洋动力等因素的影响密切相关。

实测资料表明,河口河段河道纵向变化的一般特征是,随着一条流路的开始与终结,尾闾河段的比降由天然的较陡的不平衡状态逐渐随着河口三角洲岸线的淤积延伸而变缓,改道点以上河段比降则主要因溯源冲刷的影响由缓变陡,并向与来水来沙相适应的相对平衡比降发展;待进入单一顺直的河型演变中期其上下河道河槽特征基本相同时,两河段比降逐渐趋向于一致;而后随着河口的延伸和进入出汊摆动散乱阶段,两河段将大体同步变缓,并逐渐向上游发展。此表明河段比降与三门峡水库的运用方式和来水来沙条件关系不大。清水沟流路改道点上下比降变化和刁口河流路改道点上下比降变化过程(见图 3-9 和图 3-10)明显地证实了上述比降的变化趋势和规律,虽然两条流路处于三门峡水库不同运用方式的不同阶段且来水来沙不尽相同,但其变化趋势和规律并未因此而受到影响。

河口河段河槽的断面形态和滩槽高差的时空差异也同样较为明显。一般改道点以上河段均相对稳定,变化不大,如有工程控导的一号坝附近河段滩槽高差和断面形态均变化很小,而改道点以下尾闾河段的滩槽高差和断面形态的变化则主要依流路演变阶段的不同而表现出不同的性质和状态。由清水沟流路清 1 断面初期阶段淤积演变(见图 3-15)和中期阶段淤积演变(见图 3-17)以及刁口河流路罗 7 断面变化(见图 3-21)和刁口河流路罗 11 断面中后期的断面淤积形态(见图 3-22)来看,两流路基本是相似的。其一般表现特征是,初期游荡散乱阶段宽浅,滩槽差很小,主槽和断面变化很大;中期则断面变为窄深,滩槽差明显加大,并与其上河段趋向于一致;出汊的后期,则表现为出汊点上下的不同。显然,尾闾河段河槽形态的变化趋势和特征与三门峡水库的运用方式并不存在明显的联系。由此我们不难理解,三门峡水库的调水调沙对河口河段特别是尾闾河段河槽形态的影响甚微,其河槽形态的变化主要与流路的不同演变阶段有关,但水沙条件制约着演变阶段的长短和短期微观的变化。

众所周知,正是由于大量泥沙在河口的堆积造陆,才形成了黄河河口以淤积延伸摆动改道为特征的基本演变规律。其实,河口造陆速率的大小不仅与来沙量的多寡有关,而且与流路所处的演变阶段及相应的海域状况有着一定的关系。由表 8-8 知,三门峡水库蓄水拦沙期的 1961~1963 年,河口年平均来沙仅 8.76 亿 t,同时神仙沟入海部位又是最佳海域,但造陆速率却高达 79.1 km²/a,这是由于神仙沟流路正处于后期,尾闾河段出汊散乱,波及范围大,入海水流排洪排沙能力较弱。1979~1989 年,三门峡水库正值蓄清排浑运用期,由于上游来水来沙相对偏枯,此时段与 1961~1963 年的水沙条件相差不大,但因尾闾河段相对窄深顺直和河口沙嘴凸出,外排沙量较大,尽管海域条件较差,仍使得河口的造陆速率降低到 1954 年以来的最低值,仅为 25.26 km²/a。由于河口基准面相对降低,因此清水沟流路的中期时段相对延长,河口河段乃至山东河段的水位在较长时段均处于相对偏低状态。

表 8-8 黄河河口淤积造陆情况

运用方式	尾闾流路	走河时段	走河年限(年)	时段沙量(亿 t)	年均沙量(亿 t)	造陆面积(km²)	造陆速率(km²/a)
建库前	新中国成立前	1855~1954	64			1 510	23.6
	神仙沟初、中期	1954~1959	6	89.95	14.99	174.6	29.1
蓄水拦沙期	神仙沟后期	1961~1963	3	226.3	8.76	237.4	79.1
滞洪排沙期	刁口河全过程	1964.01~1973.09	9.75	112.3	11.52	506.9	52.0
蓄清排浑期	刁口河后期清水沟初期	1973.09~1979.01	5.42	35.2	10.29	191.3	35.30
	清水沟中期	1979.11~1989.10	9.92	63.81	6.43	250.6	25.26

进入河口地区的泥沙不外乎陆上淤积、滨海区淤积和输往外海三个去处。其中,滨海区的淤积直接造成河口岸线的延伸造陆。在流路演变的不同阶段,这三者的比例变化较大。以外输比为例,大者可达 60% 以上,小者仅有 2.5%。但各流路各演变阶段所占的比例则大体相近,滨海淤积量占来沙百分比关系图(见图 8-12)明显地证实了这一点。此表明河口区来沙的淤积状况包括造陆情况在一定时段内与流路的演变阶段和相应的尾闾边界条件密切相关。但三门峡水库建成初期死库容的拦沙减少了进入河口区的来沙量,因而起到了减缓河口淤积延伸和由此产生的侵蚀基准面相对升高的作用。

以上分析表明,三门峡水库的修建及其不同的运用方式,基本上未对河口河段的河槽形态变化特征、造陆状况和由此引起的河口淤积延伸摆动改道的基本规律产生显见的影

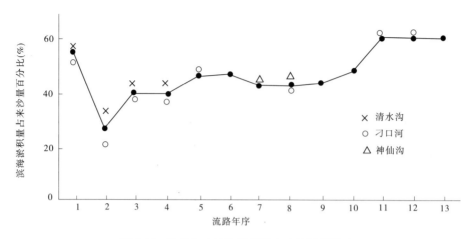

图 8-12　流路年序滨海淤积量占来沙量百分比

响。但三门峡水库的拦沙使入海的泥沙量减少,从而减缓河口淤积延伸速率及河口河段与下游河道淤积升高速度的作用是不容忽视和必须肯定的。

五、三门峡水库运用对河口凌汛的影响

黄河下游特别是河口地区每年冬季经常发生凌汛,它一般具有 3 个特点:①凌峰流量小而水位高;②凌峰流量沿程递增;③狭窄河段卡冰次数多。据有关资料统计,在 1950 ~ 1951 年和 1984 ~ 1985 年的冬季中,有 3 年未封河。在封河的 32 年中,首封在河口地区的就有 26 次,其中 23 次发生在利津站以下的河口段,使凌汛高水位在河口地区出现的机遇几乎两年一遇。因此,对河口地区来说,凌汛比伏秋大汛相对更为严重,更难预防。

黄河河口凌汛之所以尤其严重,是由其自身独特的边界条件及河口地区的气象因素等造成的,主要体现在:①河口地区纬度偏北,气温较下游河道相对偏低,在下游上段开河时,河口部分河段冰质一般相对坚硬,表面冰盖较厚,尚不具备开河条件,排冰能力低,故容易造成冰塞和冰坝;②河口地区改道点以上河道弯曲且较狭窄,多急弯,极易卡冰结坝;③一般改道点以下河道河身宽浅,多沙滩,河口拦门沙河段水流分散、浅缓,汊道较多,再加上潮汐顶托作用,冰块容易搁浅堆积,形成冰坝;④海冰或河流下排入海的冰块被强风潮驱进河口或涨潮流挟带的冰块在退潮时搁浅等,易形成冰坝、冰塞,即使在较低流量时,也会引起水位的大幅度壅高而产生比伏秋大汛大流量还要高的异常高水位的现象,从而威胁堤防安全。

为减少和避免凌汛的威胁及由此带来的损失,在三门峡水库修建以前,人们曾采用过许多防凌汛措施,包括人工打冰、破冰船破冰、炸药爆冰以及大炮轰、飞机炸等办法,但效果不甚理想。通过长期的防凌斗争实践,人们逐步认识到凌汛的主要矛盾不是冰而是水,因此1960 年三门峡水库建成后,防凌措施由以破冰为主发展到以水库调节为主的新阶段。

三门峡水库的防凌作用一般表现有二:一是运用水库的蓄水进行水量调节,控制下游水量,减缓下游及河口的凌汛威胁;二是利用水库低层水和发电泄水水温较高,减少下游

河段的封河长度。目前,三门峡水库防凌运用的主要方式是:封河前调匀并适当加大流量,以达到推迟封河日期和尽量避免小流量封河的目的,即使封河,也可以抬高冰盖,增大冰盖下的过水能力;河道稳定封冻后,水库控制下泄流量,逐步减退下游河槽蓄水量;开河后,根据冰情水情,利用水库控制,直到关闸断流,大大削减河槽蓄水量,减小凌峰流量,从而保证安全开河。

20世纪50年代,因当时防洪工程体系比较薄弱,又无三门峡水库的防凌调节运用,使得1951年、1955年两年在河口地区发生两次凌汛决口,造成了巨大损失。而后随着黄河下游及河口堤防的日益完善和加高加固,加上三门峡水库的调节作用,近年来河口地区虽经历多次严重凌汛,但从未出现凌汛决口灾害,从而保证了山东省境内沿黄两岸大片地区的安全和河口地区工农业生产的稳定发展。

虽然三门峡水库在凌汛期的调节对减轻河口地区的凌汛威胁及灾害的效果较为明显,但由于其调节作用受水库蓄水高度、发电、灌溉等限制而不能充分发挥其作用,再加上河口地区本身凌汛问题的特殊性和严重性,且河口发生凌汛时一些临时防凌措施难以实施,防伏秋大汛难度更大,因此在目前和今后相当长时期内,河口凌汛问题将成为影响河口地区工农业生产和堤防安全的重大隐患,故黄河河口的凌汛问题还需要进一步研究。小浪底水库兴建后与三门峡水库联合运用,无需分水分凌等辅助措施,已基本解除了河口地区凌汛的严重威胁。

六、结论

三门峡水库对河口的影响主要是通过改变进入下游和河口的水沙条件而实现的。初建时,由于采用蓄水运用方式和泄流规模较小,其影响较大,主要表现在:蓄水期下泄清水冲刷,一方面由于沿程冲刷和滩地的大量坍塌,有大量泥沙补给,水流含沙量得以恢复,入海时已近于饱和挟沙水流;另一方面由于蓄水期过短,没有等沿程冲刷水位下降发展到河口地区即改变了运用方式,故蓄水运用方式的影响相对不大。滞洪排沙期的影响主要是使大洪峰流量拉平,水沙峰错位,引起下游淤积,首先是回填上段前期冲刷部位,经此调整亦使进入河口的水沙条件变化相对不大,从而使河口河段的冲淤变化特征与下游河道存在着较大的差异。河口河段的冲淤和尾闾河段的断面形态变化、比降的发展过程、河口淤沙比例、造陆状况等有关资料均表明,河口演变与三门峡水库运用方式均无明显的直接关系,而是主要取决于河口演变过程的发展阶段。

三门峡水库建成后各种运用方式在局部时段内对河口均有不同程度的影响,但因有下游河道的调整作用,更主要的是水库及时进行了改建,水库的拦沙作用逐步减小直到停止。这使进入河口的水沙特性如大水带大沙、水沙集中在汛期几场洪水等水沙特性没有明显改变,即便在影响最严重的时段,其影响作用也未能充分显现。如1961～1963年,水沙条件虽好,但神仙沟流路仍然不断出汊。1964年大水由于三门峡水库的调节和拦沙作用,大流量清水下泄时间最长,水沙条件最好,但因尾闾边界条件的影响,河口改道的作用并没有得以显现,水位继续随着刁口河岸线的迅速延伸而不断升高,并被迫于1976年实施了清水沟流路改道。而水库滞洪排沙的 1967 年,河口来沙达 20.9 亿 t,平均含沙量为 30.4 kg/m³,但仍在 9 月发生大流量取直摆动,使当年和后二年水位持续降低。总之,三门峡水库运用方式虽对入海的水沙条件有所改变,但其影响不足以改变河口淤积延伸摆动改道的基本规律。

水库死库容的拦沙减轻了下游河道淤积,同样减轻了河口的淤积延伸,对下游防洪和延长河口流路使用年限有利。

1974 年水库改为蓄清排浑运用以来特别是 1982 年后,由于较长时段来水来沙量相对较小,大流量洪峰很少出现,河道淤积严重,三门峡水库对河口的影响更为明显减弱,同时河口演变和发展又处于相对稳定的中期阶段。在此水沙和边界条件双重作用下,河口表现出淤积延伸速率减缓,并出现不淤浅滩和多汊并存现象,河口尾闾的激烈演变程度减轻,加之人为工程影响,以致相对延长了清水沟河型演变的中期年限。但这不是由于三门峡运用方式的影响,而主要是由流域来水来沙和尾闾所处演变阶段的特性所决定的。

河口由于承受河道下排的冰凌,加上潮汐和海冰的顶托,河型散乱的时段长,致使河口地区凌汛问题历来十分严重。三门峡水库凌汛期的控制和调节,对减轻河口地区的凌汛威胁和危害效果十分明显,至今没发生大的问题,但其调节能力有限,故凌汛问题尚未完全解决。因此,凌汛威胁和危害仍将是河口地区近期主要的问题之一。

鉴于今后大洪水出现的概率可能增加,而大洪水不仅挟带大沙使进入河口的沙量增多,并且冲刷原河道小水时的淤积物,从而使入海泥沙不仅数量大,而且颗粒粗,河口淤积延伸加剧,河型演变将更为激烈。目前,河口河长已与原刁口河流相当,河口段水位亦处于明显回升状态,因此在大水大沙作用后,水位将明显升高,应引起充分注意。

第六节　黄河河口尾闾改道问题

一、黄河河口有计划改道的必然性与必要性

(一)有计划改道是黄河特性和河口演变规律所决定的

黄河平均每年约有 11 亿 t 泥沙进入河口地区,其中粒径小于 0.025 mm 的来沙约占一半;多年平均入海径流量仅有 417 亿 m³,平均含沙量约 26 kg/m³,为长江口的 50 倍、钱塘江口的 150 余倍。渤海为一内海,吹程短,海域浅,现黄河入海处莱州湾最大水深不足 20 m,潮差仅 1 m 左右,潮流和风浪较其他海域弱。黄河来沙约有 2/3 淤积在河口区河床、三角洲洲面、沙嘴和滨海区,造成河口沙嘴和三角洲岸线不断地显著淤积延伸,每年造陆约 45 km²,在宽 30 余 km 范围内多年平均延伸 1.4 km 左右。河口大量淤积延伸是黄河特有的演变规律之一。

黄河河口河道演变规律从近百年的历史资料分析已得到认识。自 1855 年在铜瓦厢溃堤决口夺大清河流路由利津入海以来,除扒口决口致使不入渤海的年份外,到 2000 年期间实际入海行水 111 年。山东河段经历了两个不同性质的塑造演变阶段。

第一阶段:铜瓦厢决口改道初期,黄河来沙的淤积自东坝头逐渐向下游发展,经泛区澄清后的大量清水使原大清河故道冲刷展宽,河口延伸不大,尾闾深宽稳定。随着堤防的全面修筑,1885 年前后大量泥沙输至河口,淤积延伸加剧,三角洲尾闾河段出现摆动改道,开始进入第二阶段。

第二阶段:河口延伸,侵蚀基准面相对升高对下游河道淤积逐渐起主导影响。河口演变主要受制于淤积延伸摆动改道这一基本规律。此在机制上是河道寻求最小阻力流路入海的必然结果。每次改道后三角洲上尾闾河段河型演变的一般规律是:初期的游荡散乱—归股、中期的单一顺直—弯曲、后期的出汊摆动—再改道的散乱。与此相应的流程变化是缩短—淤积延伸加长—再改道缩短的过程。河口河段水位则表现为水位下降—升高—再下降的过程。如此循环演变的规律简称为小循环演变。1855 年迄今发生于三角洲扇面轴点附近的改道已有 10 次,1949 年后有 3 次,平均 9 年多 1 次。每次改道路线都互不重复,并且有先中部、后右侧、再左侧,又趋中横扫一遍的循环规律,此规律称为大循环演变。

河口淤积延伸和改道,意味着河口基准面的相对升降,此必然影响黄河下游河道冲淤,以 1949 年后 3 次改道为例,两次形成明显溯源冲刷,直接影响距离 200 余 km(在刘家园与泺口之间),随后因淤积延伸而回淤,并逐步向上段影响。因近期来沙不可能大幅度减少,故演变的总趋势仍为淤积延伸,河口堆积与日俱增,河道必然在冲冲淤淤中以淤为主,水位相应升高。如罗家屋子和利津站流量 3 000 m³ 年均水位,自 1954 年到有计划人工改道前的 1975 年间两站每年分别升高 0.13 m 和 0.11 m。整个艾山以下河段水位在这 21 年中累计普遍升高了 2.1 m,此升高直接威胁着河口地区及其以上河道的防洪防凌安全。

如能进行适时改道,一般水位可降低 1 m 左右,从而维持约 10 年的低水位状态。如 1976 年有计划改道后,10 余年来利津上下河段水位仍低于改道前 1975 年 0.8 m 左右。这说明改道对减缓河道淤升速度的作用十分明显,否则必然要加高两侧大堤等防护工程,改建沿河涵闸,这不仅投资大,修防日益困难,而且增加了决溢等水患的可能性和危害程度。显然,河口有计划人工改道是适应目前黄河水沙条件,符合河口演变规律,减缓河道淤升,确保该地区安全的唯一经济有效和现实可行的措施。

(二)有计划改道是三角洲地区工农业生产开发的要求

由于河口堆积强烈,摆动改道不定,且经常遭受洪、凌、旱、涝、碱、潮等灾害,故河口无法通航和稳定垦殖,历来十分荒凉。此与其他江河河口均有繁华大城市如上海、广州、杭州和天津等形成鲜明对照。

1949 年前黄河河口多次改道多为自然演变的结果,1949 年后才开始人为干预改道。如 1953 年由甜水沟流路改道神仙沟流路,1964 年由神仙沟流路改道刁口河流路,前者于两条沟的弯顶开挖引河,后者曾进行了人工破堤,二者均有一定的人为影响。但因当时三角洲内多为荒滩碱地,对流路并无严格要求。自 1964 年以来,三角洲内石油资源的大规模开发以及农牧业、渔业相应日益发展,目前小三角洲内已先后开发了近 10 个油田,人口已增长到 15.8 万人,耕地 55.4 万亩,年产粮食 4 000 多万 kg,而且三角洲两侧一些排水干河亦进行了大量疏浚。因此,以往当洪凌出现高水位威胁河口地区安全时那种相机任意改道的办法,虽对黄河安全有利,但将给三角洲地区工农业生产造成难以估量的损失和影响。今后任何改道均需统筹兼顾,综合考虑,在确保黄河安全度汛的前提下,与三角洲地区生产开发相结合,以最小的损失获取最大的效益。

二、改道的标准和改道方式

(一)改道的标准

如前所述,1949 年前黄河河口改道多为自然改道,但自然改道也有它发生的条件。从事件的发生条件来看,表面上具有偶然性,如洪凌决口、自然漫溢或人为盗决等原因引起,但其实质均为河口堆积造成河槽和水位相应抬升,使河道行洪能力降低所致。

20 世纪 60 年代前,即河口地区大规模开发前,河口改道完全取决于防洪防凌安全要求,对改道的流路和时间无事先制定的计划和严格标准,一般都是相机临时决定的。如 1960 年神仙沟流路出汉以来,河势散乱,1963 年汉河上又分汊,主流向南经清水沟流路入海,河势更曲折加长,汛后水位明显升高。12 月 26 日该河段自河口卡冰封河水位陡涨,27 日 4 时全部漫滩,8 时开始封河,观测房进水,军马场北站被水包围,造成险情。经飞机视察凌汛情况后,遂决定于 1964 年元旦在罗家屋子弯道附近原汛期塌滩断堤处破口改道。

石油工业在三角洲大规模勘采以后,开始制定改道标准,提出了综合平衡相对稳定的要求。基于充分利用每条流路,尽量少打乱石油供输管道系统,改道的主要依据有三:

(1)河口地区防洪防凌安全,主要取决于河床和水位升高状况及堤防工程防洪标准。

(2)三角洲内油田是否受到洪凌严重威胁,主要用可能造成损失的指标来衡量。

(3)河口沙嘴淤积延伸对三角洲两侧主要排水河道泄洪排涝能力的影响。1976 年由刁口河流路改道清水沟流路即为依据此原则综合考虑,全面权衡利弊后决定的人为有计划改道的实例。

(二)改道的方式

改道方式主要有二:①汛期大水破堤改道,即出现威胁河口地区安全的大洪水时,在预定破口改道处破堤改走新流路;②非汛期人工截流改道,即依据汛前河床淤高情况和三角洲上游水位状况,预计大洪水可能危及河口地区安全时,在改道点下首预先非汛期人工截流改走新路。两种改道方式的优缺点对比详见表 8-9。1953 年及 1964 年两次改道并流情况见表 8-10。从表 8-9 可见,人工截流方式优于大水破堤方式。从表 8-10 可见,大水破堤方式初期分流比不大,发展到原河断流需时过长。新旧两河之间地区将形成孤岛,其生产生活和防汛物资等将因与外界隔绝而受到影响。1964 年改道后原河道淤积范围长达 30 km。8 个断面平均淤高 2.23 m,总淤积量达 4 000 万 m³。此淤积将为再次使用原流路时带来困难。由此可以判断,在三角洲地区石油工业广泛开发的新形势下,唯有采用非汛期人工截流方式利多弊少,经济可靠。

表 8-9　两种改道方式优缺点对比

改道方式	影响及所需工程	主要优点	主要缺点
大水破堤	1. 将出现新旧河并流局面； 2. 将使老河道相当长河段淤积； 3. 为解决并流问题，可能仍需截流	改道时不需做截流工程	1. 有可能达不到改道的目的； 2. 3～4 d 内搬迁完，任务急，损失大，阻水障碍难以清除； 3. 改回现河道时不利，需开挖引河； 4. 使新老流路间的地区与外界隔绝，正常生产、安全受到威胁，生产生活供应困难，可能后期仍需截流
非汛期人工截流	需做截流工程	1. 便于改回现河道； 2. 搬迁准备的时间长，损失小； 3. 可保证新老流路之间地区内的正常生产和生活生产资料供应； 4. 破堤改道较汛前小水截流困难多，投资大	改道时需做截流工程

表 8-10　两次改道后并流情况统计

改道年份	项目	过程						历时	说明
1953	时间（年·月·日）	1952.08.10	1953.07.08	1953.07.10	1953.08.1	1953.08.22	1953.08.26	49 d	引河过水前神仙沟流量约占 30%
	新河流量（m³/s）	937.4	引河过水	963.7	1 141.4	3 594.5	甜水沟流路断流		
	占全河（%）	34.8		43.3	70.7	91.1	100.0		
1964	时间（年·月·日）	1964.01.01	1964.03.18	1964.04.30	1964.05.17	1964.06.11	8 月底	8 个月	
	新河流量（m³/s）	破堤改道	802	1 612	1 668	2 536	神仙沟流路基本断流		
	占全河（%）		51.3	68.5	80.0	89.5	98.0		

三、有计划改道清水沟流路的准备阶段及工程实施情况

(一)准备阶段

黄河小三角洲介于挑河和南大堤之间,面积约 2 220 km²,其中原有刁口河、清水沟、小岛河和挑河四条流路,前两条流路较完整。自 1964 年由神仙沟流路改道刁口河流路后,清水沟成为唯一预备流路。

1967 年石油部门提出尽早淤高清水沟滨海要求,山东省综合研究后提出 1969 年汛期前改道清水沟流路,计划行水 3~5 年后依据淤高情况及油田勘探开发需要再改回刁口河流路的设想。经上级批准于 1968 年冬至 1969 年春进行了清水沟流路引河开挖、南防洪堤培修延长等工程,后因凌汛三封三开拖延过长,未能如期实施非汛期截流。后为满足孤岛油田尽快建成生产规模,1970 年汛前决定继续使用刁口河流路。为稳定流路和确保油田基地安全,决定在麻湾到王庄间窄河段修建南岸展宽工程、北岸分洪工程和东大堤,确定计划中的清水沟流路改道点水位在 10 m(大沽高程)以下不改道。1969~1973 年利津以下流量 3 000 m³/s 的水位升高 0.92 m,河口地区防洪能力降低。为做好改道准备,于 1974 年完成原计划北防洪堤,加上已建南防洪堤和开挖的引河,改道清水沟流路的工程准备已基本就绪。

1964 年至 1975 年底,刁口河流路已行水 12 年,河口沙嘴延伸了 32 km,利津到罗家屋子间主槽高程平均升高 1.28 m,罗家屋子以下 7 个断面平均淤高 3.56 m,该两站流量 3 000 m³/s 的年平均水位分别上升了 1.64 m 和 1.26 m。计划改道点以下河型已经历了游荡散乱(1964 年 1 月至 1967 年 8 月)和单一顺直向弯曲发展阶段(1967 年 9 月至 1972 年 7 月),1972 年 7 月和 9 月尾闾河段先后向右侧出汊两次,1974 年 8 月及 10 月又先后向左侧出汊摆动,出汊点逐渐上提,显示出河口尾闾已处于流路自然演变的后期。

1975 年 10 月,利津河段 11 000 m³/s 防洪标准水位下泄流量已不足 8 000 m³/s,河口地区洪凌威胁明显增大,利埕公路多处漫顶出险,三角洲内部分油井被淹。据此趋势判断,大水出汊点将上提至罗 7 断面附近,洪水大溜将经二河、三河冲决利埕公路下端经二河或挑河入海。如是这样,1972 年规划中刚兴建的部分工程将失效,影响河口及埕东等油田安全,并使部分排水沟淤塞。鉴于上述诸情况和改道方式的论证结果,1975 年 12 月两省一部郑州会议作出决定,1976 年汛前实施有计划的人工截流改道清水沟流路,同时保留原刁口河流路作为预备流路。

(二)改道工程情况

在已建上述工程基础上,1976 年汛前又进行了四项主要工程:①四段向下接北大堤复堤工程,总长 16 km。②南防洪堤帮宽补残工程,堤顶宽 7 m。③东大堤和西河口破口工程。西河口生产堤破口 4 处,底宽实做 60 m,底部高程 5 m,其中两口各挖宽 10 m、底部高程 6 m 的子河一条。东大堤总长 7.55 km,计划破口 4 组,阻截清水沟流路引河处的一组共破口 3 处,各宽 80 m、120 m、80 m,底高近 6 m。右岸共破口 3 处,各宽 78 m、98 m、78 m,底高与滩面齐平。7 月 22 日又在引河以北,东大堤一段破口 3 处。④河道截流工程。为节省工程量,截堵的位置选于北岸两端堤防接连处,滩唇上口宽 400 m,河底高程 2.5 m,设计堤顶高程 12.9 m,采用两侧进土碾压施工法。由于三门峡水库控制运用及沿河涵

闸积极引水配合,5月20日在断流条件下顺利合龙,5月27日河水流经清水沟流路入海。至此,黄河口第一次成功地实施了人工截流改道。

四、改道的效果及意义

改道当年汛期来水较常年偏丰22%,来沙偏少,流量大于3 000 m³/s的洪峰9次,由小到大,第四至七次洪峰演进到利津已基本上形成一个大峰,最大流量8 020 m³/s,峰顶5 d平均含沙量仅12 kg/m³,此水沙条件对改道初期减轻壅水和增大冲刷作用十分有利。

根据改道点上游各站实测水位流量变化过程分析,得知该河段经历了一个由于改道初期破口断面不足产生壅水,随着口门的冲深展宽和入海流程缩短,亦即侵蚀基准面降低引起的改道点水位逐渐大幅度下降,并递次向上游发展,大水过后稍有回升的完整过程。7月初第一次小洪水流量1 340 m³/s,改道点以上壅水,影响范围在一号坝至利津之间,愈近改道点较1975年同流量水位上升愈高,苇改闸站最大壅高1.1 m。7月14日破口扩展,该站水位开始下降,18日发展到一号坝,壅水影响全部消除。8月8日第三次洪峰过后,随着流量加大和破口冲刷,苇改闸站水位率先大幅度下降。第六次大洪峰期间,自利津迅速向上发展,9月中旬大水后期水位下降幅度趋于稳定微有回升。从上述水位下降自下游向上游发展以及愈近改道点下降幅度愈大和时间愈早的河道冲淤特性判别,这是河口侵蚀基准面相对降低和有利的洪水水文条件综合作用的结果,溯源冲刷的效果使利津上下河段比降由0.88‰加大到1‰左右,冲刷直接影响范围达到刘家园以上,距河口约200 km(见图8-13)。

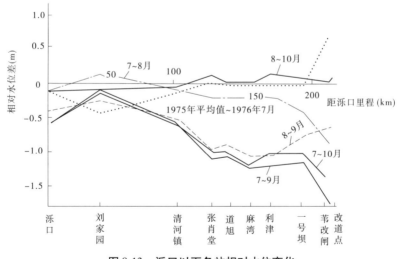

图8-13 泺口以下各站相对水位变化

据改道前后山东河段主槽冲淤情况(见表8-11)分析,与上述水位变化完全相应,冲淤厚度和强度均表现出孙口站以上淤、以下冲,且愈近河口冲刷愈强烈的溯源特性。

1977～1979年由于水沙条件相对不利,三角洲河段游荡散乱,艾山站以下河段有所回淤。尽管如此,在1980年、1981年河口段演变进入顺直阶段后又开始下降,直至1985年泺口以下水位仍低于改道前同流量水位,且愈近河口愈低,同时下降幅度愈大(见图8-14)。

表 8-11　改道前后山东河段主槽冲淤情况

时段	河段	高村—孙口	孙口—艾山	艾山—泺口	泺口—利津	利津—西河口	高村—艾山	艾山—西河口
	长度（km）	125.7	63.9	101.8	167.8	47.4	189.6	317
1976.06.13～10.25	冲淤量（万 m³）	+1 430	−897	−2 834	−5 730	−2 550	+533	−11 114
	冲淤厚度（m）	+0.06	−0.11	−0.45	−0.52	−0.58	+0.02	−0.51
	冲淤强度（万 m³/km）	+11.4	−14.1	−28.0	−34.2	−53.9	+0.28	−35.1

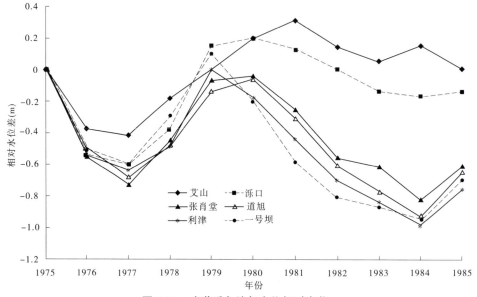

图 8-14　改道后各站年水位相对变化

显然,改道后 10 年来不但河口地区水位没有升高,而且尚低于 1975 年 0.8 m 左右,从而减轻了洪凌对河口地区安全的威胁,相对提高了堤防的防御能力。

实践还证明了 1976 年采用非汛期有计划人工截流改道的方式是正确的,它避免了汛期大流量破堤改道可能带来的危害和影响。汛后到第二年汛前长达 9 个月,可以从容地对原穿越新流路的各种管线做好封堵和截断工作,并在接近断流的 5～6 月把即将断流的老流路所有管线接通,从而保证三角洲和新老流路间地区的正常生产与各项供应。此外,选定 1976 年非汛期改道的时机,也是准确适时的。1976 年最大流量 8 020 m³/s,比 1975 年最大流量多 1 520 m³/s,若按当地条件每增加 1 000 m³/s 使水位升高 0.2 m 计,若未及时进行这次改道,刀口站相应水位较 1975 年将增高 0.3 m 左右,此水位肯定会漫溢利埕公路,从而给河口油田和新建成的排水系统等工程造成难以估量的损失。

综上所述,实践表明 1976 年改道的时机和方式都是正确的,达到了预期的两个主要目的,既降低了河口地区水位,减轻了洪凌威胁,又保障了三角洲地区工农业正常稳定生产,避免了洪水可能漫溢的危害。

第七节　三角洲入海流路规划概况

一、规划安排入海流路的缘由

(一)有计划安排入海流路是由黄河特性和河口演变规律决定的,同时也是符合黄河安危大局和经济原则的

黄河及其河口显著的特性是水少沙多,洪枯相差悬殊,滨海区潮差小,潮流、余流、风浪等海洋动力相对较弱。黄河进入下游的大量泥沙除小部分淤积在下游河道和两岸灌排区外,大部分将输排至河口地区,从而形成河口沙嘴和三角洲岸线的不断相对淤积延伸和河口河段河床与水位的相应淤积升高,并使黄河下游和河口地区防洪体系防御标准相应不断降低,洪凌威胁日益加重。依据多年平均情况统计,进入河口地区的泥沙约2/3淤积在三角洲洲面上河口段河槽和滨海前沿,只有约1/3的细颗粒泥沙在风浪和潮流的作用下输往三角洲外海。大量泥沙在河口堆积使一条流路平均每年造陆约45 km^2,在宽30余km的范围内,每年平均延伸1.4 km。河口沙嘴和岸线的淤积延伸,使尾闾河段自然悬河程度相对加剧,在一定的条件下,尾闾河段则自寻阻力最小的捷径入海,在口门附近则不断出汊摆动,出汊点不断上移,当发展或发生在三角洲顶点附近时,则形成通常所谓的流路改道。一般情况下,每一次改走洼地后,改道点以下尾闾河段河型演变一般均经历改道初期的游荡散乱—归股、中期的单一顺直—弯曲、后期的出汊摆动—出汊点上移—再一次改道散乱或继续游荡的过程。入海泥沙输往外海的比例依尾闾河槽状况和河口口门附近海域海洋动力条件而定,一般为小循环演变过程的初、后期小,单一顺直河槽时的中期大。

1855年以后到目前为止发生在三角洲扇面轴点附近的改道总计10次,其中新中国成立后3次,即1953年7月由甜水沟改走神仙沟,1964年1月由神仙沟改走刁口河和1976年5月再由刁口河改走清水沟流路。每次改道的路线多互不重复,这是走过河的流路范围已淤高形成沙脊,而水往低处流所致。10次改道表明,入海流路大体表现出先由中部入海,后向右侧改,再向左侧改,然后又趋向中部的过程。尾闾河口由三角洲中部入海时,因海域较深,海洋动力较强,河口延伸慢,故流路行水的历时一般较长。

河口的延伸和改道,意味着河口相对侵蚀基准面的升高和降低,这必然对河口河段和黄河下游河道冲淤产生影响。新中国成立后3次改道中前后两次形成明显的溯源冲刷,利津站3 000 m^3/s水位改道后较改道前分别下降了1.24 m和1.0 m,直接影响范围在刘家园和泺口之间。改道后一般可维持数年低水位状态,清水沟流路自1976年改道后至1992年3 000 m^3/s平均水位才恢复到改道前水平,历时近17年,改道的作用是显而易见的。反之,随着河口岸线的淤积延伸,河口河段和黄河下游均将自下向上受其影响而回淤,水位相应升高,1954年到1976年改道清水沟流路前,罗家屋子站和利津站3 000 m^3/s水位,平均每年升高0.13 m和0.11 m,使该河段防洪标准水位下由防11 000 m^3/s下降到不足8 000 m^3/s,直接威胁着河口地区防洪防凌的安全。在黄河入海泥沙源源不断日积月累,河口岸线不断淤积延伸的条件下,河口河段淤积升高的趋势不可避免。若单纯依靠加高黄河两岸大堤和防护工程,并改建有关涵闸来提高防洪标准,不仅投资大,修防日益困难,而且增加了决口等水患的可能性和危害程度,从经济和安全的角度看,此措施只能在其他措施无效而不得已的情况下考虑实施。显然,有计划地进行河口改道是适应黄河目前水沙条件,符合河口演变规律,减缓河道淤积升高,确保黄河安危大局的经济有效和现实可行的措施。

(二)黄河河口进行有计划改道是三角洲地区工农业生产发展的要求

新中国成立以前的多次改道,除第六次为盗决所致外,多为无工程或工程卑陋而形成的自然演变的改道。新中国成立后由甜水沟改走神仙沟和由神仙沟改走刁口河,前者于两河弯顶开挖引河,后者曾进行人工破堤,均有一定的人为影响,但因为当时河口三角洲范围多为荒滩碱地,对于走什么地方入海并无明显和特殊的要求,主要是顺其自然以减轻河口地区防洪防凌压力。1964年后随着大规模地开发石油资源,三角洲内公路、集输油、电力、通信、供水等管线和设施林立密布,石油基地和稳定的农牧业场站以及渔业社队日益发展,目前小三角洲内已先后开发了孤岛、埕东、孤东、义和、桩西等油田,年产量已占到胜利油田总产量的近1/3。另外,人口、耕地和粮食产量的飞速增长,三角洲两侧排水干河的大规模的疏挖,引黄灌溉渠系如王庄、胜利、垦利等的兴建和配套,以及大量平原水库的建成,使三角洲范围今非昔比。因此,再进行改道时则要慎重,需综合评价,统筹兼顾,合理安排,逐步实施,在确保黄河安全的前提下,应使损失最小和经济效益最大。

改道的方式和时机,直接关系着河口地区工农业生产和人民的安危。实践表明,以往当出现大洪水高水位威胁河口地区或三角洲范围安全时,相机大流量破堤改道的方式将形成新旧尾闾河段并流入海的局面,在三角洲内已形成较稳定的生产生活基地的条件下,再采取此种改道方式,将引起如下问题:

(1)使新老流路之间到海滨地带形成四面环水与外界隔绝的孤岛。一般改道后大流量持续的时间要1个多月,2~8个月后老河方能自然淤塞断流,在此期间该地区的原油、天然气、交通、水、电线路等均被大水截断,拟经过老流路的各种维修新建线路不能及时接通,各老线路又为刚改道的流路所阻隔,各种供应和油、气输出受阻。此不仅影响生产,恐居民正常生活供应亦难保障。为解决被动状况,大水过后可能仍需截流,显然此时截流将远较汛前有计划地在近于断流情况下有充分准备的截流要困难得多,投资相应也大得多。

(2)由预报出现大水,到决定破堤改道和新流路范围内所有设施及人员搬迁完毕之间仅有3 d时间,时间短,任务急,损失必然要大,且阻水障碍难以及时清除,影响改道效果。

(3)将引起老流路严重淤积。以神仙沟改道刁口河为例,改道后神仙沟老河淤积范围长达33 km,断面11—断面25 间的8 个断面平均淤厚2. 23 m,断面25 以上累计淤积量3 928 万 m³,此淤积将为再次使用该流路带来困难。

(4)有可能达不到改道的预期目的。河流的改道不仅取决于改道点的落差,而且与大河溜势密切相关,一般改道多为急转弯,故破口后不一定能将大溜吸引到新河,如1938年花园口破口前之例,这样将实现不了改道的目的和要求。

为此,有计划地安排流路,依据经济发展和效益要求,以及一旦发生决口或自然改道可能造成严重损失和危害的状况,适时相机进行非汛期人为截流改道是三角洲内工农业生产发展的要求和经济有效的方式。

二、1968 年河口改道规划概况

(一)任务的提出与规划概况

黄河河口在抗日战争和解放战争期间都是革命根据地,规划以前入海流路基本任其自由摆动,给河口地区工农业生产和人民生命财产安全带来很大威胁,严重地影响了两岸人民群众生产的积极性。当前河口地区已成为我国重要的石油工业基地,农、林、牧、副、渔各项生产也在突飞猛进,黄河河口任意摆动的情况受到了限制,必须做到有计划的人工改道,同时对河口防洪防凌也提出了新的要求。为此,国家计委和水电部指示,以黄委为主,山东省积极参加,尽快搞出了一个 10 ~ 20 年的河口治理规划。规划工作于 1968 年 4 月开始,有 30 多个单位 250 多人参加,于 7 月底胜利结束,提出了"黄河河口治理规划汇报提纲",主要包括三个方面的内容,现将河口计划改道安排意见简介如下。

(二)河口改道规划意见

1. 改道选线的要求

要求如下:

①确保石油工业安全生产,密切配合石油开发计划;②尽量发挥现行河道(刁口河流路)的潜力,充分利用现行河道;③尽量利用黄河在河口地区的演变特点及有利的自然条件(海洋及陆地条件);④充分合理利用小三角洲地区已有河沟、堤坝,少修工程;⑤尽量减少对两岸灌排系统和邻近水系(徒骇河及小清河)的影响;⑥尽量避开人口稠密地区,少占好地。

2. 线路简况

应根据上述选线要求,尽量选比较合理的线路,选线超出了小三角洲的范围,查勘路线除现行河道外还有 6 条,即干草窝子、挑河、神仙沟、清水沟、小岛河及十八户。

神仙沟沟口地处渤海湾及莱州湾之间,海域条件最好,海深,坡陡,此处是潮波节点,潮差小,潮流流速大,入海泥沙在海洋水文动力因素作用下,易向两侧及深海搬运。其他 5 条线路多为尾闾故道之间洼地,陆上堆沙容积大,河线短,土壤有不同程度的碱化,宜于走河,但海域条件没有神仙沟好。

鉴于神仙沟四号桩以上河槽已经淤高,且正在兴建孤岛油田基地,难以利用,四号桩以下河槽较深,可作为现行河道将来出汊使用,故神仙沟可不再作为一独立流路。挑河和干草窝子两条线路的中段走同一洼地,入海口也是一个,所以基本上是一条流路,仅仅是起点不同。干草窝子流路起点水位比挑河流路起点高 2 m,河段长度可以大为缩短,线路也比挑河顺直,故在安排方案时只用了干草窝子而未用挑河。十八户流路地区从陆地条件看是一条较好的线路,但海域条件不好,对支脉沟和小清河口有影响,且南大堤邻近胜利油田,不甚安全,所以未列入组合方案。

因此,参加规划方案组合比较的流路为 4 条,即现行河道、清水沟、小岛河和干草窝子。各流路的详细情况见表 8-12。

3. 方案组合与比较

考虑到每次改道一般可走河 7 ~ 8 年,因而需组合 2 ~ 3 条线路才能满足要求,为配合孤岛油田开发,组合出以下三个走河顺序方案。

表 8-12　1968 年黄河河口计划改道线路情况

改道线路	经过主要地区	河道长度(km)	地面比降(‰)	影响范围			需建工程				主要优点	主要缺点
				总面积(km²)	耕地(万亩)	人口(人)	项目	土方工程量(万m³)	投资(万元)	合计投资(万元)		
现行河道	从罗家屋子向北入海	55 (103)	1.25	530			1. 张家圈裁弯; 2. 溯源分汊,走现行河道与神仙沟之间的河间洼地	410	410	410	1. 河道单一,顺直通畅; 2. 海洋动力因素最强,输沙能力好	路线较长
清水沟	由张家圈弯道经建林以北顺清水沟入海	37 (78)	2.03	300	1.5	1 400					1. 地势低,河线短,比降大; 2. 耕地少,村落稀,影响人口最少	1. 海域条件不很好; 2. 摆动范围小; 3. 走河时间不长
小岛河	从甜水沟上口起由小岛河入海	44 (81)	2.2	460	22.0	40 000	1. 开挖引河; 2. 清除友林公路至宋圈段红黏土	220 40	220 40	260	1. 地势低洼,比降较大; 2. 口门顺直	1. 村庄稠密,耕地多; 2. 海域条件不好,走河时间短
干草窝子	从干草窝子向东北沿河间洼地,穿草桥沟,顺四段大堤西侧刁口河从洼拉河入海	58 (66)	1.7	332	12.2	48 600	1. 新修大堤38.5 km; 2. 四段大堤加高; 3. 草桥沟改线长 17.0 km; 4. 开挖引河	247.0 110.0 81.2 138.6	185 83 60 139	467	1. 地势低洼,河线最短,群众要求放淤改碱; 2. 符合石油总的开发计划; 3. 较现河线短 37 km; 4. 海域条件次好	1. 王家洼拉为一小而浅的海湾,容沙量少; 2. 使油田一号水站失去水源; 3. 河线中段罗镇一带地势稍高; 4. 可能影响溯河及徒骇河排水

注:1. 河道长度数字无括弧者是从改道处至海口之距离,有括弧者是从王庄至海口之距离。

2. 现行河道的两项工程的兴建,将会更加延长其使用时间。

第一方案:①现行河道;②清水沟;③小岛河;④干草窝子。

第二方案:①清水沟;②现行河道;③干草窝子。

第三方案:①现行河道;②干草窝子。

以上 3 个方案各有利弊,选用哪一个,关键在于石油开采的安排要求。

鉴于 1968 年汛期中央在黄河防汛中做出要充分利用现行河道的决定,在利津流量 9 000 m³/s 和清水沟流路改道口(西河口)大沽水位 10 m 以下时,不走清水沟流路继续走现行河道;加之当时清水沟流路已开挖好了预备河道,修了南防洪堤,已初步形成现行河道的太平门,更可以使我们大胆地使用现行河道。因此,规划建议采用第一方案比较理想。

三、1984年河口流路规划安排意见

(一)缘由

黄河河口自1976年5月改道清水沟流路后,当时已经7年多,尾闾河段经过散乱、游荡、归并的初期阶段,1981年河口取直摆动后已进入单一顺直向弯曲发展的中期阶段,正向出汊的后期发展。依据一般规律,一条流路只能使用10多年,今后来水来沙也可能出现不利情况,河口地区的矛盾和问题将日益突出。为避免被动,做到有备无患,以及配合"黄河下游第四次堤防加固河道整治研究",在对清水沟流路进行分析总结和参考以往有关流路规划的基础上,进一步了解和收集了有关单位对流路安排的意见及主要流路近期的社会经济情况后,提出了此次流路安排意见。

(二)规划原则及流路选定

1.规划原则

规划年限标准为30~50年。除延续遵循1968年规划原则外,进一步重申了改道清水沟流路时确定的刁口河流路(包括老神仙沟下段)海域条件最好,位置适中,宜作为最后长远流路部位的原则;同时强调了遵循河口演变规律,确保防洪防凌安全,并尽可能配合石油开发和有利于工农业生产,以及充分利用每一流路以减少改道的投资和影响。为便于走河后的各流路稳定生产和建设,流路安排的次序应尽量先使用一侧,再使用另一侧。

2.计划改道流路的选定

1968年的黄河治理规划(10~20年)中,曾对计划改道的路线进行了调查和比较,该次选线查勘范围为北岸到韩家墩总干以东,南岸到永丰河以北,提出刁口河、神仙沟、清水沟、小岛河、十八户、干草窝子和挑河等7条流路。依目前情况看,神仙沟流路上段,由于淤积和孤岛油田建设已不能利用,下段亦因1972年9月至1974年8月期间刁口河出汊后,曾由神仙沟口处向东偏北入海,河口较原沙嘴已向外延伸10 km,口门受到阻隔,已构不成独立流路,实际上可包括在刁口河流路范围,故此次规划不再单独考虑。

这些流路中,刁口河已走河多年,淤积延伸严重,清水沟流路正在使用。清水沟流路充分走河时,小岛河流路海域将大部分被侵占,十八户流路有影响支脉沟和小清河的问题,因而这两条流路走河年限都不能很长。挑河和干草窝子两条流路中段走同一洼地,入海口也是一个,基本上为一条流路,为了便于全面地规划和比较,需考虑扩大流路的范围。在征求有关改道流路意见过程中,个别同志提出改道徒骇河或支脉沟问题。在河口地区范围内,由綦家嘴经垛圌入徒骇河的流路和由麻湾经广蒲沟入支脉沟的路线,二者都比较短顺,在技术上可行,但牵涉面广,影响的范围大,在尚未充分利用目前小三角洲及其附近流路的情况下,近期不可能考虑,可留待以后探讨。目前较现实的流路只有经大小牟里由湾湾沟入海的新合村流路和由綦家嘴经下河沿马新河由杨克君沟入海的潮河东流路。

新合村流路口门距徒骇河套尔河口30 km,距潮河西股入海的口门顺江沟子25 km,一般河口向一侧直接影响的最大距离约20 km,估计改道对该两河影响不大。石油部门

曾希望此海域早些淤积延伸以便勘察,海洋动力条件亦相对较好,是一条较好的流路。

潮河东流路同样是一条海域条件相对较好、缩短流程较大的流路。问题是其位置偏西,距潮河西口16 km,距套尔河口22 km,如充分走河时可能对这些出海口产生影响,故本规划的河口流路中暂不考虑。

本次规划的流路,在原有的基础上只增加一条新合村流路,共7条,即刁口河、清水沟、小岛河、十八户、挑河、干草窝子和新合村。

3. 流路比较及组合方案

流路的具体位置如图8-15所示,各流路的优缺、利弊详见表8-13。

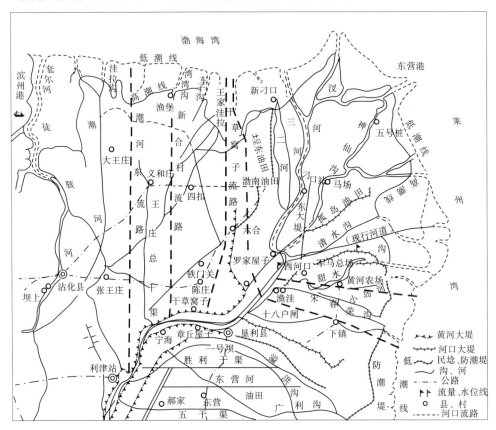

图8-15 黄河河口计划改道线路位置

依据流路安排的原则,综合各流路的情况,提出以下三种组合方案。

第一方案:是基于黄河河口的演变规律和清水沟流路走河后,小三角洲内已无完整的流路,并考虑到规划要求年限较长,为不至于因流路受限制而过分增加防洪防凌压力,并尽量与石油生产和农业生产长远利益相结合而组合的方案。具体运用的次序是:①清水沟;②十八户;③小岛河;④新合村;⑤干草窝子;⑥挑河;⑦刁口河。

第二方案:是从先充分使用矛盾较小的小三角洲内的流路和十八户流路,待防洪防凌安全受到威胁时,再逐步向外改道比较容易实施的角度出发而提出的方案。此方案的流路安排顺序是:①清水沟;②十八户;③小岛河;④挑河;⑤刁口河;⑥干草窝子;⑦新合村。

表 8-13　1984 年黄河河口计划改道线路情况对比

序号	改道路线名称	线路经过主要地区	改道地点	口门距利津里程(km)	改道点至口门里程(km)	距两侧主要河口距离(km)	流路内地面比降(‰)	影响情况			粗估走河年限(年)	需建工程项目	主要优点	主要缺点
								总面积(km²)	耕地(万亩)	人口(万人)				
1	刁口河	由罗家屋子经新刁口向北入海	罗家屋子	107.1	55.1	51.0	0.93		6.05	0.168		1. 四段以下民埝加高；2. 接修西大堤（具体路线待定）；3. 挑河等排水沟改线	1. 海域条件好,适于作为长距流路；2. 距两侧排水沟河最近	1. 在各流路中路线最长,比降已缓于1‰；2. 由于河床较高,使用年限不长
2	清水沟	由西河口沿西河干北大堤和防洪堤之间向东入海	西河口	79.7	31.3	58.0	2.30	300	1.5	0.14	10		1. 河线短,地势低,比降大；2. 对两侧排水沟影响小；3. 与工业矛盾不大；4. 耕地少,搬迁任务小	海域条件相对刁口河较差
3	小岛河	破防洪堤经陈家庄沿河农场南沿小岛河向东入海	老孙屋子	81.9	38.3	44.0	1.85	460	13.49	3.145	2~4	开挖引河及清障	1. 比降大（地势相对低）；2. 两侧已建有堤防；3. 与石油工业无矛盾；4. 对主要排水沟道影响不大	1. 海域浅,动力弱,加上清水沟堆沙影响,走河年限不长；2. 农场村庄和耕地较多
4	十八户	由十八户小高家下镇沿张镇镇向东偏南入海	十八户	68.2	31.8	28.0	2.17	206	6.99	2.21	3~5	1. 加培第3放淤区条渠南堤；2. 清除八干渠和阻水障碍	1. 河线短,比降大；2. 盐碱地多,群众有走河要求；3. 两侧有堤,需做工程量小；4. 对石油工业无干扰	1. 距小清河口28km,如充分走河,可能产生影响；2. 海域条件最差,且与小岛河海域交叉

续表 8-13

序号	改道路线名称	线路经过主要地区	改道地点	口门距利津里程（km）	改道点至口门里程（km）	距两侧主要河口距离（km）	流路内地面比降（‰）	影响情况			粗估走河年限（年）	需建工程项目	主要优点	主要缺点
								总面积（km²）	耕地（万亩）	人口（万人）				
5	挑河	由七分场经老爷庙挑河入王家连拉	一千二	80.9	43.9	39.0	1.56	323	7.91	4.41	2～5	1. 加高四段以下民埝；2. 接修西大堤至草草桥；3. 排水沟口改线；4. 清除阻水障碍	1. 地势低洼，线路短，可充分利用小三角洲；2. 海域条件相对较好，对两侧排水沟无影响；3. 一侧有堤，工程量小	1. 河口油田矛盾较大；2. 与刁口河和干草窝子海交叉，容纳沙体积最小；3. 上段为刁口河范围，下段与干草窝子流路相近；4. 线路内有阻水旧堤
6	干草窝子	由陈家庄李家屋子西宋人草桥西家人王家海沟由王家海拉入海	三合村	73.6	49.6	39.0	1.64	332	10.15	29.6	3～6	1. 新修大堤；2. 草桥沟等排水沟河改线	1. 地势低洼，河线短顺；2. 海域条件相对较好；3. 对两侧排水沟河无影响；4. 地势低洼，盐碱地多，群众有走河要求	1. 河线经河口油田基地附近，影响大；2. 民埝附近人口稠密；3. 与刁口河、挑河海域交叉；4. 影响一号坝石油取水
7	新合村	由薛家屋子庄寇家庄附近经寇家庄大小华里沿沾利河由湾湾沟向北入海	新合村	73.1	73.1	31.0	1.62	200	10.0	3.0	5～9	1. 新修两侧大堤；2. 排水沟河改线	1. 河线短顺，缩短河长；2. 可与石油生产要求海域浚伸相配合，保证河口油田稳定生产30年；3. 海域条件相好，走河时间长；4. 河口扩大摆动范围，保证丁规划标准年限	1. 影响一号坝油取水；2. 需新修两侧堤防；3. 影响部分地区排水；4. 有一定的搬迁任务，影响大；5. 距沾地该河口较近

第三方案:此方案的出发点是尽量利用小三角洲内的流路以减少矛盾,可使三角洲顶点暂时下移,防洪能力不足时,由加高临黄大堤解决。此方案的流路安排顺序是:①清水沟;②十八户;③小岛河;④挑河;⑤刁口河;⑥三角洲顶点下移加高临黄大堤。

三种组合方案的优缺点见表8-14,由表8-14可以看出,第一方案符合黄河演变的基本规律,可有效地延缓河口的延伸和下游河道的淤积抬高,有利于河口和下游河道防洪防凌的安全,同时与油田近期生产和远期开发规划结合得较好。虽然新合村流路需部分搬迁,但相对说来经济可行。第二方案与第一方案流路一样,只是安排的次序不同。新合村流路放到小三角洲流路使用后再用,届时迫于防洪防凌的压力易于实施,但此方案较为被动,且使长远流路失去较好的海域。第三方案的流路较少,顶点过早下移将使河口延伸不复缩短,从而加重防洪防凌的压力和决口泛滥的可能性。经权衡利弊和综合比较,第一方案宜作为推荐方案。

表8-14 1984年河口计划改道流路组合方案优缺点比较

案别	流路使用顺序	主要优点	主要缺点
第一方案	①清水沟 ②十八户 ③小岛河 ④新合村 ⑤干草窝子 ⑥挑河 ⑦刁口河	1. 符合黄河尾闾摆动规律,河口摆动范围大,有利于河口地区防洪防凌的安全; 2. 先走新合村流路可以避开河口油田和孤岛油田,使之稳定生产30年,同时可与油田希望淤长的海域范围相结合; 3. 与刁口河宜做长远流路的安排一致; 4. 可以减少临黄大堤加高的投资	1. 新合村流路迁移影响相对大些; 2. 干扰排灌系统相对多
第二方案	①清水沟 ②十八户 ③小岛河 ④挑河 ⑤刁口河 ⑥干草窝子 ⑦新合村	1. 除可能影响孤岛和河口油田外,近期内安排矛盾较小; 2. 小三角洲用完迫于压力,逐步向外改道容易实施; 3. 可避免先走新合村流路时可能使干草窝子流路范围排水不畅通; 4. 同样可减少临黄大堤加高投资	1. 走完东侧后,改向北侧时,影响河口油田; 2. 被迫向外改道时,容易造成被动局面; 3. 刁口河流路不能安排为长远流路,可能影响孤岛油田
第三方案	①清水沟 ②十八户 ③小岛河 ④挑河 ⑤刁口河 ⑥三角洲顶点下移,加高临黄大堤	1. 避免了新合村流路需要迁移安置等问题; 2. 对两侧排水干河影响小	1. 流路少,摆动范围小,河口延伸抬高快,需加高临黄大堤,不仅投资大,防洪防凌压力相对大,且可能形成决溢; 2. 改向北侧时,将影响河口油田; 3. 对孤岛油田的安全威胁较大

四、1989年黄河入海流路规划概况

(一)入海流路规划任务

遵照国家计委批准的黄河入海流路规划任务书,这次规划的重点是解决近期现实问题,要着重研究安排好2000年前的入海流路。要分析预测现行流路(清水沟)的发展趋势及其对下游防洪和油田开发建设的利弊影响,分析论证延长现行河道行河年限的可能性,并拟订相应的措施方案。根据以往的研究成果及各方面的意见,2000年前的流路方案研究限于清水沟流路以南地区,近期改道线路以十八户流路为主要研究方案。同时,为统筹协调国民经济发展与黄河治理的关系,需要提出以后50年左右黄河入海流路布局的轮廓安排,流路规划的范围原则上控制在北至潮河河口,南到永丰河口。

黄河入海流路的安排和治理措施规划,必须既有利于黄河的治理,保障防洪安全,又有利于油田的建设发展。规划方案的选取,要坚持统筹兼顾的原则,从国家的整体利益出发,求得最大的综合经济效益。

(二)近期入海流路安排意见

1. 方案拟订

现行入海流路为清水沟流路,根据目前的研究,继续行河还有潜力;同时油田建设也要求相对稳定清水沟流路。因此,近期入海流路首先研究延长清水沟流路行河年限的方案。

经研究比较,继续使用清水沟流路,其尾闾河段摆动改道的顺序宜先保持现行河道,控制西河口设防水位不超过12 m,以后视水位淤积抬高情况再相机改走北汊1。鉴于过去历次研究都推荐清水沟流路行河10余年后即改走十八户流路,因此改走十八户流路作为主要比较方案。近期(2000年前后)入海流路方案主要比较了第一方案继续使用清水沟流路、第二方案立即改道十八户流路两种方案,此外还研究了先走一段清水沟现行河道后再改走十八户流路的第三方案。入海流路规划方案示意如图8-16所示。

2. 各方案的主要技术经济指标

(1)可能行水年限:在控制西河口10 000 m³/s设防水位不超过12 m的条件下,继续使用清水沟流路的方案都可以行河20年以上,立即改道十八户流路只能行河10年左右,如表8-15所示。

(2)各方案的工程投资状况详见表8-16。由表8-16知,继续使用清水沟流路投资费用相对节省。

3. 方案比选

通过综合分析,继续使用清水沟流路具有如下明显优点:

(1)目前清水沟流路通畅,河口段河道水位尚低于改道前的状况,大堤设防水位尚有较大富余。从黄河下游防洪整体安排看,入海流路没有必要改道。

(2)据目前掌握的资料,清水沟流路现行河道浅海海域油气富集,继续利用清水沟流路行河,有利于加速变浅海油田为陆上油田,对保证近期油田稳产增产有利。据胜利油田初步估算,变海上采油为陆上采油可节省投资费用约30亿元。而十八户流路海域,目前尚未发现可供开采的油气资源。

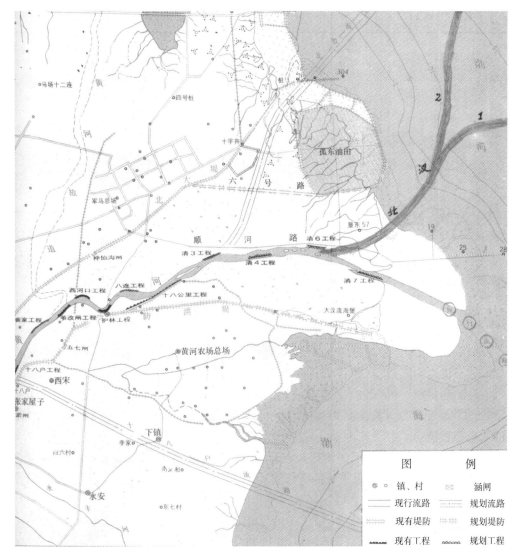

图 8-16　1986 年黄河入海流路规划方案示意

表 8-15　近期流路比较方案行河年限

方案	流路名称	西河口控制水位 （大沽，m）	海域淤积宽度 （km）	行河年限 （年）
I	现行河道	12.0	20 ~ 30	21
	北汉 1	12.0	20 ~ 30	
II	十八户流路	12.0	20	10
III	现行河道	12.0	30	20
	十八户流路	12.0	20	

表 8-16　各方案工程量及投资估算

方案	工程量和投资	现行河道治理工程	北汊 1改道工程	十八户流路工程	合计
I	土方(万 m³)	1 281	1 087		2 368
	石方(万 m³)	54.5	12.5		67.0
	投资(万元)	22 415	9 921		32 336
II	土方(万 m³)			2 104	2 104
	石方(万 m³)			52.7	52.7
	投资(万元)			35 800	35 800
III	土方(万 m³)	1 281		2 104	3 385
	石方(万 m³)	54.5		52.7	107.2
	投资(万元)	22 415		35 800	58 215

注:1. 现行河道治理及北汊 1 改道工程均未包括清 7 以下堵串和临时开挖拦门沙费用。

　　2. 十八户流路工程包括移民安置费用。

(3)河口三角洲油田建设方兴未艾,近期可供选择的改道流路有限。从长远考虑,如过早地放弃清水沟流路,改走十八户流路,10 年左右又需要重新改道。以后无论是恢复清水沟流路还是向三角洲北部改道都比较困难,而且频繁改道对油田生产建设将造成很大干扰。2000 年前后入海流路相对稳定不变,既对油田开发建设有利,也使黄河入海流路的长远布置争得了主动。

(4)清水沟流路已有一定的治理基础,西河口上下的几处河势变化较大的河湾,如苇改闸、西河口、护林、十八公里等处已修建了护滩控导工程,进一步加强清 7 断面以上河段的河道整治,稳定河势,保障了河口地区油田的防洪安全。

(5)从清水沟流路对濒海沿岸港口码头及排水河口的影响来看,目前清水沟流路口门距广利河口和小清河口分别为 38 km 和 46 km,入海泥沙不会直接淤积影响广利河、小清河的排捞。改道北汊后,河道走向转为东北,此影响相对更小,但仍有间接影响,莱州湾仍将逐步淤积变浅。

现行河道入海泥沙也不会直接影响五号桩码头。改走北汊 1 后,入海口距五号桩码头仅有 13～21 km,有可能淤积影响五号桩码头海区。据国家海洋局北海分局的海港论证资料,从改道清水沟流路以来,1976～1984 年沿五号桩码头轴线 0 m、−2 m、−5 m 高程线表现出冲刷后退,−10 m、−15 m 高程线不断淤积向海域推进,平均每年向外海方向淤进距离约 0.3 km。此说明了这一海域有逐渐淤积变浅的趋势。

十八户流路位于清水沟流路以南约 30 km,行河后期对小清河及其以北各河入海口相对有更大的影响。

(6)从投资费用看,继续走清水沟流路也比较经济有利。

因此,规划选定近期继续使用清水沟流路的方案,即继续维持现行河道行河,待西河口水位达 12 m 时,再根据当时河道状况及油田开发需要决定改走北汊 1,或抬高西河口控制水位继续走现行河道。鉴于北汊 1 通道对延长清水沟流路行河年限关系极大,近期油田建设安排时,必须确保留出北汊 1 流路。

(三)远景入海流路轮廓规划

1. 河口治理方向

根据目前的规划研究,在较长的时间内,黄河下游河道仍将是一条多泥沙河流,进入河口地区的泥沙量不会显著减少,河口泥沙沉积、河道逐步淤积延伸的状况仍将长期存在。从长远考虑,河口淤积延伸使侵蚀基准面相对抬高,必然产生溯源淤积影响,此是黄河下游河道逐步淤积抬高的原因之一。为了减缓黄河下游河道的淤积,除了在上中游地区通过多种途径进行综合治理,尽可能减缓河口淤积延伸速率也是一个重要方面。

根据目前的实践和认识,延缓河口淤积延伸速率比较切实可靠的措施是:黄河入海流路保持一个适当的摆动范围,有计划地选定几条流路,适时安排改道,以扩大海域容沙能力,从而减小岸线普遍延伸的幅度,减缓河长稳定延伸的速率。暂不走河的流路,还可利用海洋动力作用侵蚀其河口淤沙,使岸线蚀退。这样,几条流路轮流走河,就可以延缓河道淤积延伸。因此,黄河入海流路安排,除了尽可能延长使用清水沟流路,从长计议,还必须预先研究选定备用流路。

根据各方面情况的变化和发展,远景入海流路规划研究要考虑以下几点:

(1)油田开发建设及河口三角洲综合开发,都要求黄河有一个相对稳定的入海流路,避免频繁改道。清水沟流路在考虑尾闾河段有一定摆动范围的条件下,可以行河 30 ~ 50 年(控制西河口设防水位 12 ~ 13 m)。因此,如无特殊意外情况,远景备用流路付诸使用的时间将在几十年以后。在此期间,各方面情况可能有很大变化,目前很难确定远景流路的具体安排,只能进行方向性的轮廓研究。

(2)备用流路的尾闾河段也应保留一定的摆动范围,以争取较长的行河时间。对备用流路范围内的油田建设和经济开发要做出合理安排。

(3)十八户流路海域容沙量有限,行河时间较短,不宜作为长远的备用流路。可以考虑必要时相机运用,冲刷河口河段,延缓河道淤高速率。

2. 远景入海流路方案轮廓研究

1)流路概况及方案

经综合研究,远景备用流路的选择着重考虑清水沟流路以北地区。可供比较的流路方案有刁口河流路及马新河流路,基本上与 1984 年规划中的潮河东相近(见图 8-15)。

(1)刁口河流路:利用原刁口河作为远景备用流路。根据近几年岸线蚀退情况,并考虑罗家屋子附近河段裁弯取直后,改道点以下河长约 49 km。流路内现有人口 1 100 人,耕地 1.2 万亩。

现尾闾河段摆动范围考虑向西出汊的局部改道,河口海域包括原挑河流路海域(挑河流路上段对渤南、罗家等油田影响较大,不宜选取)。在考虑尾闾间局部改道的条件下,如控制西河口设防水位不超过 13 m,海域堆沙容积约 300 亿 m³,行河历时可保持40 ~ 50 年。

(2)马新河流路:改道点上移至利津王庄附近,向北入海。可将王庄附近窄河段裁弯取直,对防凌有利。按现状地形条件,利津以下河长只有 74 km,是利津以下距海最近的一条流路。按海域宽 50 km 推估,控制西河口设防水位不超过 13 m,海域堆沙容积约 300 亿 m³,行河年限 40 ~ 50 年。

流路内现有人口 3.57 万人,耕地 12.7 万亩,搬迁影响较大。

2)远景流路安排意见

目前选择的刁口河、马新河两条流路,各有利弊。刁口河为原行河故道,目前仍保留原河道作为预备流路,改道行河对油田及三角洲开发干扰较少,河口海域海洋动力条件也比较有利。但其缺点是邻近清水沟流路,容沙海域互有影响;河口距拟建的五号桩海港较近,河口淤积发展对海港将有较大影响。

马新河流路与清水沟流路分离较远,有利于延缓岸线延伸;改道行河有利于河口地区防洪防凌的安全。其缺点是淹没影响较大,迁占安置比较困难,新河建设投资较大,行河初期防护修守任务也比较艰巨。另外,对潮河和徒骇河排水干河的影响需进一步分析论证。

鉴于近期规划流路选定延长使用清水沟流路方案,远景改道的流路不需要也不可能在现阶段完全确定下来,为了留有余地和适应今后情况的变化,规划推荐上述两条流路都作远景备用流路。要求油田建设和三角洲开发安排应尽可能与此协调,为黄河留出通道。同时要求油田和三角洲地区编制长远建设规划时,对黄河远景流路的河线位置及范围提出具体意见,以便综合研究确定远景流路布置方案。

第八节　未来流路安排及对三角洲开发影响分析

一、流路规划的综合分析总结

自 1968 年首次规划入海流路以来,20 世纪 80 年代又先后开展了两次规划,此一方面表明规划河口入海流路的重要性和必要性,另一方面也表明河口三角洲的石油开发不断对河口治理提出新的要求。三次规划的共同出发点是:既有利于黄河的治理,保障防洪防凌安全,又有利于油田的建设发展,统筹兼顾,以求最大的综合经济效益。黄河河口的特点是水少沙多,来沙集中且较粗,而海洋动力相对弱小,使数量巨大的大部分入海泥沙淤积在三角洲上及其滨海,形成河口沙嘴和三角洲岸线不断淤积延伸,相应河床淤高,水位上升,从而影响黄河下游较长河段,特别是使河口地区防洪防凌标准相对降低,悬河程度和凌洪决溢威胁日趋严重。为缓和此威胁,则必须实施入海流路的改道。但由于河口地区和三角洲内石油大规模的勘采和农牧业的稳定发展,又要求尽量稳定流路延长使用年限,确需改道时则新流路应与石油勘采要求相结合,并实施有计划的非汛期人工截流方式,以期最大限度地减少损失和影响,并利用改道后河口迅速大面积淤积的特点,促进浅海石油的勘采。1976 年入海流路由刁口河改走清水沟的宝贵成功经验为我们提供了既有利于黄河防洪防凌安全大局,又有利于河口三角洲油气资源勘采的典型实例。

此外,新入海流路除应遵循少占耕地,避开人口稠密区和油气储采区,以及尽量利用已有堤坝沟河、少修工程等经济原则外,尚应遵循以下要求:

(1)一条流路应尽量充分利用,除非防洪防凌安全或石油开发有所要求。

（2）规划流路的范围应尽量大些,以延缓河口及岸线的延伸速率。但目前不宜影响徒骇河口和小清河口,原则上控制在北至潮河口、南至永丰河口为宜。

（3）流路安排顺序,宜走完现入海流路的一侧,再改向另一侧。

（4）刁口河流路原神仙沟附近海域条件相对最好,位置适中,对两侧主要排水干河影响最小,应作为黄河入海的长远流路,待其他流路使用后再使用。

依据目前河口状况看,规划的未来流路,现行清水沟以南的小岛河流路海域将因清水沟充分走河后被大部分侵占,陆上容沙能力有限,已失去独立流路作用。十八户流路正如以往规划所分析,虽该流路最短,无石油勘采干扰,土地盐碱和有一定走河能力,但距支脉沟和小清河口较近,海域容沙和动力条件相对较差,故只能考虑相机运用,不宜作为长远备用流路安排。往北侧渤海湾海域改道时,在考虑刁口河作为长远预备流路需给其较大摆动范围的情况下,挑河和干草窝子两条流路作为独立流路已意义不大。显然,可作为独立流路的只有1989年规划建议的马新河流路(与1984年规划中的潮河东流路相近)和1984年规划中提出的新合村流路两条。

因此,在未来入海流路安排对三角洲开发影响的分析中则以刁口河、马新河和新合村三条流路为准,如图8-17所示。

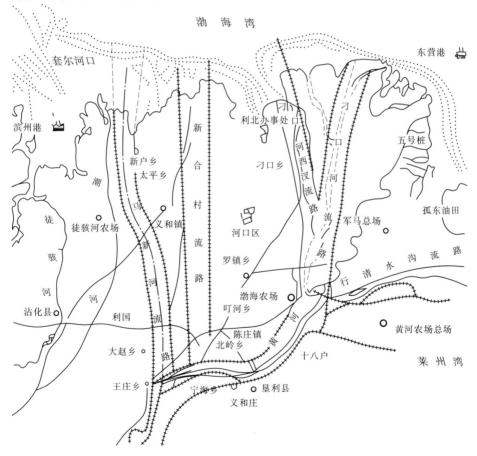

图8-17　黄河口未来入海流路示意

二、入海流路对三角洲开发的利弊分析

事物总是一分为二的,即三角洲入海流路的改道有其不利影响的一面,但也有其有利作用和效益的一面。同时事物也是相对的、发展的,在一定条件和时间下不可行的,在不同的时间和条件下又可能成为可行的,故只有由当前的实际情况和全局出发,统筹兼顾,综合分析比较,抓住主要矛盾问题,在确保大局的前提下,以求最小投资获取最大经济和政治效益。影响除有利和不利方面外,尚有直接影响和间接影响、经济影响和政治影响,以及暂时性影响和永久性影响之分。

暂时性影响是指在新流路使用期间部分时段受走河影响,如正在开采的油井,当处于河槽中时则需暂时封堵停止采集,一旦处于滩地位置时,又可以采集了,储油构造在地下深层不受地面影响,只是少采和延迟开采的问题。此外,部分耕地也是暂时性被占用,当流路改道后,原来低洼盐碱的土地将由于流路的淤高、淤积物为有肥力的新淤土而变成相对好的耕地。由淤积造成的灌排系统的改线和滨海淤积延伸造成的港口设施的废弃则属于永久性的。

经济性影响如损失和投资等易于计算与掌握;政治性影响如确保黄河安全不决口,保障河口地区人民群众生产发展、生活水平提高以及维护全国或局部地区安定团结的政治局面等则难以用具体的指标加以评比,但必须认真加以考虑。

河口三角洲入海流路改道不利的影响主要表现在:新入海流路范围内的人口及村镇要搬迁,占压部分耕地,各种管线、沟渠、道路要部分改线或暂时封堵和建渡口等需进行投资;流路范围内的盐田、水库、渔堡等将淤废,入海泥沙可能造成新口门两侧附近排水沟河不同程度的淤积而造成经济损失;此外,为实施改道而兴建堤防、截流工程、改道点以下引水工程等亦需进行投资。由前述入海流路规划选比的原则知,新的入海流路均力求此类投资、损失和影响最小。

有利的方面首先表现在,改道后使河口地区的水位显著下降,防洪防凌的标准相对提高,延缓了河床和水位的升高速率,从而延迟了投资巨大的全河性防洪及引水等工程增建改建的实施,并使黄河下游和河口地区安全的可靠性增加。其次是河口的淤积延伸造陆,不仅增加了土地面积,而且可以淤高潮间带和浅海区,变无法勘采和海上勘采的石油为陆上勘采,大大地节省石油开发的投资。1976年刁口河有计划的人工截流改道清水沟的实践为我们提供了可靠的成功例证。改道后添口以下同流量水位明显下降,利津站1984年3 000 m³/s水位较改道前最大下降1.12 m,到1992年方恢复到改道前水平,历时17年之久。与此同时,1976年5月至1991年10月期间在年平均来沙量6.91亿t的枯沙条件下,黄海2 m等深线累计淤进面积多达587 km²,年平均38.1 km²,一般改道初期几年陆上淤积和淤进速率均相对要大些,在此新淤积出的区域内,已勘采的油田就有孤东、孤南、长堤和新岛等,从而避免了昂贵的海上勘采投资。改道后,除长远预备流路需慎重开发外,改道后土质相对较好的老流路均可相对稳定开发。

港口的状况是滨海经济发展的标志,是周边区域经济发展的推动力,由于黄河特殊的水沙条件和激烈淤进的演变规律,故三角洲滨海沿岸无法建港。虽然黄河三角洲滨海是我国的著名渔场之一,但渔堡的规模很小,而且是在适应黄河河口入海流路变动情况下不

断地迁移着。仅在相对远离黄河入海沙源,位于大三角洲边缘的徒骇河内和小清河口建有东风港和羊角沟港,规模亦不大,近期年吞吐量仅几十万吨。改革开放以后,为适应和促进河口地区及其周边地区经济的发展和向外型转化,相对大型港口的建设逐步提上日程,已规划兴建的港口有位于套尔河口内的滨州港和位于三角洲中部五号桩区域的东营港,两个港口的情况如表8-17所示。实践表明,黄河大量入海泥沙不仅因河口摆动直接使40余km宽的三角洲岸线迅速淤积延伸,从而使该范围内的设施淤废,而且大量沿岸线输移的泥沙同样会造成与黄河口毗邻的排水沟河口产生严重的淤积。因此,对港口的影响问题也应在未来流路安排中加以考虑。东营港距刁口河流路和滨州港出口套尔河口距马新河流路均小于20 km,显然当未来使用这两条流路时,均将对港口产生严重的直接淤积影响。

表8-17 港口情况对比

港口名称	滨州港	东营港
港口位置	位于黄河三角洲外西侧,套尔河入海口内。距马新河流路中部15 km,距现清水沟流路129 km	位于黄河三角洲中部,现清水沟入海口以北46.5 km 的五号桩地区,距刁口河流路中部17 km
目前规模	1969 年9 月兴建,1971 年12 月投产,现有500 t 级及1 000 t 级泊位各两个,1991 年省计委批准扩建3 000 t 级泊位两个	1985 年兴建,现已开通至旅顺新港的客货混装运输线
近期规划	国家计委1994 年7 月14 日933 号文批复:同意建设滨州港一期工程,规模为两个万吨级通用散杂泊位,年吞吐量为334 万t	规划在现行引堤南1 700 m 处修建与之平行的引堤2 000 m,基本形成环抱式人造港湾,南引堤建设3 个3 000 t 级泊位,年吞吐能力达100 万t 以上
与流路安排关系	处于三角洲范围以外,与入海流路安排基本无矛盾	处于三角洲海域条件最好的中部,清水沟充分走河时有影响,与刁口河长远流路安排有矛盾

入海径流泥沙的数量和部位对在河口三角洲滨海产卵及初期繁育的刀鱼、虾鱼等会有所影响。据了解,入海径流泥沙的数量与鱼虾产量有一定的正比关系,但部位影响无资料论述,因无论由哪个部位入海均可产生一定范围的冲淡水区域供鱼类繁殖,故据此判断渔业对入海部位无明确的要求。

三、未来流路概况及初步比较

通过对胜利油田管理局、山东黄河河务局、黄河河口管理局、黄委山东水文水资源局等单位的了解,征求意见和收集有关资料,并依据1989 年和1984 年规划的流路及其影响因素,分别统计了刁口河故道流路、刁口河故道西汊流路、马新河流路和新合村流路等四条流路改道点以下沿程影响的情况,如表8-18 ~ 表8-21 所示。

表 8-18　刁口河故道流路(长 45 km,宽 5.5~8 km,改道点距利津 52 km)

流路范围		村镇(个)				公路(km)			排灌渠(km)		储油面积(km²)	其他(油田、油井、水库、盐田等)
长度(km)	面积(km²)	乡镇	大	小	小计	主要	次要	一般	主要	次要		
0~5	30.2			6	6	6.5		5	6.7	2		油田5处,拟建主要公路8.8 km
5~10	30			4	4			2.2	5		6	
10~15	28.5			0	0	5.5		4.4	6.3		8.1	油井3处
15~20	28.5			1	1			10.8	5.5			
20~25	30			3	3			20.6	5.5			
25~30	32.25			2	2	6.8		14.1	5.6	2		
30~35	35			2	2			14.7		7.5		
35~40	37.75			1	1			9		4.3	1.6	
40~45	39			0	0			0	6.8	0	1	
总计	291.2	0	0	19	19	18.8	0	80.8	41.4	15.8	16.7	油田、油井8处,拟建主要公路8.8 km

表 8-19　刁口河故道西汊流路(长 35 km,宽 5.5~8 km,改道点距利津 52 km)

流路范围		村镇(个)				公路(km)			排灌渠(km)		储油面积(km²)	其他(油井、油田、水库、盐田等)
长度(km)	面积(km²)	乡镇	大	小	小计	主要	次要	一般	主要	次要		
0~5	30.2			6	6	6.5		5	6.7	2	2	油田5处,拟建主要公路8.8 km
5~10	30			4	4			2.2	5			
10~15	28.5			0	0	5.5		4.4	6.3		8.1	油井3处
三角地	31.8			3	3	5.4		15.3		6.1		油井4处,窑场1处
15~20	42.75			1	1			17.2	5.5		0.7	
20~25	29.5	1		2	3	7.2		8.4		6	1.2	
25~30	33.5			5	5	16.8	1.1	4.6		8.8	14.3	油井4处
30~35	37.5			3	3	12.6	3.2	0.4		7	7.5	油井8处,盐田1处
总计	263.75	0	1	24	25	54	4.3	57.5	23.5	29.9	33.8	油田、油井24处,盐田1处,窑场1处,拟建主要公路8.8 km

表 8-20　马新河流路(长62.5 km,宽5~6 km,改道点距利津9.1 km)

流路范围		村镇(个)				公路(km)			排灌渠(km)		储油面积(km²)	其他(油田、水库、盐田等)
长度(km)	面积(km²)	乡镇	乡村			主要	次要	一般	主要	次要		
			大	小	小计							
0~5	25		7	5	12	5.3	1	7.8	10.8	3.6		
5~10	25		4	2	6		9	5	5.2	6.5		
10~15	25.5		7	4	11		8.2	0.5	5.1	7.8		
15~20	26		12	4	16		2	5.7	5	5		
20~25	26.5		5	4	9			3.6	6.5	7.7		
25~30	26.5	1	11	3	14	6.5		9	5.2		3.8	下河乡
30~35	25		2	23	25	4		12	5.4	4.6		
35~40	25.5		2	10	12	6		7	5.1	5.2		
40~45	25		5	8	13			10	4.6			
45~50	24.2		2	9	11	5		13.5	4.5		12.4	油田1处
50~55	25.1		0	2	2	9.6		1.5			4.7	油田2处
55~60	31		0	0	0	7.1		2				渔堡1处
合计	310.3	1	57	74	131	43.5	20.2	77.6	57.4	40.4	20.9	油田3处,渔堡1处
三角地												盐田1处
总计	310.3	1	57	74	131	43.5	20.2	77.6	57.4	40.4	20.9	油田3处,渔堡1处,盐田1处

可知,刁口河故道流路宽度最宽,长度最短,但河口距利津距离最长,该范围内无乡镇和大村,仅有小村19个。主次要公路也最短,仅18.8 km,主要灌排渠41.4 km,远较其他流路影响都小。在流路范围内未兴建永久性工程设施,较好地执行了1975年12月两部一省郑州会议关于改道清水沟后保留原刁口河故道作为长远预备流路的决定。海域条件和海洋动力状况也最好,实为未来流路规划中损失和影响最小、走河潜力最大的理想流路。只是河口距东营港不足20 km,将对港口产生严重影响,同时河口距利津里程最长,改道后不利于水位冲刷下降。

刁口河西汊流路改道点以下17 km内与刁口故道流路走同一河段,只是在原东大堤尾间附近改由王家洼拉入海。实际上,该流路不具备独立流路的作用,可包括在刁口河故道流路范围内。该流路下段有埕东油田,影响正在开采的油井和主要公路的数量相对较多,使用时影响和损失明显较故道流路要大。由于刁口河故道流路入海口距东营港仅17 km,故只有在决定改道刁口故道流路后,权衡利弊为延缓入海泥沙对东营港的影响,改由

表 8-21　新合村流路(长 55 km,宽 5~6.5 km,改道点距利津 15.1 km)

流路范围		村镇(个)				公路(km)			排灌渠(km)		储油面积(km²)	其他(油井、水库、盐田等)
长度(km)	面积(km²)	乡镇	乡村			主要	次要	一般	主要	次要		
			大	小	小计							
0~5	25	1	13	6	19	4.1	4.2	7.4		4.9		北岭
5~10	25		11	2	13	2.1	3.4	10	10.1	1.4		
10~15	25.5		9	2	11		5.5	2.3	4.1	5.2		
15~20	26.25		4	9	13				5.1	11.2		
20~25	26.75		4	3	7			3.7	2.9	12.1		
25~30	27.5		4	6	10	10.5		9	5.1	9.3	7.5	油田 1 处,砖厂 1 处
30~35	28.5		2	7	9	6.9			5.1	6.3	3.8	油田 6 处
35~40	29.5		3	3	6	15.7		8.1	5	10	4.6	油田 4 处,水库 1 座
40~45	31		3	2	5	10.2		15.5	5	10.5		
45~50	32.25		0	0	0	3.1		11		4.5		
50~55	33.5		0	0	0	0						渔堡 1 处
合计	310.75	1	53	40	93	52.6	13.1	67	42.4	75.4	15.9	油田 11 处,渔堡、砖厂各 1 处,水库 1 座
三角地			2		2	8.1		5.6	11.2	8.2	7	油井 8 处,计量站 3 处
总计	310.75	1	55	40	95	60.7	13.1	72.6	53.6	83.6	22.9	油田、油井 19 处,渔堡、砖厂各 1 处,水库 1 座,计量站 3 处

此西汊流路入海方有意义。

马新河流路和新合村流路总的来看二者陆上的影响状况与海域条件均相差不大,流路长度马新河比新合村约长 7 km,但因马新河流路宽度在新户乡和潮河之间受限而变窄,故与新合村流路的面积二者十分相近,均为 310 km² 左右。影响的乡镇和大村亦极相近,只是影响搬迁的小村马新河流路多 34 个。二者对公路的影响也相差不大,影响正采油井新合村流路稍多,搬迁的村庄多在流路的上中部,而油田、油井则多位于 30 km 以下的近海区域。总之,二者十分接近。但从对潮河口和滨州港的影响上看,新合村流路相对优越。

四、未来流路安排意见

上述分析表明,可作为比较的未来流路只有刁口河、马新河和新合村流路三条。三条流路的综合影响概况、改道时的工程和投资情况以及三条流路的优缺利弊对比,分别如表 8-22 ~ 表 8-24 所示。

表 8-22　未来流路情况综合比较

项目	流路名称			
	刁口河	刁口河西汊	新合村	马新河
河口距利津里程(km)	97.0	92.0	70.0	71.6
2 m 等深线距河口里程(km)	5.3	11.0	7.5	9.7
5 m 等深线距河口里程(km)	6.5	14.0	11.5	13.8
河口距东营港里程(km)	17.0	37.0	52.0	67.5
河口距滨州港出口里程(km)	65.5	45.5	30.5	15.0
流路宽度(km)	5.5 ~ 8	5.5 ~ 8	5 ~ 6.5	5 ~ 6
流路长度(km)	45.0	35	55.0	62.5
流路面积(km²)	291.2	263.75	310.75	310.3
搬迁乡镇(个)	0	0	1	1
搬迁大村(个)	0	1	53	57
搬迁小村(个)	19	24	40	74
主要公路(km)	18.8	54	52.6	43.5
次要公路(km)	0	4.3	13.1	20.2
一般公路(km)	80.8	57.5	67.0	77.6
主要灌排渠沟(km)	41.4	23.5	42.4	57.4
次要灌排渠沟(km)	15.8	29.9	75.4	40.4
油田储油面积(km²)	16.7	33.8	15.9	20.9
正在开采油井(处)	8	24	11	3
水库(座)	0	0	1	0
渔堡(处)	0	0	1	1
砖场(处)	0	1	1	0
盐田(处)	0	1	0	1

表 8-23 未来改道流路工程和投资情况比较

项目	流路名称			说明
	刁口河	马新河	新合村	
影响人口(万人)	0.11	3.57	2.97	人均按 1.5 万元计
移民安置投资(亿元)	0.165	5.355	4.455	
占用耕地(万亩)	1.2	12.7	10.6	
新修堤防长度(km)	92	107	103	
新修堤防土方($10^3 m^3$)	1 400	3 388	3 260	
堤防险工石方($10^3 m^3$)	16.8	21.6	20.8	
开挖引河长度(km)	20	40	40	
开挖引河宽度(m)	300	500	500	
开挖引河深度(m)	2	2	2	
开挖引河土方($10^3 m^3$)	1 200	4 000	4 000	
河道整治土方($10^3 m^3$)	180	187	180	
河道整治石方($\times 10^3 m^3$)	52.5	54.6	52.6	
累计工程土方($\times 10^3 m^3$)	2 780	7 575	7 440	土方单价按 7 元计 石方单价按 80 元计
累计工程石方($\times 10^3 m^3$)	69.3	76.2	73.4	
累计工程投资(亿元)	2.50	5.91	5.80	
截流及清障等投资(亿元)	0.1	0.1	0.1	
总计投资(亿元)	2.765	11.365	10.355	

表 8-24 未来改道流路优缺利弊比较

流路名称	优点及有利条件	缺点及问题	说明
刁口河	尾闾流路最短,搬迁任务最小,改道损失最少,累计工程土方约为马新河和新合村的 37%,投资仅为两者的 25% 左右; 海域深,海洋动力大,入海泥沙易于扩散,河口淤积延伸速率慢,相对走河时间长; 有故道河槽,改道后过水顺畅,有利于改道和水位下降; 对徒骇河和滨州港无影响; 对王庄以下引黄灌溉和排水系统无影响	河口及 5 m 等深线距利津里程最长,改道后水位下降受限; 如充分走河对东营港有严重影响; 村少人少,组织防洪防凌相对困难	

流路名称	优点及有利条件	缺点及问题	说明
马新河	可充分利用三角洲走河潜力,有利于延缓黄河水位升高。5 m 等深线距利津里程较刁口河短 18.1 km,改道后水位下降大,低水位时间长; 改道时水流顺畅,可少做工程; 对东营港无影响; 人口稠密,有利于工程防护	搬迁村庄任务大,影响人口最多,达 3.57 万人; 累计土方工程 757.5 万 m³,投资 11.365 亿元,相对较多; 对潮河口、徒骇河口和滨州港有严重影响; 堤线不顺直,新户乡附近因潮河需束窄; 影响王庄以下引黄工程	
新合村	位置适中,介于刁口河与马新河之间,对东营港无影响,对滨州港无严重影响; 海域条件比马新河流路好,基本上充分利用了三角洲走河潜力,有利于减缓黄河水位升高; 5 m 等深线距利津里程较刁口河短 22 km,改道后水位下降大,低水位时间长; 流路顺直,人口稠密,有利于工程防护; 有利于埕东凸起和埕岛油田海域变海上采油为陆采	搬迁任务略较马新河流路小些,累计土方 744.0 万 m³,投资 10.045 亿元,也相对少些; 影响改道点以下引黄灌排工程,改道点处流路不顺,需做工程	

依表和上节所述,刁口河流路的海域状况、搬迁影响、改道工程土石方和投资数量等方面均具有明显的优势。只是河段流路相对较长,5 m 等深线距利津站103.5 km,较马新河85.4 km、新合村81.5 km 分别长 18.1 km 和 22 km,不利于改道后水位下降,且距东营港相对较近,仅 17 km,充分走河后将对港口有严重影响。

马新河流路位于三角洲的西边缘,充分利用了三角洲的走河能力,有利于减缓黄河水位升高的速率。5 m 等深线距利津里程较刁口河流路短 18.1 km,利于水位下降,改道点处流路比较顺直。对东营港无影响,此流路较 1984 年规划中的潮河东流路还偏西,距徒骇河口仅 15 km,走河后将会对潮河口和徒骇河口产生严重的直接影响。鉴于此影响,1984 年规划时未将潮河东流路列入流路规划范围。

新合村流路位置介于刁口河流路和马新河流路之间,位置适中,入海泥沙对东营港无影响,对徒骇河口和滨州港影响也很小。该流路基本上利用了三角洲走河能力,流路顺直,流路缩短的状况较刁口河流路短 20 余 km,改道的效果好,低水位的历时长,与油田原勘采规划结合得较好。与马新河流路相比,二者条件大体相近,一般新合村流路均相对略优,如海域条件、影响入口、流路缩短长度,工程数量和投资大小等。若从对潮河、徒骇河和滨州港的影响看,新合村流路相对优越和现实可行。

新合村流路与刁口河流路相比,二者都具有各自的优势,均可作为未来改道预备流路,但由刁口河流路位置作为长远流路较为理想,可延缓对东营港的严重影响和与石油开发相结合上考虑,先走新合村流路较好。为此,我们建议新合村流路可作为清水沟流路充分利用后首选的未来改道预备流路,待其充分走河后,再改走十八户流路或刁口河流路。

五、结论与建议

河口地区及三角洲的经济迅速发展,特别是石油工业的开发,对河口治理不断提出新的要求,以往随其自然相机改道的状况已不可能。1976 年非汛期人为截流改道由刁口河流路改走清水沟流路的成功,为我们解决河口激烈演变、防洪能力日趋降低与三角洲开发间的矛盾和如何具体实施有计划的改道提供了宝贵的实践经验。

黄河水沙的特性决定了黄河河口大、小循环演变的规律,河口的淤积延伸状况制约着黄河水位抬升的速率。在目前水沙条件下河口改道是不可避免的,规划好未来改道流路既符合确保黄河安危大局和经济原则,也是促进和保证三角洲地区农业生产发展的要求。

未来流路改道为避免大水相机破堤改道造成的不利局面和影响,需采取有计划的非汛期人工截流改道方式。为此,尽早明确研究预备流路,并落实人口安置和有关工程措施十分必要,否则将造成被动和严重损失。

1968 年、1984 年和 1989 年三次流路规划的原则,流路选线和安排方案等,对未来预备流路规划落实有现实指导意义,可作为进一步规划分析安排的借鉴和依据。

未来流路对三角洲开发的影响涉及黄河、石油、地方、港口建设、农牧业、渔业等诸多方面;影响因素除有利影响和不利影响方面外,尚有经济影响和政治影响、直接影响和间接影响、暂时性影响和永久性影响之分。为此,进行影响分析时,需全面考虑,综合分析,统筹兼顾,远近结合,突出黄河安危关系大局,以国家利益为准,以经济原则为基础,力求以最小的损失和影响获取最大的政治经济效益。

现行清水沟流路南侧目前仅有十八户流路可以考虑,该流路缩短流程最大,无石油勘采干扰,大部分土地盐碱严重,两侧有堤防工程;但海域条件最差,容沙海域在清水沟充分走河后将被侵占,距小清河口和支脉沟口很近,不能充分走河,走河的年限短,已构不成完整流路,不宜作为未来流路安排。可以考虑必要时相机运用,以冲刷河口河段,延缓河道淤积抬升速率和改善流路范围内土质盐碱状况。

由北部渤海湾入海的未来预备独立流路,计有刁口河、马新河和新合村三条。

刁口河流路的海域条件、搬迁影响、改道工程土石方和投资数量等方面均有明显的优势。只是河段流路相对较长,不利于改道后水位下降,且距东营港较近,仅 17 km,充分走河后对港口将有严重影响。

马新河流路与新合村流路二者条件大体相近,新合村流路介于刁口河和马新河二流路之间,位置适中,在海域条件、缩短流程长度、影响人口、工程土石方和投资数量方面新合村流路相对略优。二者均充分利用了三角洲走河能力,河段流路长度分别较刁口河流路缩短 18.1 km 和 22 km,改道的效果好,低水位的历时长,有利于减缓黄河水位的抬升速率。但从对潮河口和徒骇河口及滨州港的影响,1984 年规划中未将位于马新河流路以东的潮河东流路列入流路规划范围,以及原新合村流路与石油勘采要求结合较好上看,新合村流路相对优越和现实可行。

新合村流路和刁口河流路相比,二者都具有各自的优势,均可作为未来预备流路。但由刁口河流路位置作为长远流路较为理想和延缓对东营港的严重影响以及与石油开发结合上考虑,先走新合村流路较好。为此,我们建议新合村流路可作为清水沟流路充分利用后首选的未来改道预备流路,待其充分走河后,再相机改走十八户流路或刁口河流路。

本书工程数量及搬迁人口主要依据 1989 年规划资料,搬迁村庄及影响道路、沟渠等主要依据 20 世纪 80 年代资料,未能进一步深入调查,此外与石油部门最新开发规划的结合还不够紧密。

清水沟流路已走河 19 年之久,1984 年后同流量水位持续升高,如遇不利水沙条件,水位将出现陡升现象,届时对河口地区可能形成威胁,改道准备工作亦需时日。因此,改道问题应抓紧研讨落实,以免被动。

目前干扰少、可供走河的独立流路只有两条,应尽量充分利用。

第九节　对黄河河口开发治理几个问题的认识

一、河口概况及问题提出

黄河河口属陆相弱潮河口,其主要特点是水少沙多,洪枯悬殊,潮差小和海洋动力弱。黄河年入海沙量 20 世纪 80 年代前年均近 11 亿 t,年水量 419 亿 m^3,平均含沙量约 25.2 kg/m^3,为长江口的 50 倍、钱塘江口的 157 倍。渤海为一内海,海域浅,莱州湾最大水深不足 20 m,潮差 1 m 左右,致使 2/3 以上的入海泥沙淤积在三角洲上和滨海前沿,近 30 年平均每年造陆约 46 km^2。这一情况使河口基准面不断相对升高,下游河床和防护工程相应随之加高,此期间山东河段平均淤高约 2 m;洪凌灾害威胁日益加剧;同时使河口三角洲河段处于不断淤积延伸摆动改道循环演变的不稳定状态,口门摆动延伸外移贯穿于整个演变过程。新中国成立前河口地区决口十分频繁,发生于轴点附近的改道从 1855 年至今已有 10 次,从而使河海间通航受阻,三角洲内工农业生产无法稳定发展,年年遭受洪凌旱涝碱潮等不同灾害,故黄河口历来十分荒凉,此与其他大江大河河口均有繁华的都市形成鲜明对照。但黄河水是河口地区工农业和人畜用水的唯一经济和相对可靠的水源,大量泥沙填海造陆可使滨海石油变为相对经济得多的陆上勘采,目前三角洲内的主要油田大多是在 70 年代以后刚淤积成陆的海区上勘采的。显然,在不违背客观规律和不超越现阶段经济技术条件下,如何取其利减其弊,协调好黄河安危与石油开发的关系,一直是近期河口治理和规划的重点及黄河口今后一个时期内矛盾的核心。

20 世纪 60 年代后期石油工业在河口地区的开发,大大地推动了河口地区经济建设的全面发展。一个新的综合经济区正在形成,对加速三角洲开发和河口综合治理不断提出新的要求与课题,上了一些工程,但成效不一。不少旨在兴利除害的建议和设想已在实践中受到检验,有成功的经验,也有失败的教训,及时认真总结黄河河口开发中的问题具有重要的现实指导意义。

二、滨海区建港问题

在铁路和汽车等陆路运输尚未开发的年代,水路运输占有主导地位。随着河口港的建立,大批的经济文化中心城市相应产生和发展,如上海、广州、天津等,但在黄河河口始终未能形成,究其因主要在于黄河沙多善徙。在黄河下游没建立统一堤防固守时,黄河在整个大平原上游荡,几十年河东,几十年河西,河无固定入海口,当然无从设港。在形成统一堤防初期,堤防三年两决,洪水旁泄,河口断流;等堤防基本巩固住后,大量泥沙随之倾注河口,又使河口处于不断淤积延伸摆动改道的循环演变之中,河无水源口无定型,何以建港?

河口地区油气资源蕴藏十分丰富,特别是近几年在三角洲滨海探明的储量令人鼓舞。考虑到就地建港具有输出量大、运输成本低和收益快的优点,建港问题又开始提出。初步拟定的建港部位位于渤海湾与莱州湾的湾口,即老神仙沟口和刁口河 1972～1974 年出汊时口门附近的海域。该部位是目前三角洲的最突出点,海域相对最深,潮流最强,潮差最小,但也正是风浪和泥沙运移相对最强的区域。尽管港区范围冲淤变化不大,但强烈的风浪和大量挟沙的沿岸往复流将给港区的建设与维持带来严重问题,沉船筑港方案的失败即是例证。

黄河河口在每年巨量泥沙入海的条件下,三角洲淤积十分强烈,近 100 年来累计造陆面积约 2 874 km^2。新中国成立后三角洲堆沙岸线缩小,加上杜绝了下游河道决口,使造陆速度明显加快。据不完全统计,近 30 年淤积造陆面积为 1 364 km^2。三角洲的淤长使 20 世纪 60 年代黄河水利委员会在河口滨海区测验中布设的 7 个潮位站和 26 个测流站点中的 7 个潮位站全部及 11 个测流站点均已被淤积成陆,6 个位于潮间带,只有 9 个处于海岸边缘(如图 8-18 所示)。此充分表明,从长远看,在黄河河口滨海建港终将是难以维持的。因此,在黄河河口建设永久性大港是不切合实际的。

但对于建设使用年限有限的小型专业性码头,可以通过与石油开发规划相结合,有计划地安排入海流路和适当扩大三角洲的堆沙范围,在一定的使用年限内不使黄河入海口对其产生直接严重影响还是可能的。

在黄河河口滨海建设原油外输工程时,为适应黄河河口多变和三角洲不断淤进的特点,以便于必要时外延,采用系泊式较码头式优越。

三、放淤与挖沙治河问题

影响黄河河口开发利用的症结是沙多,治理的方向在于设法减缓河口淤积延伸的速度。加强水土保持在中、上游减沙具有多方效益,是治黄减沙和解决河口问题的根本措施。但水土保持减沙非旦夕之功,在相当长的时期内难有显著效益。引高含沙洪水放淤,由河口地区已建的十八户等放淤工程的实践知,年放淤引沙量只占当年入海沙量的 1%～3%;另外,放淤后的土地一般均难以再次利用,故欲藉放淤减少来沙量和河道淤积量以收治河之效,犹如杯水车薪,恐无济于事。

近年来,不少同志提出在河口机械挖沙以降千里黄河沟通河海和抬高三角洲高程改造盐碱地的设想。挖沙对于少沙河流河口和维持局部航道深槽与港池水深是目前广为采

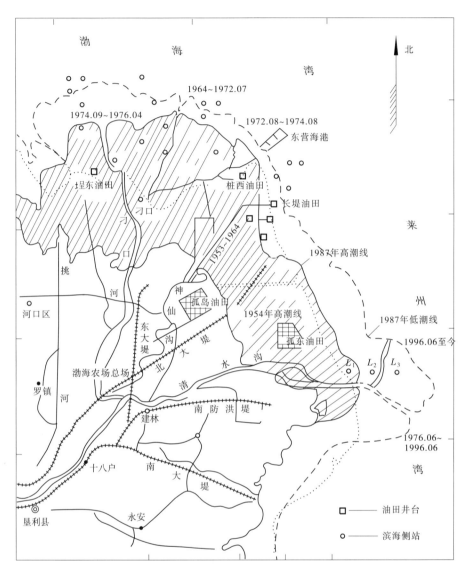

渤　海　湾

1964~1972.07

1974.09~1976.04

1972.08~1974.08

东营海港

堤东油田

刁口

桩西油田

长堤油田

挑

1953~1964

1987年高潮线

河口区

神仙

孤岛油田

1954年高潮线

东大堤

1987年低潮线

沟

孤东油田

北清水沟

1996.06至今

渤海农场总场

L_1　L_2　L_3

罗镇

河

建林

南防洪堤

十八户

南大堤

1976.06~1996.06

湾

垦利县

永安

□——油田井台

○——滨海侧站

莱　州

北

图 8-18　黄河三角洲淤积延伸情况

用和具有实效的措施。但对于年入海沙量近 11 亿 t 和演变剧烈的黄河河口采取挖沙措施,显然存在着挖沙的部位和数量、堆放场所、挖沙效果、挖沙经济合理性和挖沙技术可行性等问题。

挖沙数量关系着挖沙的作用和效果,数量小经济,但显示不出效果。据分析,黄河河口每年挖沙 3 亿 ~7 亿 m³ 方可初见成效,每年在几个月的时间内,挖除高宽各 1 m 绕地球赤道 7.3 ~17 圈泥沙的机具集中作业,必然产生如何安置机具、堆沙地点、安全保障、后勤供应、动力和维护以及是否经济等一系列问题。我国 20 世纪 80 年代港口航道的挖沙机具的能力居世界第二位,全年的挖沙量约 8 000 万 m³,长江口航槽年挖沙量仅 1 800 万 m³。在入海流路两侧堆沙,按 4 km×50 km 计,上述挖沙量每年即可填高 1.5 ~3.5 m,几年即形如土山,显然欲挖如此数量的泥沙只能是纸上谈兵。

挖沙对河道水位影响问题较为复杂。但从宏观上看,造成河床抬升趋势的原因是三角洲岸线的淤积延伸,显然只有将全部参与岸线延伸的因素清除时,抬升方可能停止,这事实上是不可能做到的。因此,上述挖沙只能减缓抬升的速度,而产生不了持久冲刷下降的条件,在来沙量一般均大于挖沙量的情况下,挖沙产生的溯源冲刷只是暂时的,它将随着挖沙坑的填满和河口的延伸而调整恢复并继续淤积,当然淤升速度将会有所减缓。单从对河道减淤作用上看,同样的挖沙量一般愈靠上游挖改善水沙条件影响的距离愈长,效果也愈好。欲降千里黄河和解决河口问题,在相同投资情况下,在中、上游实施水土保持拦截泥沙较在河口和下游河道挖沙更为有效。

四、疏挖河口拦门沙

据 1987 年黄河河口拦门沙实测资料知,"拦门沙沿河流轴线长度 5 ~ 6 km,以水深 0 ~ 1 m 线包络的范围看,横向的范围也在 6 ~ 7 km,平面范围大约 40 km²"。此实测拦门沙,只代表了当时短时段的形态和特征,因为其很快将为接踵而来的洪水淤沙所改变。黄河河口拦门沙不仅范围大,同时拦门沙上的流速流向因受涨落潮的影响亦变得十分复杂,即便是位于拦门沙靠陆一端的测站,"其流向、流速时序过程线也显现出随潮汐的涨落而变化的特性,涨潮流时,流向一般从 120° 始以顺时针方向旋转,不断转换流向,此过程周而复始"。在如此的拦门沙上,如何规划疏浚方案? 挖一个多大的槽? 能否增加预期中的排洪排沙能力和稳定流路?

挖沙数量小,洪水一来淤没,显现不出效果;挖沙数量大,则存在着诸如使用何种机具,有多少机具可用,如何布置施工,挖沙堆放地点,机具的安全保障,是否经济合理,效果能否体现以及如何与石油开发相结合等一系列难以解决的问题。

在黄河河口汛期(7 ~ 10 月)和凌汛期(12 月至次年的 2 月),由于河口拦门沙演变激烈和船只器具安全无法保障等,难以进行作业。实际上,只有汛期前较短的时间可以安排实施,再除去风天和机具进驻与维修等,显然能正常工作的时间是很有限的。因而,疏挖的数量不会很多,此数量能否满足规划设计要求,与来沙量相比可能犹如杯水车薪,无法赖以生效。

据前几年资料知,我国河口港湾全部挖沙机具的挖沙能力居世界第二位,年总挖沙量约 8 000 万 m³。目前我国治理河口拦门沙,多以疏挖和维持航道为目的,其中长江口的规模和投入最大,但上海港和长江沿岸各港口由此而受益的数额远远大于疏挖航槽投入的数额。黄河河口疏挖拦门沙无航运之利,疏挖的目的安在? 投入和效益比如何?

黄河河口拦门沙是汛期入海水沙与当时海洋动力相互作用的产物。非汛期只是在径流水沙和海洋动力下对汛期形成的拦门沙的调整。此调整形成和影响不起主导作用。在改道初期尾闾游荡散乱、主流摆动不定和后期出汊的演变阶段,河口和拦门沙无稳定位置,拦门沙从何治理?

形成单一顺直窄深河槽后,入海泥沙集中输至口门,拦门沙又随着河口的延伸而迅速凸出外移(如图 8-19 所示)。因无横向边界约束,大水过程和过后拦门沙随着径流与潮流向多个方向演变发展,流向和流速每时每刻都在变化,且范围大,平均约 40 km²,加之水浅风浪大,难以作业。

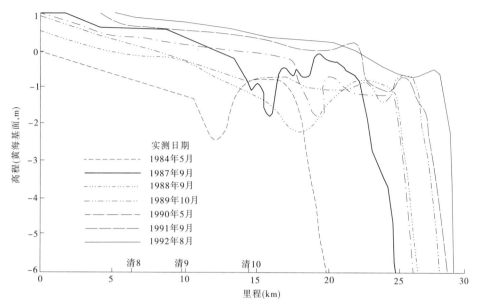

图 8-19 清水沟拦门沙纵向演变发展

1987年水电部第十三工程局大型挖泥船曾在现河口试挖拦门沙,因风浪影响无法作业,很快撤出,以失败告终,此经验教训应认真总结。

汛期和凌汛期不可能作业,只有汛前3~4个月能挖多少? 即使挖成一个槽,洪水一来将重新形成一个新的拦门沙,原拦门沙已被湮没于新河槽和新拦门沙之下,疏挖的量与来沙淤积量不成比例,如何起作用?

长江口和其他河口疏挖拦门沙航道,效益显著。黄河河口疏挖拦门沙的目的何在? 技术和实施方案缺乏科学论证,在目前来沙量比较大的情况下,效果无法显现,也就是说投资与效益明显不成比例。因此,此措施应深思慎行,深入论证。

关于黄河河口治理和在黄河河口建港以及疏挖拦门沙等问题,早在20世纪80年代就存在着明显不同的观点,但由于未认真总结经验教训,组织开展讨论和深入研究论证,因此本来较明确的问题至今仍未能取得共识。依据黄河河口的客观实际条件与上述初步分析,不难得知,在黄河河口进行拦门沙疏挖治理的目的不明确,技术上还缺乏必要的全面可靠的可行性论证,经济和效益明显不合理。望能对此慎思! 慎行! 以避免已可预见到的虚掷。

五、拖淤及藉水冲沙措施的作用问题

拖淤的记载始见于宋代,当时多用于裁弯取直或堵口挽故时故道淤高处人力无法作业的水下短河段。

明清两代反复试验实施,用于局部短河段(如疏拖黄河与洪泽湖相交的清口等)有实效记载,限于黄河含沙量高、水流湍急、淤积量大,未见有解决较长河段淤积的成功实例。潘季驯和乾隆皇帝等很多人都认为此措施只适用于小河沟汊或局部短河段,在黄河的水沙条件下不可能奏效。

近期的拖淤只用于苏北和海河挡潮闸下短而窄与淤积慢的河段。

20世纪70年代以来,在现黄河河口曾多次进行过试拖和试浚,1977年11月在利津水文站附近河段进行过拖淤试点,因上拖下淤,所拖不及河淤,无法评论成效。

1978年汛期前对清水沟流路清1断面至清2断面间的枯水河槽进行过爆破和人工疏挖,来大水前认为效果很好,但7月第一次洪峰过后,因溜势变动,原冲深展宽的河槽全部淤平。

1988~1990年在清水沟流路清7断面以下河段,每年拖淤均在100 d以上,平均动用船只10艘,还辅以疏挖以及其他截流堵汊等措施,投资数千万元,但治理河段继续淤积,水位逐年升高。河段上首的十八公里水位站1988~1990年期间,1 000 m^3/s同流量水位由7.25 m升高到7.65 m,其效果何以评述?

对上述这些可贵的经验教训,应进行认真总结分析,引以为鉴。

明清两代将"藉清刷黄"定为长策,并利用黄河向南决口的机会与淮河来水合力刷淤,初决时可见实效;但一旦黄河堵口,泥沙复由故道下排,淤积如故,水位继续升高。若不大量减沙,"藉清刷黄"改变不了水位抬升的趋势。现黄河"藉清刷黄"尚无明确可行方案,即便确定,如"南水北调"其可供冲沙的水量也是十分有限的,其效果如何,与废黄河相比之下可想而知。

六、河口改道与油田开发结合问题

河口改道与否关系着黄河的安危和修防工程的防御标准。油田勘采状况影响着三角洲的开发和国家资金的积累。任何单方面的考虑和安排均可能造成严重的损失和不良后果。

任何事物都是相对的和一分为二的,正如前述,黄河巨量泥沙入海同样具有两面性。如何扬其利弃其弊,也就是通常所说的除害兴利的程度是衡量每项治理措施成败优劣的准绳。这里的除害是指想方设法降低河床升高的速度和减轻三角洲河段摆动改道的影响,兴利则为利用河口由哪入海,使哪片海域迅速淤积成陆,变滨海勘采为陆上勘采,以减少大量投资,或放淤改土和增加湿地面积。

实践表明,在黄河河口目前水沙条件下,采取挖沙、放淤、工程控导或调水调沙等任何措施,欲改变河口三角洲河段摆动改道的不稳定状态和使河口河段河床不再升高,是现时经济技术条件无法达到的,唯有借助于扩大三角洲及滨海区的堆沙范围和实施适时改道以减缓河床抬升速度。

在三角洲内已开发了孤岛、埕东、渤南、垦利、垦西、孤东、孤南、长堤等油田,建成生产能力1 000万t以上规模,人口增长到15.8万人,耕地55.4万亩,年产粮食4 000多kg和三角洲内一些灌排系统亦进行了配套的情况下,不仅以往基本上任其自然改道的办法已不可能,即使安排了预备流路,采取大洪水期间相机临时破口改道的方式同样将带来如下问题:

(1)破口改道后形成改道点以下新旧流路并流入海的局面,一般要持续到汛末,这样两流路之间区域被河海隔绝,原有油气、交通、水、电等线路均被截断,各新线路亦无法接通启用,供输受阻,不仅不能正常生产,而且生活与安全亦无法保证。

（2）从预报发生大水，到决定破堤改道和搬撤完毕，之间仅有 3 d 的时限，时间短，损失大，且阻水障碍难以彻底清除，影响改道效果。

（3）引起旧流路淤积，如神仙沟改走刁口河时，神仙沟上段淤高 2.23 m，再次使用该流路时需大规模疏挖，此外尚有可能达不到夺流改道的目的。

显然，有计划地相机非汛期人为截流改道是三角洲地区工农业生产发展的要求，也是由黄河特性和河口演变规律客观条件决定的。此种认识在 1975 年底两部一省郑州会议上得以确认，并在 1976 年 5 月由刁口河改道现行入莱州湾的清水沟流路的实践验证中取得了预期的效果。一方面利津以下河段同流量水位改道当年即下降了 1 m 左右，泺口以下 3 000 m³/s 年均水位至 1992 年仍低于改道前的 1975 年；另一方面改道清水沟以来到 1985 年已造陆 445 km²，在此新淤积的区域内已勘采和正准备勘采的油田计有孤东、孤南、长堤和新岛等，避免了昂贵的海上勘采。此外，由于改道准备的时间充裕，可从容地做好原穿越新流路的各种管线路的封堵和截断工作及旧流路两侧各种管线路的衔接准备，并在近于断流的情况下完成封截和接通工作。实践表明，此次改道不仅取得了截流投资省和破口清障彻底，有利于实现改道作用的效果，而且没有影响三角洲和新旧流路之间孤岛等油田的正常生产和生活供应。更重要的是，此为减缓水位升高速度和扩大陆上石油勘采面积，即实现除害兴利的目的创造了宝贵的经验，为近期河口的规划和治理提供了成功的实践范例。

七、清水沟走河年限长的问题

任何一条流路的走河年限都受很多因素的影响，有人为因素，也有自然因素，清水沟同样受人为因素和自然因素综合的影响。人为因素主要表现在 20 世纪 70 年代后期整个黄河下游堤防的普遍加高，1996 年清 8 改汊和人工堵串等。1974～1985 年黄河下游和河口河段堤防普遍加高了 2.3～2.7 m，西河口水位由当时改道的 10 m 标准提高到了现在的 12 m，这不是一个小数。1996 年西河口 4 000 m³/s 流量的时候，水位已经达到 10.02 m，超过了 10 m。如果考虑 4 000～10 000 m³/s 还要有约 2 m 的水位升高值，显然到 1996 年的时候，西河口的防洪水位已经接近 12 m，也就是基本达到改道标准了。因此，我们得到两点认识：①清水沟若是按照原来的 10 m 标准改道，十几年前早就应该改道了；②现在西河口的水位到 1995 年、1996 年，已经接近或者达到了 12 m 改道的标准，所以我们对清水沟走河的潜力不能过分乐观。

1996 年清 8 改汊以后，河口河段水位已经暂时不再继续上升了，相反还有所下降。如果我们设想 1996 年不改汊，还是那个淤积发展趋势，目前恐早已经超过 12 m 了。到进入新世纪之所以还没有超过 12 m，主要是改汊的作用，此同样增加了清水沟的走河年限。

清水沟的入海沙量只有前两流路的一半多些，来沙量少，自然走河年限也要增长，这是自然因素的主因。此外，流路地势低洼，改道时缩短流程 30 多 km 是新中国成立后 3 次改道中缩短流程最长的。这都对增长清水沟走河年限是有利的。

显然，黄河下游第三次普遍加高堤防使西河口改道水位由大沽 10 m 提高为 12 m，是清水沟流路使用年限增加的主要因素。此外，来水来沙长时段偏枯，1996 年清 8 改汊和小浪底水库建成拦沙等，也均有利于清水沟流路使用年限的增长。

八、入海的沙量少河口能否不淤积延伸问题

清水沟流路 1986 年以后入海沙量相对减少,到 1995 年年平均沙量仅 4.25 亿 t,水 176.1 亿 m³,约为多年平均的一半,接近有人预测的来沙 3 亿~4 亿 t,河口将冲淤相对平衡的标准。此时段尾闾河段河槽单一顺直,沙嘴突出,口门外潮流流速大,1988~1992 年还进行了较大规模的整治试验,这均十分有利于泥沙外排和减缓河口淤积延伸。

但实际的情况是此时段利津—CS7 和 CS7—清 8 主槽年均分别淤积 651.7 万 m³ 和 882.2 万 m³。利津、一号坝、西河口和十八公里四站 3 000 m³/s 水位,年均分别升高了 0.19 m、0.16 m、0.16 m 和 0.17 m,累计升高约 1.5 m,如图 8-20、图 8-21 所示。

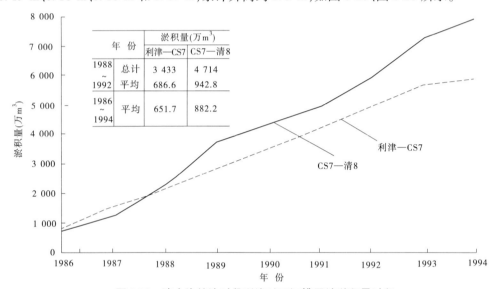

图 8-20　清水沟枯沙时段利津以下河槽累计淤积量过程

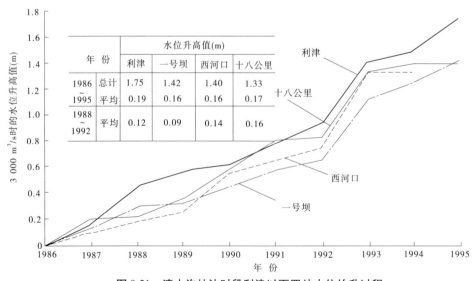

图 8-21　清水沟枯沙时段利津以下四站水位抬升过程

同期滨海 0 m 高程线,在平均 22 km 宽的范围,年均向外延伸 1.2 km。1985～1991 年累计造陆 157 km²,年均 26.2 km²,每亿吨沙造陆 5.9 km²,较前两条流路明显要大。

　　1987 年 11 月至 1991 年 10 月总计来沙 21.33 亿 t,陆上淤积 3.37 亿 t,滨海 14.32 亿 t,占 67.14%,外排 3.44 亿 t,仅占 16.13%,比前两条流路此阶段约为 50% 以上要小得多。

　　1988～1992 年,在尾闾曾实施了较大规模整治,如修建导流堤、拖淤和堵串、挖沙等。由图 8-22 资料知,此期间同样保持着明显的淤积延伸的趋势,各项的年平均值均与少沙时段基本一样,整治的作用和效益无法体现。

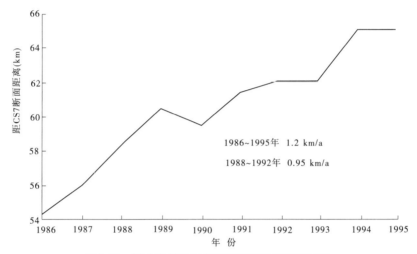

图 8-22　清水沟枯沙时段河口岸线淤积延伸过程

　　由此不难得知,在 4 亿 t 左右来沙的情况下,淤积量和升高的幅度都相对是很大的。显然,只有黄河由根本上改变其水沙特性,入海沙量减少到相当程度,并在允许适度摆动时,才有可能不淤积延伸,或者延伸得较慢。但近期清水沟流路不大可能做到。

九、对当前规划的认识和建议

　　1968 年以来河口规划曾进行过多次,其中心内容之一即是解决黄河安危与石油开发的矛盾。为保障石油勘采的安全和稳定生产,黄河大堤已先后 3 次累计加高了 4 m 多,兴建了南岸展宽工程和东大堤。为改道清水沟流路修建了南防洪堤、北大堤,开挖了引河,为稳定河势兴建了多处控导工程,并成功地进行了 1976 年有计划的非汛期人工截流改道。但仍存在着一些问题。

　　一方面黄河河口流路规划与石油勘采要求尚结合得不紧,考虑充分利用黄河水沙资源促进石油开发不够,也曾出现过十八公里工程黄河修防堤退守而石油部门又独自抢护的不协调情况;另一方面急于勘采石油,考虑河口演变发展不够,在刚刚淤积成陆高程尚低的现入海流路内,不顾即将发生摆动和漫流威胁安全等情况下,如孤东油田采取围堤方式上马,此不仅大大增加了投资,而且如不采取与基地相连接的工程措施,一旦洪凌漫流则将使该油田处于与外界隔绝状态,安全和生产均无法保障。此外,石油勘采无明确的近远期规划安排,要求多变,使河口治理规划难以与之配合。

鉴于黄河近期来水来沙可能出现丰水丰沙系列和河口演变将进入出汊摆动的后期，水沙和边界条件均不利的情况，建议首先对如何使用清水沟流路进行各种方案比较，石油部门与黄河治理部门双方协调矛盾取得统一认识，并尽快解决落实孤东油田避免隔绝局面的工程措施。其次对清水沟使用后的预备流路——刁口河或其他流路做好改道的准备，以免被动和遭受损失。与油田开发规划相结合的非汛期有计划截流改道是目前条件下唯一切实可行、经济有效的措施，并对双方有利，故石油部门与黄河治理部门双方应加强联系，密切合作，统筹兼顾地做出在确保黄河安危前提下，最大限度满足石油开发需要的较长期的流路规划。黄河水少沙多，来沙集中于汛期，冲淤取决于陡涨陡落的几次洪峰。近十几年清水沟流路入海的水沙偏枯，但河口淤积仍十分严重，1996年西河口水位已接近12 m的改道标准。因此，对清水沟的走河年限潜力不容乐观。

入海沙量大，海域浅，动力弱，河口淤积延伸、河床升高不可避免。摆动改道水位下降是暂时的、相对的。近口河段单纯有利的水沙条件形不成持续的冲刷。在黄河水沙条件得到根本改变前，黄河河口今后仍将保持不断淤升的趋势。

清水沟走河年限相对较长，主要是改道后堤防加高了2 m多和1996年的清8改汊；其次是入海沙量偏少和小浪底水库建成拦沙；此外，缩短流路大、地势低洼和人为堵串等也有一定影响。

黄河河口拦门沙是汛期来水来沙和海域与海洋动力条件综合作用的产物，变动性大，作业区施工条件恶劣，挖沙数量有限。目前条件下无法实现疏挖的预期目的和效果，应深思慎行。

借水冲沙、减沙和助力输沙等措施，由于解决和处理泥沙的数量较小，与来沙量和淤积量相比犹如杯水车薪，势必难以取得成效。

继续加高黄河下游堤防越来越困难，涉及面广泛，投资过大，因此与石油开发规划相结合，适时实施有计划的改道和改汊，适当扩大海域堆沙范围，是目前条件下减缓河口和下游河道抬升速度，既确保黄河安危大局又有利于石油开发，是变害为利，一举多得的现实经济有效的措施，应大力推广实施。

第十节　黄河下游大改道问题的探讨

一、概述

黄河是世界上有名的多泥沙河流，远在汉代就有"一石水六斗泥"之记载，有实测资料后，年平均进入黄河下游河道的泥沙约有16亿t。自古以来黄河的水沙资源即在泛滥为害的情况下，塑造着整个黄淮海大平原和哺育着中华民族。随着社会政治经济的发展和人口的增长，治理黄河一直成为历代王朝的中心任务之一。唐代以后政治经济中心地区转移到黄河下游一带，对黄河的治理愈加重视。固定流路、束水攻沙、控制洪水泛滥和接济漕运等治河方略，在治河的实践中逐渐为当时治河者所肯定，并为其后治河者所崇奉。

目前仅就黄河下游治理宏观来看同样沿袭了筑堤束水、固定流路的基本方略。1855

年以来黄河下游三个河段即铜瓦厢以上的原黄河故道、东坝头(铜瓦厢)—陶城铺的原泛区和陶城铺以下原大清河故道经历了不同的演变发展阶段。下游河段现已形成一个基本适应黄河来水来沙条件的上宽下窄、上下比降相适应的地上悬河;河床平均高程一般高出背河地面 3~5 m,局部地段高达 10 m。新中国成立后下游堤防和防护工程已加高加固了 3 次,石化了险工,完善了分滞洪设施,从而取得了人民治黄以来伏秋大汛没决口的伟大成就。但目前防洪体系尚难以防御可能发生的特大洪水,在一个相当长的时期内进入下游的泥沙亦不可能明显减少,下游淤积趋势在短期内尚难完全遏止。因此,如何治理黄河一直是众所关心和专家研讨的问题,各方对治理黄河提出了各种意见和设想。为统一认识,明确近远期治理黄河的战略对策,国家计委国土规划研究中心于 1987 年 4 月 9~12 日在郑州召开了由全国水利科研单位、大专院校、流域机构以及国家计委等 56 位专家学者参加的"黄河下游河道发展前景及战略对策座谈会",其间对有的同志根据地理学观点,认为黄河决口的潜在危险越来越大,与其天然决口不如人工改道的主张"进行了初步的研讨和评议。1988 年 5 月 19~23 日水利部在郑州召开的"治黄规划座谈会"亦对近期治黄的主要规划方案和远景设想进行了认真的讨论,与会代表肯定地认为黄委提出的"修订黄河治理开发规划报告提要"中的指导思想、任务要求、基本措施、战略部署和实施步骤基本上是正确的。在本次"为了研究较长期的开发目标和治理方向,对洪水泥沙问题要提出五十年内外的设想和展望"的规划中,没有考虑在下游实施大改道的设想方案。在黄河下游进行人工大改道不仅关系到治黄的近期安排和远景对策,而且影响着改道范围内工农业生产规划和建设以及大口河海区建港等问题。为此,对黄河下游河道大改道问题进行可行性论证分析和总结具有现实意义,同时是十分必要的。

二、黄河下游人工改道问题的历史回顾

黄河自古至今以多沙著称于世,出小浪底峡谷后强烈堆积,使其下游经常处于改道决溢泛滥之中,历来为中国之一大灾患。随着社会的稳定和经济发展以及治河经验的积累和技术的提高,明清两代在长期治黄过程,经过该不该筑堤的激烈辩论和筑堤前后客观效益多次反复的实践对比,逐步总结认识到利用堤防和必要的防护工程以固定黄河流路有利的一面是不仅可保证京畿贡输的漕运,控制无序的决溢范围,稳定社会和发展生产,而且可束水攻沙加大排沙入海能力,不利的一面是堤内河道为输沙的需要不断淤积升高,悬河程度日益加剧。比较利弊,不难得知以相对少的修防投资获取巨大综合效益的情况是明显的。也就是说,收到了"内束河流,外捍民地"的效果,虽然时有决口,但大大限制了泛滥灾害的范围和影响。为此,自明初(1400 年左右)开始在上段筑堤,1495 年刘大夏塞决并设官修防河南堤防,到万历三年(1575 年)潘季驯接筑堤防到安东(今涟水)止,整个黄河下游防洪堤防体系才全部形成。直至今日,筑堤慎守一直成为黄河下游防洪治河的主体。除设缕堤、遥堤和格堤外,在固堤防决方面亦曾创建了滚水坝分洪、放淤固堤、埽工、木笼和导溜坝等措施。

据史料记载及分析知,自 1194 年黄河较长时间南注入淮至 1855 年铜瓦厢决口改走现河道入渤海,共历时 661 年,前 314 年主流以走颍、涡为主,但向北的分流未断,入海泥沙很少。1508 年大河北徙至徐州开始形成黄河相对稳定流路,泥沙下排逐渐危害河口地

区,全河之水经此流路入海的年份约300年;随着海口不断淤积向海域淤长,黄河河床相应淤高,据洪泽湖汛前最低水位,高家堰加高幅度和湖水位与黄河水位差等推算,废黄河每年平均淤高大约在4 cm,到1855年改走现河道时,累计堤内滩面一般较堤外地面抬高6～10 m,整个河床普遍淤高10～15 m。在堤防修建和巩固过程中,决口时有发生,因而据此提出改道之议屡见不鲜,绝大多数是计议淮阴附近的局部改道,后期则多为疏辟历史故道以分流。

1780年以后,由于淮阴黄运交汇的清口黄河水位高于洪泽湖水位的情况日益突出,加上河口淤积延伸泄水不畅经常摆动改道和决口,一些人以"正河愈远愈平,渐失建瓴之势,河底之易淤,险工之叠出,糜费之日多,大率由此"和"新海口道里近捷,泄水畅利"为由,曾多次提出分洪和议改入海口问题。如乾隆五十一年(1786年)何桂提出"疏通二套迤下引河,若果黄水全掣由兹东注,该处较现海口近二百余里,且并无淤沙,改作海口更可得久远之利",李士杰力持不可。嘉庆八年(1803年)以后连年拟利用决口改道机会实施小范围的海口改道,如嘉庆九年拟利用李工决口因势利导由盐河或安东入海;嘉庆十一年王营减坝泄水掣溜,经六塘河出灌河口入海,较正河近百余里,去路畅达,曾想如果形势已成,竟可更定海口,乃是全河一大转机;嘉庆十二年由阜宁陈家浦向南决口,水入射阳湖归海,亦议改道,但经多次勘查海口情形,均以新河散漫,不易筑堤束水,新海口不够开阔,耗资巨大和怕更改不成两有歧误获罪等理由,力陈云梯关南北两岸改道之说势不可行而作罢。嘉庆十六年(1811年)盱眙县知县黄嵋曾条陈,海州近海一带本属沙碛不毛之地,较现河身低至一二丈不等,今若改由宿迁境(皂河)横穿运河经沭阳、海州至赣榆一路入海,后同样以工程大、花钱多、影响大,不一定能成功而驳弃。直至1855年铜瓦厢决口由山东入海,改道之说包括由封丘金龙口改河从张秋镇入大清河经利津入海的多次建议,亦以"究以形势隔碍难行","前人屡改不成,臣等履勘情形亦毫无把握,其事断不敢行","堵口及挑河等费较改河筑堤等费节省实多"以及"决口议改不成之案历历可稽"而随议随止。

治黄的过程也是认识黄河客观演变规律和探求适合当时社会政治经济技术条件的最佳整治措施的过程。据不完全统计,自明隆庆初基本形成上、下稳定完备防护工程到清道光二十年的270余年中,发生决口的年份多达162年,近于三年两决的险恶局面;此期间不乏大、小改道的建议,但始终采取堵口复归故道之策,没有一例人工改道成功的实践经验和事实,这是值得注意和深思的。究其缘由,正如堤防治河能取代其他治河方略一样,是因为筑堤和堵口不仅符合当时保漕和稳定两岸人民生产生活的社会政治需要,而且符合投资少综合效益大的经济原则。

既然如此,为何1855年铜瓦厢决口形成了黄河下游的一次大改道?有关治河记载和历史资料表明,除河流高仰的自然形势外,其主要原因在于当时社会经济条件不可能及时堵口。自1840年鸦片战争后,腐败的清政府开始处于内外交困的境地。特别是1851年太平天国起义后,到1853年定都南京,随之皖北、豫东和鲁西南一带的捻军也举行了大规模的起义。迫使清政府竭尽全部财力和物力用来镇压各地的起义。1856年八国联军进攻中国,内外交困近于极点,当时无力筹款和不敢集聚众多民工,致使该决口未能及时堵复。正如咸丰手谕所述,"前因兰阳漫口泛溢三省,朕念小民荡析离居,急宜设法保卫,又因军务未竣,筹饷浩烦,一时骤难堵筑",加之正值捻军起义"人心思乱,兰仪距汴省数十里,聚大众于此,突有奸人生心,若何处之","逆匪肆扰,无秸料进占",以及改道后的新流路可"屏翰畿辅甚为完善,其有裨於守御者良非浅鲜,自当竭力经营"。而后又以兰封以下黄河故道"口门迤下豫东各厅工程一概停办,旧河两岸未修堤工,袤延数百里,砖、石埽坝亦全行朽腐废弃","堵口筑坝之费可计,而挑挖引河,修复埽坝之资难筹"和"俟南省军务一律肃清,再行勘筹"为由,一直拖延了下来。直到同治十二年(1873 年)闰六月李鸿章等议奏,认为旧河身高三丈左右,引河无法挑深,十里宽口门难以进占合龙,势难挽复,且对漕运无甚裨益。同时,鉴于改道后的河道流路经过近 20 年的演变已逐渐稳定了下来,泛区地面亦普遍淤高,北面金堤业已巩固,南面也创筑了东明新堤,山东沿河民埝亦多已成型,水患相对有所控制,全面权衡利弊后,方下决心因势利导,改由山东利津入海。据此不难得知,更改河道实非易事,如不遇如此特大规模起义和外侵的内外交迫特殊情况,忍受长达 20 余年的水患及令下游河道人工改道是难以想象和无法实现的。正如张含英先生在其"水灾与国难"篇中所述"河道迁徙之变,几无不在国家多难之时,水灾之原因固多,然人事不臧必其大者"。"清初河患虽甚,然皆堵塞御防,惟于此次适值太平天国之兴,故一决而不可收拾也"。

三、大改道方案的设想及存在问题

鉴于黄河下游河道处于不断抬升的趋势,早已发展成为一条基本上位于地上的悬河,有的同志估计目前黄河下游已具有老年期的特征,加之存在的大洪水和决口的可能性,为避免自然决口改道造成损失和被动,因此提出废弃现行悬河以策安全,另阔新河道进行人工改道的主张。黄河水利委员会曾对有关人工大改道方案进行过初步研究,我们以此为基础进一步分析探讨如下。

(一)大改道方案的具体设想路线

从地形来看,由于废黄河南泄夺淮历时 600 余年,前 300 年大量泥沙均堆积在河南境内,加上不时的决口,现黄河北金堤以南地区,为铜瓦厢决口的泛区,相对淤积严重,从而使南堤背河地面一般比北堤高,如开封以上河段一般南堤背河地面高于北堤外地面 1 ~ 6 m。依河流就下之特性,只有向北侧改道符合自然的形势,加之向北侧改道入海的新河路线不仅长度较向南夺淮的路线短得多,而且影响面积和干扰程度以及工程投资等均小得多,因而主张人工改道者均选定新河路线在现河道以北,并限制在马颊河与现黄河之间。结合设想大改道同志的建议路线,本着流路短,比降大,尽量走盐碱低洼地,经济损失小,河道寿命长的原则,并考虑尽量利用现河道北堤作为新河南堤以减少工程投资和避开对中原和胜利两大油田开发影响,新河具体线路选定自河南省武陟县何营至濮阳渠村闸,平行现河道,北侧大堤只需修新河北堤,渠村以下新河向东北至濮阳城东,两岸修堤,穿过北金堤后以北金堤为新河南堤,另修北堤;到山东陶城铺后离开金堤向东北新修两岸堤防,经聊城、禹城、惠民、沾化等县由套尔河口入海,新河全长 550 km,其中河南省境长 195 km,山东省境长 355 km。初步估算陶城铺以上平均河宽需 10 km,以下需 7 km,与现黄河和废黄河堤距状况大体相当。具体路线如图 8-23 所示。

图 8-23　黄河下游大改道路线示意图

（二）工程量投资估算

依据上述选定路线,考虑现有河道防护工程的规模情况和投资造价,大改道方案需考虑安排新修大堤土方和险工护滩工程、引黄涵闸的新建、铁路和公路跨黄桥梁和相应改线、滞洪工程设施以及补偿等几个方面,依据 20 世纪 80 年代初资料统计的下游改道具体工程投资概况如表 8-25 所示。

值得注意的是,表中所列投资只是有账可依的部分工程项目和按 1984 年价格的粗估值,到 21 世纪初仅公路铁路桥梁已增至 10 座以上,防护工程和引黄涵闸亦增加不少,且单价已成倍增长,故此估算已明显偏低。即使据此估算也不难得知,进行黄河下游人工改道的投资和社会影响都是很大的,是目前经济力量和社会安排难以解决的。至于新流路稳定巩固过程工程的抢护费用和可能形成新决口的损失,引黄涵闸不能保证引水造成的工农业生产的影响和河口地区胜利油田断绝清水水源的损失等是无法计算和估量的,另外新流路使用的寿命也是很重要的。因此,欲正确评价大改道问题,还有必要进一步搞清大改道存在的其他问题。

（三）大改道存在的其他问题

人工大改道成败的关键在于改道后新河的使用年限和安全可靠性以及对沿河供排水、交通和群众生产生活影响的程度。

表 8-25　下游改道工程量投资估算

项目名称	工程主要指标及工程量	投资(亿元)
大堤土方	老堤 300 km,新堤 900 km,堤高 6.9 ~ 9.6 m,土方 3.4 亿 m³	15.44
险工	占堤长的 23%,长 270 km,每米用石 32 m³,石方 864 万 m³	4.05
护滩	占河长的 33.4%,长 220 km,每米用石 25.7 m³,石方 565.4 万 m³	2.75
引黄涵闸	两岸共 64 座,总设计流量 3 682 m³/s(河口正建的 3 座未计入)	1.84
铁路桥梁	3 座,总桥长 21 km(未计入线路系统调整投资)	16.80
公路桥梁	5 座,总桥长 38 km(开封正在兴建的未计入)	18.20
移民补偿	占地 5 138 km²,其中耕地 538 万亩,人口 250 万人	196.75
滞洪设施	有效分洪量 17 500 m³/s,围堤总长 259.2 km(以目前两处计)	12.09
淤背工程	按已完成机淤土方 2.31 亿 m³ 计	2.31
小　　计		267.23

　　新河的使用年限主要取决于来沙量的大小、新河容沙体积和改道后的淤积状况,以及新流路入海的河长。按 1984 年现河道大断面状态估算新河总容沙体积约有 213 亿 m³,有效淤积体积约为 192 亿 m³。有实测资料以来的年平均来沙量约 16 亿 t,预估今后 50 年的年来沙量为 14 亿 t 多。淤积的情况可以参考分洪和河口改道淤积的情况与资料进行粗估。有关资料表明,改道的初期,由于新河比降平缓,新旧河落差大,以致几乎 100% 的泥沙都淤积在新河内,入海近于清水,淤积部位逐渐向下游推进发展,此阶段的年淤积量最大可达 10.7 亿 m³。待淤积形成相对平衡的纵剖面后,即下游河道演变进入河口基准面起控制作用的第二演变阶段时,此时淤积将趋向于现河道的年平均淤积量 3.78 亿 t,约折合 2.86 亿 m³。按平均淤积量计得新河的使用年限仅约 28 年。从抬升幅度上看,改道初期改道点以下附近河段将出现大幅度淤积的淤滩成槽现象,头几年年平均淤高多在 1 ~ 2 m,而后速率将逐渐减小,最后接近于现河道的淤积速率,据此计得的使用年限亦仅 20 多年。这充分表明,改道后新河使用 20 ~ 30 年即发展到接近现河道的状态。如果按实际规划的平均大堤高只有 6.9 m 计,除去设计水深 2.3 m 和超高 2.5 m,允许淤积升高只有 2.1 m,依新河淤积特点知,部分新河大堤在 10 年之内就处于需不断加高的状况,随之全河性的加高和防护工程的改建不可避免,此部分若计入投资也是相当可观的。

　　依据清代黄河下游决口地点与年份关系(见图 8-24)知,在清代继承明代全部治河工程的基础上,只是巩固原有堤防的情况下,1644 ~ 1680 年的 30 余年间自上向下发展的决口多达 50 余次,平均每年决口近 2 次。这一情况充分表明如筑新堤和新建防护工程时,由于河势处于大幅度淤积造槽的条件下,河势游荡,摆动频繁,着溜部位千变万化而难以预测,加之新设防工程基础不深和新河分滞洪设施不完备,故大水一至,险情叠出,稍抢护不及则极易决口。就目前的工程和抢护技术看,虽不致如上述决口之频繁,但确保无工程防护的新堤不决口显然是毫无把握和不可能做到的。然而在新河巩固阶段的决口同样是不允许的,因为其影响也是无法估量的。

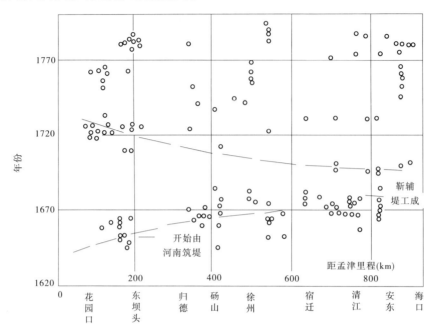

图8-24 清代黄河下游决口地点与年份关系

　　新流路山东河段同样存在凌汛问题,由于新流路散漫,新堤质量相对较差和无现有堤防的淤临淤背工程等,可想而知新流路的凌汛问题将比现河道还要严重得多。显然,新河使用年限短,防洪防凌任务重和不可避免地增加决口概率,无法使之达到预期的目的和要求是实施大改道的客观最大阻碍。

　　新流路的发展和巩固过程,由于溜势不定,取水无保证,尽管引黄涵闸列了一定投资,但如何布设渠首和进行相应灌排配套难以落实,因而在新河流路稳定过程的相当长时间内灌区无法受益,至少与现引黄系统相比损失是明显的。此外给胜利、中原油田和济南、青岛等城市供水带来的损失和影响也是难以计数的。最大的社会影响是移民问题。溯查新中国成立以来不论是黄河三门峡库区和东平湖等较大规模的移民,还是下游河道小规模的河口地区的南岸展宽工程和济南附近的北岸展宽工程的移民,至今仍遗留着相当多的问题。预估新流路内的移民多达250万人,占用耕地538万亩,这么多移民的迁移安置问题,以及在一个相当长的时间内稳定群众思想安顿群众生活的难度将更大,问题将更多。1970年规划的黄河河口地区的南岸展宽、北岸分洪和修建东大堤三项工程中的北岸分洪工程即由于当地政府和群众提出种种实际困难而未能实施。何况新河道需移民250万人,加上新河道初期可能出现的决口,将使影响的范围扩大,为就近安置的移民增加更为不稳定的因素,从而使国家长期背上沉重的包袱。综上所述,黄河下游实施大改道的难点,不仅在于投资巨大,而且关键是使用年限短、决口和移民问题多,损失和影响远较收益大,从而使大改道的设想失去了实际实施意义。

　　值得特别提出的是,现黄河入海流路是距离海域最短的流路,改道任何新流路由于河道流路相对加长,其河床在两岸堤防巩固后均势将迅速淤高,并相应超过目前的下游河道。显然,由宏观上看改道新流路是得不偿失和维持不了多久的。

四、结论

通过上述分析论证,不难得知黄河下游实施人工大改道,不仅是一个投资问题,而且是涉及众多人口和地域的安全、交通、工农业生产和人民生活等社会政治经济问题。

近期有关下游河道现状和发展前景分析表明,目前现黄河河道尚具有相当大的走河潜力。按现有技术水平和设想,采用已经积累的治河经验和措施,有条件减小河道的淤积速率。如果考虑采取拦、排、调、放等各种减淤措施,并逐步加以实施,则更可大大延长现黄河的使用寿命,加上已经具有一定规模和将继续进行的两岸堤防的淤背淤临工程,有可能使现有河道发展成为一条相对稳定的地下河,因此黄河下游在 100 年以至更长的时间内没有进行人工改道的要求和必要。由宏观上看,改道新流路是得不偿失和维持不了多久的。

第十一节　从河口影响论下游治理问题

一、黄河下游淤积的性质

入海河口是流域来水来沙的主要承泄区,河口是河流统一体的组成部分。来水来沙条件和河床边界条件与河口基准面的状况是河床演变的三大主导影响因素。入海泥沙在河口的淤积势必引发河口基准面的升高及其上冲积性河床的相应抬高,所有河流无一例外,只不过是由于淤沙量的差异,淤积升高的速率不同。黄河下游淤积的主导因素是水少沙多,含沙量大,出峡谷后到入海的自然地形坡降小于下游输沙要求的平衡比降,因而不断摆动改道,防止无序泛滥筑堤稳定流路后,必然形成与来水来沙及边界条件相适应的"悬河"。进入下游河道的泥沙如大于河段的输沙能力,则淤积在输沙能力不足的河段,淤积使比降加大,从而使输往下段和河口的泥沙增加。河口沙嘴和三角洲岸线的淤积延伸趋势,意味着河口基准面的相对增高,此又引发河道的淤积,并进而向上发展。短时段下游河道的冲淤是个十分复杂的沿程和溯源综合的影响过程,此冲淤总是趋向于输沙平衡,但由于水沙、基准面和边界诸条件的随机性与不断发展,输沙平衡始终是相对的,从而表现为下游河道在冲冲淤淤中随着河口基准面的相对升高而相应升高。

依据 1950 年以来的水位观测资料绘制的花园口站和利津站同 3 000 m³/s 水位升降过程与花园口以下各河段比降变化过程如图 8-25 所示。由图不难看出,花园口站和利津站同 3 000 m³/s 水位升降过程不仅基本是同步的,而且无论是到改道清水沟流路前夕的 1975 年,还是到 1996 年清 8 改汉前的 1995 年,二者的升高幅度也是十分相近的,若按 1954 年为起点计算,利津站水位较花园口站水位要升高约 1.5 m,明显地表现为水位升高下大上小的状态。同时花园口以下各河段的比降均是变缓的趋势,特别是花园口高村河段。

由河流动力学的基本概念知,判别冲积性河流的冲淤性质,比降的变化,特别是长时段长河段比降的变化是主要的指标。如比降变陡,意味着挟沙能力不足,其淤积属于沿程

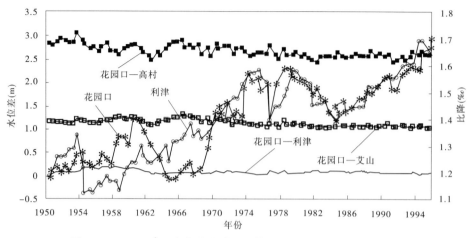

图 8-25　3 000 m³/s 水位升降过程和花园口以下河段比降变化过程

淤积性质;反之,若比降变缓,则表明此淤积属于溯源的性质。由图 8-25 知,花园口—利津或以下各分河段比降均是变缓的过程,花园口以下 3 000 m³/s 水位升降幅度为基本同步或下大上小的情况,因此黄河下游的淤积宏观上是属于溯源淤积的性质,也就是说,目前黄河下游河道的淤积主要受制于河口基准面的状况。

二、对黄河下游淤积的认识

由图 8-25 知,自 1950 年以来,河口河段水位升降经历了归故后甜水沟流路的淤积抬升时段和改道神仙沟流路后的冲刷及低水位时段,20 世纪 60 年代中期以后随着刁口河流路的淤积延伸进入相对稳定升高时段,1975 年改道清水沟流路前夕水位和河床均达到最高。尔后随着改道清水沟流路流程的显著缩短和单一顺直河槽的形成,二者的共同作用使清水沟流路直到 1992 年水位方恢复到改道前的水平。而后又进入微淤升状态,直至 1996 年实施了清 8 改汊前。此水位升降过程充分表明河口河段的水位升降均与河口延伸改道基准面相对升降密切相关。单纯的有利水沙条件没有形成河口河段水位的持续下降,相反还可能加速河口的延伸和使尾闾变坏。如 1958 大水大沙年,大沙加速了河口沙嘴的淤积延伸,大水破坏了顺直窄深河槽,使尾闾变得宽浅,最后导致了 1959 年尾闾的大量淤积和以后的出汊摆动,以及神仙沟流路的衰亡。实践表明,河口河段水位持续下降形成较长时段的低水位状态,取决于河口流路改道缩短入海流程和形成单一顺直河槽,特别是二者综合的作用。

此外,由图 8-25 还知,黄河下游花园口上下河段和利津以下河段的两头河段的来水来沙特性虽有些差别,但基本特性是一致的,然而河段冲淤特性和影响冲淤的主导因素则不尽相同。花园口河段以来水来沙条件好坏为主,而利津以下河段则是以河口基准面的状况为主。下游的有利水沙条件可以延续到河口,但此有利的水沙条件能否产生冲刷,则必须与河口基准面的有利条件相结合方能显现。虽然 20 世纪 70 年代前由于两头河段冲淤的主导因素不同和三门峡水库运用的影响使二者的冲淤过程与幅度不尽相同,但 1953 年利津站水位先降且幅度大,花园口站随后下降,显示了河口改道清水沟的影响,1960 年花园口站水位先降且幅度大,同样显示了三门峡水库拦沙泄清的作用。20世纪70年代以后二者的基本同步表明,在一般近于天然水沙条件下和河口基准面无较大变动时二者的同步性还是明确的,这是由黄河来沙量巨大、河床组成松散、冲淤剧烈、纵横比降调整迅速特性决定的。

综合上述情况和分析不难得到如下几点认识:

(1)黄河下游短期微观的淤积受多种因素的综合影响,其过程十分复杂,但长时段宏观的淤积属溯源淤积性质,即在流域来水来沙条件没有根本性的改变时下游河道的淤积,现阶段仍将受制于河口相对基准面的状况。

(2)进入下游的泥沙量过大是下游淤积和河口淤积延伸的主导因素;同时使下游河道的调整十分迅速,在近于天然水沙条件和河口基准面无较大变动时整个下游河道的冲淤及水位升降是基本同步发展的。

(3)花园口河段受水沙条件影响明显,河口河段的冲淤则主要与尾闾流路状况有关。利津附近河段大幅度持续冲刷水位下降均与河口相对基准面明显下降有关。单纯的有利水沙条件一般形不成持续的冲刷下降。但上下河段是一个整体,二者相互影响,并始终趋向于平衡一致。

(4)黄河下游淤积受制于河口基准面的状况,并不意味着否认黄河大量来沙是下游淤积的根本原因和症结所在,显然没有大量泥沙下排入海形成河口延伸,当然也就不存在河口侵蚀基准面相对升高及其影响问题。因此,为减少下游的淤积,首先要减少进入下游的泥沙量,其次是想方设法减缓河口三角洲的延伸速度。

(5)由于河口的反馈影响,"排沙入海"的概念,不能限于排至利津以下,而应是指入海泥沙不能参与河口淤积延伸,即下排泥沙需排至深海;否则单纯加大排沙的措施,只能见效于一时一段。

(6)鉴于现阶段入黄泥沙不可能大幅度减少,河口和下游淤积尚不可避免,因此完善和加固下游防护体系和工程是十分必要的。

综上所述,减少黄河下游淤积,确保黄河下游安危的治理方略原则,用形象的话讲应该是"抓两头,固中间"。

所谓抓两头,首先是抓上头的中、上游减少进入下游的沙量,特别是粗沙量,其次是抓下头的减缓河口三角洲岸线的淤积延伸速度;固中间是指继续完善和加固黄河下游防护体系与工程,确保下游堤防不决口。

三、减缓下游淤积的治理对策

(一)抓上头——减少中、上游入黄沙量

水土保持是治黄的基础,首先抓好重点小流域全面的综合治理。由于沟蚀占入黄泥沙的60%~70%,目前进行的淤地坝建设是可行的。但预期短期内大幅度减少入黄泥沙是不现实的,同时1977年部分淤地坝垮坝后高含沙洪水下排至下游的可能性依然存在;三门峡水库已无拦沙能力,小浪底水库拦沙作用的时段逐步减少。因此,在下游治理过程中,对流域来水来沙不宜低估和过分乐观。

(二)抓下头——减缓河口三角洲延伸速度

1.减少进入河口地区的沙量

(1)抓中、上游减沙。这是从根本上减少入黄泥沙最经济有效的措施。但目前来水来沙的减少是枯水枯沙系列和小浪底水库综合作用的结果,其影响是有限时段的,由气候变暖影响和枯水枯沙系列看势将转化为丰水丰沙系列,流域水沙条件恐难出现大规模减沙的根本性变化,因此应立足于仍有相当数量的泥沙下排入海,不能过分期待流域的减沙。

(2)引沙放淤。河口地区十八户先后放淤 5 年,总引沙量 0.7 亿 t,年引沙量仅占当年入海沙量的 1%~3%。1979 年南展宽区放淤引沙量 0.46 亿 t,年引沙量最多占到当年入海沙量的 6.3%。目前黄河适合较大规模引沙放淤的场所几乎没有,小北干流两侧放淤处理的沙量相对河口地区是极其有限的。显然,放淤改土具有实效,但若靠此减沙以减缓河口的延伸和下游河道的淤积,恐难以显效。

(3)挖沙。挖沙与淤临淤背或加固工程相结合是可行的。由于目前挖沙相对放淤的数量更少,所以更难见效。挖沙数量大,则存在着堆放地点、机具设备、环保影响、经济效益等众多难以解决的实际问题。欲赖此以减淤,犹如杯水车薪。

2.加大输往外海的沙量

(1)修建导流堤等束水工程攻沙入海。由黄河险工和滨海沿岸防波堤的修建及巩固的难度知,在河口沙嘴凸出不断变动,一场洪水延伸数千米,洪水入海流速急,滨海风浪大,作业时间短,新淤积物未充分结固、基础松软等条件下,修建内控洪水外御潮流风浪的束水工程,其施工难度和安全稳固性可想而知。此外,修单导堤控制不住流势,修双导堤更难,即使建成,势必加速河口的延伸和水位的升高,其功效适得其反。

(2)拖淤。宋、明、清三代屡经试行,实践表明对于局部河段可行。1975 年、1988~1991 年在河口地区亦曾进行现场试验,均因黄河来沙量大、水流急,含沙量已近于饱和状态,加之器具和运行投资与效益不成比例,效果不佳。实践表明,欲藉此加大下游河道输沙和河口减淤,迄今无成功实例。

(3)藉清刷黄引水冲沙。藉清刷黄自明代以来一直贯穿于废黄河尾闾治理中、废黄河后期,淮河年均水量约 300 亿 m³,加上黄河南决时的汇流,两河之水共出清口刷沙时,有一定明显作用,若一旦黄河堵口无黄河清水汇淮,泥沙由故道下排后,已冲刷河段很快淤积如故。清水所冲淤沙若不能排至深海,则难以解决河口淤积延伸问题。现黄河引清济黄尚无定案,且水量有限,用于维持黄河健康生命,实惠有效,拟藉此冲沙解决河道淤积,其效果可想而知。

(4)选择好的海域入海。三角洲中部海域深,海洋动力大,入海泥沙外输比率相对较大,有利于减缓河口和三角洲岸线延伸。由海域条件较好的神仙沟和刁口河看其延伸速率依然很大,好的海域也难以维持持久稳定,且好的海域仅此一段,该海域应作为顶点不得已下移时的长远流路入海部位,故不宜轻易占用。

(5)疏挑沟槽或拦门沙以畅其流。黄河河口尾闾口门始终处于淤积延伸摆动的过程,特别是汛期,演变十分激烈,在几十平方千米范围难以规划工程部位,加之施工条件恶劣无法实施;潘季驯上任后,认为"前人屡试无功徒费工料"乃止浚海工程。清光绪年间亦"先后造浚淤船,均因不适用旋即废去"。1977 年在建林河段试挑,第一次洪峰后已成型的河槽即被淤平;1987 年在河口试挖拦门沙,均未达到预期目的。

3. 有计划地适时非汛期改道减缓三角洲的延伸速度

淤积延伸摆动改道是黄河河口自然演变的基本规律,发生在三角洲扇面轴点附近的改道已有 9 次,它是河口入海流路自寻最小阻力捷径的结果,每次改道一般均产生溯源冲刷,河口河段水位发生一定时段明显的持续下降,一般可维持 10 年左右的低水位状态。显然,改道扩大河口三角洲的堆沙范围,对延缓水位升高速度的作用是显著的。堆沙岸线的范围愈小,外延的速度愈大,下游河道淤积抬高的速度愈快。

1976 年由刁口河有计划非汛期人工截流改道清水沟流路后,当年利津水位下降了约 1 m,到 1992 年才恢复到改道前水平。同时淤出桩西和孤东等高产油田,变海上勘采为陆上勘采,大大节省了投资,加快了油田开发。1996 年清 8 改汊也是有计划改道的一部分,同样取得了降低水位的效果。由于当前正处于枯沙期和小浪底水库拦沙期,因此淤积造陆不甚理想。

此成功经验表明,与石油开发规划相结合,有计划地安排流路,适时人为改道既符合黄河河口演变规律,可明显延缓河道淤升速率,确保黄河安全,又可利用黄河河口沙量大淤积快速造陆,有利于浅海石油开发;同时有计划的改道又不影响三角洲区域油田的正常生产和生活和谐稳定。显然,与石油开发规划相结合,有计划地安排流路,适时非汛期人为截流改道是既可减缓河口和下游河道淤积,又有利于河口地区经济发展的最经济和可明显见效的双赢措施。

四、固中间——完善和加固黄河下游防护体系和工程

(一)目前下游的情况和问题

1. 新的情况

(1)水沙条件:小浪底水库建成运用后已使特大洪水机遇减少,中、小水时段加长,非汛期水量增加,含沙量变化不大,小浪底水库大量排沙后,下游河道将迅速回淤,河槽萎缩,漫滩概率加大。此已完全改变了游荡性河段必须宽堤的固有条件。

(2)工程状况:黄河大堤标准化建设的完成使堤防日益稳固;生产堤上自温孟滩下至陶城铺两岸已基本完备,局部河段尚不止一道,同时已大大超过原定标准;在生产堤上修建的控导和护滩工程已达约 100 处,工程总长度约 250 km,实际上已成为当前控制下游河势的主体。因此,已具备了将生产堤改建为缕堤的条件。

(3)滩区情况:二级悬河日益加剧,小水即可漫滩;人口 180 多万人,滩区引排水、交通、农田等基本建设均初具规模;群众渴望相对稳定的生产生活;依靠自流漫滩淤积解决不了堤河和二级悬河问题,中小水漫滩反而加剧横比降;当发生大洪水时生产堤被动决口有可能发生滚河顺堤行洪状况,危及大堤安全。兰考东明滩和习城滩等大滩,流程长,稍有漫滩影响和损失过大。实际上,一般洪水已经不能随意漫滩,多是中大水被动溃堤破口漫滩,不仅损失大,而且影响滩区长远规划建设和稳定生产生活。因此,急需改变现状。

2. 存在的问题

(1)目前控导工程是过水工程,但没按过水工程设计,如遇大水无法抢护和确保工程

发挥控导主流作用。

（2）两岸控导工程的间距过宽过大,中、小水河势难以稳定控导。

（3）二级悬河加剧,允许小水漫滩,既影响滩区建设发展和群众稳定生产生活,又不利于中、小洪水输水输沙。

（4）生产堤和滩区政策不落实,未能与时俱进。

（二）下游的历史治理情况

明、清后期系统治河后均采取宽河治堤,当时特大洪水问题没有解决,同时限于当时技术经济条件,利用埽工在滩地难以修建和稳固控导工程,无法控制中水河槽和基本流路,因而只能采取宽堤滞消洪水和任流路在堤内随意游荡摆动,尽量不设工程的原则。

历史上堤防即有缕、遥、格堤之别,缕堤两岸间距 3～4 km,目的在于束水输沙和减小中小洪水对滩区的影响;遥堤防备缕堤决口或漫溢时形成大范围泛滥的损失,遥堤间距多在 10 km;遥缕堤之间垂直的格堤可进一步减小淹没范围和顺堤行洪的危害,一般依具体情况设置。此系堤防有利于确保下游的安全,值得认真考虑和借鉴。

（三）对下游治理的设想

依据上述下游河道的淤积原因和影响范围,当前下游河道工程和滩区的情况与问题,治理的设想如下:

继续大力抓紧开展和落实中、上游各项水土保持减少入黄泥沙量的措施,从根本上减缓下游河道的淤积。

游荡性河段:采取宽河固堤,控制中小水河槽原则。

依具体情况将目前京广铁桥以下的部分生产堤,适当提高标准,改建为缕堤,现大堤改为遥堤;大滩依行政区划或已有引水渠堤或公路布置格堤,以备必要时分块实施分滞蓄超标洪水。

尽量利用已建工程,将控导工程改建为相当标准的不过水工程。在工程前沿辅之以系列潜坝,工程高程向河内逐步降低,按既不影响各级洪水排泄,又能保证中、小洪水流路稳定的原则进行规划设计,以确保流路稳定和工程安全。河流治导线因地制宜因势利导,宜弯则弯,宜直则直,以直为主,工程安排应以尽量走最短路线为准则。

对滩区:改变原滩区行洪作用,一般中等洪水不漫滩,对于超标洪水,依洪水大小自上而下按分滞洪区原则有计划分洪,并利用已建闸涵适度向堤外分泄。依据滩区规划,以提水为主进行淤临淤串,改土建台,加速发展经济,稳定提高滩区群众生活质量。

其他增水减淤措施:如藉清刷黄、拖淤、放淤、机械搅动等,实践表明仅适用于有限的局部河段,欲解决长河段淤积或减缓河道升高速度,工繁效微,应慎重对待和实事求是地认真总结经验教训。

在水保措施明显生效前,在河口继续采取与石油开发相结合的适时有计划改道,是延缓下游河道淤升和河口地区经济发展最经济有效的双赢措施,应予以特别关注。

五、综述

溯查治河历史,历代治河名家如宋欧阳修,明潘季驯、赵思诚,清靳辅、陈士杰等均对黄河河口淤积延伸将使下游河道相应淤高,并逐渐向上游发展的规律有所论述。如靳辅疏曰，"下口俱淤势必渐而决于上，从此桃宿溃，邳徐溃，曹单开封溃，奔腾四溢"，"臣闻治水者，必先从下流治起，下流即通，则上流自不饱涨，故臣切切以云梯关外为重"。这些长期治黄实践的经验总结，应引以为鉴。通过影响河道稳定平衡纵剖面因素的分析知，由长期宏观角度上看，黄河下游来水来沙和横向边界条件均无较大变化，近于常值，而河口侵蚀基准面则由于入海泥沙与日俱增，河口不断淤积延伸，而表现出相应抬高的趋势。1955～1996 年因河口延伸引起的水位升高年平均值约为 4.6 cm，此与山东、河南滩地同期淤积升高年平均值 4.5 cm 是相应的。1950～1975 年 3 000 m³/s 年水位高村以下各站升高在 2.07～2.38 m，此与同期河口延伸引起的升高值 2.10 m 也是相应的。显然，河口延伸是影响下游淤积的主导因素。

黄河下游各河段比降不仅长期以来变化不大，而且与废黄河相应河段亦极为相近。新中国成立后花园口—高村、花园口—利津河段比降呈变缓的趋势，由淤积性质的判别条件知，下游淤积属于溯源淤积的范畴。此结论从渭河、洛河下游和渭惠、沣惠渠首因侵蚀基准面升高引起的淤积形态与黄河下游淤积的形态极其相似这一点，进一步证实了黄河下游属于溯源淤积的性质。

此外由大量泥沙下排后，下游河道决溢地点不断向上游直至河南发展的规律和黄河下游河床迅速自动调整的能力上看，均表明河口侵蚀基准面不断相对升高是下游河道长期不能相对平衡的主因，由长远来看河口延伸的状况决定着下游河道发展的趋势和淤积幅度。

值得提出的是，上述结论和认识并不意味着否认黄河大量来沙是下游淤积的根本原因和症结所在，显然没有大量泥沙排入海形成河口延伸当然也就不存在河口侵蚀基准面相对升高及其影响问题。

基于上述认识，解决黄河下游不断淤积升高的措施，首先在于减少中、上游的粗沙来沙量，其次是设法减缓河口延伸的速度。水土保持是治理黄河泥沙的基础，但防止水土流失非旦夕之功，因而近期下游治理的重点，一方面应设法减缓河口的延伸，另一方面需针对近期来沙量尚不能显著减少，河口延伸下游淤积势不可免的情况，积极采取固堤措施，控导河势、完善分、蓄洪设施，改变目前宽河和小水漫滩的现状，以确保防洪防凌安全和水沙有效利用。用一句形象的话说，治理原则应为"抓两头，固中间"。

减缓河口延伸速度的主要措施有二：一为适应黄河河口目前水沙条件下不断淤积延伸摆动改道循环演变的规律，有计划地安排流路，适当扩大三角洲改道范围，以尽量延长河口"大循环"的年限；二为设法加大输往外海的沙量，以减少口门的堆积，设想和使用过的办法有修导堤、机械拖淤等，由于黄河河口演变剧烈，趋向不定，一场洪水河口沙嘴可延伸数千米，从而使修导堤不仅不现实，而且将加速河口延伸。拖淤对局部河段有效，施之于河口因潮汐顶托、风浪大、沙粗量多和动力弱，必然事繁功微。引清刷黄尚无定案，且水量有限亦难奏效。修筑土堤约拦水势，简单易行，既有利于控制洪凌影响范围，亦有利于输沙，故沿袭应用至今。

显然，目前条件下减缓河口延伸的切实可行且经济有效的措施，唯有与油田勘采规划相结合有计划地安排流路，适当扩大改道范围。对于每一条流路则修土堤约拦水势，以尽量延长该流路的使用年限和保持流路相对稳定。

排沙入海的概念过去含义不清,排至利津以下绝不是安全无事了,排应指排至深海,否则单纯加大下游排沙的措施,只有效于一时一段,应慎重对待。

目前小三角洲内已无完整备用流路,今后矛盾将愈加突出。

参 考 资 料

[1] 行水金鉴.卷三十二.

[2] 行水金鉴续行水全鉴分类索引(上册).

[3] 阜宁县志.光绪十二年刊.

[4] 万恭.治水筌蹄.

[5] 潘季驯.两河经略疏.

[6] 淮安府志.

[7] 扬州府志.

[8] 经理河工第一疏.

[9] 清河县志(咸丰四年同治补续刊).

[10] 张文端治河书.

[11] 续行水金鉴.

[12] 再续行水金鉴.淮水卷三十五.

[13] 靳辅.靳文襄公治河书.

[14] 岑仲勉.黄河变迁史.

[15] 山东黄河河务局东营修防处.东营市黄河志(评审稿)下册.

[16] 王恺忱,张永昌,等.黄河口清水沟流路资料分析(1976－1979).黄科所,1980.

[17] 曾庆华,等.黄河口演变规律及整治研究.北京水科院,1995.

[18] 焦益龄,陈海锋.黄河口现行流路整治方向及其措施研究.山东黄河河务局,1994.

[19] 王恺忱.潮汐河口分类的探讨[C]//全国海岸和海涂资源综合调查学术会议论文集(上集).北京:海洋出版社,1982.

[20] 王恺忱.河口与下游河道的关系及治理问题[J].泥沙研究,1982(2).

[21] 赵业安,潘贤娣.人类活动对黄河环境的改变及河床演变的影响.黄委会,1981.

[22] 侯国本.开发黄河三角洲——挖沙降河研究报告[R].山东海洋学院,1984.

[23] 王恺忱,朱起茂,张止端.河流平衡纵剖面问题的探讨[C]//第二次河流泥沙国际学术讨论会论文集.北京:水利电力出版社,1984.

[24] 张永昌,王恺忱.从历史上看黄河浚淤问题[J].人民黄河,1979(4).

[25] 李泽刚.黄河三角洲附近海域潮流分析.黄科所,1981.

[26] 王恺忱,张永昌,朱起茂.废黄河海口治理的概况与经验总结.黄科所,1979.

[27] 王恺忱.黄河河口状况与演变规律.黄科所,1981.

[28] 王恺忱.黄河河口计划改道流路规划问题.黄科所,1984.

[29] 王恺忱.黄河河口治理措施分析[C]//第九届中日河工坝工会议论文集.1993.

[30] 宋振华,程义吉.黄河口清水沟流路河道整治情况及效用[J].人民黄河,1994(5).

[31] 王恺忱,沈受百.黄河口一次成功的有计划改道[C]//黄科院科学研究论文集(第一集).郑州:河南科学技术出版社,1989.

[32] 王恺忱.黄河河口演变规律[C]//海岸河口区动力、地貌、沉积过程论文集.北京:科学出版社,1985.

［33］黄科所,济南水文总站.黄河河口一九七六年改道清水沟资料初步分析.1976.

［34］黄委会河口规划队.黄河河口计划改道安排意见.1968.

［35］王恺忱.黄河口流路近期安排意见∥黄河下游第四期堤防加固河道整治可行性研究报告附件十二.1984.

［36］黄委会勘设院.黄河入海流路规划报告.1989.

［37］交通部二航院.滨州港一期工程预可行性研究报告.1992.

［38］陆中臣.试论黄河下游北岸可能决口地段及其最大淹没范围［J］.地理研究,1987,6(4).

［39］《人民黄河》编辑部."黄河下游河道发展前景及战略对策座谈会"综述［J］.人民黄河,1987(3).

［40］黄委会.治黄规划座谈会纪要.1988.

［41］王恺忱,武庆云.废黄河尾闾演变及其规律问题.黄科所,1978.

［42］王恺忱,等.废黄河海口治理的概况及经验总结.黄科所,1979.

［43］张含英.治河论丛［M］.北京:商务印书馆,1936.

［44］赵得秀.废弃悬河重建新黄河.郑州水校,1979.

［45］黄委设计院.黄河下游大改道方案说明.1986.

［46］王恺忱.黄河河口情况与演变规律.黄科所,1980.

［47］王恺忱.论海口对下游河道的影响及治理问题.黄科所,1979.

［48］谢鉴衡.冲积河流纵剖面.武汉水利电力学院,1959.

［49］谢鉴衡.论黄河下游纵剖面形态及其变化.武汉水利电力学院,1978.

［50］王恺忱,王开荣.清水沟流路演变规律及发展趋势预估.黄科院,1997.

［51］张永昌,王恺忱.从历史上看黄河浚淤问题［J］.人民黄河,1979(4).

［52］王恺忱.黄河明清故道海口治理概况与总结∥黄河明清故道考察研究.1998.

［53］黄河水利委员会.黄河水利史述要［M］.北京:水利电力出版社,1984.

作者简历

王恺忱,1932 年 9 月生,男,籍贯河北易县,满族。教授级高级工程师。中共党员。工作单位:黄河水利委员会黄河水利科学研究院。

1956 年毕业于武汉水利学院,先后工作于北京水科院和黄委水科院。黄科院泥沙研究所原所长。黄委科学技术委员会委员。中国海洋工程学会和中国河口海岸学会第一届、第二届理事。享受国家政府特殊津贴。

参加工作以来,一直从事有关河流与河口演变及整治、渠首渠系和水库等泥沙问题的科研工作,以黄河河口研究为主。据 20 世纪 70 年代以来不完全统计,共完成正式打印科研成果报告 100 余项,公开发表论文 50 余篇,其中国际论文 10 篇,有关黄河河口的论文 40 余篇。

20 世纪 70 年代在黄河水利学校代课期间,曾编写《泥沙运动学》、《河口演变与治理》和《洪水泥沙》等讲义三部。

两项成果获国家科技进步二等奖("八五"科技攻关中"黄河下游游荡性河段河道整治"及"黄河口演变规律及整治"),多项成果获省部级奖。

1959 年开始参与塘沽新港回淤和黄河河口地区供水研究,1969 年后主要从事有关黄河河口的研究工作。注重实践,4 次出海参加测验,多次参加现黄河河口和废黄河河口现场查勘与调研。初步开展了有关河口历史资料的整理分析。除首次提出河口对黄河下游河道产生反馈影响和现阶段河口相对基准面制约着下游淤积趋势的论点外,还在完善河口大、小循环规律,三角洲改道流路安排规划,河口发展预估计算方法,摆动和改道的区分,摆动的分类,人工截流改道的方式,河口治理措施的总结分析,滨海区潮流潮汐特性,河口沙嘴演变、淤沙分布和造陆,入海泥沙的输移和影响范围等方面均有独创性的进展。

20 世纪 60 年代参加了渠首渠系泥沙分析研究,山东河段河道整治经验总结,拦泥库和低水头枢纽泥沙问题的观测研究,70 年代进行过明清故道废黄河河道演变整治的现场调查和历史资料的分析研究,80 年代曾对陶城铺以上河段河道整治进行过总结,90 年代主持参加了"八五"国家重点科技攻关项目"黄河下游游荡性河段河道整治"和"黄河口演变规律及整治"专题的研究工作。近期一直参加有关黄河河口和黄河下游河道演变与整治的研究。对黄河河口和下游河道演变及整治均有较系统的了解和较深入的认识。